JN426955

[ A Text & Problems Manual ]

www.shj.co.kr

# 논리회로

## DIGITAL LOGIC CIRCUITS

任黃彬 著

신화

CONTENTS

## chapter 1 수 체계와 코드



## chapter 2 논리 게이트

# 머리말

논리 회로는 전기 · 전자 및 컴퓨터 분야의 기초가 되는 학문으로서 반도체 기술의 발전과 더불어 응용 범위가 점점 더 확대되어 가고 있다.

논리 회로는 컴퓨터, 통신 장비, 비디오 게임기, 가전 기기, 계측장비, 전자사전 및 전자 수첩, 의료 기기, 군용 장비 등 모든 분야에 걸쳐 응용되고 있다. 따라서 논리 회로는 관련 분야에 종사하는 분들 뿐만 아니라 공학을 하는 분들을 필수적으로 이해하고 있어야 할 학문 분야중의 하나라고 할 수 있을 것이다.

이 책은 기사 시험, 그리고 각종 시험에 대비를 위한 준비서로서 활용되도록 많은 객관식 문제를 풍부하게 수록하였다.

이 책의 특징을 들면,

1. 각 편마다 이론을 예제 중심적으로 엮어 효율적인 학습이 되도록 하였다.
2. 각 편마다 객관식 문제를 두어 기사 시험 및 각종 시험에 대비하도록 하였다.

따라서 이 책을 충분히 활용하여 문제 해결 능력을 터득함과 아울러 자신의 능력을 측정 보완하기를 바라면서 많은 성과가 있기를 기원합니다.

끝으로, 이 책을 출간하기까지 헌신적으로 노력하여 주신 편집부 여러분들께 진심으로 감사를 드립니다.

저자 씀

chapter 5

# 플립플롭



chapter 6

# 카운터 회로와 레지스터

CONTENTS

chapter 7

## D/A 및 A/D 변환기

# 1 chapter

# 수의 체계와 코드

## Number Systems and Codes

chapter 1

# 수 체계와 코드

Number systems and Codes

## 1. 1 2진수-10진수 변환

2진수를 10진수로 변환하려면 2진수의 각 자리에 대응하는 자리값(weight)을 더함으로써 해당하는 10진수를 얻을 수 있다. 2진수에서 자리값은 다음과 같다.

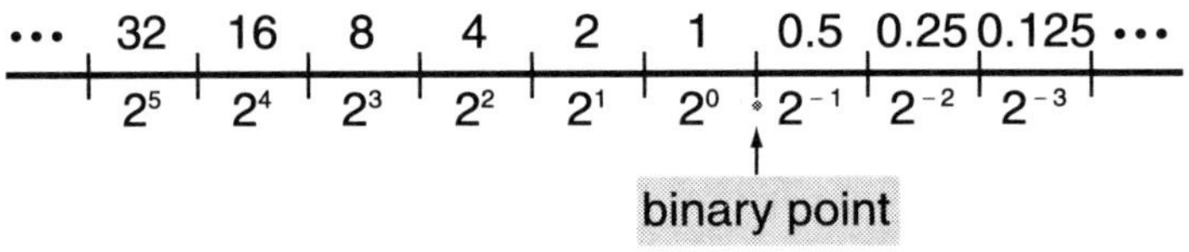


그림 1-1 2진수에서 자리값 표시

**예제 1-1** 2진수 $10111_2$를 10진수로 변환하라.

**해설**

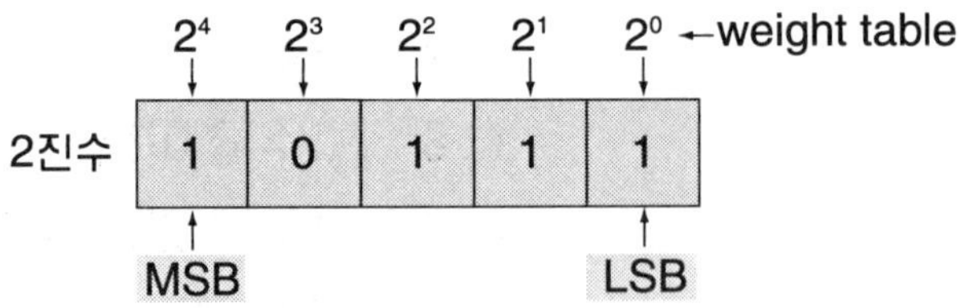


그림 1-2

$$
\begin{aligned}
10111_2 &= (1 \times 2^4) + (0 \times 2^3) + (1 \times 2^2) + (1 \times 2^1) + (1 \times 2^0) \\
&= 16 + 0 + 4 + 2 + 1 \\
&= 23_{10}
\end{aligned}
$$

그림 1-2에서 자리값이 가장 큰 맨 좌측의 비트를 최대 유효 비트 MSB (Most Significant Bit), 자리값이 가장 작은 맨 우측의 비트를 최소 유효 비트 LSB(Least Significant Bit)라고 한다.

**예제 1-2** 2진수 $1101.101_2$를 10진수로 변환하라.

**해설**

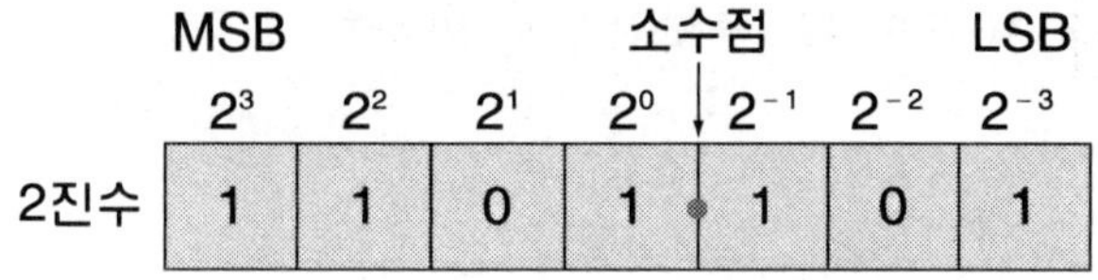


그림 1-3

$$
\begin{aligned}
1101.101_2 &= (1\times 2^3) + (1\times 2^2) + (0\times 2^1) + (1\times 2^0) + (1\times 2^{-1}) + (0\times 2^{-2}) + (1\times 2^{-3}) \\
&= 8 + 4 + 0 + 1 + 0.5 + 0 + 0.125 \\
&= 13.625_{10}
\end{aligned}
$$

**예제 1-3** 8비트의 2진수로 나타낼 수 있는 수 중에서 가장 큰 수를 10진수로 표시하여라.

**해설** 일반적으로 $n$자리의 $R$진수로 나타내지는 수는 전부 $R^n$개이다. 2진수의 경우는 $2^n$개가 된다. 이 중에는 0도 포함되어 있으므로 수치로서 가장 큰 수는 $2^n - 1$이 된다. $n = 8$이므로

$$2^n - 1 = 2^8 - 1 = 255_{10} = 11111111_2$$

이다. 8비트의 2진수의 최대수는 전자리가 모두 1일 경우이므로

$$(11111111)_2 = 128 + 64 + 32 + 16 + 8 + 4 + 2 + 1 = 255_{10}$$

으로 구할 수도 있다

## 1. 2 10진수-2진수 변환

10진수를 2진수로 변환하고자 할 경우에는 주어진 10진수를 2로 나누는 과정을 반복한다. 이 과정은 몫이 0이 될 때까지 계속되며, 2진값은 첫번째 나머지가 LSB이고, 마지막 나머지가 MSB이다.

다음 소숫점 이하의 자릿수를 갖는 10진수를 2진수로 변환 할 때는 10진수에 2를 곱한 다음 곱한 값의 정수를 취하여 2진수의 자릿수로 한다.

**예제 1-4** 10진수 $12_{10}$를 2진수로 변환하라.

**해설**

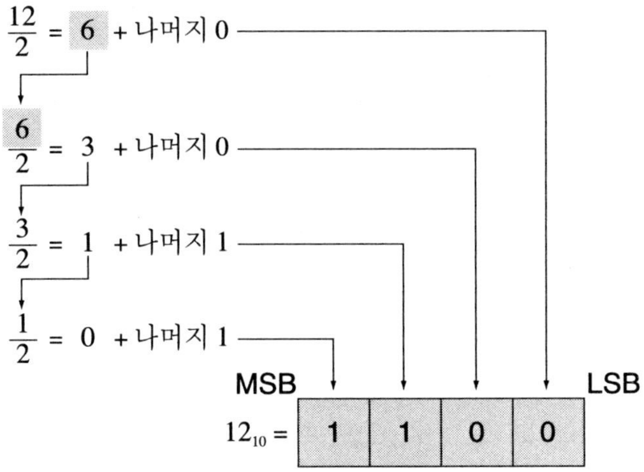


**다른 해** 10진수를 $2^n$으로 빼가는 방법이 있다. 즉 10진수를 2의 높은 자리에서 낮은 자리 순으로 빼가면, 빼지는 그 자리는 1, 빼지지 않는 자리는 0으로 놓고 위에서부터 내려 놓으면 된다.

$$\begin{array}{rl} & 12 \\ -) & 8 \cdots\cdots 2^3 \\ \hline & 4 \\ -) & 4 \cdots\cdots 2^2 \\ \hline & 0 \end{array} \quad \Rightarrow \quad (12)_{10} = 2^3 + 2^2 \qquad \begin{array}{rr} & 1000 \\ + & 100 \\ \hline & (1100)_2 \end{array}$$

**예제 1-5** 10진수 소수 0.1875를 2진수로 변환하라.

**해설**

| 0.1875 | 0.3750 | 0.7500 | 0.5000 |
|---|---|---|---|
| × 2 | × 2 | × 2 | × 2 |
| 0.3750 | 0.7500 | 1.5000 | 1.0000 |
| ↓ 0 | ↓ 0 | ↓ 1 | ↓ 1 |

따라서 $0.1875_{10} = 0.0011_2$

**예제 1-6** 8자리의 10진수를 2진수로 나타내기 위해서는 몇 자리의 2진수가 필요한가?

**해설** $n$자리의 10진수와 $x$자리의 2진수에 의해 나타낼 수 있는 수는 $10^n$, $2^x$ 개 이므로 $2^x \geqq 10^n$의 관계가 성립한다.

$$x \geqq log_2 10^n = n\ log_2 10 = 3.3n$$

따라서, 10진수를 2진수로 완전히 나타내려면 10진수의 자리수의 약 3.3 배의 자리수가 필요하다.

문제에서 $n = 8$이므로 $x \geqq 3.3n = 3.3 \times 8 = 26.4$가 되므로 27자리의 2진수가 필요하다.

**예제 1-7** 다음에서 2진수는 10진수로, 10진수는 2진수로 변환하라

(a) $(10110)_2$ (b) $(101101110)_2$

(c) $(195)_{10}$ (d) $(1348)_{10}$

**해설** (a) $22_{10}$ (b) $366_{10}$

(c) $11000011_2$ (d) $10101000100_2$

# 1. 3 8진수 체계

8진수 체계(octal number system)는 8을 기수(base)로 가지며 0, 1, 2, 3, 4, 5, 6, 7의 8개 숫자를 사용한다. 이 8진수의 장점은 3비트의 2진수로부터 직접 변환될 수 있다는 점이다. 8진수에서 각각의 자리값은 다음과 같다.

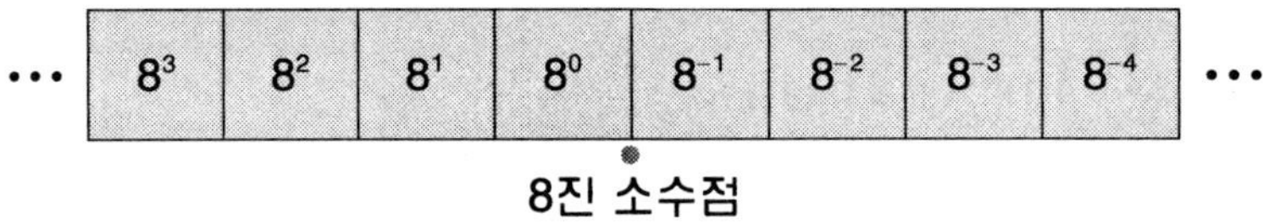


그림 1－4 8진수에서 자리값 표시

## 1.3.1 8진수를 10진수로 변환

8진수를 10진수로의 변환은 8진수 각각의 자릿수에 부과되는 자리값을 곱해줌으로써 얻을 수 있다.

**예제 1－8** 8진수 $326_8$을 10진수로 변환하라.

**해설**

$$\begin{aligned} 326_8 &= (3\times8^2)+(2\times8^1)+(6\times8^0) \\ &= 3\times64+2\times8+6\times1 \\ &= 192+16+6 \\ &= 214_{10} \end{aligned}$$

**예제 1－9** 8진수 24.6을 10진수로 변환하라.

**해설**

$$\begin{aligned} 24.6_8 &= (2\times8^1)+(4\times8^0)+(6\times8^{-1}) \\ &= 20.75_{10} \end{aligned}$$

## 1.3.2 10진수를 8진수로 변환

10진수를 8진수로의 변환은 주어진 10진수를 8로 계속 나누고 몫이 0이 되면 그때의 나머지가 MSD(most significant digit)이다.

**예제1－10** 10진수 $254_{10}$를 8진수로 변환하라.

**해설**

$$\frac{254}{8} = 31 \quad + \text{나머지 } 6$$

$$\frac{31}{8} = 3 \quad + \text{나머지 } 7$$

$$\frac{3}{8} = 0 \quad + \text{나머지 } 3$$

MSD → LSD

$$254_{10} = 376_8$$

소숫점이하의 자릿수를 갖는 10진수를 8진수로 변환할때는 10진수에 8을 곱한 값의 정수를 취하여 8진수의 자릿수로 한다.

**예제1－11** 10진수 0.1875를 8진수로 변환하라.

**해설**

$$0.1875 \times 8 = 1.5000 \rightarrow 1$$

$$0.5 \times 8 = 4.00 \rightarrow 4$$

따라서 $0.1875_{10} = 0.14_8$

## 1.3.3 8진수를 2진수로 변환

8진수를 2진수로의 변환은 8진수 각각의 자릿수를 3자리의 2진수로 변환하면 된다.

**표1-1** 8진수를 2진수로 변환

| 8진수 | 0 | 1 | 2 | 3 | 4 | 5 | 6 | 7 |
|---|---|---|---|---|---|---|---|---|
| 2진 등가 | 000 | 001 | 010 | 011 | 100 | 101 | 110 | 111 |

**예제1-12** 8진수 $5631_8$을 2진수로 변환하라.

**해설**

5 6 3 1
↓ ↓ ↓ ↓
101 110 011 001

따라서 $5631_8 = 101110011001_2$

## 1.3.4 2진수를 8진수로 변환

2진수를 8진수로 변환하려면 소숫점을 기준으로 좌우로 3자리씩 끊어 이에 해당하는 8진수의 값으로 바꾸어 놓으면 된다. 소숫점이 없으면 맨 우측에서 부터 좌측으로 세어 3자리씩 끊어 변환한다.

**예제1-13** 2진수 $111100001101010_2$를 8진수로 변환하라.

**해설**

111 100 001 101 010 2진수
↓ ↓ ↓ ↓ ↓
7 4 1 5 $2_8$ 8진수

**예제1-14** 2진수 $10101.01101_2$를 8진수로 변환하라.

**해설** 2진수가 3개씩 묶여지지 않을 경우에는 1개 혹은 2개의 '0'을 추가시킴으로써 해결할 수 있다.

| 0 1 0 | 1 0 1 | . | 0 1 1 | 0 1 0 | 2진수 |
|---|---|---|---|---|---|
| 2 | 5 | . | 3 | $2_8$ | 8진수 |

따라서 $10101.01101_2 = 25.32_8$

**예제1-15** (a) $(6254)_8$를 10진수로 변환

(b) $(127)_{10}$을 8진수로 변환

(c) $(437)_8$을 2진수로 변환

(d) $(10110101)_2$을 8진수로 변환

**해설** (a) $3244_{10}$

(b) $177_8$

(c) $100011111_2$

(d) $265_8$

## 1. 4 16진수 체계

16진수 체계(hexadecimal system)는 16을 기수로 가지며 0 ~ 9까지의 숫자에 A, B, C, D, E, F의 문자를 더해서 16개로 구성된다. 16진수 A 부터 F까지는 10진수의 10부터 15까지에 해당된다.

표 1-2 10진수와 16진수, 2진수로의 변환

| 10진수 | 16진수 | 2진수 |
|---|---|---|
| 0 | 0 | 0000 |
| 1 | 1 | 0001 |
| 2 | 2 | 0010 |
| 3 | 3 | 0011 |
| 4 | 4 | 0100 |
| 5 | 5 | 0101 |
| 6 | 6 | 0110 |
| 7 | 7 | 0111 |
| 8 | 8 | 1000 |
| 9 | 9 | 1001 |
| 10 | A | 1010 |
| 11 | B | 1011 |
| 12 | C | 1100 |
| 13 | D | 1101 |
| 14 | E | 1110 |
| 15 | F | 1111 |
| 16 | 10 | 10000 |
| 17 | 11 | 10001 |

### 1.4.1 16진수를 10진수로 변환

16진수를 10진수로의 변환은 16진수 각각의 자릿수에 부과되는 자리값을 곱해줌으로써 얻을 수 있다.

**예제1-16** 16진수 $2A6_{16}$을 10진수로 변환하라.

**해설**

$$
\begin{aligned}
2A6_{16} &= (2\times16^2)+(A\times16^1)+(6\times16^0)\\
&= 2\times256+10\times16+6\times1\\
&= 678_{10}
\end{aligned}
$$

### 1.4.2 10진수를 16진수로 변환

10진수를 16진수로 변환하려면 16으로 계속 나누어 주면 된다.

**예제1-17** 10진수 $249_{10}$를 16진수로 변환하라.

**해설**

$\frac{249}{16} = 15$ + 나머지 9

$\frac{15}{16} = 0$ + 나머지 15(= F)

$249_{10} = F9_{16}$

### 1.4.3 16진수를 2진수로 변환

16진수를 2진수로의 변환은 16진수 각각의 자릿수를 4자리의 2진수로 변환 시키면 된다.

**예제1-18** 16진수 $B9_{16}$를 2진수로 변환하라.

**해설**

B → 1011, 9 → 1001

1011 1001 = $10111001_2$

### 1.4.4 2진수를 16진수로 변환

2진수를 16진수로 변환하려면 2진수를 4비트씩 묶은 후 각 묶음을 16진수를 바꾸면 된다. 이 때 4비트씩 묶여지지 않을 경우에는 '0'을 추가한다.

**예제1-19** 2진수 $10101111010111_2$를 16진수로 변환하라.

**해설**

| 0 0 1 0 | 1 0 1 1 | 1 1 0 1 | 0 1 1 1 | 2진수 |
|---|---|---|---|---|
| 2 | B | D | $7_{16}$ | 16진수 |

$= 2BD7_{16}$

**예제1-20**

(a) $(1A3F)_{16}$를 10진수로 변환

(b) $(498)_{10}$을 16진수로 변환

(c) $(E63)_{16}$을 2진수로 변환

(d) $(10110101)_2$를 16진수로 변환

(e) $(101011.101)_2$을 16진수로 변환

(f) $(5A.6)_{16}$를 2진수로 변환

**해설**

(a) $6719_{10}$

(b) $1F2_{16}$

(c) $111001100011_2$

(d) $B5_{16}$

(e) $2B.A_{16}$

(f) $1011010.011_2$

## 1.5 보수

$R$진수로 표현된 $n$자리수의 수 $N$에는 $(R-1)$의 보수와 $R$의 보수 2종류가 있다. 수 $N$의 보수는 다음과 같이 정의한다.

$$(R-1)\text{의 보수} = (R^n - 1) - N$$
$$R\text{의 보수} = R^n - N \ (\text{단}, N \neq 0)$$

**예제1-21** 2진수 $N = 1010_2$의 1의 보수와 2의 보수를 구하라.

**해설** 2진수의 경우는 1의 보수와 2의 보수는 다음과 같이 정의된다.

$$N\text{의 1의 보수} = (2^n - 1) - N$$
$$N\text{의 2의 보수} = 2^n - N$$

따라서, $N = 1010_2 = 10_{10}$ 이므로

$$1010\text{의 1의 보수} = (2^4 - 1) - 10 = 15 - 10 = 5_{10} = 0101_2$$

$$1010\text{의 2의 보수} = 2^4 - 10 = 6_{10} = 0110_2$$

**다른 해** 1의 보수를 구하는 가장 간단한 방법은 2진수 각 자리의 0과 1을 바꾸어 주기만 하면 된다.

```
        N = 1 0 1 0
            ↓ ↓ ↓ ↓   ⇨ 0과 1을 바꾼다
N의 1의 보수 = 0 1 0 1
```

2의 보수는 1의 보수에 1을 더하면 된다.

2의 보수 = 1의 보수 + 1 = 0101 + 1 = 0110

또 다른 방법으로는 2진수의 가장 낮은 자리에서부터 보아 처음으로 1이 나타날 때까지는 그대로 두고 다음 자리 부터는 모두 0과 1을 바꾸어 주면 된다.

N = 1 0 1 0

1이 나타날 때까지는 그대로 둔다.

N의 2의 보수 = 0 1 1 0

0과 1을 바꾼다

**예제1-22** 다음 2진수의 1의 보수와 2의 보수를 구하라.

(1) 101100

(2) 100000

(3) 1010101

(4) 00000

(5) 0000001

**해설** (1) 1의 보수 = 010011

2의 보수 = 1의 보수 + 1 = 010100

(2) 1의 보수 = 011111

2의 보수 = 100000

(3) 1의 보수 = 0101010

2의 보수 = 0101011

(4) 1의 보수 = 11111

2의 보수 = 00000

(5) 1의 보수 = 1111110

2의 보수 = 1111111

## 1. 6 보수를 이용한 감산

**2의 보수를 이용한 감산** 두 양수의 감산 X－Y를 할 때 그 과정은 다음과 같다.

1. 피감수 X에 감수 Y의 보수를 더한다.
2. end-carry가 있으면 무시한다.
3. end-carry가 없으면 위 1의 결과를 2의 보수로 취하고 앞에 (－) 부호를 붙인다.

**예제1－23** 2진수 $X$ = 1010100, $Y$=1000100일 때 2의 보수를 이용한 감산 $(X-Y)$를 구하라.

**해설** 감수 $Y$의 2의 보수 = 0111100이므로

```
      1010100   피감수
  +   0111100   감수 Y의 2의 보수
  ───────────
    1 0010000   end-carry 무시
  (end-carry)
  ───────────
      0010000
```

**예제1－24** 2진수 $X$ = 1000100, $Y$ = 1010100일 때 2의 보수를 이용한 감산 $(X-Y)$를 구하라.

**해설** 감수 $Y$의 2의 보수 = 0101100이므로

```
      1000100   피감수
  +   0101100   감수 Y의 2의 보수
  ───────────
      1110000   end-carry가 없으므로 다시 2의 보수를
  ───────────   취하고 (－)부호를 붙인다
     －0010000
```

**1의 보수를 이용한 감산** 두 양수의 감산 X－Y를 할 때 그 과정은 다음과 같다.

1. 피감수 X에 감수 Y의 1의 보수를 더한다.
2. end-carry가 있으면 최하위 숫자에 더한다.
3. end-carry가 없으면 위 1의 결과를 1의 보수로 취하고 (－)부호를 붙인다.

**예제1－25** 2진수 X = 1010100, Y = 1000100일 때 1의 보수를 이용한 감산 (X－Y)를 구하라.

**해설** 감수 $Y$의 1의 보수 = 0111011이므로

| | 계산 | 설명 |
|---|---|---|
| | 1010100 | 피감수 |
| + | 0111011 | 감수 Y의 1의 보수 |
| end-carry → | 1 0001111 | end - carry 발생 |
| | → 1 | end - around - carry |
| | 0010000 | |

**예제1－26** 2진수 $X$ = 1000100, $Y$ = 1010100일 때 1의 보수를 이용한 감산 ($X$－$Y$)를 구하라.

**해설** 감수 $Y$의 1의 보수 = 0101011이므로

| | 계산 | 설명 |
|---|---|---|
| | 1000100 | 피감수 |
| + | 0101011 | 감수 Y의 1의 보수 |
| | 1101111 | end-carry가 없으므로 다시 1의 보수를 취하고 (－)부호를 붙인다 |
| | －10000 | |

## 1. 7 부호가 있는 수의 표현

대부분의 디지털 시스템에서 수의 표현은 양수에서 음수까지 표현한다. 수가 양수이면 부호비트(sign bit)는 0, 크기는 2진수로 표현되고 수가 음수이면 부호 비트는 1, 크기는 다음 중에서 하나로 표현된다.

1. 부호 절대값(signed - magnitude) 표현
2. 부호화된 1의 보수(signed - 1's complement) 표현
3. 부호화된 2의 보수(signed - 2's complement) 표현

이 중 가장 널리 사용되고 있는 방식은 부호화 된 2의 보수 표현 방식이다.

**예제1－27** 8비트로 부호 절대값에 의해 +53과 －53을 표현하라.

**해 설** 부호 절대값 표현에서는 부호 비트만 다르고 크기는 같다.

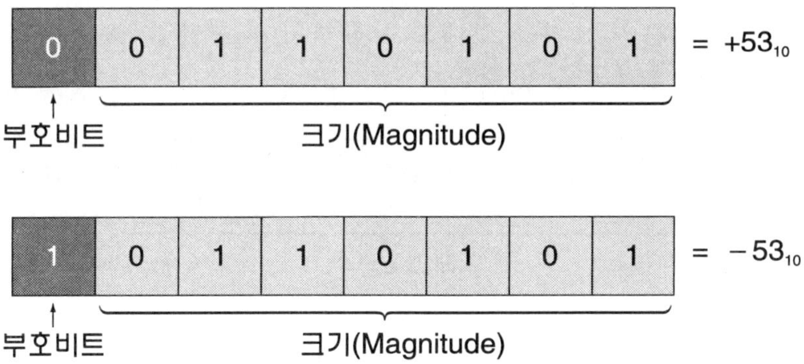


그림 1－5 부호절대값에 의한 정수의 표현

그림 1－5에서 부호 비트가 0이면 양수를 나타내고, 1이면 음수를 나타낸다. 이 부호 절대값 표현법은 음수 표현에 있어 1의 보수나 2의 보수에 비하여 가장 간편하나 연산에 있어서 매우 복잡하기 때문에 보통 사용되지 않는다.

**예제1-28** 8비트로 부호화된 1의 보수에 의해 +53과 −53을 표현하라.

**해설** 부호화된 1의 보수에 의해 표현하고자 하는 수가 양수이면 부호비트는 0, 크기는 2진수 표기를 그대로 사용하고 음수이면 크기는 1의 보수형태로 부호 비트는 1의 값을 갖는다.

그림 1-6 부호화된 1의 보수에 의한 정수의 표현

**예제1-29** 8비트로 부호화된 2의 보수에 의해 +53과 −53을 표현하라.

**해설** 부호화된 2의 보수에 의해 표현하고자 하는 수가 양수이면 부호 비트는 0, 크기는 2진수 표기를 그대로 사용하고 음수이면 크기는 2의 보수 형태로 부호 비트는 1의 값을 갖는다.

그림 1-7 부호화된 2의 보수에 의한 정수의 표현

**예제1-30** +0과 −0을 8비트 레지스터에 표현하라.

**해설** 부호 비트를 가진 영(0)은 다음 3가지로 표현된다.

| | +0 | −0 |
|---|---|---|
| 부호절대값 | 0 0000000 | 1 0000000 |
| 부호화된 1의 보수 | 0 0000000 | 1 1111111 |
| 부호화된 2의 보수 | 0 0000000 | 없음(none) |

부호화된 2의 보수로 음수를 표시할 때 영(0)은 +0만 나온다.

### 1.7.1 수의 표현 범위

N개의 비트가 수의 크기를 나타내고 1비트가 부호를 나타낼 때 수의 표현 범위는 부호 절대값 또는 부호화된 1의 보수 표현 방식에서는

$$+(2^N - 1) \sim -(2^N - 1)$$

이고, 부호화된 2의 보수 표현 방식에서는 다음과 같다.

$$+(2^N - 1) \sim -2^N$$

**예제1-31** 8비트를 사용하여 표현할 수 있는 부호없는 10진값의 범위를 구하라.

**해설** 부호 비트는 없고, 8비트 모두가 크기만을 나타낸다.

따라서, 표현 범위는 $0 \sim (2^8 - 1) = 0 \sim 255_{10}$까지이다.

**예제1-32** 8비트 레지스터가 있다. 첫번째 비트가 부호비트라고 한다. 2의 보수로 수를 표현하는 경우 레지스터에 표시 가능한 수의 범위를 구하라.

**해설** 총 비트 $m$ = 크기비트의 수($N$) + 부호비트(1)이므로 2의 보수 표현 방식에서는

$$+(2^{m-1}-1) \sim -2^{m-1} = +(2^{N}-1) \sim 2^{N}$$

이다. 따라서 범위는 $+(2^7-1) \sim -2^7 = +127 \sim -128$이다.

## 1.7.2 수의 연산 방법

1. 부호 절대값으로 나타낸 수에서 합산은 두 수의 부호 비트가 같아야 한다.
2. 2의 보수로 나타낸 수에서 합산은 합하는 수의 부호에 상관없이 부호 비트까지 포함하여 더하기만 하고 캐리(올림 수)는 무시한다.
3. 1의 보수로 나타낸 수에서 합산은 2의 보수로 나타낸 수와 마찬가지로 합하는 수의 부호에 관계없이 단순히 더하고 부호 비트에서의 캐리가 있는 경우 결과에서 1을 증가시킨다.

**예제1-33** 부호절대값으로 나타낸 8비트수에서 13 + 4, 13 − (−4), (−13) + (−4), (−13) − 4를 구하라.

**해설**

13 + 4 = 13 − (−4)

| | 부호 | 크기 |
|---|---|---|
| | 0 | 0001101 (13) |
| + | 0 | 0000100 ( 4 ) |
| | 0 | 0010001 (17) |

(−13) + (−4) = (−13) − 4

| | 부호 | 크기 |
|---|---|---|
| | 1 | 0001101 (−13) |
| + | 1 | 0000100 (−4) |
| | 1 | 0010001 (−17) |

**예제1-34** 2의 보수로 나타낸 8비트 수에서 13 + 4, 13 + (− 4), (− 13) + 4, 그리고 (− 13) + (− 4)를 구하라.

**해설** 수의 양, 음에 관계없이 부호 비트까지 포함하여 더하기만 하고 캐리는 무시한다.

```
    0 ¦ 0001101 (13)          0 ¦ 0001101 ( 13)
 + )0 ¦ 0000100 ( 4)       + )1 ¦ 1111100 (−4)
 ---------------------     ---------------------
    0 ¦ 0010001 (17)          0 ¦ 0001001 (  9)

    1 ¦ 1110011 (−13)         1 ¦ 1110011 (−13)
 + )0 ¦ 0000100 (   4)     + )1 ¦ 1111100 (− 4)
 ---------------------     ---------------------
    1 ¦ 1110111 (−9)          1 ¦ 1101111 (−17)
```

**예제1-35** 1의 보수로 나타낸 8비트수에서 13 + 4, 13 + (− 4), (− 13) + 4, 그리고 (− 13) + (− 4)를 구하라.

**해설** 부호 비트까지 포함된 두 수를 단순히 더하고 최대 유효 비트(부호 비트)에서 캐리가 있는 경우 결과에 1을 증가 시키고 그 캐리는 무시한다.

```
    0 ¦ 0001101 (13)            0 ¦ 0001101 ( 13)
 + )0 ¦ 0000100 ( 4)         + )1 ¦ 1111011 (−4)
 ---------------------       ---------------------
    0 ¦ 0010001 (17)        1   0 ¦ 0001000
                             + )  ¦       1
                             ---------------------
                                0 ¦ 0001001 (  9)

    1 ¦ 1110010 (−13)           1 ¦ 1110010 (−13)
 + )0 ¦ 0000100 (   4)       + )1 ¦ 1111011 (− 4)
 ---------------------       ---------------------
    1 ¦ 1110110 ( −9)       1   1 ¦ 1101101
                             + )  ¦       1
                             ---------------------
                                1 ¦ 1101110 (−17)
```

## 1. 8 BCD 코드

코드는 BCD와 같은 숫자만을 표현하는 수치 코드 (numeric code)와 영문자, 숫자, 특수 문자등을 함께 표현할 수 있는 알파뉴메릭 코드 (alphanumeric code)로 구분된다.

**8421 BCD코드의 구성** 10진수의 각자리가 그에 해당하는 2진수로 표현될 때 이를 BCD코드(binary coded decimal)라고 한다. 10진수 0 ~ 9까지만 사용한다. 9가 가장 큰 수이므로 4개의 비트가 필요하다. 이 코드는 각 비트의 자리값이 $8(2^3)$, $4(2^2)$, $2(2^1)$, $1(2^0)$이므로 8421코드라고도 한다.

**예제1-36** 10진수 $385_{10}$를 BCD코드로 변환하라.

**해설**

| 3 | 8 | 5 | 10진수 |
|---|---|---|---|
| ↓ | ↓ | ↓ | |
| 0011 | 1000 | 0101 | BCD |

이 8421 BCD코드는 $0(0000_2)$에서 $9(1001_2)$까지만 사용되므로 10에서 15까지의 2진수 1010, 1011, 1100, 1101, 1110, 1111은 사용하지 않는다.

**BCD와 2진수의 비교** 다음 예는 157의 2진 코드와 BCD코드를 보인 것이다.

$$157_{10} = 10011101_2 \text{(2진수)}$$

$$157_{10} = 0001\ 0101\ 0111 \text{ (BCD)}$$

157을 표현하기 위해서 BCD는 12비트가 필요한데 비해 2진수는 8비트만 필요하므로 BCD가 2진수에 비해 더 많은 비트가 필요하므로 비효율적이다.

**BCD코드의 특징**

1. BCD코드는 웨이트 코드 (weighted code)이다.
2. 주어진 10진수에 대한 BCD코드가 2진수에 비해 더 많은 비트를 필요로 하므로 비효율적이다.
3. BCD의 장점으로 10진수로의 변환이 쉬워 디지털 전압계, 주파수 카운터 및 디지털 시계 등에 응용된다.

**예제1-37** 0110 0111 0100 1001(BCD)를 10진수로 변환하라.

**해설** BCD를 4비트 그룹으로 분리한 후 각각을 10진으로 바꾼다.

| 0 1 1 0 | 0 1 1 1 | 0 1 0 0 | 1 0 0 1 | BCD |
|---|---|---|---|---|
| 6 | 7 | 4 | 9 | 10진수 |

**예제1-38** $011101011011_{BCD}$를 10진수 표현으로 변환하라.

**해설**

| 0 1 1 1 | 0 1 0 1 | 1 0 1 1 |
|---|---|---|
| 7 | 5 | → 오류 코드 발생<br>1011은 BCD 코드가<br>아니므로 변환이 불가능하다 |

## 1.8.1 BCD 가산

BCD의 가산 과정은 다음과 같다.

1. 2진 가산을 이용하여 두 수를 더한다.
2. 합이 9이하이면 그 결과가 BCD 형태이다.
3. 합이 9보다 클 때는 +6(0110)을 더해주고 그 결과 carry가 생기면 한자리 올려서 더해준다.

**예제1-39** 다음 10진수에 대한 BCD코드의 가산을 하라.

(1) 9 + 5

(2) 16 + 17

(3) 23 + 14

(4) 68 + 52

**해설**

(1)

```
    9        1001  ← 9의 BCD
  + 5      + 0101  ← 5의 BCD
  ---      ------
  +14        1110  ← BCD가 아님
             0110  ← 수정을 위해서 6을 더함
  ---------------
  0001       0100  ← 14의 BCD
  \__/       \__/
   1          4
```

(2)

```
   16      0001  0110  ← 16의 BCD
   17    + 0001  0111  ← 17의 BCD
   --    ------------
   33      0010  1101  ← 우측은 BCD가 아님
              1┐ 0110  ← 수정을 위해서 6을 더함
         ------------
           0011 └0011  ← 수정된 BCD의 합
           \__/  \__/
            3     3
```

(3)

```
   23      0010  0011
  +14    + 0001  0100
  ---    ------------
   37      0011  0111
```

(4)

```
   68         0110  1000
 + 52       + 0101  0010
 ----       ------------
  120         1011  1010  ← 양측이 모두 BCD가 아님
            + 0110  0110  ← +6
            ------------
  0001        0010  0000  ← BCD code
  \__/        \__/  \__/
   1           2     0
```

## 1.8.2 기타 BCD코드

8421 BCD코드 이외에 일반적으로 보이는 BCD코드를 열거하면 표 1-3과 같다.

1. 2421 코드와 84-2-1 코드는 각각 코드 자리에 2, 4, 2, 1과 8, 4, -2, -1의 자리값 (weight)을 갖고 있다. 84-2-1 코드에서 1011은 (1×8) + (0×4) + (1×(-2)) + (1×(-1)) = 5를 표시한다.
2. 웨이티드 코드인 2421, 84-2-1, 51111 코드와 언웨이티드 코드인 3초과 코드를 자기 보수 코드 (self complementing code)라고 한다.
3. 존슨 코드와 링 카운터 코드는 1이 변화하는 과정이 규칙적으로 구성되어 전자회로로 동작시키기에 적합한 코드이다.
4. 링 카운터 코드는 각 코드에 1개의 1을 가지므로 에러 검출이 쉽다.

표 1-3 기타 BCD코드

| 10진수 | 2421 | 84-2-1 | 51111 | 시프트 카운터 (존슨코드) | 링카운터 9876543210 |
|---|---|---|---|---|---|
| 0 | 0000 | 0000 | 00000 | 00000 | 0000000001 |
| 1 | 0001 | 0111 | 00001 | 10000 | 0000000010 |
| 2 | 0010 | 0110 | 00011 | 11000 | 0000000100 |
| 3 | 0011 | 0101 | 00111 | 11100 | 0000001000 |
| 4 | 0100 | 0100 | 01111 | 11110 | 0000010000 |
| 5 | 1011 | 1011 | 10000 | 11111 | 0000100000 |
| 6 | 1100 | 1010 | 11000 | 01111 | 0001000000 |
| 7 | 1101 | 1001 | 11100 | 00111 | 0010000000 |
| 8 | 1110 | 1000 | 11110 | 00011 | 0100000000 |
| 9 | 1111 | 1111 | 11111 | 00001 | 1000000000 |

## 1. 9 3초과 코드

3초과 코드 (excess-3 code)는 8421 BCD코드에 $(3)_{10} = (1011)_2$를 더하여 만든 코드이다.

예를 들면 $(24)_{10}$를 3초과 코드로 만들려면

| 2 | 4 | |
|---|---|---|
| + 3 | + 3 | 각 디지트에 3을 더한다 |
| 5 | 7 | |
| ↓ | ↓ | |
| 0101 | 0111 | 4비트 2진 코드로 변환시킨다 |

와 같이 0101 0111이 $24_{10}$의 3초과 코드이다.

표 1-4 BCD코드와 3초과 코드

| 10진수 | 2진수 | 8진수 | 16진수 | BCD | 3초과 |
|---|---|---|---|---|---|
| 0 | 0 | 0 | 0 | 0000 | 0011 |
| 1 | 1 | 1 | 1 | 0001 | 0100 |
| 2 | 10 | 2 | 2 | 0010 | 0101 |
| 3 | 11 | 3 | 3 | 0011 | 0110 |
| 4 | 100 | 4 | 4 | 0100 | 0111 |
| 5 | 101 | 5 | 5 | 0101 | 1000 |
| 6 | 110 | 6 | 6 | 0110 | 1001 |
| 7 | 111 | 7 | 7 | 0111 | 1010 |
| 8 | 1000 | 10 | 8 | 1000 | 1011 |
| 9 | 1001 | 11 | 9 | 1001 | 1100 |
| 10 | 1010 | 12 | A | 0001 0000 | 0100 0011 |
| 11 | 1011 | 13 | B | 0001 0001 | 0100 0100 |
| 12 | 1100 | 14 | C | 0001 0010 | 0100 0101 |
| 13 | 1101 | 15 | D | 0001 0011 | 0100 0110 |
| 14 | 1110 | 16 | E | 0001 0100 | 0100 0111 |
| 15 | 1111 | 17 | F | 0001 0101 | 0100 1000 |

이 3초과 코드는 4비트의 그룹으로 표 1-4와 같이 10개만 표시되고 나머지 0000, 0001, 0010, 1101, 1110, 1111등의 그룹은 사용하지 않는다.

**3초과 코드의 특징**

1. 3초과 코드는 언 웨이티드 코드 (unweighted code)이다.
2. 3초과 코드는 연산동작이 쉽게 이루어진다.
3. 자기 보수 코드 (self-complimenting code)의 일종이다.

**예제1-40** (a) 10진수 $179_{10}$를 3초과 코드로 변환

(b) 3초과 코드 1001 1011을 10진수로 변환

**해설** (a) $179_{10} = 0100\ \ 1010\ \ 1100_{3초과}$

(b) $1001\ \ 1011_{3초과} = 68_{10}$

## 1.9.1 3초과 코드의 가산

3초과 코드의 가산 과정은 다음과 같다.

1. 2진 가산을 이용하여 3초과 수를 더한다.
2. 만일 계산 결과에 carry가 생기지 않으면 $3_{10}(0011)_2$을 뺀다.
3. 만일 결과에 carry가 생기면 $3_{10}$을 더하고, carry에 의해 생긴 열에도 $3_{10}$을 더한다.

**예제1-41** 다음의 10진수를 3초과 가산을 하라.

(1) 3 + 9

(2) 29 + 39

(3) 43 + 36

(4) 98 + 86

**해 설**

(1)

| 십진수 | 3초과 코드 | 설명 |
|---|---|---|
| 3 | 0110 | ← 3의 3초과 코드 |
| + 9 | 1100 | ← 9의 3초과 코드 |
| +12 | 1 0010 | ← Carry 있음 |
| | +0011+ 0011 | ← 3을 더함 |
| | 0100 0101 | ← 12의 3초과 코드 |

(2)

| 십진수 | 3초과 코드 | 설명 |
|---|---|---|
| 29 | 0101 1100 | ← 29의 3초과 코드 |
| +39 | 0110 1100 | ← 39의 3초과 코드 |
| 68 | 1100 1000 | ← 우측Carry는 자리올림 한다 |
| | − 11 + 11 | ← 우측에 3을 더하고 좌측에서 3을 뺀다 |
| | 1001 1011 | ← 3초과 코드 |

(3)

| 십진수 | 3초과 코드 | 설명 |
|---|---|---|
| 43 | 0111 0110 | ← 43의 3초과 코드 |
| + 36 | 0110 1001 | ← 36의 3초과 코드 |
| 79 | 1101 1111 | ← Carry없음 |
| | −11 −11 | ← 각각 3을 뺀다 |
| | 1010 1100 | ← 79의 3초과 코드 |

(4)

| 십진수 | 3초과 코드 | 설명 |
|---|---|---|
| 98 | 1100 1011 | ← 98의 3초과 코드 |
| + 86 | 1011 1001 | ← 86의 3초과 코드 |
| 184 | 1 1000 0100 | ← 양쪽 모두 Carry발생 |
| | +11 +11 + 11 | ← 각각 3을 더함 |
| | 0100 1011 0111 | ← 184의 3초과 코드 |

## 1. 10 그레이 코드

그레이 코드(gray code)는 현 상태에서 다음 상태로 코드의 그룹이 변화할 때 단지 1비트만 변화되는 최소 변화 코드(minimum - change code)의 일종이다. 따라서 이 그레이 코드는 연산 동작에는 부적당하나 입출력 장치와 A/D 변환기에 사용되고 있다.

### 그레이 코드의 특징

1. 1비트 변환 코드이다.
2. 연산 동작으로는 부적당하다.
3. 사용 비트가 제한이 없다.
4. A/D 변환기, 입출력 장치, 기타 주변 장치용 코드로 이용된다.

표 1-5 그레이 코드

| 10진수 | 2진수 | 그레이 코드 | 10진수 | 2진수 | 그레이 코드 |
|---|---|---|---|---|---|
| 0 | 0000 | 0000 | 8 | 1000 | 1100 |
| 1 | 0001 | 0001 | 9 | 1001 | 1101 |
| 2 | 0010 | 0011 | 10 | 1010 | 1111 |
| 3 | 0011 | 0010 | 11 | 1011 | 1110 |
| 4 | 0100 | 0110 | 12 | 1100 | 1010 |
| 5 | 0101 | 0111 | 13 | 1101 | 1011 |
| 6 | 0110 | 0101 | 14 | 1110 | 1001 |
| 7 | 0111 | 0100 | 15 | 1111 | 1000 |

### 2진수를 그레이 코드로 변환하는 방법

1. 2진수의 MSB는 그레이 코드의 MSB가 된다.
2. 2진수의 MSB와 다음 비트를 더하여 그레이 코드의 다음 디지트가 된다. 이 때 자리올림이 있으면 버린다.

**예제1-42** 2진수 $110101_2$을 그레이 코드로 변환하라.

**해설**

| ⊕ | ⊕ | ⊕ | ⊕ | ⊕ | | |
|---|---|---|---|---|---|---|
| 1 | 1 | 0 | 1 | 0 | 1 | 2진수 |
| ↓ | ↓ | ↓ | ↓ | ↓ | ↓ | |
| 1 | 0 | 1 | 1 | 1 | 1 | 그레이 코드 |

### 그레이 코드를 2진수로 변환하는 방법

1. 그레이 코드의 MSB는 2진수의 MSB가 된다.
2. 2진수의 MSB와 그레이 코드의 제 2자리의 수치와 더한 것을 2진수의 다음 비트로 한다. 이 때 자리올림이 있으면 버린다.

**예제1-43** 그레이 코드 101111을 2진수로 변환하라.

**해설**

| 1 | 0 | 1 | 1 | 1 | 1 | 그레이 코드 |
|---|---|---|---|---|---|---|
| ↓⊕↗ | ↓⊕↗ | ↓⊕↗ | ↓⊕↗ | ↓⊕↗ | ↓ | |
| 1 | 1 | 0 | 1 | 0 | 1 | 2진수 |

## 1. 11 알파뉴메릭 코드

디지털 시스템에서 숫자이외에 문자, 특수 문자등을 함께 표현할 수 있는 코드를 알파뉴메릭 코드 (alphanumeric code)라고 한다.

**ASCII 코드** 마이크로 컴퓨터, 데이터 통신등에 가장 널리 쓰이는 코드가 ASCII(American standard code for Information Interchange : 미국 표준코드)코드이다.

1. ASCII코드는 7비트 코드로서 128개 ($2^7$)의 서로 다른 문자를 표현할 수 있다.
2. 8비트의 ASCII코드는 7비트의 ASCII 코드에 패리티 비트 1비트를 추가하여 에러 검출을 위해 사용한다.

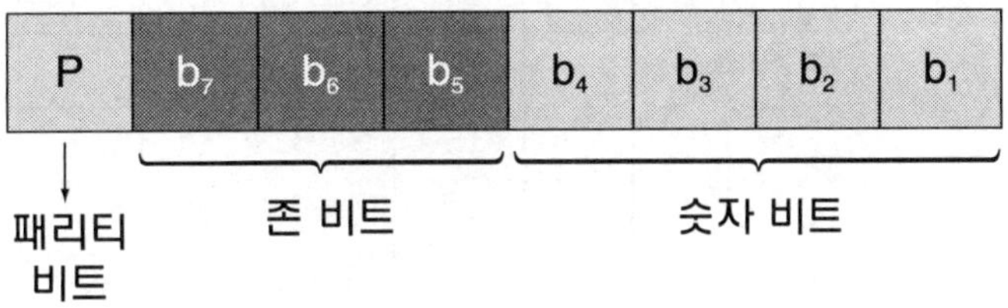


그림 1-8 ASCII 코드의 구성

**EBCDIC 코드** IBM에서 제정한 EBCDIC코드 (Extended Binary Coded Decimal Interchange Code)는 8비트 코드로서 256($2^8$)개의 조합으로 되어있다.

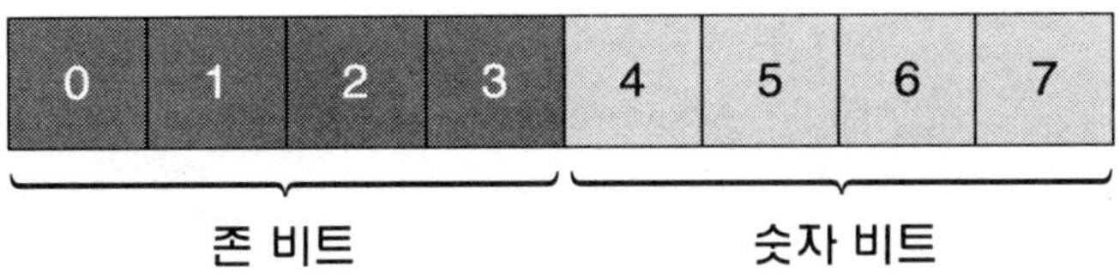


그림 1-9 EBCDIC 코드의 구성

표 1-6 ASCII 코드

| 비트 | b7 | 0 | 0 | 0 | 0 | 1 | 1 | 1 | 1 |
|---|---|---|---|---|---|---|---|---|---|
| | b6 | 0 | 0 | 1 | 1 | 0 | 0 | 1 | 1 |
| | b5 | 0 | 1 | 0 | 1 | 0 | 1 | 0 | 1 |
| b4b3b2b1 | | | | | | | | | |
| 0 0 0 0 | | NUL | DLE | SP | 0 | @ | P | | p |
| 0 0 0 1 | | SOH | DC1 | ! | 1 | A | Q | a | q |
| 0 0 1 0 | | STX | DC2 | “ | 2 | B | R | b | r |
| 0 0 1 1 | | ETX | DC3 | # | 3 | C | S | c | s |
| 0 1 0 0 | | EOT | DC4 | $ | 4 | D | T | d | t |
| 0 1 0 1 | | ENQ | NAK | % | 5 | E | U | e | u |
| 0 1 1 0 | | ACK | SYN | & | 6 | F | V | f | v |
| 0 1 1 1 | | BEL | ETB | ‘ | 7 | G | W | g | w |
| 1 0 0 0 | | BS | CAN | ( | 8 | H | X | h | x |
| 1 0 0 1 | | HT | EM | ) | 9 | I | Y | i | y |
| 1 0 1 0 | | LF | SUB | * | : | J | Z | j | z |
| 1 0 1 1 | | VT | ESC | + | ; | K | [ | k | { |
| 1 1 0 0 | | FF | FS | , | < | L | \ | ǀ | ǀ |
| 1 1 0 1 | | CR | GS | — | = | M | ] | m | } |
| 1 1 1 0 | | SO | RS | · | > | N | ↑ | n | ~ |
| 1 1 1 1 | | SI | US | / | ? | O | — | o | DEL |

NUL − Null
SOH − Start of Heading
STX − Start of Text
ETX − End of Text
EOT − End of Transmission
ENQ − Enquiry
ACK − Acknowledge
BEL − Bell
BS − Backspace
HT − Horizontal Tabulation
LF − Line Feed
VT − Vertical Tabulation
FF − Form Feed
CR − Carriage Return
SO − Shift Out
SI − Shift In

DLE − Data Link Escape
DC − Direct Control
NAK − Negaive Acknowledge
SYN − Synchronous idle
ETB − End of Transmission Block
CAN − Cancel
EM − End of Medium
SUB − Substitute
ESC − Escape
FS − File Separator
GS − Group Separator
RS − Record Separator
US − Unit Separator
SP − Space(Blank)
DEL − Delete

표 1-7 EBCDIC 코드

| 비트 01 / 23 / 4567 | 00 | | | | 01 | | | | 10 | | | | 11 | | | |
|---|---|---|---|---|---|---|---|---|---|---|---|---|---|---|---|---|
| | 00 | 01 | 10 | 11 | 00 | 01 | 10 | 11 | 00 | 01 | 10 | 11 | 00 | 01 | 10 | 11 |
| 0000 | NUL | DLE | DS | | SP | & | — | | | | | | { | } | \ | 0 |
| 0001 | SOH | DC1 | SOS | | | | / | | a | j | ~ | | A | J | | 1 |
| 0010 | STX | DC2 | FS | SYN | | | | | b | k | s | | B | K | S | 2 |
| 0011 | ETX | TM | | | | | | | c | | I | t | C | L | T | 3 |
| 0100 | PF | RES | BYP | PN | | | | | d | m | u | | D | M | U | 4 |
| 0101 | HT | NL | LF | RS | | | | | e | n | v | | E | N | V | 5 |
| 0110 | LC | BS | ETB | UC | | | | | f | o | w | | F | O | W | 6 |
| 0111 | DEL | IL | ESC | EOT | | | | | g | p | x | | G | P | X | 7 |
| 1000 | GE | CAN | | | | | | | h | q | y | | H | Q | Y | 8 |
| 1001 | RLF | EM | | | | | | | i | r | z | | I | R | Z | 9 |
| 1010 | SMM | CC | SM | | C | ! | | : | | | | | | | LVM | |
| 1011 | VT | CU1 | CU2 | CU3 | • | $ | • | # | | | | | | | | |
| 1100 | FF | IFS | | DC4 | < | * | % | # | | | | | | | | |
| 1101 | CR | IGS | ENQ | NAK | ( | ) | _ | • | | | | | | | | |
| 1110 | SO | IRS | ACK | | + | ; | > | = | | | | | | | | |
| 1111 | SI | IUS | BEL | SUB | \| | – | ? | " | | | | | | | | |

## 1. 12 에러 검출을 위한 패리티 방법

에러 검출(error detection)의 간단한 방법으로 패리티 방법(parity method)을 가장 많이 사용되고 있다.

**패리티 비트** 패리티 비트(parity bit)란 전송되는 1개의 문자마다 에러 검출을 위해 1비트씩 추가되는 비트이다. 패리티 비트는 홀수 패리티(odd parity)와 짝수 패리티(even parity)가 있다.

1. 홀수(또는 기수) 패리티 방법은 코드 그룹의 1의 개수가 홀수가 되도록 만드는 방법이다.
2. 짝수(또는 우수) 패리티 방법은 코드 그룹의 1의 개수가 짝수가 되도록 만드는 방법이다.

이 패리티 비트는 간단하고 효과적이나 단일 비트 (single bit), 즉 1개의 비트 에러만을 검출할 수 있다.

표 1-8 패리티 비트

| 10진수 | BCD코드 | 홀수패리티를 가진 BCD | 짝수패리티를 가진 BCD |
|---|---|---|---|
| 0 | 0000 | 0000 1 or 00001 | 0000 0 or 00000 |
| 1 | 0001 | 0001 0 or 00010 | 0001 1 or 00011 |
| 2 | 0010 | 0010 0 or 00100 | 0010 1 or 00101 |
| 3 | 0011 | 0011 1 or 00111 | 0011 0 or 00110 |
| 4 | 0100 | 0100 0 or 01000 | 0100 1 or 01001 |
| 5 | 0101 | 0101 1 or 01011 | 0101 0 or 01010 |
| 6 | 0110 | 0110 1 or 01101 | 0110 0 or 01100 |
| 7 | 0111 | 0111 0 or 01110 | 0111 1 or 01111 |
| 8 | 1000 | 1000 0 or 10000 | 1000 1 or 10001 |
| 9 | 1001 | 1001 1 or 10011 | 1001 0 or 10010 |

비트 수가 5개이상되는 코드는 자체적으로 패리티를 구성할 수 있다. 표 1-9는 코드 자체가 짝수 패리티 에러 검출 코드이다.

**2-out-of-5코드** 표 1-9에서 2-out-of-5 코드는 언웨이티드 코드로서 각 코드의 그룹에 단지 1이 2개이다. 이 코드는 에러 검출이 쉬워 전화통신에 이용되고 있다.

**Biquinary 코드** 이 코드는 7비트 코드로서 50 43210의 자리값을 갖는 웨이티드 코드이다. 이 코드는 2개의 1과 5개의 0으로 구성되는데, 1은 50부분에 하나, 43210부분에 하나가 있어 전송시 1의 개수와 그 위치를 확인하면 쉽게 에러를 검출할 수 있다.

이 Biquinary 코드는 2-5진 코드라고도 하며 2 그룹은 에러 검출을 위한 비트이고, 5그룹은 계수를 목적으로 사용한다.

표 1-9 에러검출용 코드

| 10진수 | 2-out-of-5 코드 | Biquinary코드(5043210) |
|---|---|---|
| 0 | 0 0 0 1 1 | 0 1 0 0 0 0 1 |
| 1 | 0 0 1 0 1 | 0 1 0 0 0 1 0 |
| 2 | 0 0 1 1 0 | 0 1 0 0 1 0 0 |
| 3 | 0 1 0 0 1 | 0 1 0 1 0 0 0 |
| 4 | 0 1 0 1 0 | 0 1 1 0 0 0 0 |
| 5 | 0 1 1 0 0 | 1 0 0 0 0 0 1 |
| 6 | 1 0 0 0 1 | 1 0 0 0 0 1 0 |
| 7 | 1 0 0 1 0 | 1 0 0 0 1 0 0 |
| 8 | 1 0 1 0 0 | 1 0 0 1 0 0 0 |
| 9 | 1 1 0 0 0 | 1 0 1 0 0 0 0 |

## 1.13 해밍 코드

패리티 방법은 단일 비트 에러만을 검출하기 위해 사용될 뿐이고 이 에러의 정정은 불가능하다. 그러나, 해밍 코드 (Hamming code)는 에러를 검출함과 동시에 정정할 수 있도록 구성된 코드이다.

표 1-10 8421 BCD코드의 해밍 코드

| 10진수 | 1<br>$P_1$ | 2<br>$P_2$ | 3<br>8 | 4<br>$P_3$ | 5<br>4 | 6<br>2 | 7<br>1 |
|---|---|---|---|---|---|---|---|
| 0 | 0 | 0 | 0 | 0 | 0 | 0 | 0 |
| 1 | 1 | 1 | 0 | 1 | 0 | 0 | 1 |
| 2 | 0 | 1 | 0 | 1 | 0 | 1 | 0 |
| 3 | 1 | 0 | 0 | 0 | 0 | 1 | 1 |
| 4 | 1 | 0 | 0 | 1 | 1 | 0 | 0 |
| 5 | 0 | 1 | 0 | 0 | 1 | 0 | 1 |
| 6 | 1 | 1 | 0 | 0 | 1 | 1 | 0 |
| 7 | 0 | 0 | 0 | 1 | 1 | 1 | 1 |
| 8 | 1 | 1 | 1 | 0 | 0 | 0 | 0 |
| 9 | 0 | 0 | 1 | 1 | 0 | 0 | 1 |
| | 패리티 비트 (1, 2, 4) | | 8421 정보 비트 (3, 5, 6, 7) | | | | |

(← 행 번호, ← 해밍코드)

※ 짝수 패리티를 가진 해밍 코드이다.

**패리티의 검사** 표 1-10은 8421 BCD 코드를 해밍 코드화 한 것이다. 패리티는 1, 2, 4행에 정보 비트는 3, 5, 6, 7행에 배열된다.

1. $P_1$은 1, 3, 5 및 7행에 대한 짝수 패리티 검사를 한다.
2. $P_2$는 2, 3, 6 및 7행에 대한 짝수 패리티 검사를 한다.
3. $P_3$는 4, 5, 6 및 7행에 대한 짝수 패리티 검사를 한다.

위 비트의 개수가 짝수이면 0, 홀수이면 1로하여 $P_3P_2P_1$순의 2진수가 에러가 발생한 행의 번호이다.

**예제1-44** 8비트로 구성된 정보를 해밍 코드로 코드화 하는데 필요한 패리티 비트의 수를 구하라.

**해설** 정보 비트의 수를 $m$이라고 할 때 필요한 패리티 비트의 수 $P$는 다음 식으로 구한다.

$$2^P \geq m + p + 1$$

예제에서 $m = 8$이므로 $p = 4$가 되어야 한다. 즉, 4개의 패리티 비트가 필요하다. 이 패리티 비트는 행번호 $2^0, 2^1, 2^2$ …… 자리에 위치하여야 한다.

**예제1-45** 짝수 패리티를 가진 다음의 해밍 코드를 수신하였다.

| 1 | 2 | 3 | 4 | 5 | 6 | 7 | ← 행번호 |
|---|---|---|---|---|---|---|---|
| $p_1$ | $p_2$ | 8 | $p_3$ | 4 | 2 | 1 | |
| 0 | 0 | 0 | 1 | 1 | 0 | 1 | ← 수신된 해밍 코드 |

이 코드에 단일 비트 에러가 발생되었다고 할 때 에러가 발생한 행 번호는?

**해설** $P_1$ : 1, 3, 5, 7번의 짝수 패리티 검사 − no error(0)

$P_2$ : 2, 3, 6, 7번의 짝수 패리티 검사 − error(1)

$P_3$ : 4, 5, 6, 7번의 짝수 패리티 검사 − error(1)

따라서, $P_3P_2P_1 = 110_2 = 6_{10}$이므로 행번호 6번 비트가 에러이다. 그러므로 0을 1로 정정하면 된다.

# 연 습 문 제

**Q·01** 다음의 10진수 a, b, c, d를 2진수로 변환한 것이다. 옳은 것은?

a. 23　　b. 6　　c. 12　　d. 35

| | a | b | c | d |
|---|---|---|---|---|
| ① | 11001 | 110 | 1010 | 100011 |
| ② | 11001 | 101 | 1011 | 110000 |
| ③ | 10111 | 110 | 1100 | 100011 |
| ④ | 10111 | 101 | 1100 | 110000 |

가. ①　　나. ②　　다.③　　라.④

**해설** 주어진 10진수를 차례로 2로 나누어 가면서 얻어지는 나머지를 아래에서부터 올려가면서 놓으면 된다.

**Q·02** 10진수 20.375를 2진수로 고치면?

가. 10100.011　　나. 10100.111

다. 10100.001　　라. 10011.111

**해설**

```
2 ) 20
2 ) 10  ··· 0
2 )  5  ··· 0
2 )  2  ··· 1
2 )  1  ··· 0
     0  ··· 1

0.375      0.75      0.5
×   2      ×  2      × 2
0.750      1.500     1.0
  ↓          ↓        ↓
  0          1        1
```

$\therefore\ (20.375)_{10} = (10100.011)_2$

**해답** 1. 다　2. 가

**Q·03** 다음의 2진수 a, b, c, d를 10진수로 변환한 것이다. 옳은 것은 어느 것인가?

a. 101　　b. 11111　　c. 100110　　d. 10111

| | a | b | c | d |
|---|---|---|---|---|
| ① | 5 | 16 | 38 | 25 |
| ② | 7 | 31 | 37 | 25 |
| ③ | 7 | 15 | 37 | 23 |
| ④ | 5 | 31 | 38 | 23 |

가. ①　　나. ②　　다.③　　라.④

**해설** 2진수의 각 자리에 대응한 자리값과 그 자리의 수를 곱한 것을 전부 더한다.

예를 들어 $100110_2$을 변환하면

| 1 | 0 | 0 | 1 | 1 | 0 |
|---|---|---|---|---|---|
| $2^5$ | $2^4$ | $2^3$ | $2^2$ | $2^1$ | $2^0$ ← 자리값(weight) |

$= 1\times2^5+0\times2^4+0\times2^3+1\times2^2+1\times2^1+0\times2^0$

$= 32 + 0 + 0 + 4 + 2 + 0$

$= 38_{10}$

**Q·04** 2진수 $1010.011_2$을 10진수로 변환하면?

가. 10.25　　나. 10.625

다. 10.375　　라. 10.3125

**해설**

| 1 | 0 | 1 | 0 | 0 | 1 | 1 |
|---|---|---|---|---|---|---|
| $2^3$ | $2^2$ | $2^1$ | $2^0$ | $2^{-1}$ | $2^{-2}$ | $2^{-3}$ |

$= 1\times2^3+0\times2^2+1\times2^1+0\times2^0+0\times2^{-1}+1\times2^{-2}+1\times2^{-3}$

$= 8 + 0 + 2 + 0 + 0 + 0.25 + 0.125$

$= 8 + 2 + 0.25 + 0.125$

$= 10.375_{10}$

**해답** 3. 라　4. 다

**Q·05** $(0.101101)_2$을 10진수로 표시하면?

가. 0.6025　　나. 0.5625
다. 0.702625　　라. 0.703125

**해설** $(0.101101)_2 = 1\times2^{-1} + 0\times2^{-2} + 1\times2^{-3} + 1\times2^{-4} + 0\times2^{-5} + 1\times2^{-6}$

여기서 $2^{-1} = \frac{1}{2^1} = 0.5,\ 2^{-2} = \frac{1}{2^2} = 0.25,\ 2^{-3} = \frac{1}{2^3} = 0.125,$

$2^{-4} = \frac{1}{2^4} = 0.0625,\ 2^{-5} = \frac{1}{2^5} = 0.03125,\ 2^{-6} = \frac{1}{2^6} = 0.015625$

**Q·06** 다음 10진수를 2진수로 환산한 값은?

$(0.65625)_{10}$

가. $(0.10111)_2$　　나. $(0.11011)_2$
다. $(0.10101)_2$　　라. $(0.10110)_2$

**Q·07** 2진수 $0.0111_2$를 10진수로 바꾸면?

가. 4.375　　나. 43.75
다. 0.4375　　라. 0.04375

**해설** $0.0111_2 = 0\times2^{-1} + 1\times2^{-2} + 1\times2^{-3} + 1\times2^{-4}$
$= 0 + 0.25 + 0.125 + 0.0625$
$= 0.4375_{10}$

**Q·08** 다음 2진수를 10진수로 환산한 값 중 옳은 답은?

$(10110.1101)_2$

가. $(23.6135)_{10}$　　나. $(22.8125)_{10}$
다. $(31.2350)_{10}$　　라. $(19.3125)_{10}$

**해답** 5. 라　6. 다　7. 다　8. 나

**Q·09** 8진수 $(142)_8$을 10진수로 표시하면?

가. $(64)_{10}$ 나. $(74)_{10}$

다. $(98)_{10}$ 라. $(87)_{10}$

**해설**

$$\begin{aligned}(142)_8 &= 1\times 8^2 + 4\times 8^1 + 2\times 8^0\\ &= 1\times 64 + 4\times 8 + 2\times 1\\ &= 64 + 32 + 2\\ &= (98)_{10}\end{aligned}$$

**Q·10** 10진법 49.21875를 8진법으로 고친 값은?

가. 16.61 나. 17.61

다. 61.16 라. 61.61

**해설** 정수부 소수부

49/8=6+1
6/8=0+6 → 61

0.21875 × 8 = 1.75000 → 1
0.75 × 8 = 6.00 → 6

$\therefore (49.21875)_{10} = (61.16)_8$

**Q·11** 다음 중 2진수 1011.01101를 8진수로 고친 것 중 맞는 것은?

가. $13.32_8$ 나. $15.31_8$

다. $13.31_8$ 라. $15.15_8$

**Q·12** 다음 2진수를 16진수로 표시하면 다음 중 어느 것인가?

$1100101010011000_2$

가. BA98 나. CA98

다. DA98 라. EA98

**해답** 9. 다 10. 다 11. 가 12. 나

**Q·13** 16진법 F109를 2진법으로 변환하면?

가. 1111000100001001 나. 111000100101
다. 1110001000001001 라. 111000010101

**Q·14** 16진수 23을 10진수로 변환하면?

가. 35 나. 37 다. 75 라. 83

**Q·15** 16진수 32D를 8진수로 변환하면?

가. 1255 나. 1257
다. 1355 라. 1455

**Q·16** 다음에 표시한 10진수는 16진수로, 16진수는 10진수로 변환한 것으로 옳은 것은?

a. $25_{10}$ b. $437_{10}$ c. $AC_{16}$ d. $1E_{16}$

| | a | b | c | d |
|---|---|---|---|---|
| ① | 1B | 1AB | 112 | 30 |
| ② | 19 | 1B5 | 172 | 30 |
| ③ | 1A | 1B5 | 112 | 31 |
| ④ | 19 | 1AB | 172 | 24 |

가. ① 나. ② 다.③ 라.④

**Q·17** 다음에 나타낸 16진수는 2진수로, 2진수는 16진수로 변환한 것으로 옳은 것은 어느 것인가?

a. $6D_{16}$ b. $C7_{16}$
c. $1101011_2$ d. $1000110_2$

**해답** 13. 가 14. 가 15. 라 16. 나 17. 가

| | a | b | c | d |
|---|---|---|---|---|
| ① | 1101101 | 11000111 | 6B | 46 |
| ② | 1101011 | 11100111 | 6B | 46 |
| ③ | 1101101 | 11000111 | 6D | 86 |
| ④ | 1101011 | 11100111 | 6D | 86 |

가. ①　　나. ②　　다.③　　라.④

**Q·18** 6자리의 2진수로 나타낼 수 있는 수 중에서 가장 큰 수를 10진수로 나타내면?

가. 58　　나. 63　　다. 68　　라. 72

**해설** n자리의 r진수로 나타내지는 수는 전부 $r^n$개이다. 여기서 0이 포함되어 있으므로 가장 큰 수는 $2^n-1$이다.

**Q·19** 8자리의 10진수를 2진수로 나타내기 위해서는 몇 자리의 2진수가 필요한가?

가. 8자리의 2진수　　나. 16자리의 2진수
다. 20자리의 2진수　　라. 27자리의 2진수

**Q·20** 다음은 a ~ d의 수 중 최대값과 최소값을 나타낸 것이다. 옳은 것은 어느 것인가?

a. $(139)_{10}$　　b. $(10001100)_2$
c. $(215)_8$　　d. $(8E)_{16}$

| | 최대값 | 최소값 |
|---|---|---|
| ① | a | d |
| ② | b | c |
| ③ | d | a |
| ④ | c | b |

가. ①　　나. ②　　다.③　　라.④

**해답** 18. 나　19. 라　20. 다

**Q·21** 다음 2진수의 1의 보수를 구하면?

11001101

가. 00110010　　나. 01001100
다. 00110011　　라. 11001110

**해설** 1의 보수는 각 자리의 0은 1로, 1은 0으로 바꾸어 주면 쉽게 구할 수 있다.

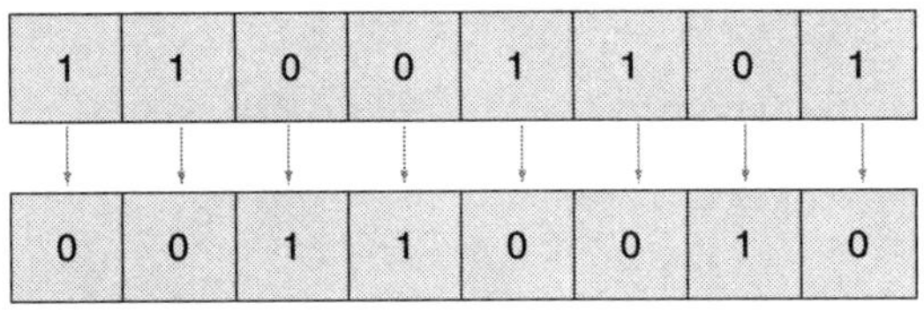


**Q·22** 다음 2진수의 2의 보수를 구하면?

11001101

가. 00110010　　나. 00110011
다. 11001001　　라. 00111100

**해설** 2의 보수는 1의 보수로 구해진 수에 1을 더해서 구할 수 있다.

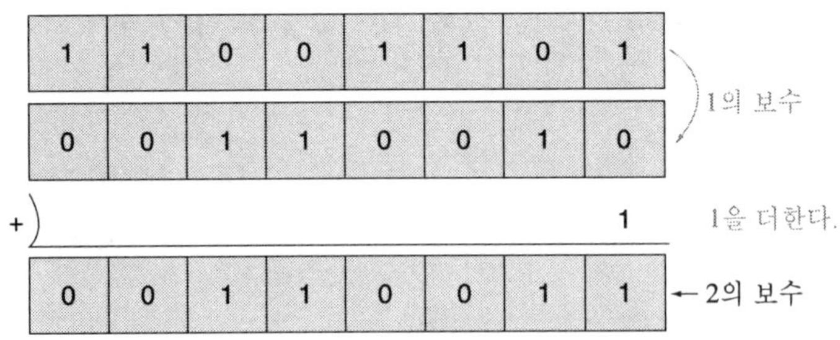


**Q·23** 다음 10진수→2진수→1의 보수→2의 보수 관계를 나타낸 것 중 맞게 설명한 것은?

가. 8→1000→1001→0110　　나. 7→0111→1000→0111
다. 9→1001→0111→0111　　라. 8→1000→0111→1000

**해답** 21. 가　22. 나　23. 라

**Q·24** 다음 2진수(7비트)에 대한 1의 보수와 2의 보수의 표현으로 틀린 항은?

| | 2진수 값 | 1의 보수 | 2의 보수 |
|---|---|---|---|
| 가 | 0000001 | 1111110 | 1111111 |
| 나 | 1110101 | 0001010 | 0001011 |
| 다 | 0000000 | 1111111 | 1000000 |
| 라 | 1001000 | 0110111 | 0111000 |

**Q·25** 10진수 999의 10의 보수는?

가. 000　　나. 111
다. 001　　라. 888

**Q·26** 8진수 12의 8의 보수는?

가. $54_8$　　나. $65_8$
다. $76_8$　　라. $66_8$

**해설** 8의 보수 $= 8^n - N$
$= 8^2 - 10_{10} = 54_{10} = 66_8$
$= 78 - 12_8 = 66_8$

**Q·27** 8진수 2143의 7의 보수는?

가. 5634　　나. 5635
다. 6745　　라. 5633

**해설** 7의 보수 $= (8^n - N) - 1$
$= 7777 - 2143 = 5634$

**Q·28** $(172463)_9$의 8의 보수는?

가. 716425　　나. 716426
다. 726425　　라. 726426

**해답** 24. 다　25. 다　26. 라　27. 가　28. 가

**Q·29** 다음 2진 감산의 결과로서 옳은 것은?

```
   11010101
 - 10101100
 ----------
```

가. 00101101　　나. 00101001

다. 00011001　　라. 00110101

**해설**

```
   11010101                        11010101
 + 01010011  (1's)  또는         + 01010100  (2's)
 ----------                      ----------
  100101000                       100101001  (답)
  └──────→1  (end carry)          ↑          (무시함)
 ----------
   00101001  (답)
```

**Q·30** 2진수 계산 문제에 대한 옳은 답은?

```
   1011101
 - 1101100
 ---------
 (        )2
```

가. $(1110000)_2$　　나. $(-0000001)_2$

다. $(-0001111)_2$　　라. $(-1001001)_2$

**해설**

```
                             1011101 … 피감수
                           + 0010011 … 감수 1의 보수
                          -----------
자리올림수 없음 … (     )1110000 … 결과
                            ↓↓↓↓↓↓↓
(−) 부호를 붙임 … ( − )0001111 … 결과의 "1의 보수"가 답이 됨
```

∴ 1011101 − 1101100 = −0001111

**Q·31** 다음 16진수의 감산을 보수로 이용하여 구하였다. 옳은 것은?

```
   423
 - 1A6
 -----
```

◎해답◎ 29. 나　30. 다　31. 라

가. 17C　　　　　　　　　　나. 17D

다. 27C　　　　　　　　　　라. 27D

**해설**

```
    423                          423
 +  E59   (15's)     또는   +   E5A   (16's)
 ------                     ------
   127C                        127D   (답)
    └─>1  (end carry)          ↑      (무시함)
 ------
    27D   (답)
```

**Q·32** 다음 8진수의 감산을 보수가산으로 행하면?

```
   435
 - 176
 -----
```

가. 237　　　　　　　　　　나. 238

다. 236　　　　　　　　　　라. 336

**해설**

```
    435                          435
 +  601   (7's)      또는   +   602   (8's)
 ------                     ------
   1236                        1237   (답)
    └─>1  (end carry)          ↑      (무시함)
 ------
    237   (답)
```

**Q·33** 다음 16진수 합산 문제에 있어서 옳은 것은?

```
   72C
 + A3F
 -----
```

가. 113C　　　　　　　　　　나. A5C1

다. A5F　　　　　　　　　　라. 116B

**Q·34** 8비트로 부호화된 2의 보수에 의해 표현한 것이다. 최상위 비트는 부호를 나타낸다. 옳은 것은 어느 것인가?

a. − 25　　　　b. − 69　　　　c. − 103

**해답** 32. 가　33. 라　34. 라

| | a | b | c |
|---|---|---|---|
| ① | 11100111 | 11000101 | 10011000 |
| ② | 10011001 | 10111011 | 10011000 |
| ③ | 10011001 | 11000101 | 10011001 |
| ④ | 11100111 | 10111011 | 10011001 |

가. ①　　나. ②　　다.③　　라.④

**Q·35** 다음은 8비트로 양(+)과 음(−)의 정수를 나타낸 것이다. 최상위 비트가 부호비트이다. 음수는 부호화된 1의 보수로 표현한 경우 옳은 것은 어느 것인가?

a. 01100110　　b. 11001010　　c. 11111111

| | a | b | c |
|---|---|---|---|
| 가 | −23 | 53 | 0 |
| 나 | 102 | −53 | −0 |
| 다 | −23 | 52 | 0 |
| 라 | 102 | −52 | −0 |

**Q·36** 다음 중 2의 보수 표현방식에 의해 n비트의 정수를 표현할 때 허용범위로 옳은 것은?

가. $-(2^{n-1}) \sim (2^{n-1})$　　나. $-(2^{n-1}) \sim (2^{n-1}-1)$

다. $-(2^{n-1}) \sim (2^{n}-1)$　　라. $-(2^{n-1}-1) \sim (2^{n-1}-1)$

**해설** n비트 레지스터에 표현 가능한 수의 범위
① 2의 보수 표현 방식 : $(2^{n-1}-1) \sim -(2^{n-1})$
② 1의 보수 표현 방식 : $\pm(2^{n-1}-1)$

**Q·37** 8비트로 된 레지스터가 있다. 첫째 비트는 부호 비트로 0, 1일 때 양수, 음수를 나타낸다. 2의 보수로 숫자를 표시한다면 레지스터에 표시되어지는 수는?

가. −256 ~ +256　　나. −128 ~ +128

**해답** 35. 나 36. 나 37. 라

다. −256 ~ +257　　　라. −128 ~ +127

**Q·38** 다음은 8bit를 사용하여 부호와 절대치 표현방법으로 −13(10진수)을 표현한 것으로 알맞은 것은?

가. 00001101　　　나. 10001101
다. 1000010　　　라. 1101000

**해설** 음수의 표현방법

| | +13 | −13 |
|---|---|---|
| 부호와 절대치 표현방법 | 00001101 | 10001101 |
| 2의 보수 표현방법 | 00001101 | 11110011 |
| 1의 보수 표현방법 | 00001101 | 11110010 |

**Q·39** 8비트 메모리 워드에서 비트패턴 $11101101_2$는 ① 부호 있는 절대치(signed magnitude), ② 1의 보수, ③ 2의 보수로 해석될 수 있다. 각각의 대응되는 10진수를 순서대로 나타낸 것은?

가. −109, −19, −18　　　나. −109, −18, −19
다. 237, −19, −18　　　라. 237, −18, −19

**해설** ① 부호−절대치 : 8비트 메모리 워드에서 비트 패턴$(11101101)_2$에서 맨 좌측은 부호비트(1→음수, 0→양수)이고 우측 비트는 값(value)을 나타낸다.
$(11101101)_2 \rightarrow (-)(2^6 + 2^5 + 2^3 + 2^2 + 2^0) = -109$

② 부호 −1의 보수 : 음수일 때 양수에 대한 1의 보수를 취한 것이다.
$(11101101)_2 \rightarrow 00010010 = 2^4 + 2^1 = 18$이므로 음수 −18을 나타낸다.

③ 부호 −2의 보수 : 양수에 대한 2의 보수를 취한것이다.
$(11101101)_2 \rightarrow 00010011 = 2^4 + 2^1 + 2^0 = 19$이므로 음수 −19을 나타낸다.

**Q·40** 2의 보수로 나타낸 수에서 (−17) + (−4)의 계산결과는?

가. 10010101　　　나. 11101011
다. 11110011　　　라. 10011011

**해답** 38. 나　39. 나　40. 나

해설 (−17)+(−4)의 계산

① 2의 보수로 나타낸 수에서의 계산

```
     1 | 1101111 (−17)
  + )1 | 1111100 (− 4)
  ─────────────────────
     1 | 1101011 (−21)
```

② 1의 보수로 나타낸 수에서의 계산

```
      1 | 1101110 (−17)
   + )1 | 1111011 (− 4)
  ──────────────────────
  1   1 | 1101001
   + )  |       1
  ──────────────────────
      1 | 1101010 (−21)
```

③ 부호와 절대치로 나타낸 수에서의 계산

```
     1 | 0010001 (−17)
  + )1 | 0000100 (− 4)
  ─────────────────────
     1 | 0010101 (−21)
```

**Q·41** 10진수 437을 BCD(Binary Coded Decimal : 2진화 10진수) 코드로 표시하면?

가. 0100 0111 0011　　나. 100 111 011

다. 1010 1101 1001　　라. 00100 00111 00011

해설 BCD코드는 4개의 2진 bit가 필요하며 10 ~ 15는 BCD에서는 사용하지 않는다.

```
  4     7     3
  ↓     ↓     ↓
0100  0111  0011
```

**Q·42** 10진수 (7 + 6)의 8421 코드화한 계산 결과로서 옳은 것은?

가. 11101　　나. 1101

다. 10011　　라. 0001 0011

**Q·43** 3초과 코드(excess-3 code)의 표시방법으로 $462_{10}$의 표시 값은?

가. 0100 0110 0010　　나. 00111 01001 00101

다. 0111 1100 0101　　라. 0111 1001 0101

**해답** 41. 가 42. 라 43. 라

**해설** 3초과 코드(excess − 3 code)는 4비트 코드로서 BCD code에 $3_{10} = 0011_2$ 을 더한 것이다.

**Q·44** 3초과 코드(excess − 3 code)의 설명으로 옳은 것은?

가. 착오 검출 코드이다.

나. 웨이티드 코드(weighted code)이다.

다. 8421 코드에 $3_{10}$을 뺀 코드이다.

라. 자기보수형 코드이다.

**해설** 8421 code의 연산을 돕기 위하여 만들어진 것으로 8421 code에 $3_{10}$을 더하여 만든다. 이 3초과 코드는 unweighted code이고 자기보수 코드(self-complementing code)이다.

**Q·45** 3초과 코드(excess − 3 code)에서 사용하지 않는 조합은?

가. 1100　　나. 0101

다. 0000　　라. 1011

**해설** 3초과에서는 4개의 비트로 조합되는 16가지 중 0011 ~ 1100까지만 사용한다. 따라서 0000, 0001, 0010 등의 group은 사용하지 않는다.

**Q·46** A = 0110, B = 1000의 두 3초과 코드의 수를 합산한 결과는?

가. 1011　　나. 0010 0000

다. 1110　　라. 10110

**해설** 3초과 코드의 가산은 carry가 발생하지 않으면 0011을 빼주고, carry가 발생하면 0011을 더해 주어야 한다.

```
  3        0110  : 3의 3초과 코드
+ 5      + 1000  : 5의 3초과 코드
---      ------
  8        1110  : Carry 없음
         - 0011  : 3을 뺀다
         ------
           1011  : 8의 3초과 코드
```

**해답** 44. 라　45. 다　46. 가

**Q·47** 비가중 코드(Unweighted code)로써 1비트씩 변화하면서 새로운 코드를 생성하므로 A/D 변환기의 입출력 코드로 널리 사용되는 것은?

가. BCD 코드　　나. 그레이 코드
다. 10진 코드　　라. 2421 코드

---

**해설** 그레이 코드(gray code)의 특징
① 1비트 변환되는 코드이다.
② 4칙 연산에는 부적당하다.
③ 주로 입 · 출력 장치, A/D 변환기, 기타 주변장치용으로 이용된다.

**Q·48** 그레이 코드 (gray code)에 대한 설명으로 옳은 것은?

가. 증감시 한 비트(bit)만 그 상태가 변한다.
나. 연산하는데 편리하다.
다. 웨이티드 코드(weighted code)이다.
라. 10진수로 변환시키기 쉽다.

---

**해설** 그레이 코드는 계측 분야에서 많이 사용되는 코드이다. 이 코드는 인접 수치간에서는 1비트만 변한다.

**Q·49** $(13)_{10}$을 그레이 코드로 변환하면?

가. 1001　　나. 1100
다. 1011　　라. 1010

**Q·50** 그레이 코드는 1110을 2진수로 변환하면?

가. 1110　　나. 1011
다. 1010　　라. 1111

---

**해설**
1 1 1 0 그레이
1 0 1 1 2 진수

---

**해답** 47. 나　48. 가　49. 다　50. 나

Q·51 2진수 1001011을 그레이 코드로 변환하면?

가. 1101110　　나. 1001110
다. 1110010　　라. 1100010

Q·52 Gray 코우드 1001011을 2진수로 나타내면?

가. 1101110　　나. 1110010
다. 1100110　　라. 1110110

Q·53 아날로그－디지털 변환에 유효하게 사용되는 코드는?

가. BCD 코드　　나. 3초과 코드
다. 그레이 코드　　라. 링 카운터 코드

Q·54 연속하는 두 수를 비교하였을 때 1개의 비트만 변화하는 코드는?

가. BCD code　　나. 3초과 code
다. Gray code　　라. 2421 code

Q·55 다음 중 데이터 통신이나 마이크로 컴퓨터등에 많이 채택하고 있는 코드는?

가. ASCII 코드　　나. EBCDIC 코드
다. Hamming 코드　　라. Gray 코드

해설 미국 표준 협회에서 제정한 7개의 비트로 한 문자를 표현하는 코드이다. 즉 3개의 존비트와 4개의 숫자비트로 구성된다.

Q·56 ASCII 코드에서 문자 표시는 몇 비트(bit)로 되어 있는가?

가. 7　　나. 5　　다. 8　　라. 6

Q·57 자료의 외부적 표현방식인 EBCDIC코드로 표현할 수 있는 최대 문자수는?

가. 36자　　나. 120자

해답 51. 가　52. 나　53. 다　54. 다　55. 가　56. 가　57. 다

다. 256자　　　　　　　　　　　　라. 282자

해설 EBCDIC코드 : 확장 2진화 10진 코드
① 구성 : 8비트 코드(zone bit 4개 + digit bit 4개)
② 표현 가능 문자수 : $2^8$ = 256가지

**Q·58** EBCDIC코드로 숫자를 표현하면 0 ~ 9까지에 있는 앞의 4비트(Zone 비트)는?

가. 1110　　　　　　　　　　　　나. 1100
다. 1111　　　　　　　　　　　　라. 1000

**Q·59** 다음 중 자기 보수(Self－complementary)기능을 갖는 코드는?

가. 3초과 코드　　　　　　　　　나. 이중 5코드
다. 그레이 코드　　　　　　　　　라. ASCII 코드

해설 자기 보수형 코드에는 대표적으로 3초과 코드외에 2421코드, 84-2-1 코드, 51111코드 등이 있다.

**Q·60** 이진 코드로 십진수의 표기하는 방법 중 보수화를 쉽게 하기 위한 것이 아닌 것은 어느 것인가?

가. Excess－3 코드　　　　　　　나. 2421 코드
다. 84－2－1 코드　　　　　　　 라. BCD 코드

**Q·61** 정보를 나타내는 부호에 여분으로 한 자리를 추가하여 사용하는 검출용 비트는?

가. 패리티 비트(parity bit)　　　　나. 워드 패리티(word parity)
다. 체크 비트(check bit)　　　　　라. 에러 비트(error bit)

해설 부호화한 자료의 에러 검출을 위해 '1'의 비트의 총합이 항상 짝수 또는 홀수가 되도록 비트열에 추가하는 검사용 비트를 패리티 비트(parity bit)라고 한다.

**해답** 58. 다　59. 가　60. 라　61. 가

**Q·62** 다음 자료는 기수 비트 패리티(odd bit parity)를 포함하고 있다. 잘못된 비트(bit)를 찾아내면 어느 것인가? (단, 가장 오른쪽 열(column)에 있는 비트(bit)가 패리티 비트(parity bit)이고, 가장 밑에 있는 것이 패리티 워드(parity word)이다.)

1 0 1 1 1 0 1
0 1 0 0 1 1 1
1 1 1 1 1 1 1
1 0 1 1 0 0 0
0 1 0 1 0 1 0
0 1 1 1 0 0 0
0 0 1 0 0 0 0

가. 1행 1열의 비트(bit)
나. 1행 2열의 비트(bit)
다. 2행 2열의 비트(bit)
라. 2행 1열의 비트(bit)

---

**해설**

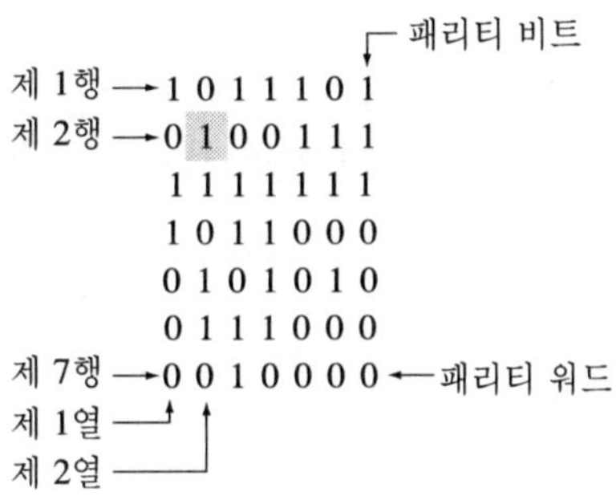


**Q·63** 우수 패리티 기법을 사용한 패리티 검사를 행했을 때 정확한 데이터가 수신 된 경우 ???에 들어갈 비트열은?

| | |
|---|---|
| 1 0 1 0 1 1 0 | 0 |
| 1 1 0 0 0 1 0 | 1 |
| 0 1 0 1 1 1 0 | 0 |
| 1 0 1 0 1 0 1 | 0 |
| 1 1 0 0 1 1 0 | 0 |
| 1 1 1 0 0 0 1 | 0 |
| ? ? ? 1 0 0 0 | 1 |

가. 110
나. 111
다. 101
라. 011

**Q·64** 다음 중 오류 검출 능력을 가진 코드는?

가. excess－3 code
나. 8421 code
다. 2421 code
라. biquinary code

**해답** 62. 다 63. 다 64. 라

**Q·65** 다음 중 2-OUT OF-5 CODE에 해당되지 않는 것은 어느 것인가?

가. 10010　　나. 11000
다. 10001　　라. 11001

**해설** 2-out of-5 코드는 5비트 코드 중 1이 두개가 있는 정마크 부호이다.

**Q·66** 다음 중 코드의 오류(error)가 발견되면 자체적으로 교정이 가능한 오류교정코드(Error correcting code)는?

가. 해밍 코드　　나. 그레이 코드
다. EBCDIC 코드　　라. ASCII 코드

**해설** 해밍 코드는 에러를 검출하거나 정정할 수 있다. 4비트 BCD 코드를 해밍 코드화하면 7비트 해밍코드가 되며 이때 해밍 비트는 3비트이다.

**Q·67** 전체 75비트를 사용하는 해밍코드에서 패리티 비트의 수는?

가. 7　　나. 9　　다. 11　　라. 13

**해설** 해밍 코드에서 패리티 비트는 $2^0, 2^1, 2^2$ …… 의 자리에 위치한다. 전체 메시지 비트가 75비트이므로 패리티 비트수는 7개가 필요하다.

**Q·68** 입력선 (input line)마다 8bit로 구성된 정보를 해밍 코드 (Hamming code)로 코드화 하기 위하여 요구되는 패리티 비트의 수는 얼마인가?

가. 3개　　나. 4개　　다. 5개　　라. 2개

**해설** $m$개의 정보선에 요구되는 패리티 비트의 수를 $p$라고 할 때 다음 식을 만족하여야 한다.

$$2^p \geq m + p + 1$$

**Q·69** 우수 패리티를 사용하여 BCD 수 1001에 대한 단일 에러 교정 코드(해밍 코드)는?

**해답** 65. 라　66. 가　67. 가　68. 나　69. 가

가. 0011001　　　　나. 0111001

다. 0010001　　　　라. 0110001

**해설** 제 1 단계 : 요구되는 패리티 비트의 수를 구한다.

$$2^p \geq m + p + 1$$

여기서, $m$은 정보비트, $p$는 패리티 비트의 수이다. $p = 3$이면 이 식이 성립하므로 3개의 패리티 비트가 요구된다.

제 2 단계 : 다음과 같이 비트의 자리를 구성한다.

| 비트표시 | $P_1$ | $P_2$ | $M_1$ | $P_3$ | $M_2$ | $M_3$ | $M_4$ |
|---|---|---|---|---|---|---|---|
| 비트자리 | 1 | 2 | 3 | 4 | 5 | 6 | 7 |
| 2진 자리수 | 001 | 010 | 011 | 100 | 101 | 110 | 111 |
| 정보 비트 | | | 1 | | 0 | 0 | 1 |
| 패리티 비트 | 0 | 0 | | 1 | | | |

제 3 단계 : 패리티 비트를 결정한다.
① $P_1$은 비트자리 1, 3, 5, 7을 점검한다.
② $P_2$는 비트자리 2, 3, 6, 7을 점검한다.
③ $P_3$는 비트자리 4, 5, 6, 7을 점검한다.

즉, 각 패리티 비트를 점검시 group에서 1의 비트를 우수 개가 되도록 패리티 비트를 정한다.

**Q·70** 우수 패리티를 가진 해밍 코드에서 착오(error)는 몇 번행에 있는가?

| 행 | 1 | 2 | 3 | 4 | 5 | 6 | 7 |
|---|---|---|---|---|---|---|---|
| 수신코드 | 1 | 1 | 0 | 0 | 0 | 1 | 0 |

가. 3　　　　나. 5　　　　다. 6　　　　라. 7

**해설**

| 행 | 1 | 2 | 3 | 4 | 5 | 6 | 7 | |
|---|---|---|---|---|---|---|---|---|
| $P_1(1, 3, 5, 7)$ | ↓ 1 | 1 | ↓ 0 | 0 | ↓ 0 | 1 | ↓ 0 | 기수 |
| $P_2(2, 3, 6, 7)$ | 1 | ↓ 1 | ↓ 0 | 0 | 0 | ↓ 1 | ↓ 0 | 우수 |
| $P_4(4, 5, 6, 7)$ | 1 | 1 | 0 | ↓ 0 | ↓ 0 | ↓ 1 | ↓ 0 | 기수 |

| $P_4$ | $P_2$ | $P_1$ |
|---|---|---|
| 1 | 0 | 1 |

$=(5)_{10}$

**해답** 70. 나

Q·71 코드 101101010을 받았다. 몇 번째 비트가 에러 비트인가?

| 비트표시 | $P_1$ | $P_2$ | $M_1$ | $P_3$ | $M_2$ | $M_3$ | $M_4$ | $P_4$ | $M_5$ |
|---|---|---|---|---|---|---|---|---|---|
| 비트자리 | 1 | 2 | 3 | 4 | 5 | 6 | 7 | 8 | 9 |
| 수신코드 | 1 | 0 | 1 | 1 | 0 | 1 | 0 | 1 | 0 |

(단, 4개의 패리티 비트가 있고, 기수 패리티가 사용된다)

가. 3번 비트　　　　나. 5번 비트

다. 6번 비트　　　　라. 7번 비트

**해설** ① $P_1$은 자리 1, 3, 5, 7, 9를 점검한다. 이 group에는 두 개의 1이 있다. 패리티 점검은 error → 1

② $P_2$는 자리 2, 3, 6, 7을 점검한다. 패리티 점검은 error → 1

③ $P_3$는 자리 4, 5, 6, 7을 점검한다. 패리티 점검은 error → 1

④ $P_4$는 자리 8, 9를 점검한다. 패리티 점검은 no error → 0

따라서, $P_4P_3P_2P_1$은 0111이 되어 7번째 비트가 에러 비트이다. 정정된 코드는 101101110이다.

**해답** 71. 라

# 2 chapter

# 논리 게이트

## Logic gates

chapter 2

# 논리 게이트

Logic gates

## 2.1 논리 연산

디지털 시스템에서는 분석과 설계에 부울대수 (boolean algebra)를 사용한다. 이 부울대수는 3개의 기본 연산, 즉 AND, OR, NOT만을 사용한다. 이 기본 동작을 논리 연산 (logic operation)이라고 하며, 논리 게이트는 입력 신호에 대해 기본 논리 연산을 수행하도록 다이오드, 트랜지스터, FET, 저항등을 사용하여 회로를 구성한다.

논리 연산의 종류는 다음과 같다.

1. AND 연산
2. OR 연산
3. NOT 연산

**예제 2-1** 논리 연산 중에서 AND 연산을 설명하고 AND 연산 규칙을 써라.

**해설** AND 연산의 연산자 (operator)는 도트 (dot), 즉 · 기호로 표시하거나 생략한다.

$$x = A \cdot B \text{ 또는 } x = AB$$

이 식은 "A AND B는 $x$와 같다."라고 읽는다. 이 AND 연산을 요약하여 설명하면 다음과 같다.

**AND 연산 요약**

1. AND 연산은 일반 곱셈과 같이 연산한다.
2. AND 연산은 모든 입력이 1일 때만 출력이 1이 된다.

3. AND 연산은 입력 변수 중 하나라도 논리 상태가 0이면 결과는 0이 된다.

표 2-1 AND 연산 규칙

| A | B | AB = x |
|---|---|---|
| 0 | 0 | 0 · 0 = 0 |
| 0 | 1 | 0 · 1 = 0 |
| 1 | 0 | 1 · 0 = 0 |
| 1 | 1 | 1 · 1 = 1 |

**예제 2-2** 논리 연산 중에서 OR 연산을 설명하고 OR 연산 규칙을 써라.

**해설** OR 연산의 연산자는 플러스 (plus), 즉 +기호로 표시한다.

$$x = A + B$$

이 식은 "A OR B는 x와 같다."라고 읽는다. 여기서, +기호는 일반 덧셈 기호가 아니라 연산 기호임을 기억하기 바란다. 이 OR연산을 요약하여 설명하면 다음과 같다.

### OR 연산 요약

1. OR연산은 입력 중 하나라도 1이면 결과는 1이다.
2. OR연산은 모든 입력 변수가 1일 때만 출력이 0이 된다.
3. OR연산은 1+1=1, 1+1+1=1이다.

표 2-2 OR 연산 규칙

| A | B | A + B = $x$ |
|---|---|---|
| 0 | 0 | 0 + 0 = 0 |
| 0 | 1 | 0 + 1 = 1 |
| 1 | 0 | 1 + 0 = 1 |
| 1 | 1 | 1 + 1 = 1 |

**예제 2-3** 논리 연산 중에서 NOT 연산을 설명하고 NOT 연산 규칙을 써라.

**해 설** NOT 연산은 하나의 입력 변수에 의해 수행된다는 점에서 OR 연산이나 AND 연산과는 다르다. NOT연산의 연산자는 프라임(prime), 즉 ' 또는 바(bar), 즉 $\overline{\ }$로 표시한다.

$$x = \overline{A} = A'$$

이 식은 "$A$의 보수는 $x$와 같다.", "$A$의 역은 $x$와 같다.", "$A$ bar는 $x$와 같다." 등으로 읽는다.

**NOT연산** NOT 게이트는 입력이 0일 때 출력은 1이 되고, 입력이 1일 때 출력은 0이 된다.

**표2-3** NOT 연산 규칙

| A | $\overline{A} = x$ |
|---|---|
| 0 | $\overline{0} = 1$ |
| 1 | $\overline{1} = 0$ |

## 2. 2 논리 게이트의 종류

게이트는 논리 회로를 구성하는데 쓰이는 기본 요소로서 AND, OR, NOT을 기본 게이트라고 한다. 이 게이트에서는 실제로 두 가지 전압 레벨을 사용한다.

**정논리와 부논리**

1. 높은 전압 H(High level)를 논리1, 낮은 전압 L(Low level)을 논리 0이라고 할 때 이를 정논리(positive logic)라고 한다.
2. 낮은 전압 L을 논리1, 높은 전압 H를 논리 0이라고 할 때 이를 부논리(negative logic)라고 한다.

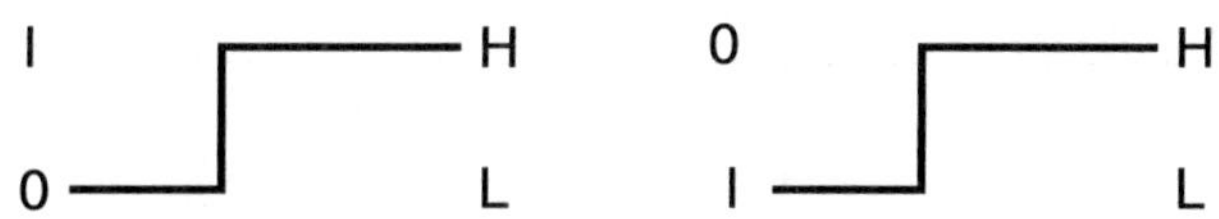


(a) 정논리 (b) 부논리

**그림 2-1** 정논리와 부논리

일반적으로 디지털 공학에서 사용되는 논리는 정논리이며 특별한 언급이 없는 한 모두 정논리로 취급하여 해석한다.

**진리표** 진리표(truth table)는 여러 입력의 논리 상태 조합에 따른 논리회로의 출력 변화를 표로 나타낸것이다. $N$입력 진리표에서 입력의 조합의 수는 $2^N$개가 된다. 즉 2-입력이면 4개의 조합, 3-입력이면 8개의 조합을 얻는다.

**논리 게이트의 종류** 기본 논리 게이트로 AND, OR, NOT이 있으며 그 외에 이의 응용으로 NAND, NOR, 배타적 OR, 배타적 NOR등이 있다. 이 중 NAND와 NOR 게이트는 이 게이트들만으로 다른 기본적인 논리 함수를 수행할 수 있어 범용 게이트(universal gate)라고 한다. 실제로 이 범용 게이트가 가장 많이 사용되고 있다. 그림 2-2에서 게이트의 입력 단자나 출력 단자에 동그라미가 있는데 그 의미는 거기에 인버터가 연결되어 있는 것과 같다.

| 논리 게이트 | 논리기호 | 부울식 | 진리표 |
|---|---|---|---|
| AND | 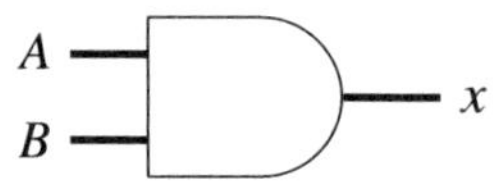 | $x = A \cdot B$<br>혹은<br>$x = A \wedge B$ | A B \| $x$<br>0 0 \| 0<br>0 1 \| 0<br>1 0 \| 0<br>1 1 \| 1 |
| OR | 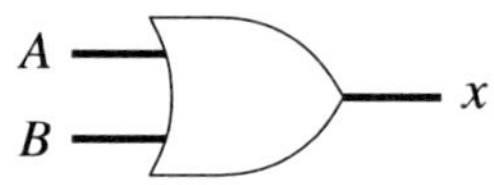 | $x = A + B$<br>혹은<br>$x = A \vee B$ | A B \| $x$<br>0 0 \| 0<br>0 1 \| 1<br>1 0 \| 1<br>1 1 \| 1 |
| 인버터(inverter) | 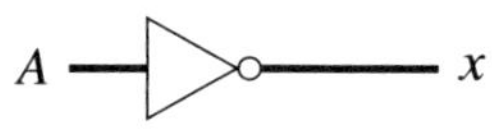 | $x = \overline{A}$ | A \| $x$<br>0 \| 1<br>1 \| 0 |
| 버퍼(buffer) | 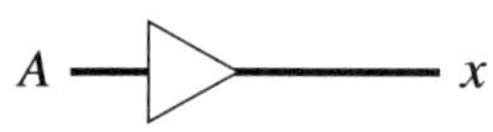 | $x = A$ | A \| $x$<br>0 \| 0<br>1 \| 1 |
| NAND | 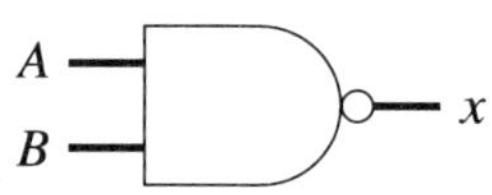 | $x = \overline{A \cdot B}$<br>혹은<br>$x = \overline{A} + \overline{B}$ | A B \| $x$<br>0 0 \| 1<br>0 1 \| 1<br>1 0 \| 1<br>1 1 \| 0 |
| NOR | 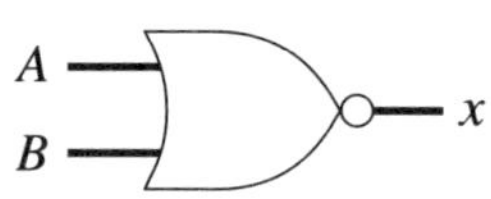 | $x = \overline{A + B}$<br>혹은<br>$x = \overline{A} \cdot \overline{B}$ | A B \| $x$<br>0 0 \| 1<br>0 1 \| 0<br>1 0 \| 0<br>1 1 \| 0 |
| XOR(exclusive－OR) | 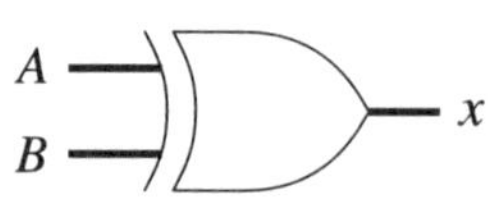 | $x = A \oplus B$<br>혹은<br>$x = A\overline{B} + \overline{A}B$ | A B \| $x$<br>0 0 \| 0<br>0 1 \| 1<br>1 0 \| 1<br>1 1 \| 0 |
| XNOR(exclusive－NOR) | 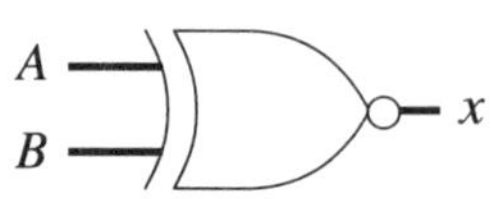 | $x = \overline{A \oplus B}$<br>혹은<br>$x = \overline{A}\,\overline{B} + AB$ | A B \| $x$<br>0 0 \| 1<br>0 1 \| 0<br>1 0 \| 0<br>1 1 \| 1 |

**그림 2－2** 논리 게이트의 종류

## 2. 3 AND 게이트

AND 게이트는 2개 또는 그 이상의 입력과 하나의 출력을 갖는 논리 소자이다. 이 AND 게이트는 모든 입력이 1일때만 출력이 1이 되는 회로이다.

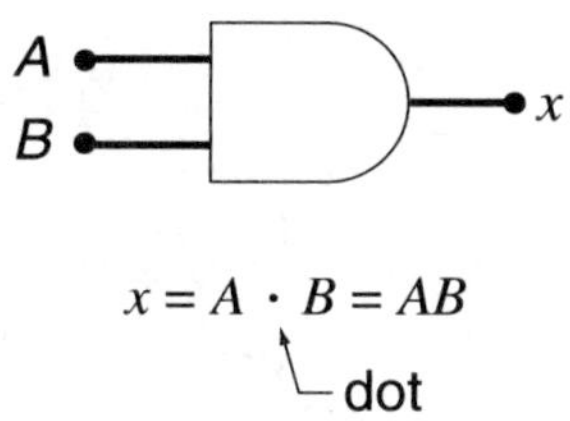


(a) AND 기호

| 입 력 | | 출 력 |
|---|---|---|
| A | B | $x = A \cdot B$ |
| 0 | 0 | 0 |
| 0 | 1 | 0 |
| 1 | 0 | 0 |
| 1 | 1 | 1 |

(b) 진리표

**그림 2-3** AND 게이트의 기호 및 진리표

그림 2-3은 2개의 입력을 갖는 AND 게이트이다. 이 게이트의 출력은 입력의 AND 곱과 같다. 이 AND 연산은 2개 이상의 입력을 갖는 AND 게이트에 대해서도 해석될 수 있는데 3-입력 AND 게이트의 경우 A = B = C = 1인 경우 출력이 1이 된다. 이 때 출력 식 $x$ = ABC이다. 4-입력의 경우 출력 $x$ = ABCD이다.

**예제 2-4** 2-입력 AND 게이트에 A와 B의 입력 파형이 가해질 때 출력 $x$에서의 파형을 그려라.

**해설**

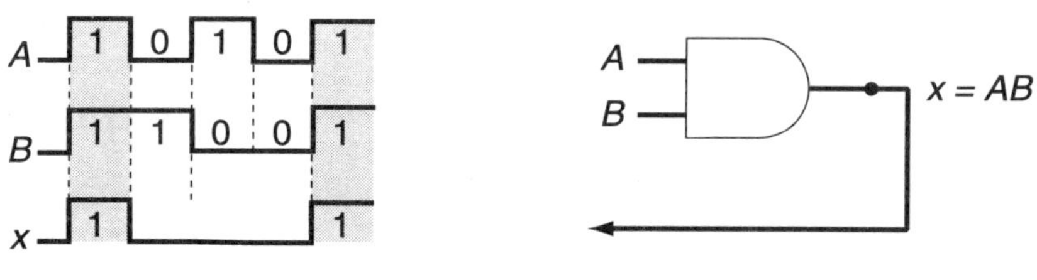


**그림 2-4** 예제

**입력 수의 확장** 그림 2－5는 2-입력 AND 게이트만을 사용하여 3-입력과 4-입력 AND게이트를 만드는 방법을 보인 것이다.

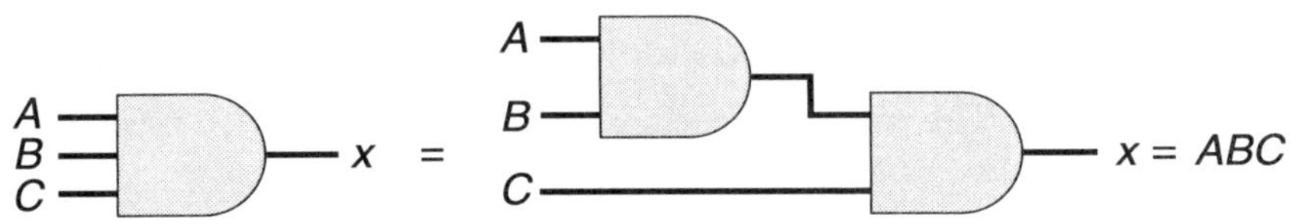


(a) 3－입력 AND 게이트

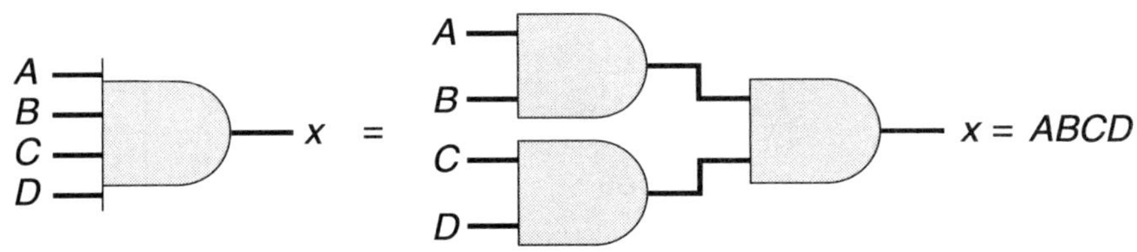


(b) 4－입력 AND 게이트

**그림 2－5** 3-입력 및 4-입력 AND 게이트

**다이오드와 트랜지스터 AND** 그림 2－6은 다이오드와 트랜지스터를 사용한 AND 회로이다.

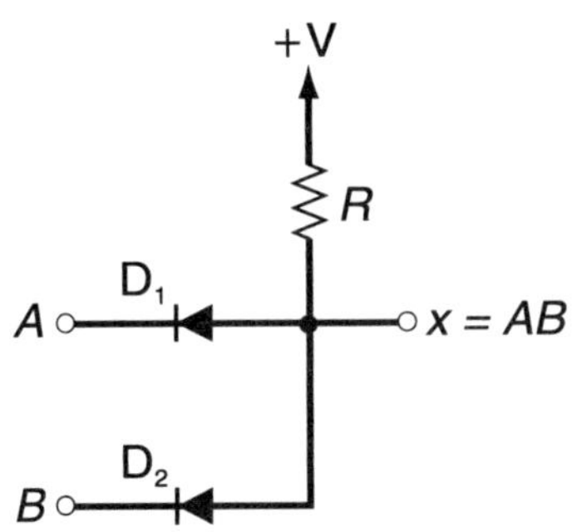


(a) 다이오드 AND

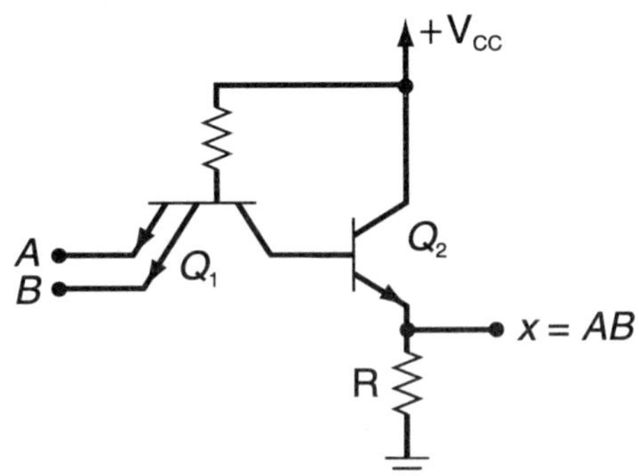


(b) TTL AND

**그림 2－6** 다이오드 및 트랜지스터 AND

**예제 2-5** 그림과 같은 다이오드 논리회로의 입력 전압에 대해 출력 $x$의 전압을 구하라. 단, 다이오드는 이상적이라고 한다.

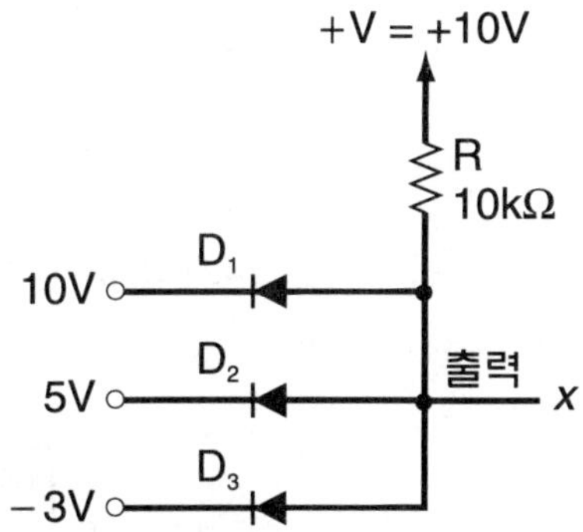


그림 2-7

**해설** 다이오드 AND 게이트는 입력 전압 중 가장 낮은 전압이 출력 전압이다. 따라서 출력 $x$에는 −3V가 나타난다.

**예제 2-6** 다음 그림은 AND−AND 결합 회로이다. 입력 $A = +5V$, $B = 0V$, $C = +5V$를 가할 경우 출력 $x$의 전압을 구하라.

단, 다이오드의 순방향 전압강하는 $0.7V$이고, 전원전압 $+V = +5V$이다.

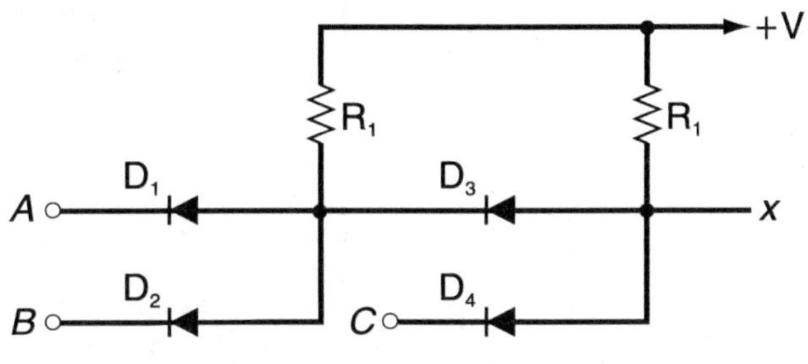


그림 2-8

**해설** $x$의 전압 = 1.4V이다. $D_2$와 $D_3$만이 순방향 바이어스로 되어 도전상태가 된다.

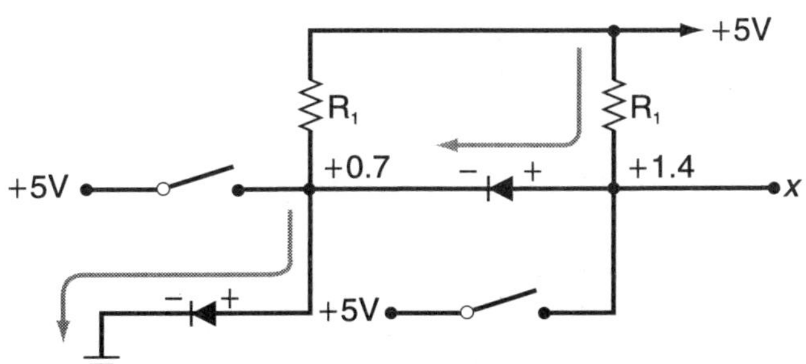


그림 2-9

**TTL AND IC의 종류** 다음은 AND게이트들을 포함하고 있는 TTL IC의 종류를 보인 것이다.

1. 7408 quad 2-입력 AND (TTL 계열)
2. 7411 triple 3-입력 AND (TTL 계열)
3. 7421 dual 4-입력 AND (TTL 계열)

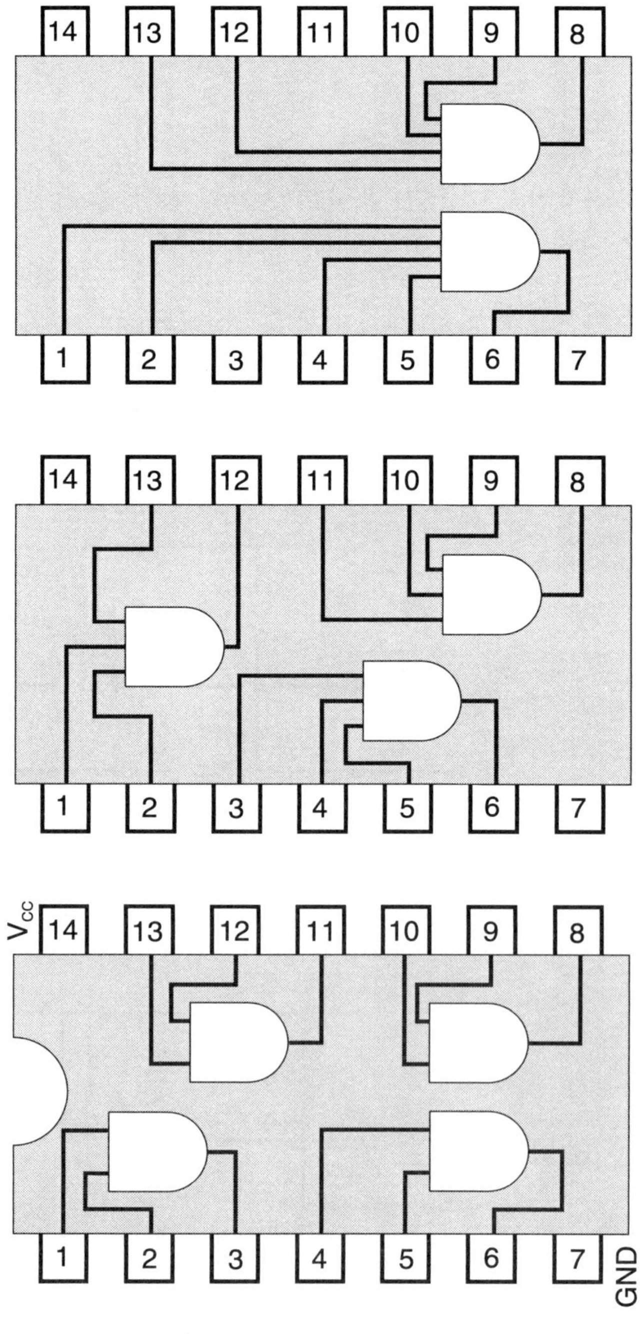


(c) 7421 (74HC21)

(b) 7411 (74HC11)

(a) 7408 (74HC08)

**그림 2-10** TTL 및 CMOS AND 게이트 IC

그림 2 - 10(a)의 7408IC는 4개의 2-입력 AND 게이트를 포함하고 있다. IC의 전원은 GND(7번 핀)과 $V_{CC}$(14번 핀)을 통해 공급된다. 모든 TTL소자는 정격전압으로 5V(dc)를 사용하고 있다.

이러한 IC들의 모양을 보면 그림 2 - 11과 같으며 이들 DIP형 패키지(Dual In - line Package)라고 한다. 또한 이러한 IC를 14핀 DIP형 IC라고 한다.

그림 2 - 11(a)에서 IC위의 홈(notch)으로부터 반시계 방향으로 첫 번째 핀이 1번 핀이다. 이 1번 핀으로부터 시작하여 IC를 위에서 보았을 때 반시계 방향으로 차례대로 1번부터 14번까지 번호가 부여된다. 그림 2 - 11(b)에서와 같이 1번 핀의 위치를 결정하기 위해 DIP형 IC위에 점(dot)을 표기하는 방법도 있다.

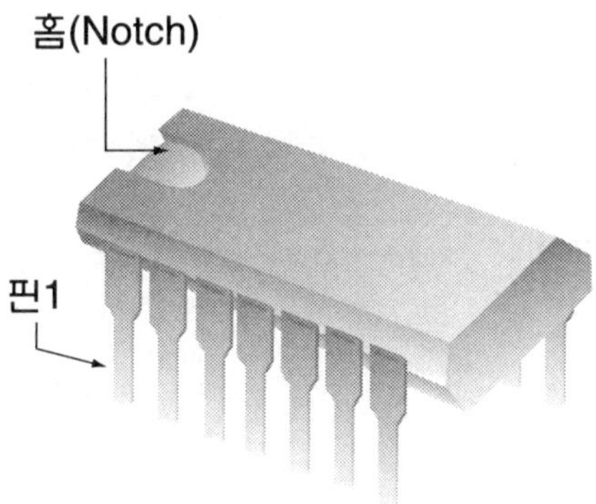


홈으로 부터 반시계 방향으로
차례대로 1번 부터 14번까지
번호가 부여된다.

(a) 홈 사용

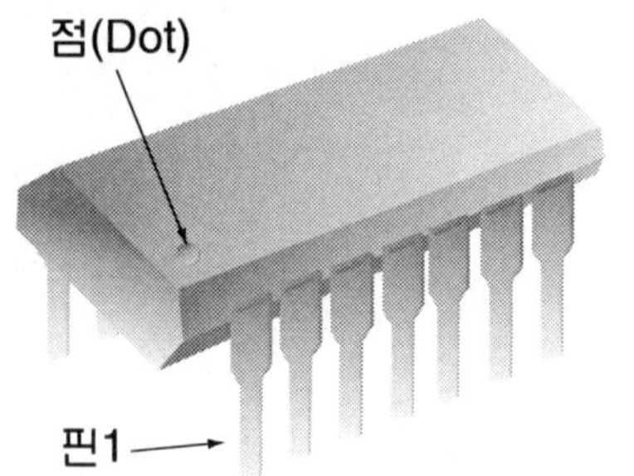


DIP형 IC 위에 점(dot)을
사용하여 1번핀의 위치결정

(b) 점(dot) 사용

**그림 2 - 11** DIP형 IC

그림2 - 12는 TTL IC의 위쪽 부분을 보인 것이다. 이 IC의 문자 "SN"은 제조회사가 Texas Instruments사라는 것을 나타내며 마지막의 "J"는 세라믹 DIP형 패키지를 의미한다. 이러한 패키지를 상용등급(commercial grade)이라고도 한다. 이 IC에서 핵심 부품 번호는 74LS08이며 그림 2 - 10의 7408 AND 게이트 IC와 거의 같다. 여기서 "LS"는 TTL IC의 종류를 나타내는 것으로 저전력 쇼트키(Low-power Schottky)를 의미한다.

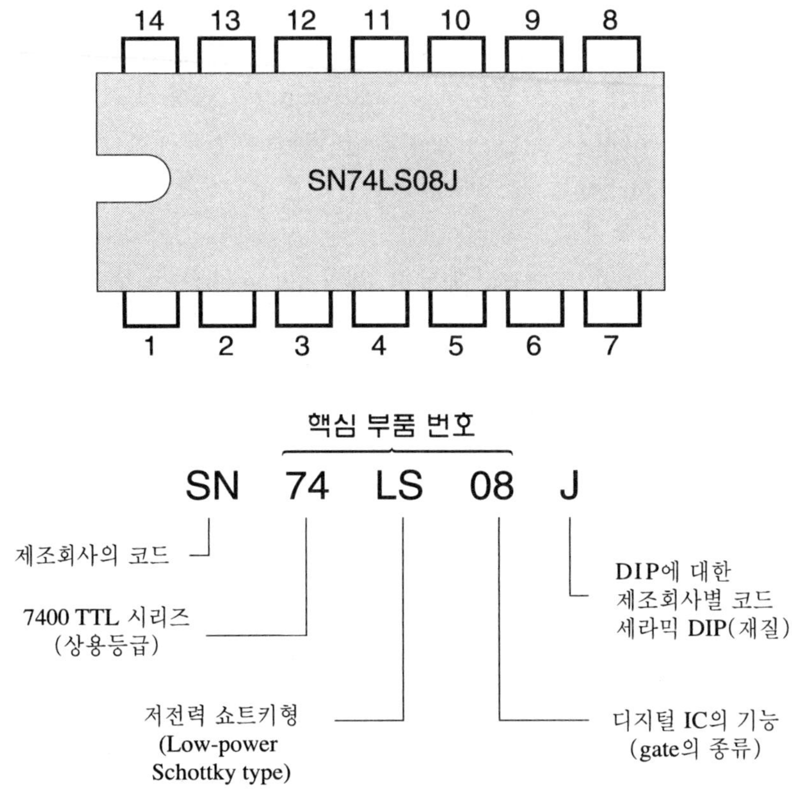


**그림 2-12** 디지털 IC의 표기법

7400계열 IC의 핵심 부품 번호에 포함되어 있는 내부 문자는 논리계열(logicfamily)이나 부계열(subfamily)을 나타내며, 일반적으로 사용되는 문자들은 다음과 같다.

| | | |
|---|---|---|
| **AC** | = | FACT Fairchild Advanced CMOS Technology logic(the newest advanced family of CMOS) |
| **ACT** | = | FACT Fairchild Advanced CMOS Technology logic(the newest family of CMOS with TTL logic levels) |
| **ALS** | = | advenced low - power Schottky TTL logic(a subfamily of TTL) |
| **AS** | = | advenced Schottky TTL logic(a subfamily of TTL) |
| **C** | = | CMOS logic(an early family of CMOS) |
| **F** | = | FAST Fairchild Advanced Schottky TTL logic (a new subfamily of CMOS) |
| **FCT** | = | FACT Fairchild Advanced CMOS Technology logic (a |

| | | |
|---|---|---|
| | | family of CMOS with TTL logic levels) |
| **H** | = | high - speed TTL logic(a subfamily of TTL) |
| **HC** | = | high - speed CMOS logic(a subfamily of CMOS) |
| **HCT** | = | high - speed CMOS logic(a family of CMOS with TTL inputs) |
| **L** | = | low - power TTL logic(a subfamily of TTL) |
| **LS** | = | low - power Schottky TTL logic(a subfamily of TTL) |
| **S** | = | Schottky TTL logic(a subfamily of TTL) |

핵심 부품 번호의 내부 문자들은 디지털 IC의 동작 속도, 전력 소모량 등과 관계가 있으며, 이러한 동작 속도와 전력 소모량의 차이 때문에 디지털 IC를 교체 할 때는 정확한 부품 번호에 의해 교체할 것을 제조 회사들은 권고하고 있다.

**CMOS AND IC의 종류** 7400계열의 부품 번호의 내부 문자 중에서 C, HC, HCT, AC, ACT, FCT와 같이 "C"를 포함하고 있는 것들을 TTL IC가 아니라 CMOS IC이다.

1. 74HC08 quad 2-입력 AND (고속 CMOS)
2. 74HC11 triple 3-입력 AND (고속 CMOS)
3. 4081B quad 2-입력 AND (CMOS)

7400계열의 TTL IC의 최대 결점은 전력 소모가 너무 많다는 것이다. 따라서, 전력 소모가 극히 적은 CMOS 디지털 IC가 개발되었다. 처음에는 4000계열, 다음에는 74C00이 개발되었으며 최근에는 74HC00계열의 CMOS IC가 널리 사용되고 있다. 이 IC는 TTL IC와 호환성이 높고 동작 속도가 빠르다는 장점이 있다. 74HC00계열의 "HC"는 고속 CMOS를 의미한다.

가장 최근에 개발된 CMOS 논리계열은 FACT(Fairchild Advanced CMOS Technology)논리계열이다. 74AC00, 74ACT00, 74ACTQ00, 74FCT00, 74FCTA00계열의 CMOS가 이에 속한다. 이 FACT논리 계열은 어떤 CMOS계열보다 전력 소모가 극히 적고 동작 속도가 매우 빠르다는 장점을 가지고 있다.

## 2. 4 OR 게이트

OR 게이트는 2개 또는 그 이상의 입력과 하나의 출력을 갖는 논리소자이다. 이 OR 게이트는 입력 A나 B중 하나가 또는 둘 다 1일 때 출력이 1이 되는 회로이다.

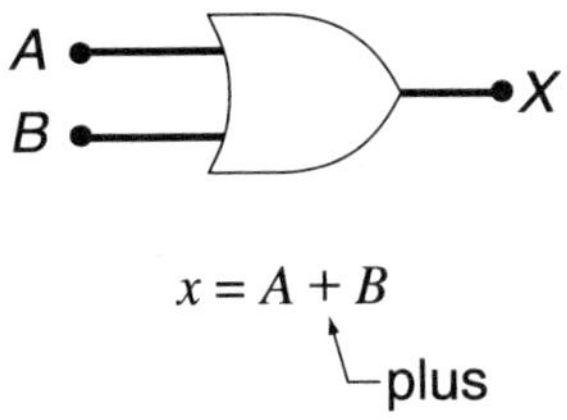


| 입 력 | | 출 력 |
|---|---|---|
| A | B | X = A + B |
| 0 | 0 | 0 |
| 0 | 1 | 1 |
| 1 | 0 | 1 |
| 1 | 1 | 1 |

(a) OR 기호 (b) 진리표

**그림 2-13** OR게이트의 기호 및 진리표

OR 게이트와 AND 게이트의 차이를 다시 말하면 논리식의 OR 기호는 어느 입력이든 하나라도 HIGH 상태이면 출력은 HIGH 상태가 되고, 논리식의 AND 기호는 모든 입력이 HIGH 상태일 때만 출력이 HIGH 상태가 된다. 이 OR 게이트에서도 입력은 3개로 확장하는 경우 출력 $x = A + B + C$로 표현할 수 있다.

**예제 2-7** 2-입력 OR 게이트에 $A$와 $B$의 입력 파형이 가해질 때 출력 $x$에서의 파형을 그려라.

**해설**

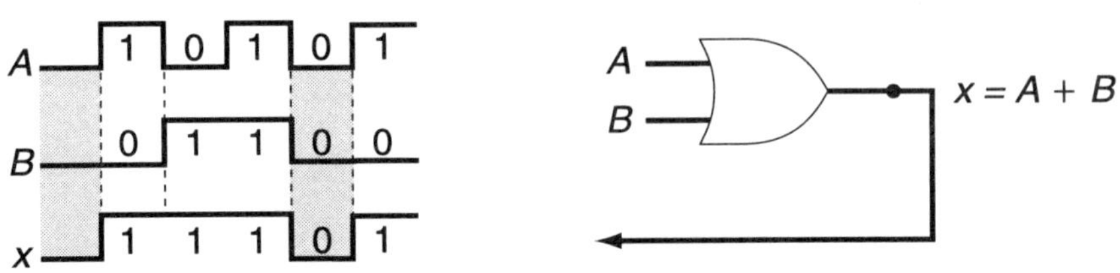


**그림 2-14** 예제

**입력 수의 확장** 그림 2-15는 2-입력 OR게이트만을 이용하여 3-입력과 4-입력 OR게이트를 만드는 방법을 모인것이다.

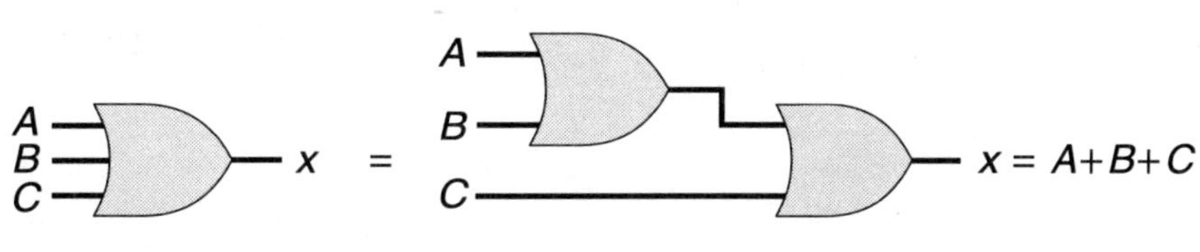


(a) 3-입력 OR 게이트

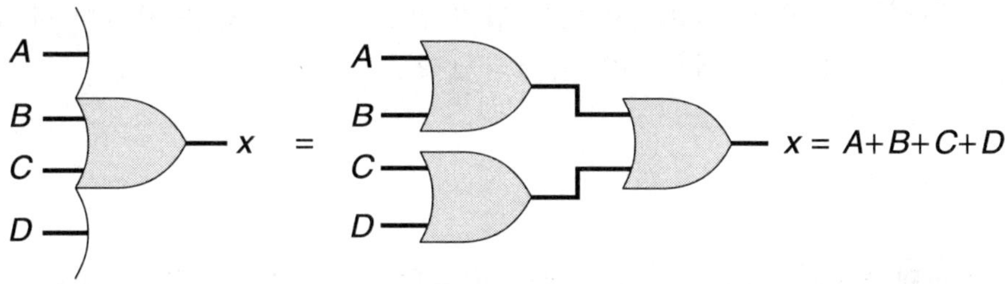


(b) 4-입력 OR 게이트

**그림 2-15** 3-입력 및 4-입력 OR 게이트

**다이오드와 트랜지스터 OR** 그림 2-16은 다이오드와 트랜지스터를 사용한 OR회로이다.

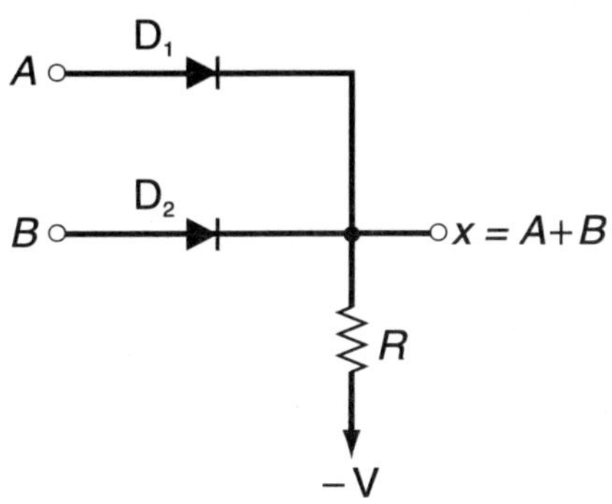


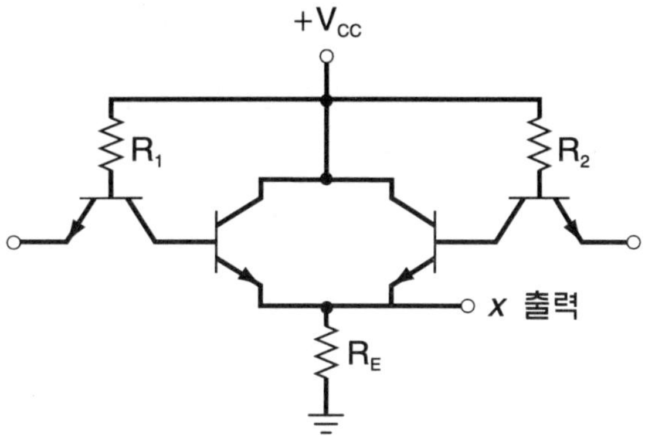


(a) 다이오드 OR

(b) TTL OR

**그림 2-16** 다이오드 및 트랜지스터 OR

**예제 2-8** 그림과 같은 다이오드 논리회로의 입력 전압에 대해 출력 $x$의 전압을 구하라. 단, 다이오드는 이상적이라고 한다.

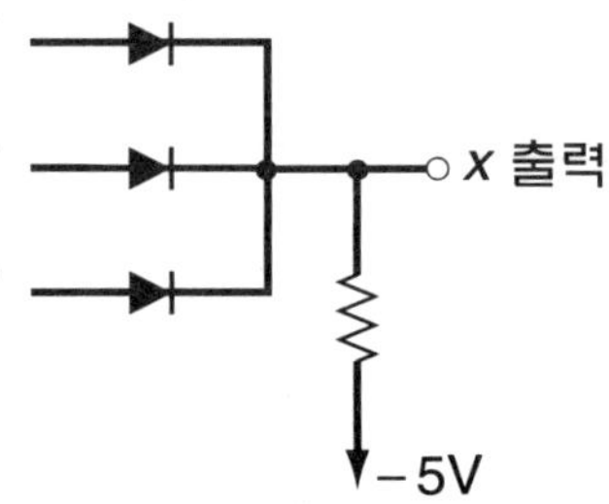


그림 2-17

**해설** 다이오드 OR게이트는 입력 전압 중 가장 높은 전압이 출력 전압이다. 따라서 출력 $x$에는 10V가 나타난다.

**예제 2-9** 다음 그림은 OR－OR결합 회로이다. 입력 $A$ = 0V, $B$ = +5V, $C$ = 0V일 때 출력 $x$의 전압을 구하라. 단, 다이오드의 순방향 전압강하는 0.7V이다.

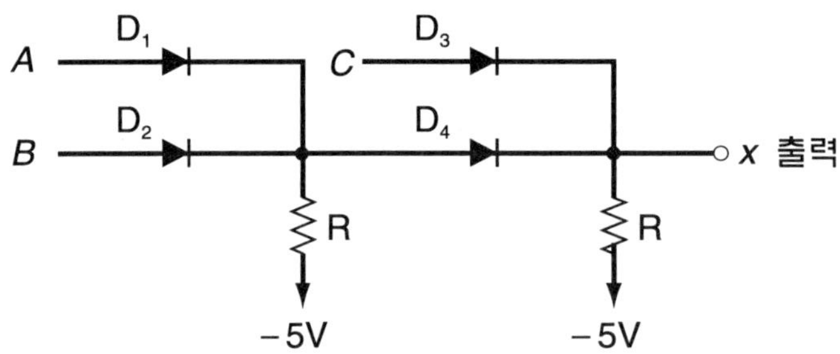


**해설** x의 전압 = 5V－0.7V－0.7V = 3.6V

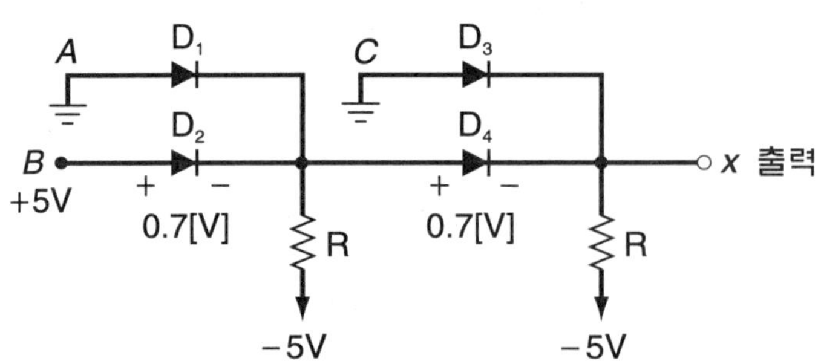


그림 2-19

**OR IC의 종류** 다음은 OR 게이트들을 포함하고 있는 IC 칩들의 종류를 보인 것이다.

1. 7432 quad 2-입력 OR (TTL 계열)
2. 4071 quad 2-입력 OR (CMOS 계열)
3. 4075 triple 3-입력 OR (CMOS 계열)
4. 4072 dual 4-입력 OR (CMOS 계열)
5. 74HC32 quad 2-입력 OR (고속 CMOS)
6. 74HC4075 triple 3-입력 OR (고속 CMOS)

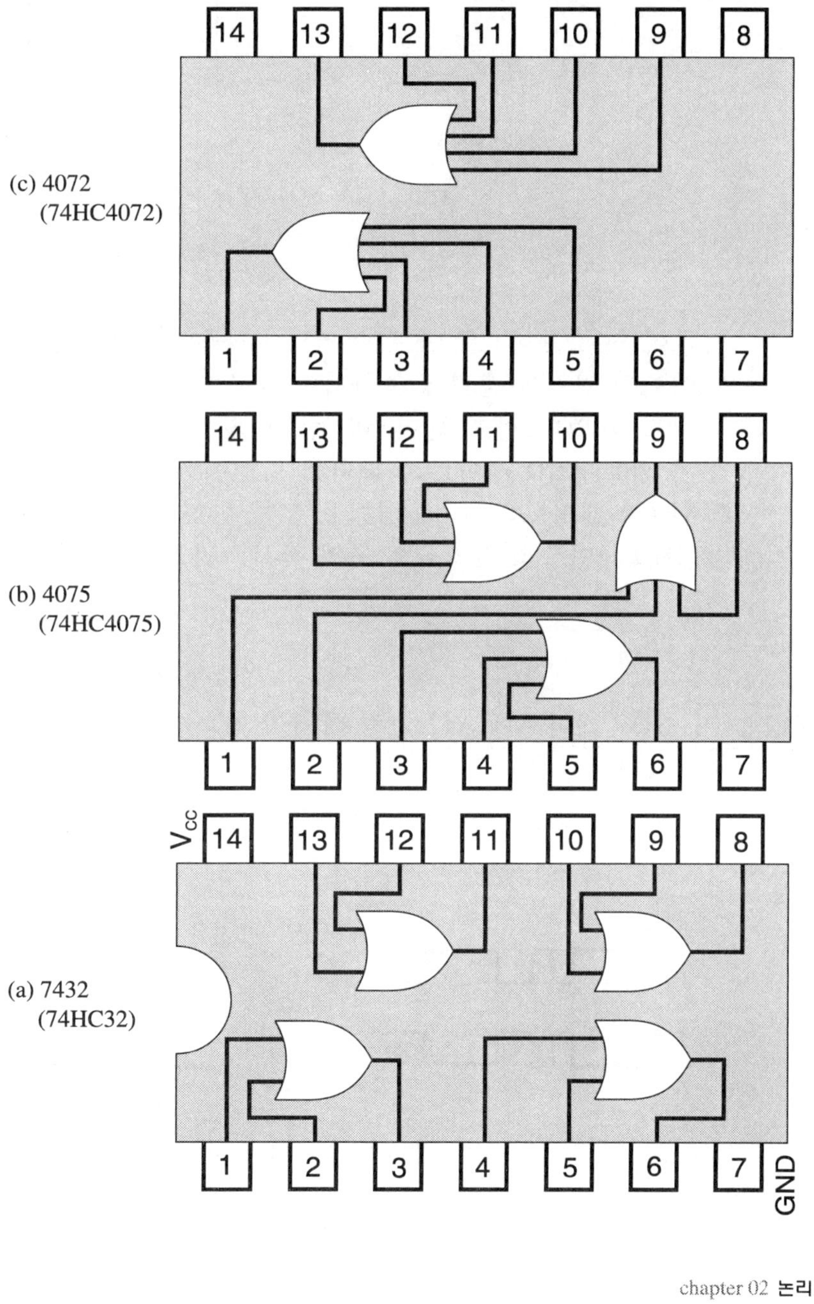


그림 2-20 TTL 및 CMOS OR게이트 IC

## 2. 5 NOT 게이트(인버터)

NOT 게이트는 하나의 입력과 하나의 출력을 갖는 논리소자로 반전(invert) 또는 보수(complement)기능을 수행한다.

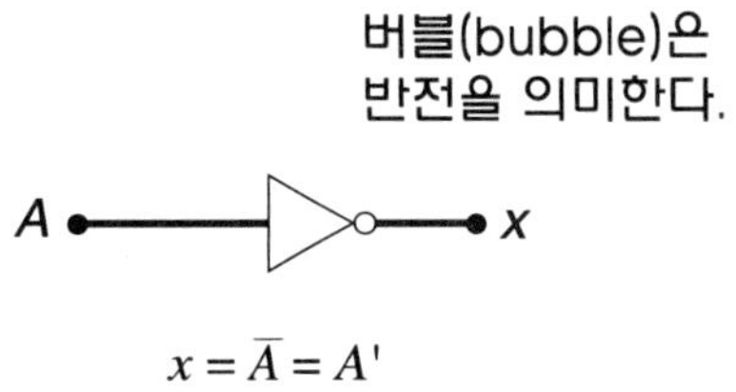


(a) NOT 기호

| 입 력 | 출 력 |
|---|---|
| A | $x = \overline{A}$ |
| 0 | 1 |
| 1 | 0 |

(b) 진리표

**그림 2-21** NOT게이트 기호 및 진리표

이 NOT 게이트를 보통 인버터(inverter)라고도 한다. 이 인버터는 게이트의 입력과 출력에 추가되어 다른 기능을 갖는 논리 게이트로 변환시킬 수 있다. 예를 들어 OR 게이트의 출력을 반전시키면 NOR 게이트가 되고 AND 게이트의 출력을 반전시키면 NAND 게이트가 된다. 또한 OR 게이트의 두 개 입력을 모두 반전시키면 NAND 게이트가 되고 AND 게이트의 입력을 모두 반전시키면 NOR 게이트가 된다.

**예제2-10** NOT 게이트에 A의 입력 파형이 가해질 때 출력 $x$에서의 파형을 그려라.

**해설**

**그림 2-22** 예제

## RTL과 CMOS 인버터

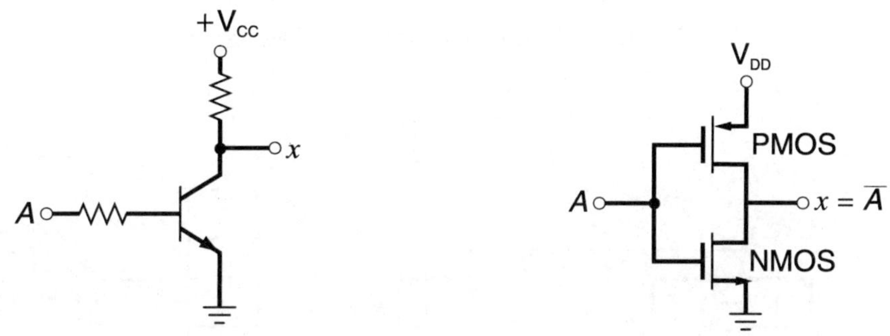


(a) RTL 인버터 (b) CMOS 인버터

**그림 2-23** RTL과 CMOS 인버터

## TTL 인버터

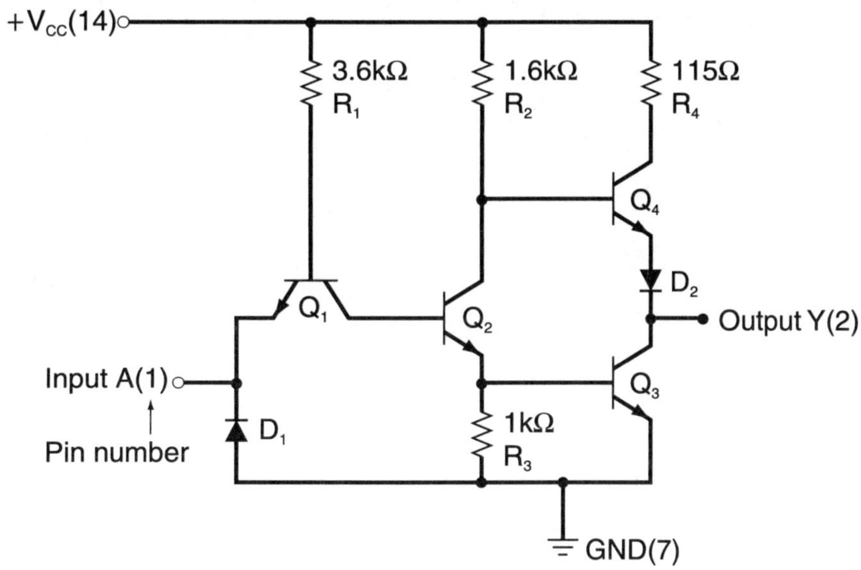


**그림 2-24** TTL 인버터

**인버터 IC의 종류** 다음은 인버터 게이트들을 포함하고 있는 IC이다.

1. 7404 Hex 인버터(TTL 계열)
2. 4049 Hex 인버터(CMOS 계열)
3. 74HC04 Hex 인버터(고속 CMOS)

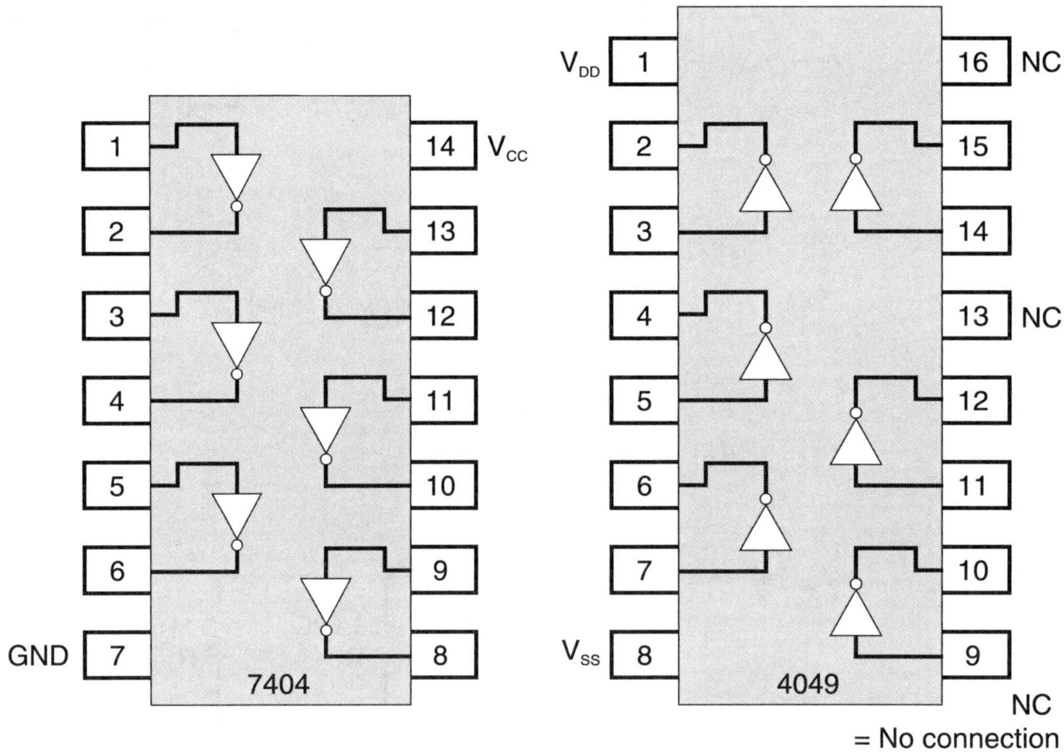


(a) 7404 TTL 인버터 (b) 4049 CMOS 인버터

**그림 2-25** 인버터 IC의 종류

**버퍼 게이트** 버퍼(buffer)는 하나의 입력과 하나의 출력을 가진다. 이 버퍼는 논리적 기능이 없으며 단지 전달 기능만을 수행하는 게이트로 입력과 출력이 같다. 이 버퍼는 2진 신호를 전력 증폭하는데 사용한다.

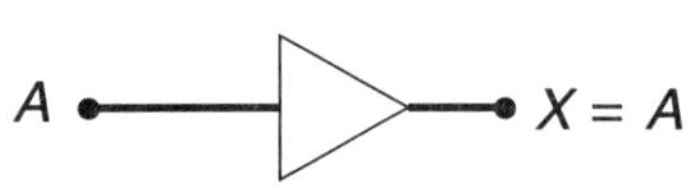


(a) 버퍼 기호

| A | X |
|---|---|
| 0 | 0 |
| 1 | 1 |

(b) 진리표

**그림 2-26**

## 2. 6 NAND 게이트

NAND게이트는 AND 게이트와 인버터를 직렬로 연결한 게이트이다. 이 게이트의 출력은 AND 게이트의 역이다.

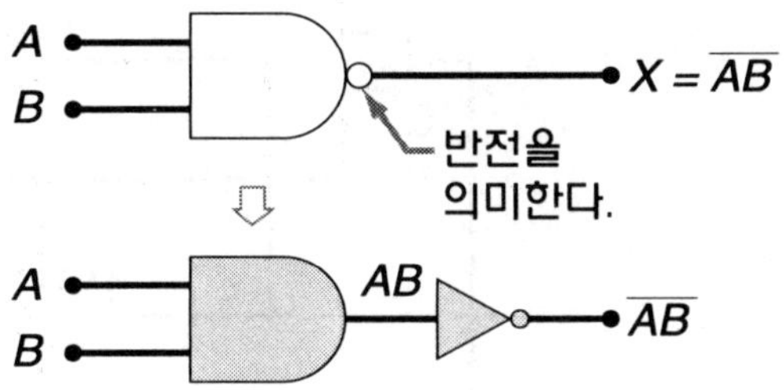


(a) NAND 게이트의 기호

| 입력 | | 출력 | |
|---|---|---|---|
| A | B | AB | $\overline{AB} = x$ |
| 0 | 0 | 0 | 1 |
| 0 | 1 | 0 | 1 |
| 1 | 0 | 0 | 1 |
| 1 | 1 | 1 | 0 |

(b) 진리표

**그림 2.27** NAND게이트의 기호 및 진리표

**NAND 게이트 연산** NAND 게이트는 A와 B가 모두 HIGH일 때만 $x$는 LOW이고, A가 LOW(논리 상태 0) 이거나 B가 LOW이거나, A와 B가 둘 다 LOW이면 출력 $x$는 HIGH 상태가 된다.

**예제2-11** 그림 2-28과 같은 입력 파형을 가진 NAND게이트의 출력 파형을 그려라.

**해설**

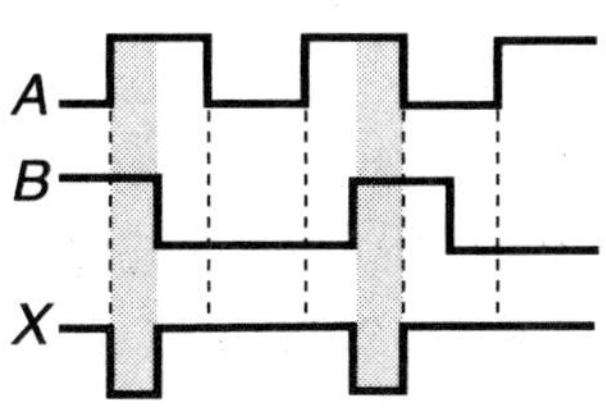


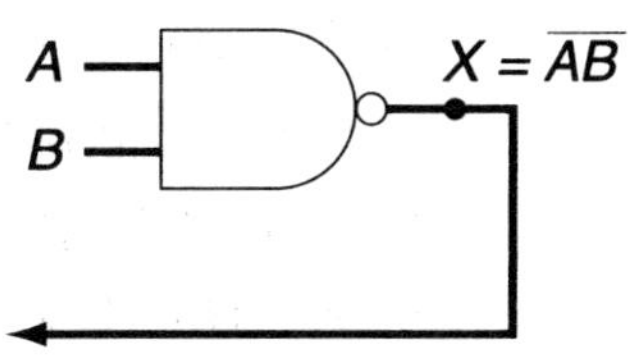


**그림 2-28**

입력 A와 B가 모두 HIGH 상태인 구간에서만 출력 $x$는 LOW 상태가 된다.

**TTL과 CMOS NAND** 그림 2-29는 TTL NAND와 CMOS NAND 회로를 보인 것이다.

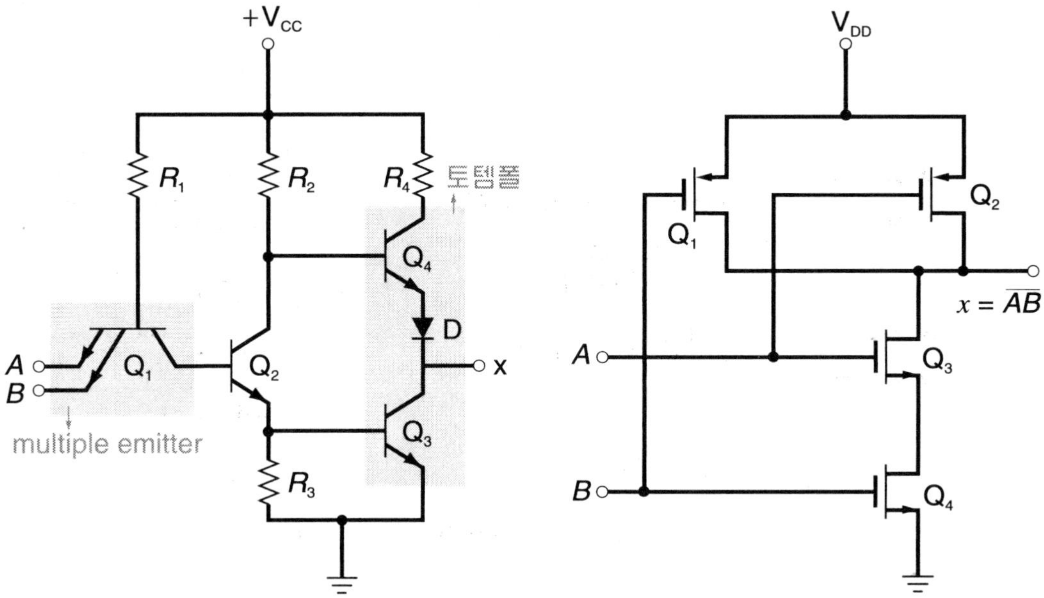


(a) TTL NAND (b) CMOS NAND

**그림 2-29** TTL과 CMOS NAND

그림 2-29(a)는 TTL 2-입력 NAND 게이트이다. 입력 단자 중 어느 한 쪽에 LOW 레벨이 가해지면 $Q_1$은 on이 되므로 $Q_2$, $Q_3$는 차단 상태가 되고 $Q_4$와 $D$는 *on*이 되어 출력 $x$는 HIGH 상태가 된다. 다음에 모든 입력 단자가 HIGH가 되면 $Q_1$의 베이스 컬렉터 사이는 순방향이 되어 $V_{CC}$로부터 $R_1$을 통해 흐른 전류는 $Q_2$, $Q_3$를 도통(*on*) 시키므로 출력 $x$는 LOW가 된다. 즉 $Q_3$가 *on*일 때 출력은 낮은 상태(pull down), $Q_4$가 on일 때 출력은 높은 상태(pull up)가 되는데 이를 토템 폴(totem pole)이라고 한다.

그림 2-29(b)는 CMOS NAND 게이트이다. 입력 단자 $A$, $B$중 한 개 또는 두 개의 입력이 LOW이면 PMOS $Q_1$, $Q_2$는 도전 상태가 되므로 출력 $x$는 HIGH 상태가 된다. 다음에 두 입력이 모두 HIGH가 가해지면 두 개의 NMOS $Q_3$, $Q_4$는 도전 상태로 되어(이 때 $Q_1$, $Q_2$는 *off*) 출력 $x$는 LOW 상태가 된다.

**NAND IC의 종류** 다음은 NAND 게이트들을 포함하고 있는 IC의 종류를 보인 것이다.

1. 7400 quad 2-입력 NAND (TTL 계열)
2. 4011 quad 2-입력 NAND (COMS 계열)
3. 74HC00 quad 2-입력 NAND (고속 CMOS)

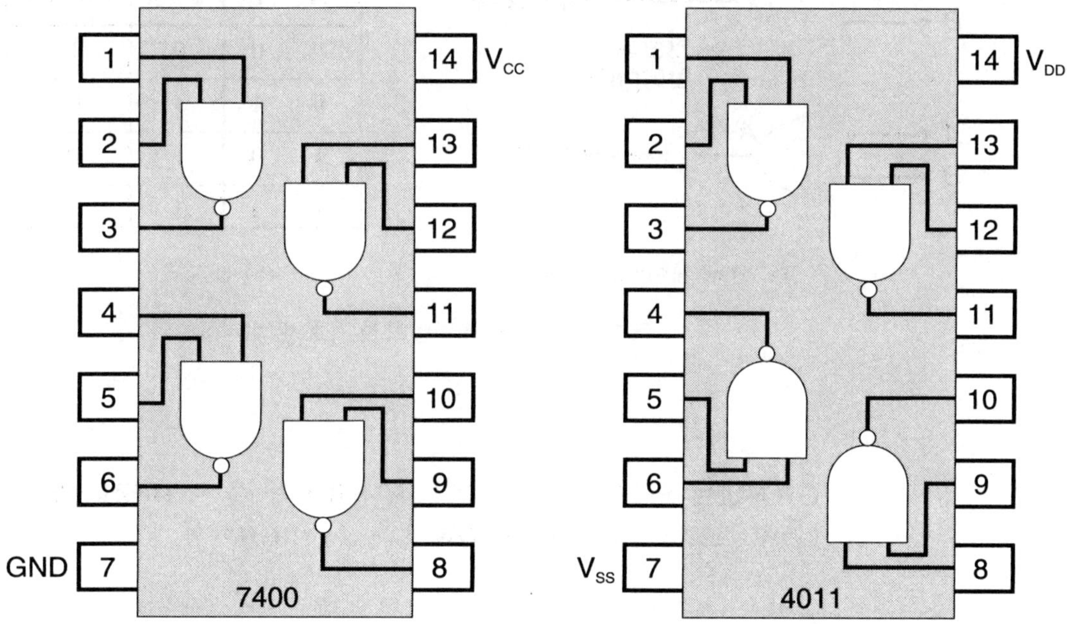


(a) 7400 TTL NAND (b) 4011 CMOS NAND

**그림 2-30** TTL 및 CMOS NAND

## 2. 7 NOR 게이트

NOR게이트는 OR게이트와 인버터를 직렬로 연결한 게이트이다. 이 게이트의 출력은 OR게이트의 역이다.

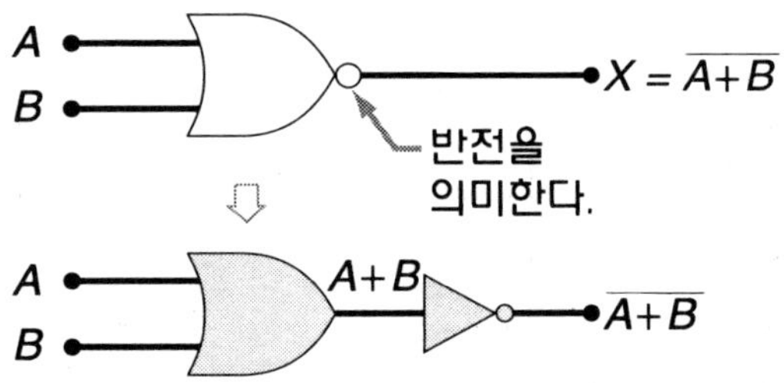


(a) NOR 게이트의 기호

| 입력 | | 출력 | |
|---|---|---|---|
| A | B | A + B | $\overline{A+B} = x$ |
| 0 | 0 | 0 | 1 |
| 0 | 1 | 1 | 0 |
| 1 | 0 | 1 | 0 |
| 1 | 1 | 1 | 0 |

(b) 진리표

**그림 2-31** NOR 게이트의 기호 및 진리표

**NOR게이트 연산** NOR게이트는 A나 B 또는 둘 다 HIGH이면 출력 $x$는 LOW이고, A와 B가 모두 LOW이면 $x$는 HIGH이다.

**예제2-12** 그림 2-32와 같은 입력 파형을 가진 NOR게이트의 출력 파형을 그려라.

**해설**

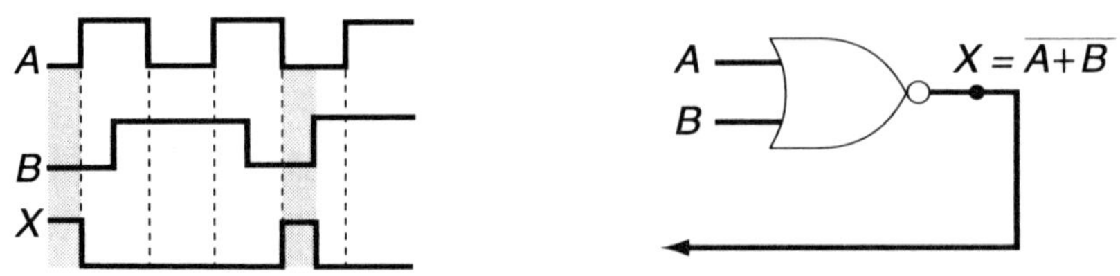


**그림 2-32**

입력 A와 B가 모두 LOW상태인 구간에서만 출력 $x$는 HIGH가 된다.

**TTL과 CMOS NOR** 그림 2－33은 TTL NOR와 CMOS NOR회로를 보인 것이다.

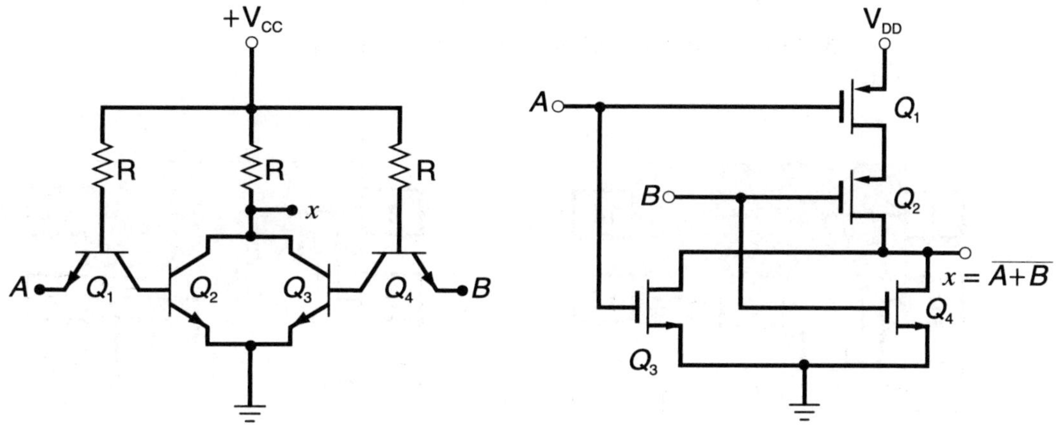


(a) TTL NOR (b) CMOS NOR

**그림 2－33** TTL 과 CMOS NOR

그림 2－33(a)는 TTL 2-입력 NOR 게이트이다. 이 회로의 입력 $A$, $B$가 모두 LOW이면 $Q_1$, $Q_4$는 *on*이 되고 $Q_2$, $Q_3$는 차단 상태가 되므로 출력 $x$는 HIGH 상태($V_{CC}$ 출력)가 된다. 다음에 입력 A 또는 B 중 어느 하나라도 HIGH가 인가되면 출력 $x$는 LOW 상태가 된다. 예를 들어 $A$가 HIGH이면 $Q_2$가 *on*이 되므로 출력 $x$는 낮은 상태(LOW)가 되는 것이다.

그림 2－33(b)는 CMOS NOR 게이트이다. 입력 단자 $A$, $B$가 모두 LOW로 인가되면 PMOS $Q_1$과 $Q_2$가 도전 상태가 되므로(이 때 $Q_3$, $Q_4$는 *off*) 출력 $x$는 HIGH 상태($V_{CC}$ 출력)가 된다. 다음에 입력 A 또는 B 중 어느 하나라도 HIGH가 인가되면 출력 $x$는 LOW 상태가 된다. 예를 들어 $A$가 HIGH이면 NMOS $Q_3$가 도전 상태(이 때 $Q_1$은 *off*)가 되므로 출력 $x$는 LOW 상태가 되는 것이다.

**NOR IC의 종류** 다음은 NOR 게이트들을 포함하고 있는 IC의 종류를 보인 것이다.

1. 7402 quad 2-입력 NOR (TTL 계열)
2. 4001 quad 2-입력 NOR (CMOS 계열)
3. 74HC02 quad 2-입력 NOR (고속 CMOS)

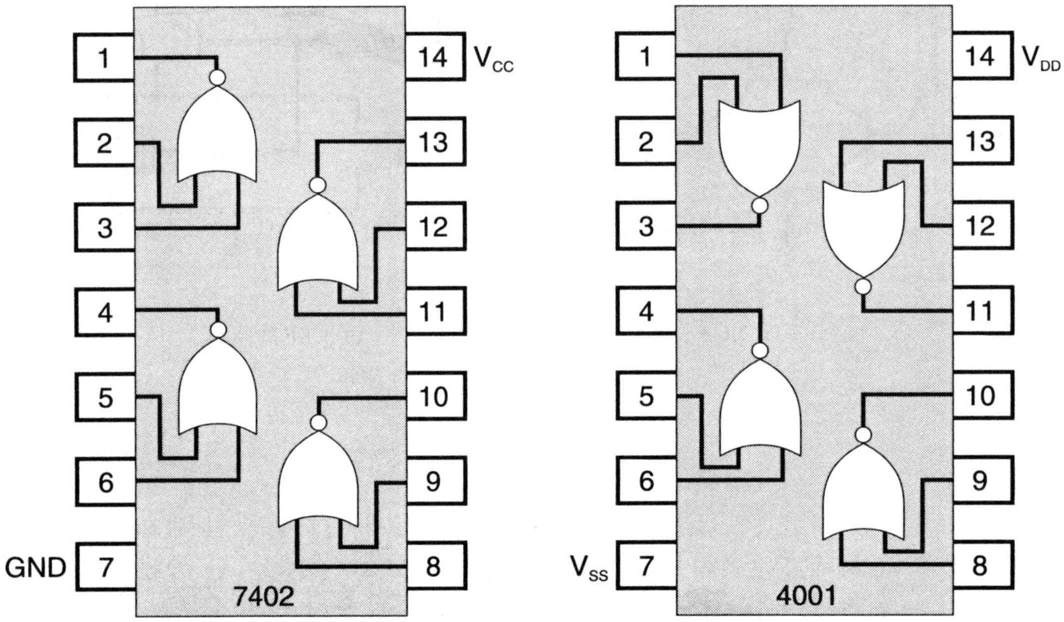


(a) 7402 TTL NOR (b) 4001 CMOS NOR

**그림 2-34** TTL 및 CMOS NOR

**IC의 종류 요약** 다음 표 2-4는 TTL과 CMOS 계열의 IC종류를 요약한 것이다.

표 2-4 TTL과 CMOS 계열의 IC

| 게이트명 | 입력수/게이트 | 게이트/칩 | 표준TTL | 표준 CMOS | 고속 CMOS |
|---|---|---|---|---|---|
| Inverter | 1 | 6 | 7404 | 4069 | 74HC04 |
| AND | 2 | 4 | 7408 | 4081 | 74HC08 |
| | 3 | 3 | 7411 | 4073 | 74HC11 |
| | 4 | 2 | 7421 | 4082 | – |
| OR | 2 | 4 | 7432 | 4071 | 74HC32 |
| | 3 | 3 | – | 4075 | 74HC4075 |
| | 4 | 2 | – | 4072 | – |
| NAND | 2 | 4 | 7400 | 4011 | 74HC00 |
| | 3 | 3 | 7410 | 4013 | 74HC10 |
| | 4 | 2 | 7420 | 4012 | 74HC20 |
| | 8 | 1 | 7230 | 4068 | – |
| | 12 | 1 | 74134 | – | – |
| | 13 | 1 | 74133 | – | – |
| NOR | 2 | 4 | 7402 | 4001 | 74HC02 |
| | 3 | 3 | 7427 | 4025 | 74HC27 |
| | 4 | 2 | 7425 | 4002 | 74HC4002 |
| | 5 | 2 | 74260 | – | – |
| | 8 | 1 | – | 4078 | – |

## 2. 8 Exclusive - OR 게이트

배타적 OR(Exclusive - OR) 게이트는 단지 2개의 입력만 가능하다. 이 게이트는 간단히 XOR 또는 EOR게이트라고 한다. XOR게이트의 출력은 두개의 입력이 서로 반대 레벨일 때만 HIGH가 된다.

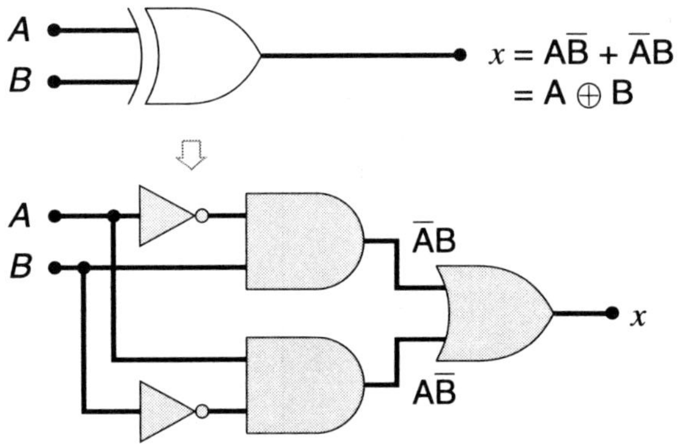


(a) XOR 게이트 기호

| 입 력 | | 출 력 |
|---|---|---|
| A | B | $x = A \oplus B$ |
| 0 | 0 | 0 |
| 0 | 1 | 1 |
| 1 | 0 | 1 |
| 1 | 1 | 0 |

(b) 진리표

**그림 2-35** XOR게이트의 기호 및 진리표

**XOR게이트의 연산** XOR게이트는 $A$가 LOW이고 $B$가 HIGH이거나 $A$가 HIGH이고 $B$가 LOW이면 $x$는 HIGH이고, $A$와 $B$가 둘 다 HIGH이거나 LOW이면 $x$는 LOW이다.

**예제2-13** 그림 2-36과 같은 입력 파형을 가진 XOR게이트의 출력 파형을 그려라.

**해설**

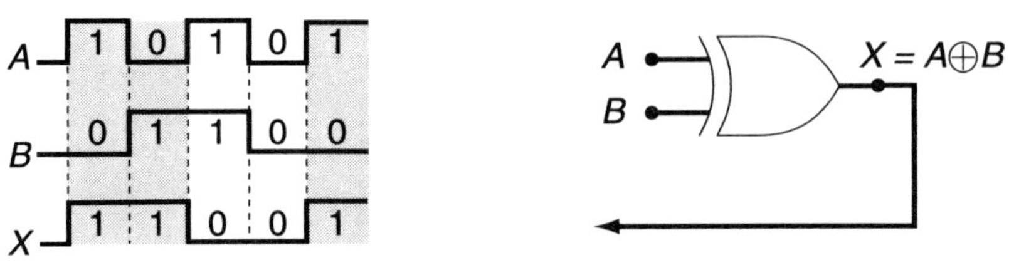


**그림 2-36**

**XOR IC의 종류** 다음의 IC칩들은 XOR 게이트를 가진 quad XOR 게이트들이다.

1. 7486 quad 2-입력 XOR (TTL 계열)
2. 74C86 quad 2-입력 XOR (COMS 계열)
3. 74HC86 quad 2-입력 XOR (고속 CMOS)

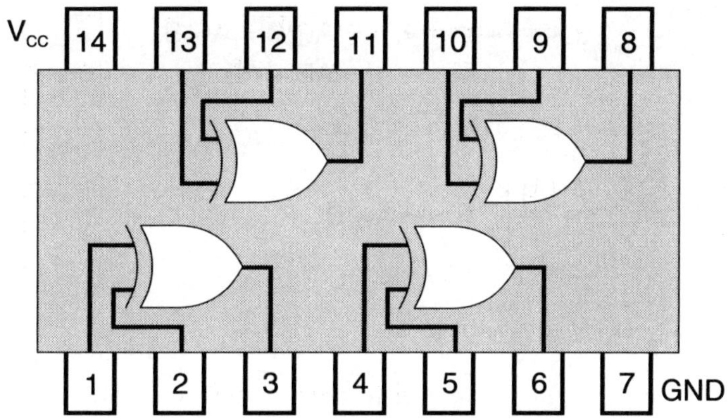


그림 2-37 7486(74HC86)XOR IC

## 2. 9 Exclusive-NOR 게이트

XOR 게이트의 보수를 구하는 게이트로서 간단히 XNOR 또는 ENOR게이트라고 한다. 이 게이트는 XOR게이트와 함께 패리티 비트 발생이나 패리티 비트 검사에 이용된다.

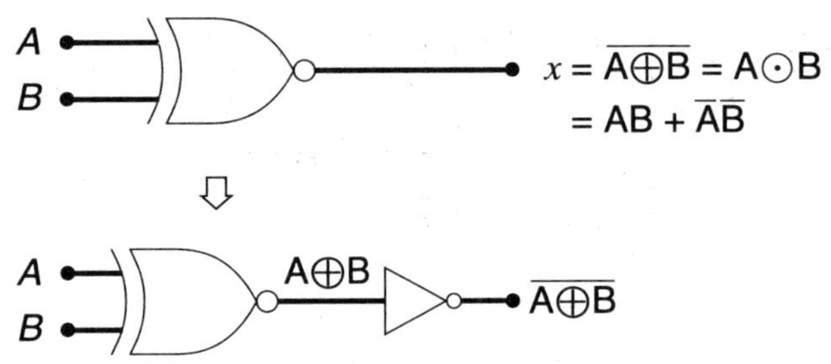


(a) XNOR 게이트 기호

| 입력 | | 출력 |
|---|---|---|
| A | B | $x = \overline{A \oplus B}$ |
| 0 | 0 | 1 |
| 0 | 1 | 0 |
| 1 | 0 | 0 |
| 1 | 1 | 1 |

(b) 진리표

**그림 2-38** XNOR 게이트의 기호 및 진리표

**XNOR 게이트의 연산** XNOR게이트는 A가 LOW이고 B는 HIGH이거나, A가 HIGH이고 B는 LOW이면 $x$는 LOW이고, A와 B 둘다 HIGH이거나 LOW이면 $x$는 HIGH이다.

**예제2-14** 그림 2-39와 같은 입력 파형을 가진 XNOR게이트의 출력 파형을 그려라.

**해설**

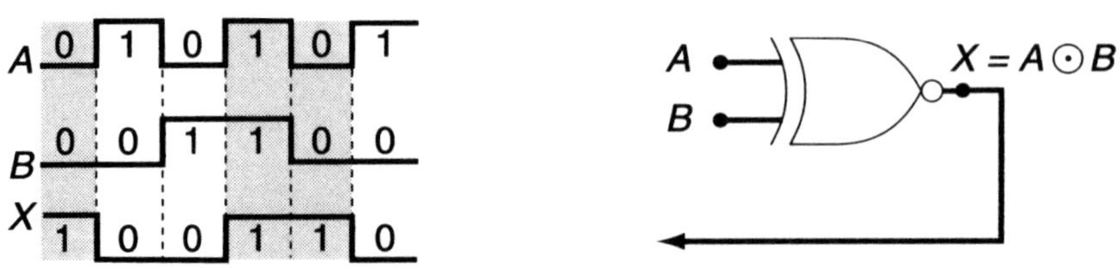


**그림 2-39**

**XNOR IC의 종류** 다음의 IC칩들은 4개의 XNOR게이트를 포함하고 있는 quad XNOR 칩들이다.

1. 74LS266 quad 2-입력 XNOR (TTL 계열)
2. 74C266 quad 2-입력 XNOR (COMS)
3. 74HC266 quad 2-입력 XNOR (고속 CMOS)

**예제2-15** 다음 그림 2-40의 (a) ~(d) 회로의 명칭을 써라.

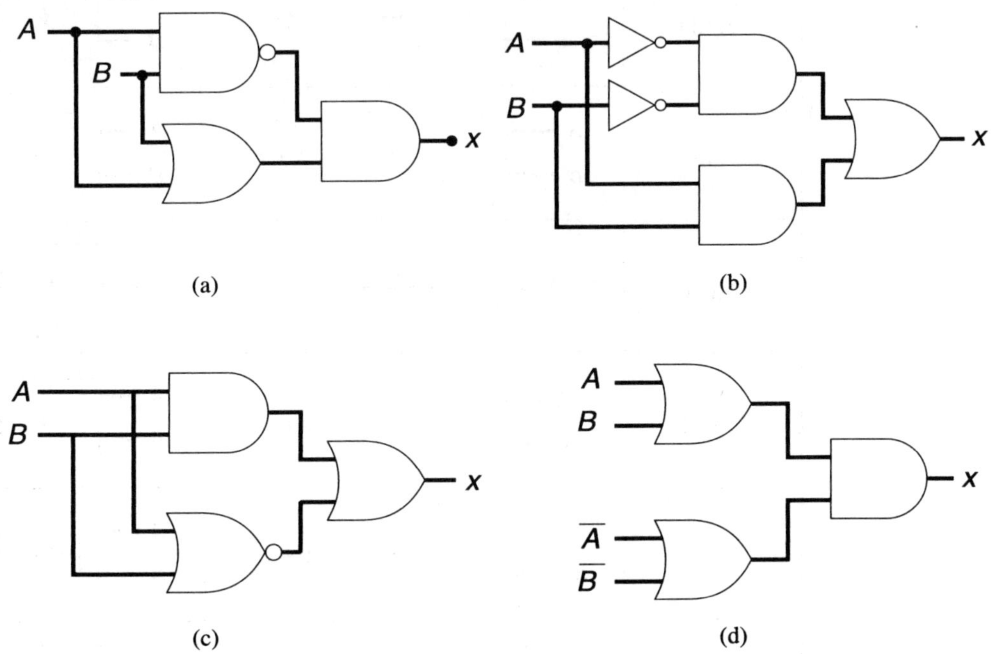


그림 2-40

**해설** XOR를 반일치(non coincidence)회로, XNOR를 일치(coincidence) 회로라고 한다.

(a) $x=(A+B)\overline{AB}$ : XOR 게이트

(b) $x=AB+\overline{A}\overline{B}$ : XNOR 게이트

(c) $x=AB+\overline{(A+B)}$ : XNOR 게이트

(d) $x=(A+B)(\overline{A}+\overline{B})$ : XOR 게이트

## 2.10 IEEE 논리 기호

그림 2－41은 새로운 IEEE 표준 논리 기호(IEEE standard logic symbols)를 보인 것이다. 간단한 게이트 회로에는 기존의 논리 기호가 편리하지만 IC가 복잡해지면 IEEEE 표준 기호가 더 편리하다.

| 논리함수 | 기존 논리기호 | IEEE 논리기호 |
|---|---|---|
| AND | 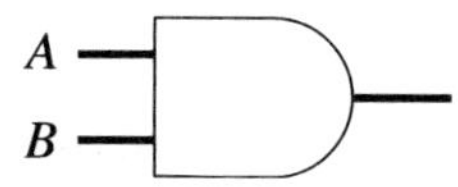 $x = AB$ | 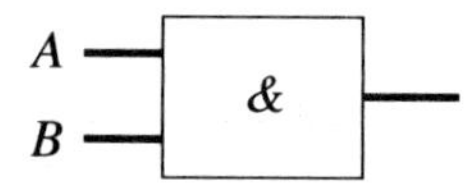 |
| OR | 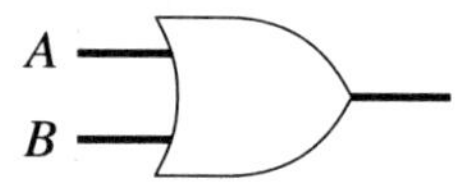 $x = A + B$ | 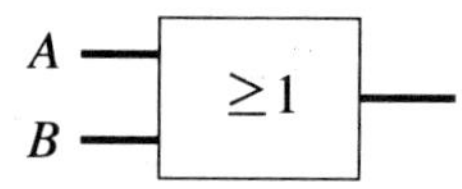 |
| NOT | 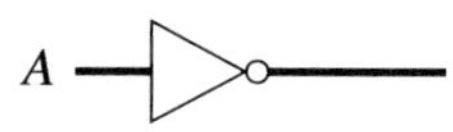 $x = \overline{A}$ | 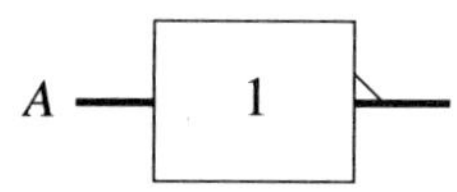 |
| NAND | 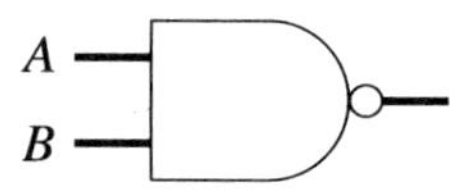 $x = \overline{AB}$ | 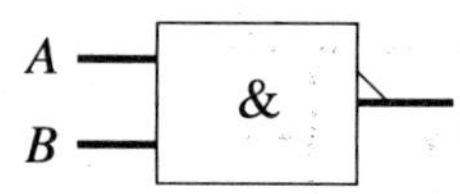 |
| NOR | 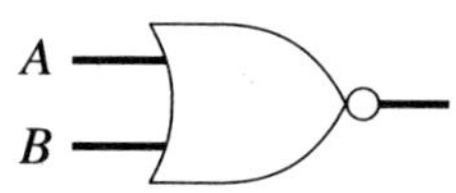 $x = \overline{A + B}$ | 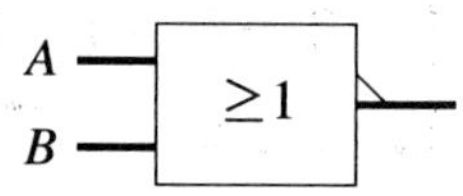 |
| XOR | 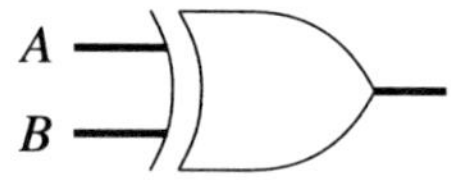 $x = A \oplus B$ | 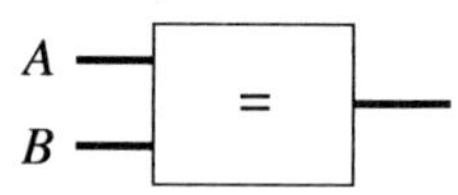 |
| XNOR | 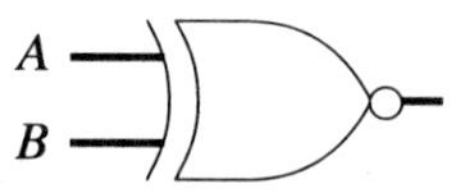 $x = \overline{A \oplus B}$ | 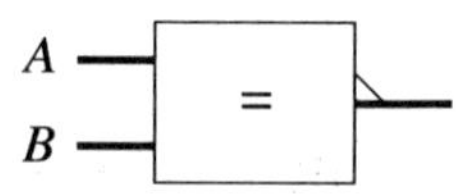 |

**그림 2－41** 기존 논리 기호와 IEEE 논리 기호의 비교

memo

# 연 습 문 제

**Q·01** 입력이 모두 1일 때만 1의 출력이 나오는 게이트(gate)는?

가. AND 나. OR
다. NOR 라. NAND

**Q·02** 다음은 A, B인 2-입력 AND 게이트의 진리표이다. 빈 칸 a ~ d의 값으로 옳은 것은? 단, X는 출력이다.

| A | B | X |
|---|---|---|
| 0 | 0 | a |
| 0 | 1 | b |
| c | 0 | 0 |
| d | 1 | 1 |

| | a | b | c | d |
|---|---|---|---|---|
| ① | 0 | 1 | 1 | 0 |
| ② | 0 | 0 | 1 | 1 |
| ③ | 1 | 0 | 0 | 1 |
| ④ | 1 | 0 | 1 | 1 |

가. ① 나. ② 다. ③ 라. ④

**Q·03** 다음 다이오드 게이트의 명칭은? 단, 정논리이다.

**해답** 1. 가 2. 나 3. 나

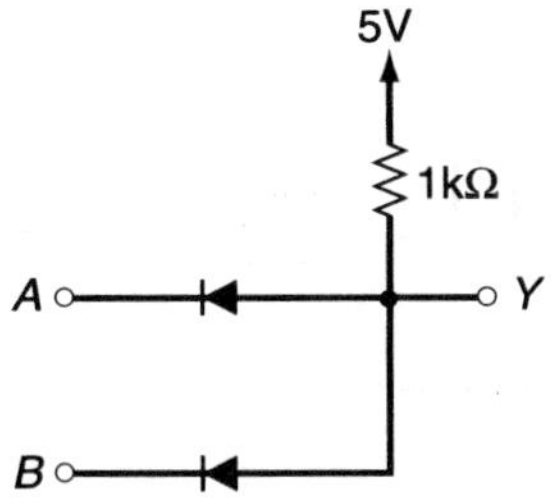


가. OR 게이트
나. AND 게이트
다. NOT 게이트
라. XOR 게이트

**Q·04** 다음 다이오드 게이트의 출력은? (단, 다이오드는 이상적이다.)

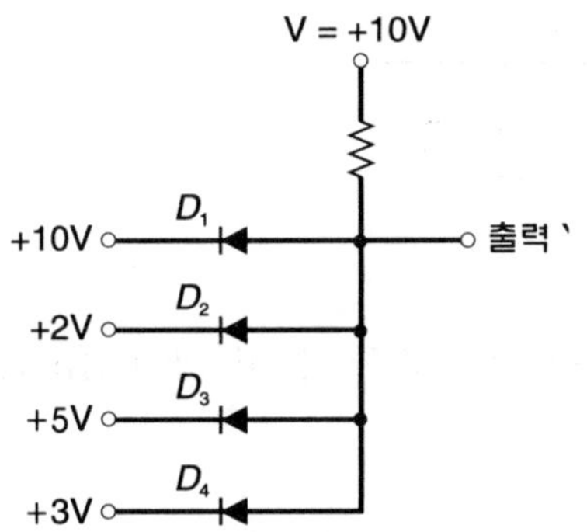


가. 3V
나. 5V
다. 2V
라. 10V

**해설** 공급전압 V = +10V에 대해 입력 전압 중 +2V가 가장 낮으므로 diode $D_2$만이 순방향으로 바이어스되어 도전상태가 됨가 동시에 다른 diode들은 모두 역방향 바이어스로 되므로 차단상태에 있다. 따라서 출력 y에는 $D_2$에 의해 +2V가 그대로 나타난다.

**Q·05** 다음 진리값표(truth table)를 갖는 게이트 명칭은?

| 입 력 | | 출 력 |
|---|---|---|
| A | B | X |
| 0 | 0 | 0 |
| 0 | 1 | 1 |
| 1 | 0 | 1 |
| 1 | 1 | 1 |

가. AND
나. OR
다. NOR
라. NAND

**Q·06** 다음 회로의 출력 파형으로 옳은 것은?

**해답** 4. 다 5. 나 6. 나

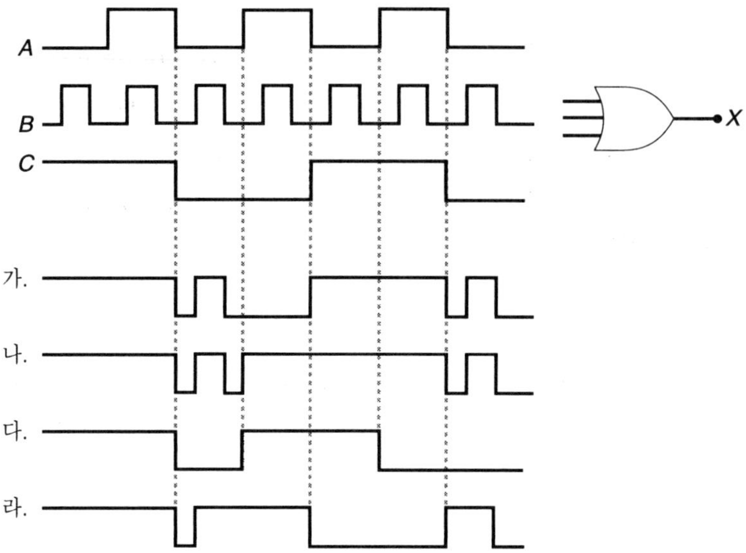


**Q·07** 5개의 입력을 갖는 OR게이트에서 입력조합 중 몇 개가 HIGH 출력을 만드는가?

가. 25　　　나. 26　　　다. 31　　　라. 32

**Q·08** 그림과 같은 게이트의 명칭은? (단, 정논리의 경우이다.)

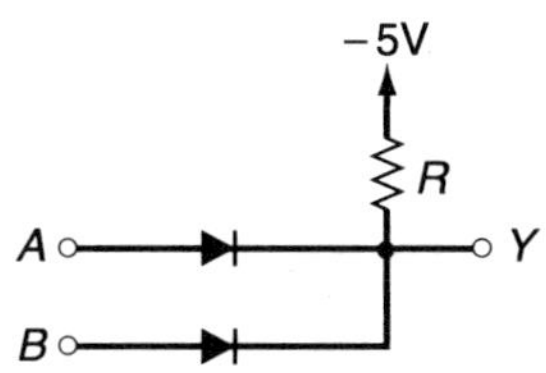


가. AND
나. OR
다. NOR
라. NAND

**Q·09** 다음 다이오드 게이트의 출력 값은 몇 V인가?

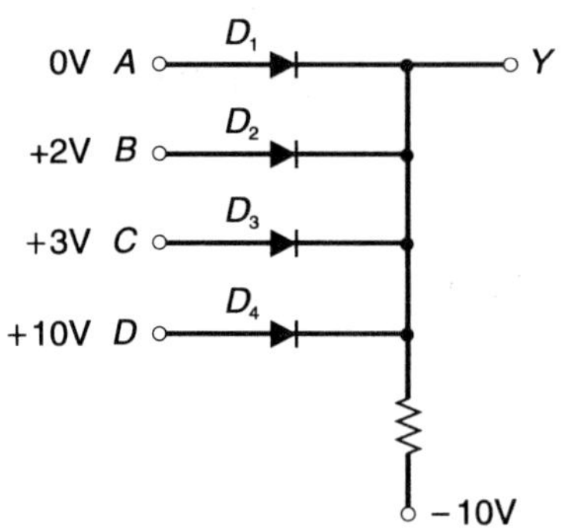


가. 0V
나. +3V
다. +2V
라. +10V

**해답** 7. 다　8. 나　9. 라

해설 4개의 입력 중 +10V가 −10V에 대해 가장 높은 전위이므로 그 diode만 on 상태로 되고 나머지 diode들은 모두 역방향으로 bias가 된다. 따라서 출력은 10V가 된다.

**Q·10** 다음 다이오드 논리 회로에서 0V를 논리 0, −3V를 논리 1이라고 할 때 이 회로의 논리 함수 F는?

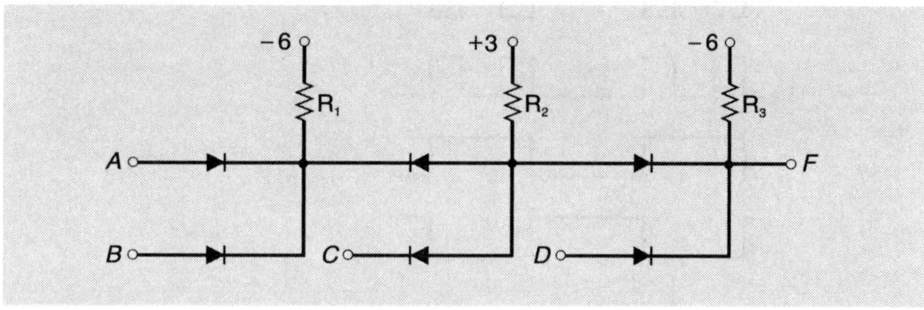


가. F = (A + B) C + D

나. F = (AB + C) D

다. F = (A + B)(C + D)

라. F = AB + CD

**Q·11** 다음은 입력 A, B를 갖는 NAND게이트의 진리표이다. a ~ d의 값으로 옳은 것은? 단, X 는 출력이다.

| A | B | X |
|---|---|---|
| 0 | 0 | a |
| b | 1 | 1 |
| 1 | c | 1 |
| d | 1 | 0 |

| | a | b | c | d |
|---|---|---|---|---|
| 가 | 0 | 1 | 1 | 0 |
| 나 | 1 | 1 | 1 | 0 |
| 다 | 0 | 0 | 0 | 1 |
| 라 | 1 | 0 | 0 | 1 |

**해답** 10. 나 11. 라

**Q·12** 그림과 같은 2개의 파형은 2－입력 NAND 게이트에 공급하였을 때 출력파형은?

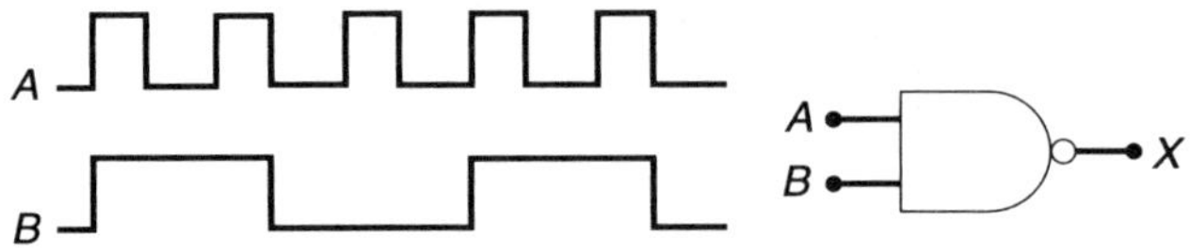


가. 나. 다. 라.

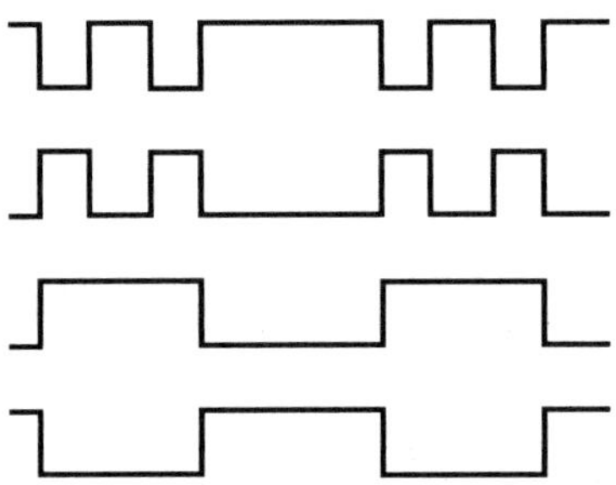

해설 NAND 게이트의 논리적 연산은 LOW 출력이 나타나려면 모든 입력이 HIGH이어야 하고 만일 입력의 어느 한 개라도 LOW이면 출력은 HIGH가 된다.

**Q·13** 다음 3－입력 NAND 게이트에서 C가 HIGH이고 A, B에 그림의 파형이 인가될 때 출력 파형은 어느 것인가?

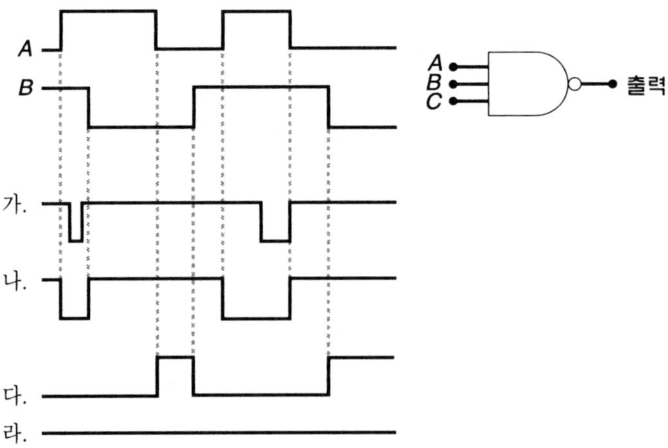


가. 나. 다. 라.

**Q·14** 다음 그림(b)의 게이트의 입력 A에 그림 (a)의 펄스 파형을 인가하였다. 입력 B는 "1"인 경우 출력상태를 나타낸 것이다. 옳은 것은?

**해답** 12. 가 13. 나 14. 다

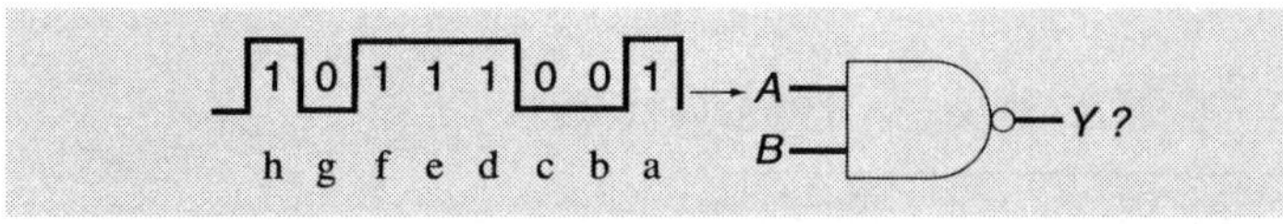


가. 펄스 a = 1 펄스 b = 0　　　　나. 펄스 c = 0 펄스 d = 1

다. 펄스 e = 0 펄스 f = 0　　　　라. 펄스 g = 0 펄스 h = 1

**해설** 펄스 a = 0, 펄스 b = 1, 펄스 c = 1, 펄스 d = 0,
펄스 e = 0, 펄스 f = 0, 펄스 g = 1, 펄스 h = 0

**Q·15** 그림과 같은 TTL gate회로의 논리 기능은? (단, 정논리이다.)

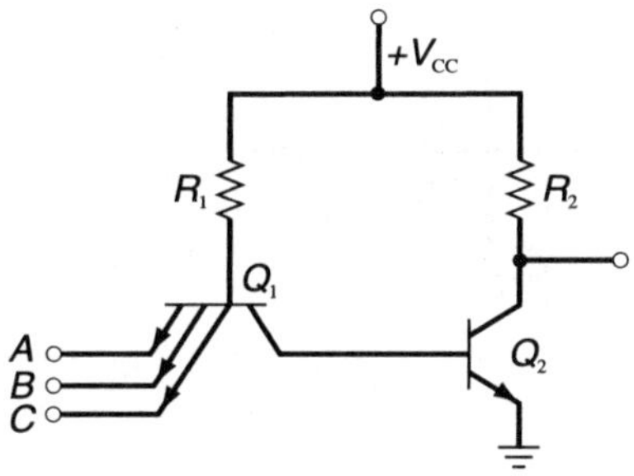


가. NOR
나. OR
다. NAND
라. AND

**Q·16** 그림에서 트랜지스터의 콜렉터, 에미터간 포화전압을 0V라 할 때 ① A = 0, B = 0, C = 0, ② A = B = 5V, C = 0 , ③ A = B = C = 5V일 때의 출력을 구하면?

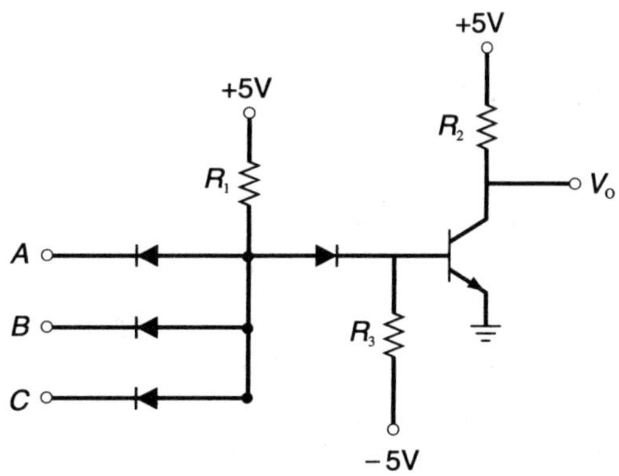


가. ① 0V, ② 0V, ③5V　　　　나. ① 0V, ② 5V, ③5V

다. ① 5V, ② 5V, ③0V　　　　라. ① 5V, ② 0V, ③0V

**해답** 15. 다 16. 다

**Q·17** 다음 진리표를 갖는 게이트(gate)는?

| 입 력 | | 출 력 |
|---|---|---|
| *A* | *B* | *X* |
| 0 | 0 | 1 |
| 1 | 0 | 0 |
| 0 | 1 | 0 |
| 1 | 1 | 0 |

가. AND

나. OR

다. NOR

라. NAND

**Q·18** 다음 입력 파형 A, B, C가 NOR게이트에 인가될 때 출력 파형은?

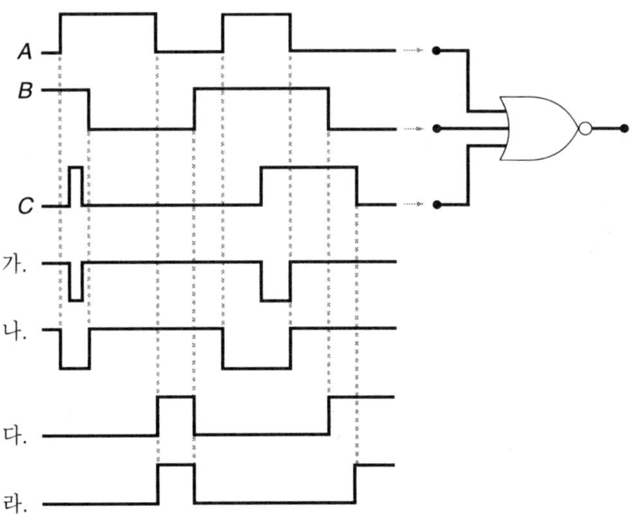


**Q·19** 3－입력 NOR 게이트 입력 A, B에 다음 그림의 파형이 가해지고 C가 LOW 상태일 때 출력 파형은?

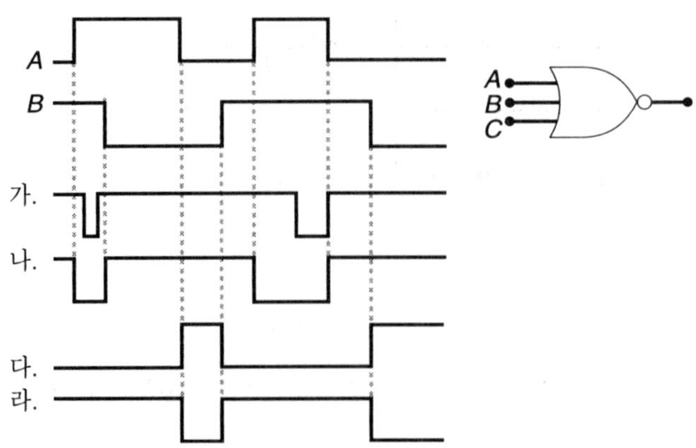


**해답** 17. 다 18. 라 19. 다

**Q·20** 2-입력 NOR게이트에 아래의 그림과 같은 입력 파형이 가해졌을 경우 출력 파형으로 옳은 것은?

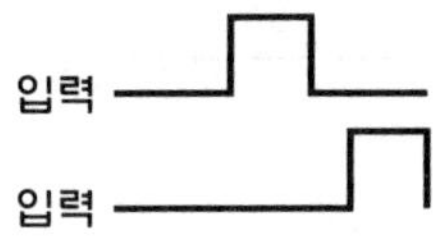


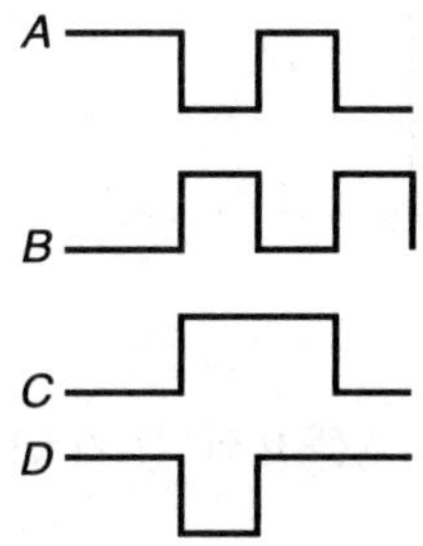


가. A　　나. B　　다. C　　라. D

**해설** NOR게이트의 논리식 연산은 입력들의 어느 하나라도 HIGH일 때 LOW 출력이 되는 것이고, 다만 모든 입력들이 LOW일 때만 출력이 HIGH가 되는 것이다.

**Q·21** 다음 TTL회로의 논리 기능은? 단, 정논리이다.

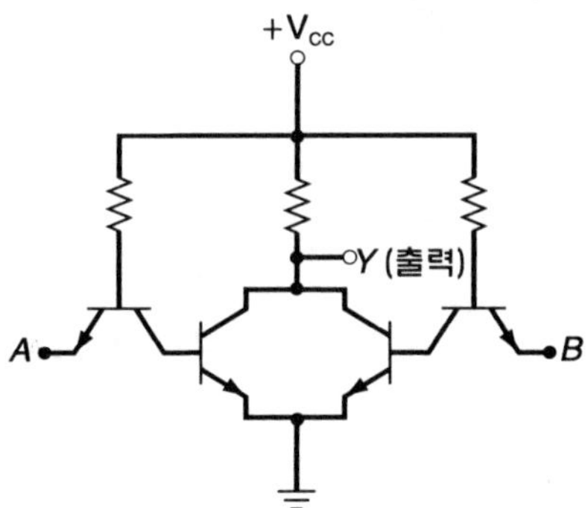


가. AND
나. NAND
다. OR
라. NOR

**Q·22** 입력 A, B인 2－입력 배타적 논리합(Exclusive－OR)의 진리표의 빈 칸 a ~ d의 값으로 옳게 나타낸 것은? 단, X는 출력이다.

| *A* | *B* | *X* |
|---|---|---|
| 0 | 0 | a |
| 0 | 1 | b |
| c | 0 | 1 |
| d | 1 | 0 |

**해답** 20. 가　21. 라　22. 나

| | a | b | c | d |
|---|---|---|---|---|
| 가 | 1 | 1 | 1 | 1 |
| 나 | 0 | 1 | 1 | 1 |
| 다 | 0 | 1 | 0 | 1 |
| 라 | 1 | 0 | 0 | 1 |

**Q·23** 다음 중 A⊕B와 등가인 식은 어느 것인가?

가. $(A\cdot\overline{B})\cdot(\overline{A}\cdot B)$

나. $(A\cdot\overline{B})+(\overline{A}\cdot\overline{B})$

다. $(A\cdot B)+(\overline{A}\cdot\overline{B})$

라. $(\overline{A}\cdot B)+(A\cdot\overline{B})$

**Q·24** 그림의 회로와 등가인 것은?

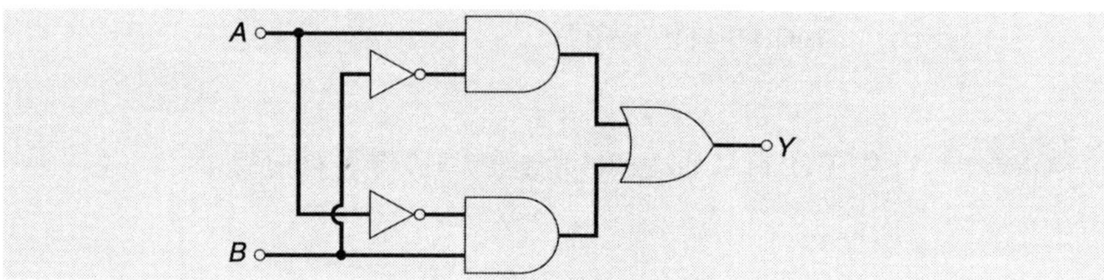


가.

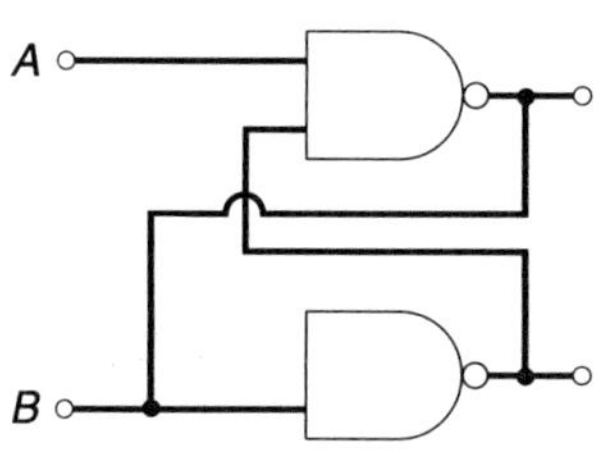


나.

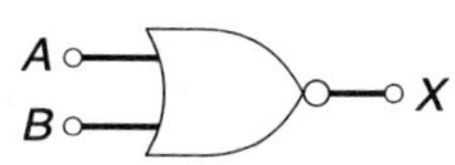


다.

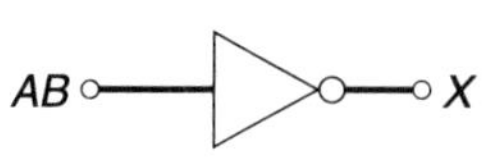


라.

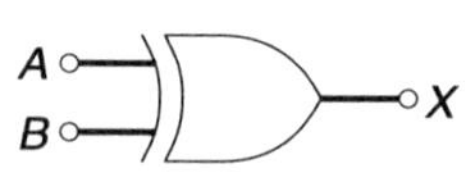


**Q·25** 다음 그림(b)의 게이트에 (a)의 입력 펄스파형이 인가시 출력파형의 상태를 표시한 것이다. 틀린 것은?

**해답** 23. 라 24. 라 25. 라

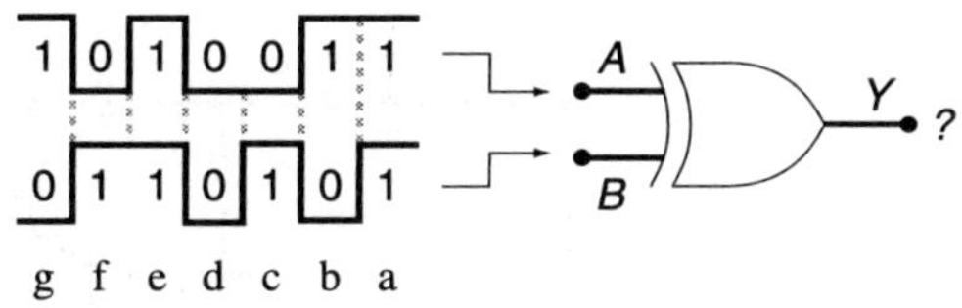


가. 펄스 a = 0 펄스 b = 1 나. 펄스 c = 1 펄스 d = 0
다. 펄스 e = 0 펄스 f = 0 라. 펄스 a = 1 펄스 e = 1

해설 배타적 OR(XOR) 게이트이다.

**Q·26** 그림 (a)와 같은 2개의 파형을 그림 (b)의 논리 게이트에 공급하였을 때 출력 파형은?

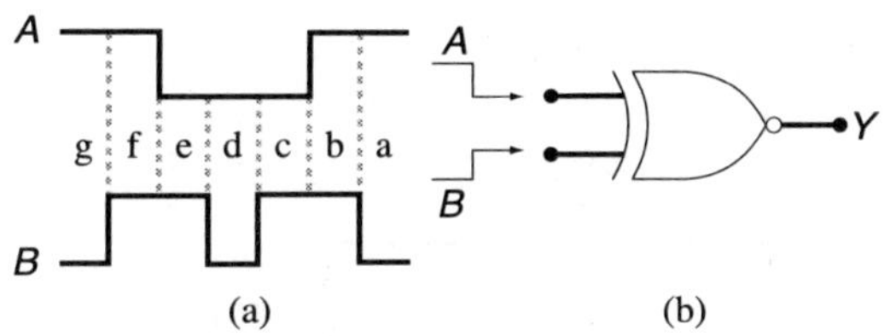


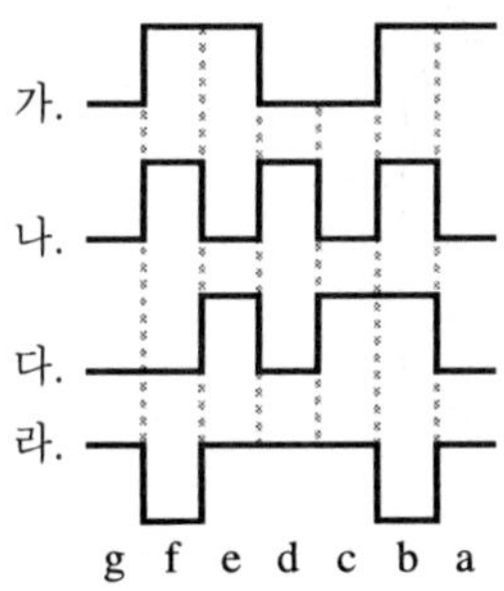


해설 배타적 NOR(XNOR) 게이트이다.
펄스 a = 0, 펄스 b = 1, 펄스 c = 0, 펄스 d = 1,
펄스 e = 0, 펄스 f = 1, 펄스 g = 0

**Q·27** 다음 회로에서 A, B, C의 세 입력이 다같이 $V_{CC}$ level일 때 on 상태가 되는 트랜지스터는?

**해답** 26. 나 27. 라

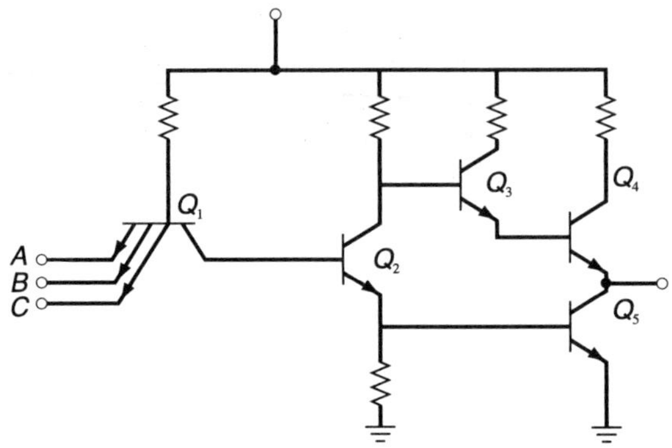


가. $Q_2$, $Q_3$ 나. $Q_3$, $Q_4$

다. $Q_2$, $Q_4$ 라. $Q_2$, $Q_5$

**Q·28** 그림의 TTL 회로에서 다이오드 D의 역할은?

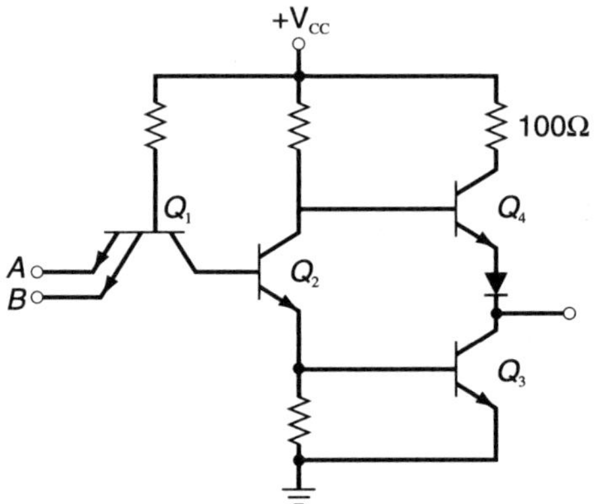


가. 교류성분을 제거하기 위해

나. 스위칭 시간을 적게 하기 위해

다. 일정전압을 유지하기 위하여

라. 과전류가 흐르는 것을 방지하기 위해

**Q·29** 그림과 같은 정논리 회로의 출력은? (단. A, B, C, D는 입력 단자이고 출력은 $V_0$이다.)

**해답** 28. 라 29. 라

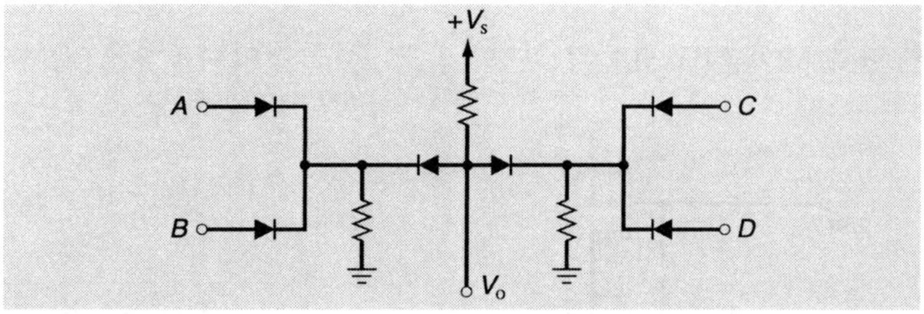


가. AB +CD　　　　나. ABCD

다. A + B + C + D　　　　라. (A + B)(C + D)

**Q·30** 다음 다이오드-트랜지스터 회로에 의해 실현되는 논리 함수 F를 구하면? 단, +V = 1, 0V = 논리 0이다.

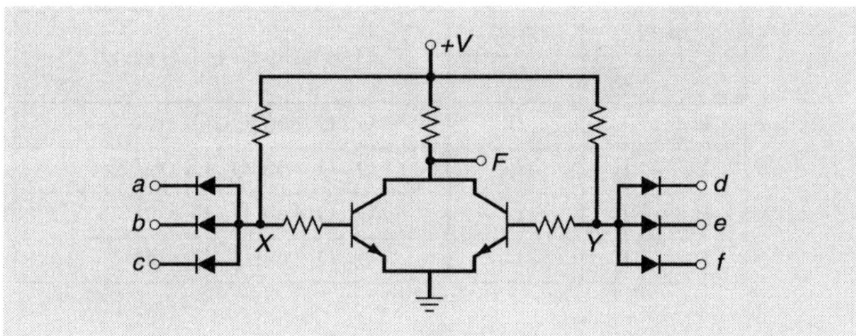


가. $F = abc + def$　　　　나. $F = \overline{abc} + \overline{def}$

다. $F = (\bar{a} + \bar{b} + \bar{c})(\bar{d} + \bar{e} + \bar{f})$　　　　라. $F = \bar{a}\bar{b}\bar{c} + \bar{d}\bar{e}\bar{f}$

**Q·31** 그림과 같은 C-MOS 게이트의 기능은 무엇인가?

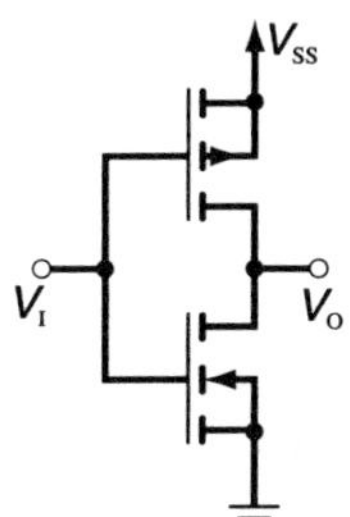


가. AND

나. NAND

다. OR

라. NOT

**해답** 30. 다 31. 라

**Q·32** 다음 MOS FET 회로의 명칭은? (단, 정논리이다.)

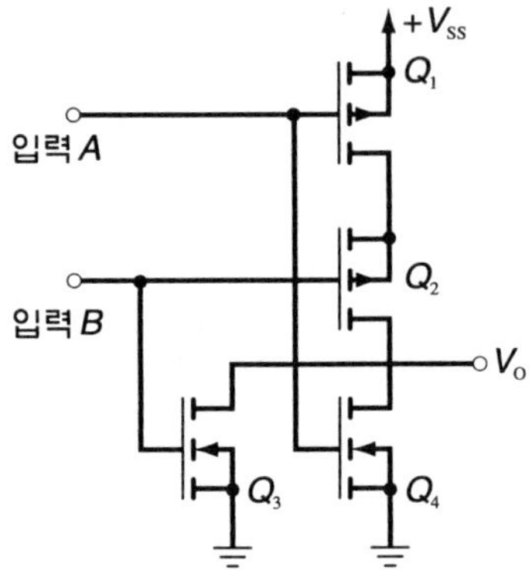


가. OR 게이트
나. NOR 게이트
다. NAND 게이트
라. AND 게이트

해설 $Q_1$, $Q_2$ PMOS이고 $Q_3$, $Q_4$는 NMOS이다. 이의 동작상태는 다음과 같다.

| 입력 $A$ | 입력 $B$ | 출력 $V_0$ | 각 트랜지스터의 상태 |
|---|---|---|---|
| L | L | H | $Q_1$, $Q_2$ : on, $Q_3$, $Q_4$ : off |
| L | H | L | $Q_1$, $Q_3$ : on, $Q_2$, $Q_4$ : off |
| H | L | L | $Q_2$, $Q_4$ : on, $Q_1$, $Q_3$ : off |
| H | H | L | $Q_3$, $Q_4$ : on, $Q_1$, $Q_2$ : off |

**Q·33** 다음과 같은 회로가 수행할 수 있는 논리동작은? (단, A, B, C는 입력 단자이다.)

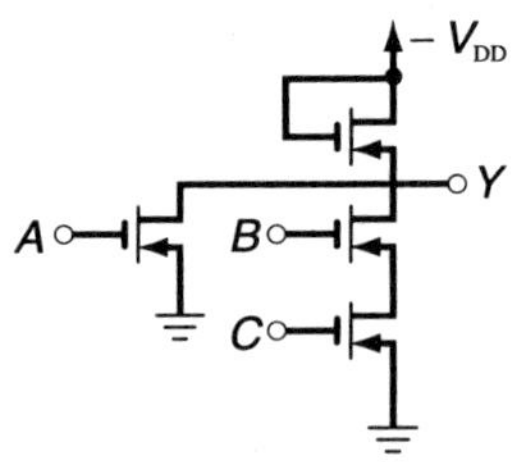


가. $Y=\overline{ABC}$
나. $Y=\overline{AB+C}$
다. $Y=\overline{A+BC}$
라. $Y=\overline{A+B+C}$

**Q·34** 그림과 같은 P-MOS 게이트의 부논리 기능을 나타낸 논리식은 무엇인가? (단, A, B, C는 입력 단자이고, X는 출력단자이다.)

◉해답◉ 32. 나 33. 다 34. 라

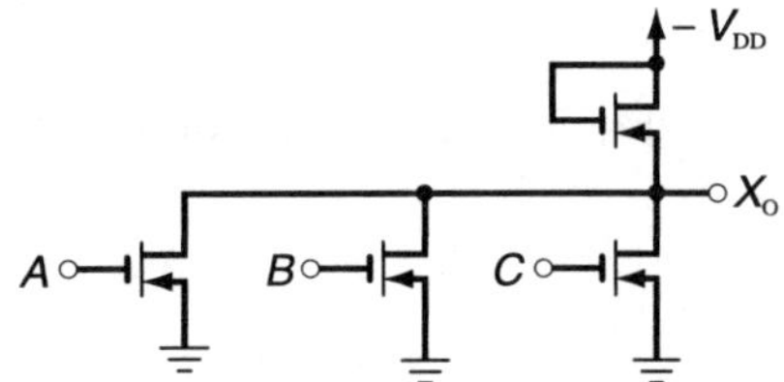


가. $Y=\overline{ABC}$

나. $Y=\overline{AB+C}$

다. $Y=\overline{A+BC}$

라. $Y=\overline{A+B+C}$

**Q·35** 그림과 같은 MOS FET의 정논리 기능을 나타낸 식은? (단, y는 4입력 A, B, C 및 D에 대응하는 출력이다.)

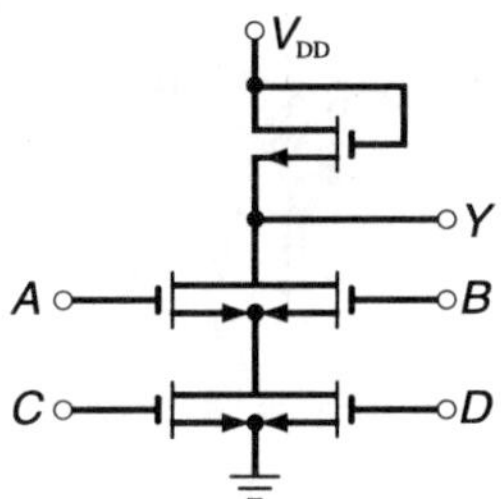


가. $y=\overline{AB}+\overline{CD}$

나. $y=\overline{AB+CD}$

다. $y=\overline{A+B}+\overline{C+D}$

라. $y=\overline{ABCD}$

해설 $\overline{(A+B)(C+D)}=\overline{A+B}+\overline{C+D}$

**Q·36** 그림과 같은 MOS FET의 정논리의 기능은? 단, 정논리이다.

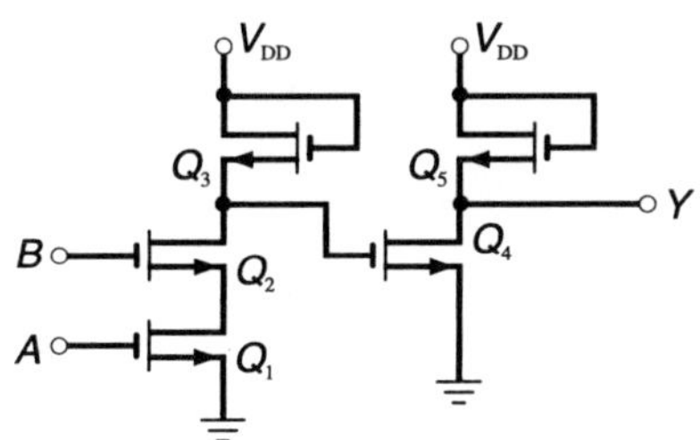


가. OR회로

나. AND 회로

다. NOR 회로

라. NAND 회로

해설 트랜지스터 $Q_1$, $Q_2$, $Q_3$는 NAND의 기능을 가지며 $Q_4$, $Q_5$는 인버터의 기능을 갖는다.

**Q·37** 다음 중 소비 전력이 가장 적은 것은?

가. RTL

나. TTL

다. ECL

라. CMOS

**해답** 35. 다 36. 나 37. 라

해설 ECL은 가장 속도가 빠르고 CMOS는 소비 전력이 가장 적은 논리 게이트이다.

Q·38 다음 중 전파 지연시간이 가장 짧은 것은?

가. CMOS　　나. TTL

다. ECL　　라. $I^2L$

해설 주요 IC 디지털 논리 게이트족의 비교

| 파라미터 \ 논리 | RTL | DTL | HTL | TTL | ECL | MOS | CMOS |
|---|---|---|---|---|---|---|---|
| 기본게이트 | NOR | NAND | NAND | NAND | OR－NOR | NAND | NOR 또는 NAND |
| 전파지연/게이트, ns | 12 | 30 | 90 | 10 | 2 | 100 | 50 |

Q·39 논리 게이트 중 출력 분기수의 가장 큰 것은?

가. RTL　　나. DTL

다. $T^2L$　　라. C－MOS

◉ 해답 ◉　38. 다　39. 라

# 3 chapter

# 부울 대수

## Boolean Algebra

chapter 3

# 부울 대수

Boolean Algebra

## 3. 1 부울 대수의 법칙과 규칙

### 3. 1. 1 부울 대수의 법칙

부울 대수의 기본 법칙에는 교환 법칙(commutative law), 결합 법칙(associative law), 분배 법칙(distributive law)이 있다.

1. **교환 법칙** 이 법칙은 OR나 AND의 연산 순서에 상관없이 결과가 같음을 나타낸다.

$$A + B = B + A \quad \text{또는} \quad AB = BA$$

2. **결합 법칙** 이 법칙은 임의로 AND식과 OR식에서 변수를 배합할 수 있다는 것이다.

$$A + (B + C) = (A + B) + C \quad \text{또는} \quad A(BC) = (AB)C$$

3. **분배 법칙** 이 법칙은 일반대수에서와 같이 항에다 항을 곱해서 식을 전개할 수 있고, 인수 분해도 가능함을 나타낸다.

$$A(B + C) = AB + AC$$

또는

$$A + BC = (A + B)(A + C)$$

예를 들어 A = 1, B = 0, C = 1 일 때

$$A + BC = 1 + 0 \cdot 1 = 1 + 0 = 1$$

$$(A + B)(A + C) = (1 + 0)(1 + 1) = 1 \cdot 1 = 1$$

로 증명 된다.

## 3.1.2 부울 대수의 규칙

부울식을 계산하고 간소화하는데 기본이 되는 아주 중요한 규칙이므로 잘 외워두어야 한다.

**단일 변수에 대한 규칙**

| | |
|---|---|
| 규칙 1 $A \cdot 0 = 0$ | 규칙 2 $A \cdot 1 = A$ |
| 규칙 3 $A \cdot A = A$ | 규칙 4 $A \cdot \overline{A} = 0$ |
| 규칙 5 $A + 0 = A$ | 규칙 6 $A + 1 = 1$ |
| 규칙 7 $A + A = A$ | 규칙 8 $A + \overline{A} = 1$ |

위 규칙 1에서 규칙 4는 AND연산에 관한 규칙이고 규칙 5에서 규칙 8은 OR연산에 관한 규칙으로 게이트를 이용하여 증명할 수 있다.

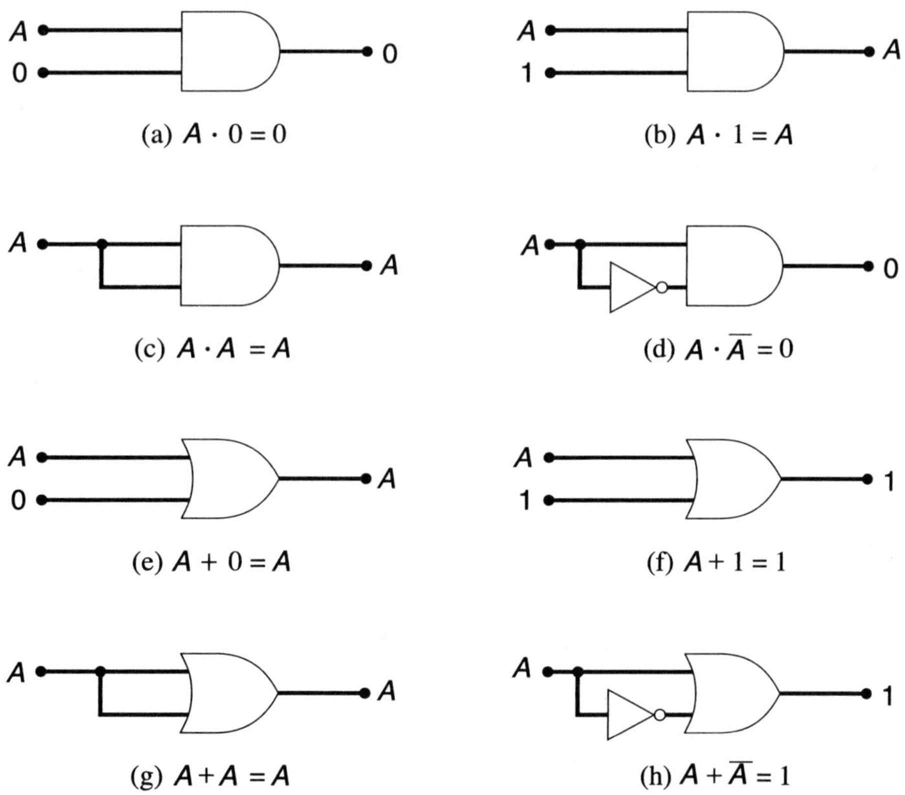


**그림 3-1** 단일 변수에 관한 규칙 증명

**2중 부정에 관한 규칙**

규칙 9 $\overline{\overline{A}} = A$

위 규칙은 2개의 인버터를 종속 접속하여 증명할 수 있다.

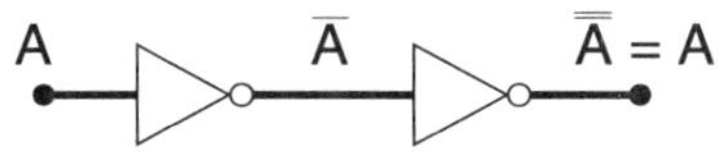


그림 3-2 2중 부정

**다변수에 대한 규칙**

규칙 10 $A + AB = A$

규칙 11 $A + \overline{A}B = A + B$

규칙 12 $(A + B)(A + C) = A + BC$

**예제 3-1** $A + AB = A$임을 증명하라.

**해설**

$$A + AB = A(1 + B) \quad \text{분배 법칙}$$
$$= A \cdot 1 \quad \text{규칙 6}$$
$$= A \quad \text{규칙 2}$$

**예제 3-2** $A + \overline{A}B = A + B$ 임을 증명하라.

**해설**

$$A + \overline{A}B = (A + \overline{A})(A + B) \quad \text{분배 법칙}$$
$$= 1 \cdot (A + B) \quad \text{규칙 8}$$
$$= A + B \quad \text{규칙 2}$$

**예제 3-3** 다음 논리식을 간단히 하라.

(1) $x = A(AB + C)$

(2) $y = (\overline{A} + B)(A + B)$

(3) $z = ACD + \overline{A}BCD$

**해설** (1) $x = A(AB + C)$

$= AAB + AC = AB + AC$

$= A(B + C)$

(2) $y = \left(\overline{A} + B\right)(A + B)$

$= \overline{A}A + \overline{A}B + BA + BB$

규칙 4에서 $\overline{A}A = 0$ 이고, 규칙 3에서 $BB = B$이다.

$y = 0 + \overline{A}B + BA + B$

$= B\left(\overline{A} + A + 1\right)$

규칙 6과 8을 사용하면

$y = B$

(3) $z = ACD + \overline{A}BCD$

$= CD\left(A + \overline{A}B\right)$

규칙 11에서 $A + \overline{A}B = A + B$ 이므로

$z = CD(A + B)$

$= ACD + BCD$

**예제 3-4** 다음 논리 회로에 대한 부울 대수식을 써라.

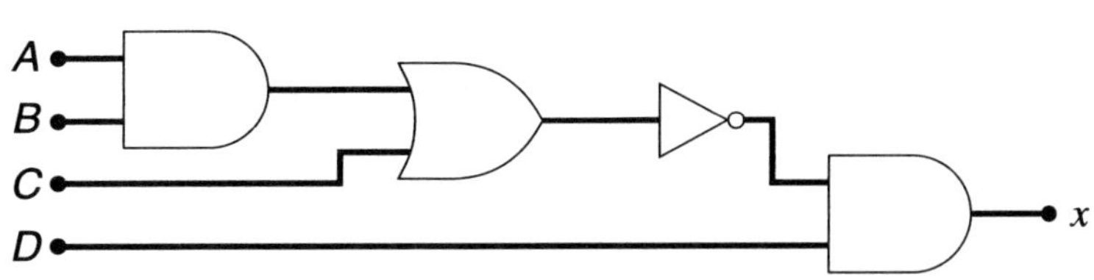


그림 3-3

**해설** $x = \left(\overline{AB + C}\right) \cdot D$

**예제 3-5** 다음 논리 회로에서 출력식 $x$를 구하라.

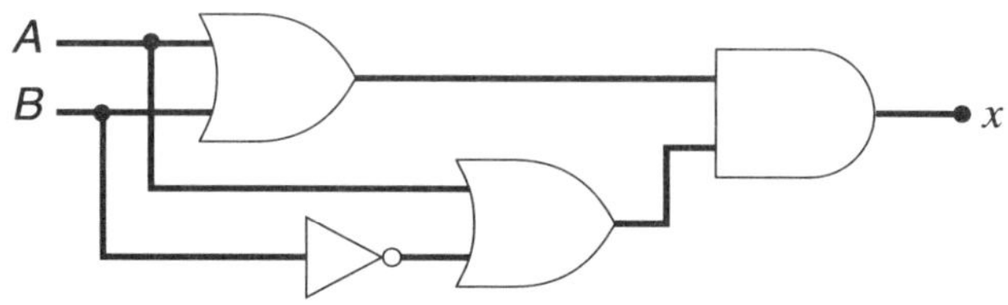


그림 3-4

**해설**

$x=(A+B)(A+\overline{B})$

이 식을 분배 법칙으로 전개하면

$x=AA+A\overline{B}+BA+B\overline{B}$

규칙 3에서 $AA=A$, 규칙 4에서 $B\overline{B}=0$이므로

$x=A+A\overline{B}+BA+0=A+A\overline{B}+BA$

분배 법칙을 이용하여 정리하면

$x=A(1+\overline{B}+B)$

마지막으로 규칙 6과 8을 이용하면

$x=A$

**예제 3-6** 다음 논리 회로에서 출력식 $x$를 구하라.

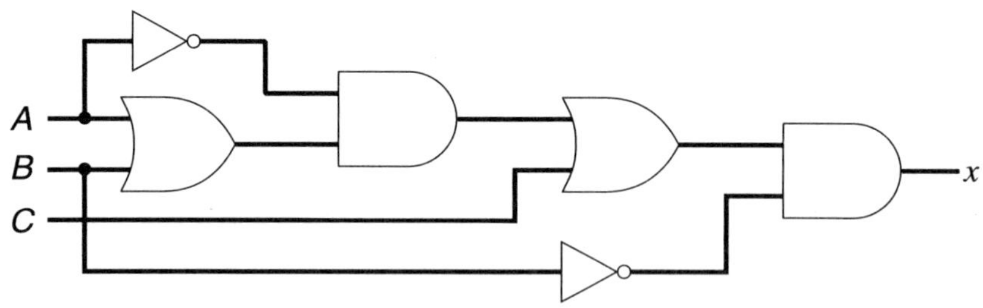


그림 3-5

**해설**

$x=\left[\overline{A}(A+B)+C\right]\cdot\overline{B}$

$\quad=\left(\overline{A}A+\overline{A}B+C\right)\overline{B}$

규칙 4에서 $A\overline{A}=0$ 이므로

$x=\left(\overline{A}B+C\right)\overline{B}=\overline{A}B\overline{B}+\overline{B}C$

규칙 4에서 $B\overline{B}=0$ 이므로 최종식은 다음과 같다.

$x=\overline{B}C$

## 3. 2 드모르강의 정리

드모르강의 정리 (De Morgan's theorem)는 부울 대수에서 가장 중요한 정리이다. 이 두 정리는 논리합과 논리곱을 상호 교환하는데 편리한 정리이다.

$$\overline{A\cdot B}=\overline{A}+\overline{B}\quad \text{(드모르강의 곱의 정리)}$$
$$\overline{A+B}=\overline{A}\cdot\overline{B}\quad \text{(드모르강의 합의 정리)}$$

이 식을 3개의 변수로 확장하면 다음과 같다.

$$\overline{A\cdot B\cdot C}=\overline{A}+\overline{B}+\overline{C}$$
$$\overline{A+B+C}=\overline{A}\cdot\overline{B}\cdot\overline{C}$$

드모르강의 정리를 NAND와 NOR게이트에 적용시키면 동일 기능의 대치 기호를 얻을 수 있다. 즉 OR 게이트의 두 개 입력을 모두 반전시키면 NAND 게이트가 되고, AND 게이트의 두 개 입력을 모두 반전시키면 등가 NOR 게이트가 된다.

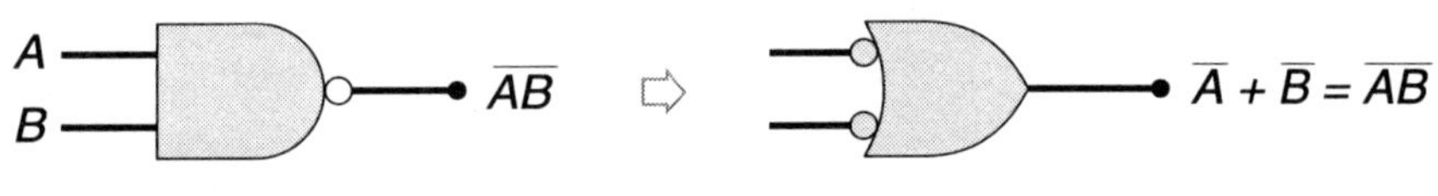


(a) NAND 기능의 대치 기호

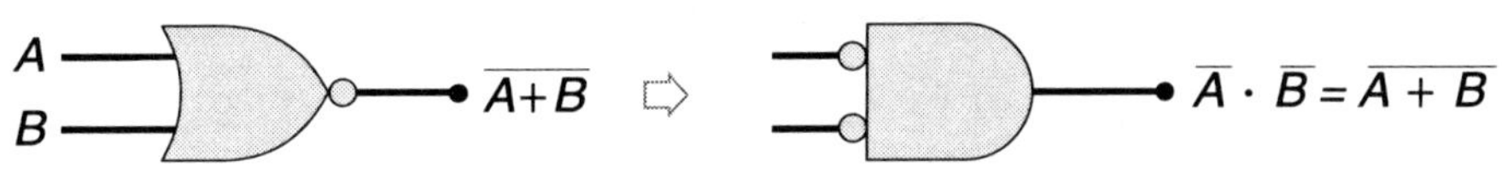


(b) NOR 기능의 대치 기호

**그림 3-6** 드 모르강 정리에 의한 등가 게이트

**예제 3-7** 드모르강의 정리를 이용하여 다음 논리식을 간소화하라.

(1) $x = \overline{\overline{A}B + C}$

(2) $y = \overline{\left(A + \overline{C}\right) \cdot \left(\overline{B} + D\right)}$

(3) $z = \overline{\overline{A}B + A\overline{B}}$

**해설**

(1) $x = \overline{\overline{A}B + C} = \left(\overline{\overline{A}B}\right) \cdot \overline{C}$

$= \left(\overline{\overline{A}} + \overline{B}\right)\overline{C} = \left(A + \overline{B}\right)\overline{C} = A\overline{C} + \overline{B}\overline{C}$

결과를 보면 단일 변수에 인버트됨을 알 수 있다.

(2) $y = \overline{\left(A + \overline{C}\right) \cdot \left(\overline{B} + D\right)}$

$= \overline{\left(A + \overline{C}\right)} + \overline{\left(\overline{B} + D\right)}$

$= \left(\overline{A} \cdot \overline{\overline{C}}\right) + \left(\overline{\overline{B}} \cdot \overline{D}\right) = \overline{A}C + B\overline{D}$

(3) $z = \overline{\overline{A}B + A\overline{B}}$

$= \left(\overline{\overline{A}B}\right) \cdot \left(\overline{A\overline{B}}\right) = \left(A + \overline{B}\right)\left(\overline{A} + B\right)$

$= A\overline{A} + AB + \overline{B}\overline{A} + \overline{B}B$

$= 0 + AB + \overline{B}\overline{A} + 0$

$= AB + \overline{A}\overline{B}$

**예제 3-8** 다음 식을 간소화 하라.

(1) $x = ABC + A\overline{B}C + AB\overline{C}$

(2) $y = A\overline{B}C + \overline{A}B\overline{C}\overline{D} + \overline{A}C\left(\overline{\overline{A}BD}\right)$

(3) $z = \left(\overline{A} + B\right)(A + B + D)\overline{D}$

**해설**

(1) $x = ABC + A\overline{B}C + AB\overline{C}$

$= AB\left(C + \overline{C}\right) + A\overline{B}C = AB(1) + A\overline{B}C$

$= A\left(B + \overline{B}C\right)$

규칙 11에서 $B + \overline{B}C = B + C$ 이므로

$x = A(B + C)$

(2) $y = A\bar{B}C + \bar{A}\,B\,\bar{C}\,\bar{D} + \bar{A}C\left(\overline{\bar{A}BD}\right)$

$= A\bar{B}C + \bar{A}\,B\,\bar{C}\,\bar{D} + \bar{A}C\left(A + \bar{B} + \bar{D}\right)$

$= A\bar{B}C + \bar{A}\,B\,\bar{C}\,\bar{D} + \bar{A}CA + \bar{A}C\bar{B} + \bar{A}C\bar{D}$

규칙 4에서 $A\bar{A} = 0$이므로 3번째 항은 소거된다.

$y = A\bar{B}C + \bar{A}B\bar{C}\,\bar{D} + \bar{A}C\bar{B} + \bar{A}C\bar{D}$

$= \bar{B}C\left(A + \bar{A}\right) + \bar{A}\,\bar{D}\left(B\bar{C} + C\right)$

규칙 8에서 $A + \bar{A} = 1$이고 규칙 11에서 $C + B\bar{C} = C + B$이므로

$y = \bar{B}C + \bar{A}\,\bar{D}(B + C)$

(3) $z = \left(\bar{A} + B\right)(A + B + D)\bar{D}$

$= \bar{A}A\bar{D} + \bar{A}B\bar{D} + \bar{A}D\bar{D} + BA\bar{D} + BB\bar{D} + BD\bar{D}$

$= 0 + \bar{A}B\bar{D} + 0 + BA\bar{D} + B\bar{D} + 0$

$= B\bar{D} + AB\bar{D} + \bar{A}B\bar{D}$

$= B\bar{D}\left(1 + A + \bar{A}\right) = B\bar{D}(1) = B\bar{D}$

**예제 3-9** 다음 논리 회로로 부터 얻어지는 부울식을 간단히 하라.

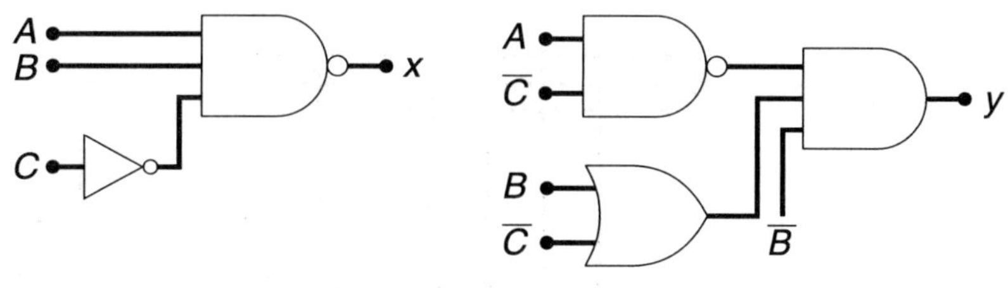


(a) (b)

**그림 3-7** 논리회로의 예

**해설**

(a) $x = \overline{AB\bar{C}} = \bar{A} + \bar{B} + \bar{\bar{C}} = \bar{A} + \bar{B} + C$

(b) $y = \left(\overline{A\bar{C}}\right) \cdot \left(B + \bar{C}\right) \cdot \bar{B}$

$= \left(\bar{A} + \bar{\bar{C}}\right)\left(B\bar{B} + \bar{B}\,\bar{C}\right) = \left(\bar{A} + C\right)\left(0 + \bar{B}\,\bar{C}\right)$

$= \bar{A}\,\bar{B}\,\bar{C} + C\bar{B}\,\bar{C} = \bar{A}\,\bar{B}\,\bar{C}$

**예제3-10** 다음 논리 회로의 출력 $x$의 논리식을 간략화 하라.

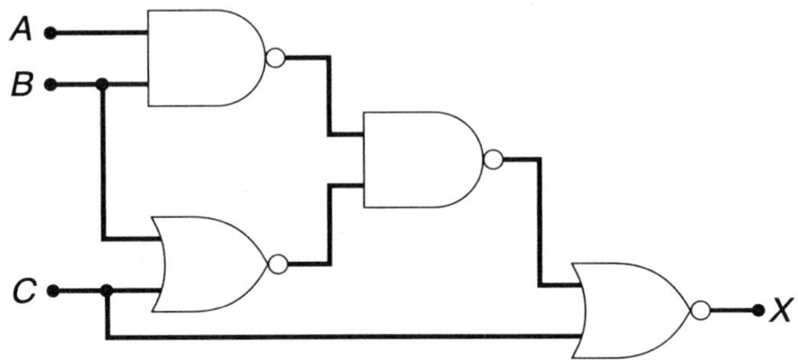


그림 3-8

**해설** 드모르강의 정리를 이용한다.

$$
\begin{aligned}
x &= \overline{\overline{\overline{AB}\,\overline{(B+C)}}+C} = \overline{AB}\,\overline{(B+C)}\,\overline{C} \\
&= (\overline{A}+\overline{B})(\overline{B}\,\overline{C})\overline{C} = (\overline{A}+\overline{B})\overline{B}\,\overline{C} \\
&= \overline{A}\,\overline{B}\,\overline{C}+\overline{B}\,\overline{C} = \overline{B}\,\overline{C}(\overline{A}+1) = \overline{B}\,\overline{C} \\
&= \overline{B+C}
\end{aligned}
$$

**예제3-11** 다음 논리 회로의 출력 $x$의 논리식을 간략화 하라.

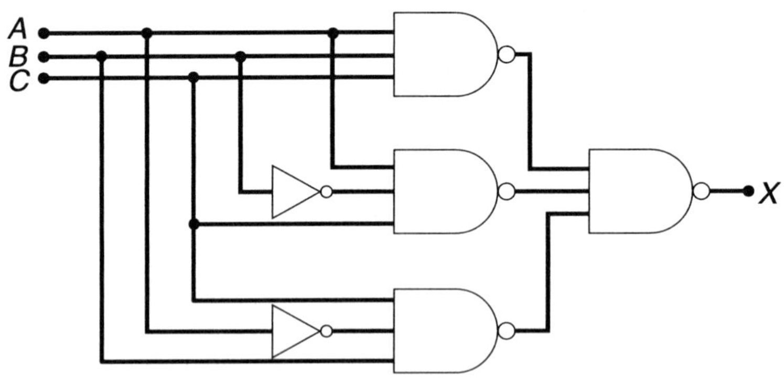


그림 3-9

**해설** 드모르강의 정리를 이용한다.

$x = (A+B)C$

## 3. 3 함수의 보수

**쌍대의 원리** 어떤 논리 등식이 있을 때, 각 변수는 바꾸지 않고 양변의 0과 1 그리고 논리합(+)과 논리곱( · )을 동시에 바꾼식은 반드시 성립한다는 것을 쌍대의 원리(reciprocity)라고 한다.

**예제3-12** 다음 등식과 쌍대인 식을 구하라.

$$(A+B)(A+\overline{B})(\overline{A}+B)(\overline{A}+\overline{B})=0$$

**해설** 쌍대의 원리를 적용하기 위해 원래의 식 F에 다음을 적용하면 쌍대함수 F를 구할 수 있다.

1. 각 변수는 그대로 놓는다.
2. 모든 논리합(+)과 논리곱( · )의 기호를 바꾸어 놓는다.
3. 모든 0과 1을 바꾸어 놓는다.

$$(A+B)(A+\overline{B})(\overline{A}+B)(\overline{A}+\overline{B})=0$$

$$\downarrow$$

$$A\cdot B + A\cdot\overline{B} + \overline{A}\cdot B + \overline{A}\cdot\overline{B} = 1$$

**함수의 보수** 부울 대수식의 부정은 이 식의 쌍대를 만들어 각각의 변수에 부정을 취함으로써 얻을 수 있다.

**예제3-13** 다음 함수의 보수를 구하라.

$$F = A+\overline{B}C$$

**해설**

$F = A+\overline{B}\cdot C$

⇩ 먼저 쌍대 함수 F* 구한다.

$F^{*}= A\cdot\left(\overline{B}+C\right)$

⇩ 각각의 변수에 보수를 취하면 $\overline{F}$가 구해진다.

$\overline{F} = \overline{A}\cdot\left(\overline{\overline{B}}+\overline{C}\right) = \overline{A}\left(B+\overline{C}\right)$

**예제3-14** 다음 함수의 부정을 구하라.

(1) $x = A\overline{B} + \overline{A} + B$

(2) $y = \left(B\overline{C} + \overline{A}D\right)\left(A\overline{B} + C\overline{D}\right)$

(3) $x = (A + \overline{B})(\overline{A} + B)$

(4) $y = \overline{A}\,\overline{B}\,\overline{C} + A\overline{B}C + ABC$

**해 설** 함수의 부정은 드 모르강의 정리를 적용하여 구하거나 쌍대 함수를 구한 후 각각의 변수에 부정을 취함으로서 구할 수 있다.

(1) $x = A\overline{B} + \overline{A} + B$

$\overline{x} = \overline{A\overline{B} + \overline{A} + B} = \overline{A\overline{B}} \cdot \overline{\overline{A}} \cdot \overline{B}$

$= (\overline{A} + B)A\overline{B} = \overline{A}A\overline{B} + BA\overline{B} = 0$

(2) $y = (B\overline{C} + \overline{A}D)(A\overline{B} + C\overline{D})$

$= B\overline{C}A\overline{B} + B\overline{C}C\overline{D} + \overline{A}DA\overline{B} + \overline{A}DC\overline{D}$

$= 0$

$\overline{y} = 1$

(3) $x = (A + \overline{B})(\overline{A} + B)$

⬇ 먼저 쌍대 함수 $x^*$를 구한다.

$x^* = A\overline{B} + \overline{A}B$

⬇ 각각의 변수에 부정을 취하면 $\overline{x}$가 구해진다.

$\overline{x} = \overline{A}\,\overline{\overline{B}} + \overline{\overline{A}}\,\overline{B} = \overline{A}B + A\overline{B}$

(4) $y = \overline{A}\ \overline{B}\ \overline{C} + A\overline{B}C + ABC$

⬇ 먼저 쌍대 함수 $y^*$를 구한다.

$y^* = (\overline{A} + \overline{B} + \overline{C})(A + \overline{B} + C)(A + B + C)$

⬇ 각각의 변수에 부정을 취한다.

$\overline{y} = (\overline{\overline{A}} + \overline{\overline{B}} + \overline{\overline{C}})(\overline{A} + \overline{\overline{B}} + \overline{C})(\overline{A} + \overline{B} + \overline{C})$

$= (A + B + C)(\overline{A} + B + \overline{C})(\overline{A} + \overline{B} + \overline{C})$

## 3. 4 부울 함수의 표현 방법

부울 함수를 표현하는 방법으로는 크게 정규형과 표준형이 있다. 정규형은 최소항의 합 또는 최대항의 곱으로 나누고, 표준형은 곱의 합(sum of product)형과 합의 곱(product of sum)형으로 구분한다.

**최소항과 최대항** 모든 논리 변수를 포함한 곱항을 최소항(minterm)이라 하고, 모든 논리 변수를 포함한 합항을 최대항(maxterm)이라고 한다. n개의 변수는 $2^n$개의 최소항(또는 최대항)을 나타낼 수 있다.

1. 최대항이란 : 모든 변수를 포함한 논리합의 항을 말하며, 이 최대항의 곱의 형식으로 전개한 것을 승법 표준형(또는 표준 POS형)이라고 한다.
2. 최소항이란 : 모든 변수를 포함한 논리곱의 항을 말하며, 이 최소항의 합의 형식으로 전개한 것을 가법 표준형(또는 표준 SOP형)이라고 한다.

모든 최소항의 합은 1이 되고, 모든 최대항의 곱은 0이 된다. 표 3-1은 변수의 최소항과 최대항을 보인 것이다.

**표 3-1** 3변수의 최소항과 최대항

| 입력변수 | | | 최소항 | | 최대항 | |
|---|---|---|---|---|---|---|
| A | B | C | 항 | 표시 | 항 | 표시 |
| 0 | 0 | 0 | $\overline{A}\,\overline{B}\,\overline{C}$ | $= m_0$ | $A+B+C$ | $= M_0$ |
| 0 | 0 | 1 | $\overline{A}\,\overline{B}C$ | $= m_1$ | $A+B+\overline{C}$ | $= M_1$ |
| 0 | 1 | 0 | $\overline{A}B\overline{C}$ | $= m_2$ | $A+\overline{B}+C$ | $= M_2$ |
| 0 | 1 | 1 | $\overline{A}BC$ | $= m_3$ | $A+\overline{B}+\overline{C}$ | $= M_3$ |
| 1 | 0 | 0 | $A\overline{B}\,\overline{C}$ | $= m_4$ | $\overline{A}+B+C$ | $= M_4$ |
| 1 | 0 | 1 | $A\overline{B}C$ | $= m_5$ | $\overline{A}+B+\overline{C}$ | $= M_5$ |
| 1 | 1 | 0 | $AB\overline{C}$ | $= m_6$ | $\overline{A}+\overline{B}+C$ | $= M_6$ |
| 1 | 1 | 1 | $ABC$ | $= m_7$ | $\overline{A}+\overline{B}+\overline{C}$ | $= M_7$ |

## 3.4.1 정규형(canonical form)

(1) 최소항의 합(sum of minterm)

가법(덧셈) 표준형 또는 표준 SOP형이라고도 한다. 이것은 임의의 논리 함수를 일련의 최소항의 논리합으로 표시한 것이다.

(2) 최대항의 곱(product of maxterm)

승법(곱셈) 표준형 또는 표준 POS형이라고도 한다. 이것은 임의의 논리 함수를 일련의 최대항의 논리적으로 표시한 것이다.

**예제3-15** 부울 함수 $F = A + \overline{B}C$를 최소항의 합(sum of minterm)으로 표시하라.

**해설** 3변수 함수인데 첫 항에 B, C가 빠져있고 둘째 항에는 A가 빠져 있으므로

$$\begin{aligned} F &= A + \overline{B}C \\ &= A(B+\overline{B})(C+\overline{C}) + (A+\overline{A})\overline{B}C \\ &= \overline{A}\,\overline{B}C + A\overline{B}\,\overline{C} + A\overline{B}C + AB\overline{C} + ABC \\ &= m_1 + m_4 + m_5 + m_6 + m_7 \end{aligned}$$

$$\therefore\ F(A,\ B,\ C) = \sum(1,\ 4,\ 5,\ 6,\ 7)$$

위 식을 최대항의 곱(product of maxterm)으로 변환 하려면 $\Sigma$를 $\Pi$로 고치고 원래 진리표상에서 빠진 숫자를 기입하면 된다.

$$\begin{aligned} F(A,\ B,\ C) &= M_0 M_2 M_3 \\ &= \prod(0,\ 2,\ 3) \end{aligned}$$

**예제3-16** $x(a,\ b,\ c) = \overline{a} + b\overline{c}$ 가 주어질 때

(1) $x$를 최소항의 합(표준 SOP형)으로 표시하라.

(2) $x$를 최대항의 합(표준 POS형)으로 표시하라.

**해설** (1) 최소항의 합

3변수 함수인데 첫 항에 b, c가 빠져있고, 둘째 항에는 a가 빠져 있으므로

$$
\begin{aligned}
x(a,\ b,\ c) &= \bar{a} + b\bar{c} \\
&= \bar{a}(b+\bar{b})(c+\bar{c}) + (a+\bar{a})b\bar{c} \\
&= \bar{a}bc + \bar{a}b\bar{c} + \bar{a}\bar{b}c + \bar{a}\bar{b}\bar{c} + ab\bar{c} + \bar{a}b\bar{c} \\
&= \bar{a}bc + \bar{a}b\bar{c} + \bar{a}\bar{b}c + \bar{a}\bar{b}\bar{c} + ab\bar{c} \\
&= \Sigma(0,\ 1,\ 2,\ 3,\ 6)
\end{aligned}
$$

(2) 최대항의 합

$$x(a,\ b,\ c) = \Sigma(0,\ 1,\ 2,\ 3,\ 6)$$

⬇ $\Sigma$를 $\Pi$로 변환시키면 원래 진리표상에서 빠진 숫자를 기입하면 된다.

$$x(a,\ b,\ c) = \Pi(4,\ 5,\ 7)$$

**예제3-17** 다음의 스위칭 네트워크는 3개의 입력과 2개의 출력을 가지고 있다.

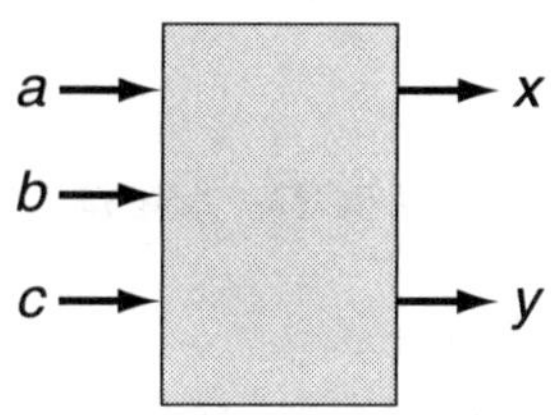


그림 3-10

출력 변수 $x$, $y$는 각각 2진수 $N$의 첫번째, 두 번째 비트를 나타낸다. $N$은 입력에서 "1"의 개수를 나타낸다.

예를 들어 a = 1, b = 1, c = 1이면 $N = xy = 11_2$, 즉 1이 3개 임을 나타낸다.

다음 각 물음에 답하라.

(1) $x$와 $y$를 최소항의 합으로 표현하라.

(2) $x$와 $y$를 최대항의 곱으로 표현하라.

**해설**

| | a b c | x y |
|---|---|---|
| 0 | 0 0 0 | 0 0 |
| 1 | 0 0 1 | 0 1 |
| 2 | 0 1 0 | 0 1 |
| 3 | 0 1 1 | 1 0 |
| 4 | 1 0 0 | 0 1 |
| 5 | 1 0 1 | 1 0 |
| 6 | 1 1 0 | 1 0 |
| 7 | 1 1 1 | 1 1 |

(1) $x = \sum m(3,\ 5,\ 6,\ 7)$

$y = \sum m(1,\ 2,\ 4,\ 7)$

(2) $x = \prod M(0,\ 1,\ 2,\ 4)$

$y = \prod M(0,\ 3,\ 5,\ 6)$

**예제3－18** 어떤 스위칭 네트워크가 4개의 입력을 가지고 있다.

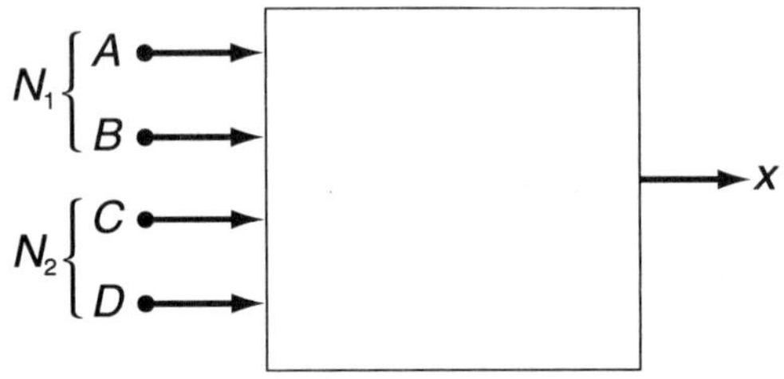


그림 3－11

A와 B는 2진수 $N_1$의 첫 번째와 두 번째 비트이고, C와 D는 2진수 $N_2$의 첫 번째와 두 번째 비트이다. 네트워크의 출력이 1이 되는 경우는 단지 $N_1$과 $N_2$의 곱, 즉 $N_1 \times N_2$가 그 보다 클 경우일 때이다. 다음 각 물음에 답하라.

(1) 출력 $x$를 최소항의 합으로 표시하는 식을 써라.

(2) 출력 $x$를 최대항의 곱으로 표시하는 식을 써라.

**해설**

(1) $x = \sum m(7,\ 10,\ 11,\ 13,\ 14,\ 15)$
$= \overline{A}BCD + A\overline{B}C\overline{D} + A\overline{B}CD + AB\overline{C}D + ABC\overline{D} + ABCD$

(2) $x = \prod M(0,\ 1,\ 2,\ 3,\ 4,\ 5,\ 6,\ 8,\ 9,\ 12)$
$= (A+B+C+D)(A+B+C+\overline{D})(A+B+\overline{C}+D)\ \cdots$

## 3.4.2 표준형(standard form)

부울 대수의 정규형은 진리표로부터 얻은 기본형으로 모든 변수를 가지고 나타내야하므로 최소의 변수를 요구하는 경우에는 거의 쓰이지 않는다. 이 부울함수를 표현하는 또다른 방식을 표준형이라고 하며 다음 2가지로 구분한다.

(1) 곱의 합(SOP)형

곱의 합(sum of product)은 2개이상의 AND항을 OR로 구성한 것으로 AND항은 한 항에 한개이상의 변수가 부정을 가질 수 있으나 둘 이상의 변수를 묶어서 부정을 취하지는 않는다. 예를 들어 SOP식은 $\overline{A}\,\overline{B}\,\overline{C}$ 는 될 수 있으나 $\overline{ABC}$ 는 될 수 없다.

(2) 합의 곱(POS)형

합의 곱(product of sum)은 2개이상의 OR항을 AND로 구성한 것으로 OR항은 한 항에 한개이상의 변수가 부정을 가질 수 있으나 둘 이상의 변수를 묶어 부정을 취하지는 않는다. 예를 들어 POS 식은 $\overline{A+B+C}$ 는 될 수 있으나 $\overline{A}+\overline{B}+\overline{C}$ 는 될 수 없다.

**예제3-19** 다음 식 중에서 어느 것이 곱의 합(SOP)형식인가?

(a) $\overline{MN}+PQ$ (b) $AB(C+D)$

(c) $AB+CD+E$ (d) $(A+\overline{B}+C)(A+C)$

**해설** (c)만이 곱의 합 형식이다.
합의 곱(POS)형식은 (d)이다.

**예제3-20** 다음 식 중에서 곱의 합(sum of product)형태가 아닌 것은 어느 것인가?

(a) $\overline{T}+RS\overline{T}+\overline{R}S\overline{T}$ (b) $\overline{A}CD+\overline{ACD}$

(c) $\overline{M}NP+(M+\overline{N})P$ (d) $XY+\overline{X}Y\overline{Z}+X\overline{Y}\,\overline{Z}$

**해설** (b)와 (c)는 곱의 합형이 아니다.
(b)는 $\overline{ACD}$ 때문에, (c)는 $(M+\overline{N})P$ 때문이다.

## 3. 5 컨센서스 이론

컨센서스(comsensus) 이론은 부울함수를 간소화시키는데 매우 유용하게 이용된다.

**컨센서스항** 부울함수 $ab+\bar{a}c+bc$ 형태의 식이 주어진 경우 $bc$항은 중복이 되어 삭제시킬 수 있어 $ab+\bar{a}c$ 로 간소화된다. 이 때 제거되는 항 $bc$를 컨센서스항이라고 한다.

**컨센서스항 찾기** 컨센서스항은 한 변수$(a)$가 한 항$(ab)$에, 그 변수의 보수 변수 $(\bar{a})$ 가 다른 항 $(\bar{a}c)$ 에 존재하는 경우 나머지 변수들의 곱$(bc)$이 컨센서스항이다.

$$ab+\bar{a}c+bc=ab+\bar{a}c$$

**예제3-21** 다음 함수 $X$를 컨센서스 이론을 이용하여 최소화 하라.

$$X=\bar{A}\,\bar{B}+AC+B\bar{C}+\bar{B}C+AB$$

**해설** $\bar{B}C$ 는 $\bar{A}\bar{B}$ 와 $AC$의 컨센서스이고, $AB$는 $AC$와 $B\bar{C}$ 의 컨센서스이므로 $\bar{B}C$ 항을 제거된다.

$$\begin{aligned}X&=\bar{A}\,\bar{B}+AC+B\bar{C}+\bar{B}C+AB\\&=\bar{A}\,\bar{B}+AC+B\bar{C}\end{aligned}$$

**예제3-22** 다음 함수 $X$를 컨센서스 이론을 이용하여 최소화하라.

$$X=(A+B+\bar{C})(A+B+\bar{D})(B+C+\bar{D})$$

**해설** $(A+B+\bar{D})$ 는 컨센서스항이므로 제거된다.

$$\begin{aligned}X&=(A+B+\bar{C})(A+B+\bar{D})(B+C+\bar{D})\\&=(A+B+\bar{C})(B+C+\bar{D})\end{aligned}$$

# 3. 6 NAND와 NOR로의 설계 실현

모든 부울식은 AND, OR, 인버터의 기본적인 게이트만으로 구성 할 수 있으나 실제에 있어서는 NAND나 NOR게이트를 주로 사용하여 실현하고 있다.

## 3.6.1 NAND게이트의 범용성

그림 3－12와 같이 NAND게이트를 적당히 조합하면 AND, OR인버터 모두를 표현할 수 있어 가장 널리 사용되기 때문에 이 게이트를 범용 게이트(universal gate)라고 한다.

| 논리함수 | 논리 기호 | NAND게이트만을 사용한 회로 |
|---|---|---|
| 인버터(NOT) | 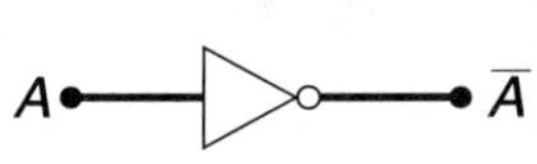  | 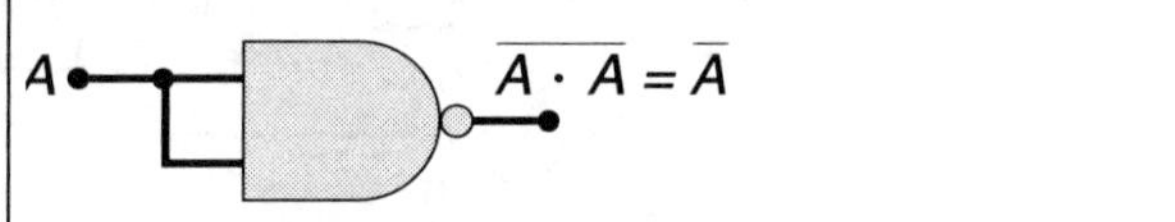  |
| AND | 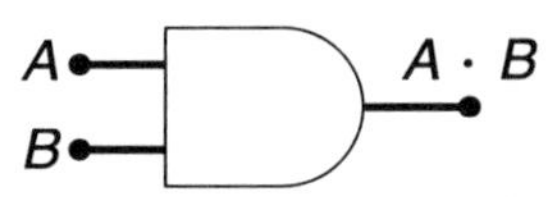  | 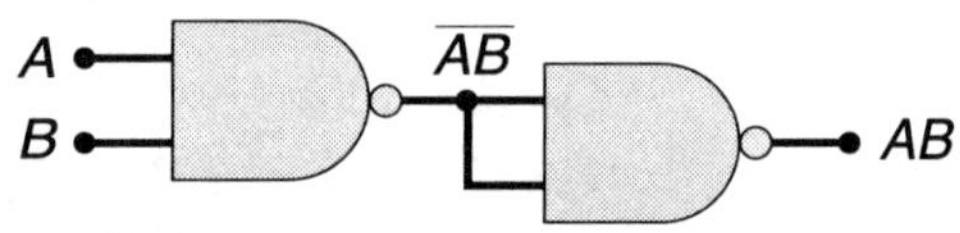  |
| OR | 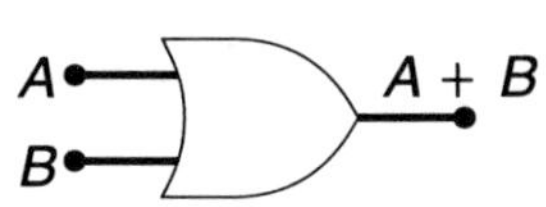  | 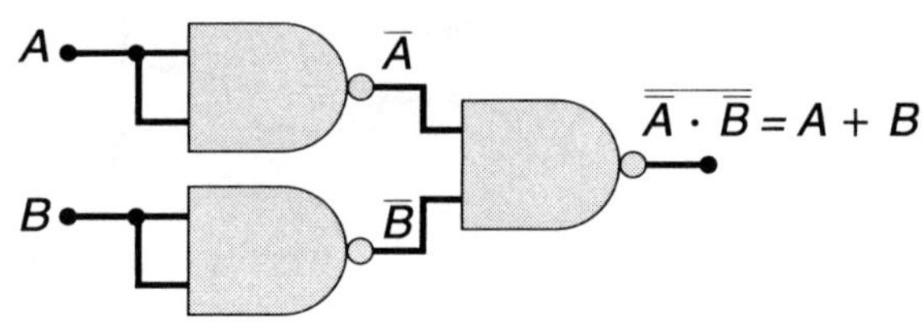  |
| NOR | 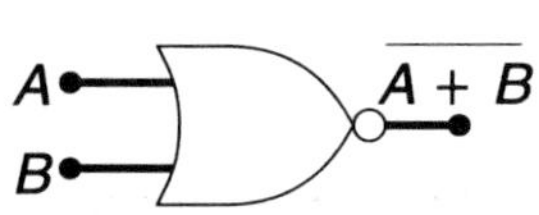  | 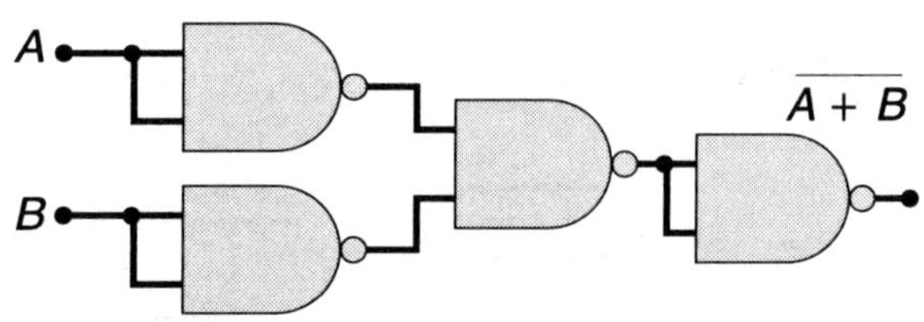  |

**그림 3－12** NAND 게이트만을 사용한 회로

**예제3-23** 논리식 $x = AB + CD$를 NAND 게이트 만을 이용하여 설계하라.

**해 설** 그림 3-12의 NAND변환을 이용한다.

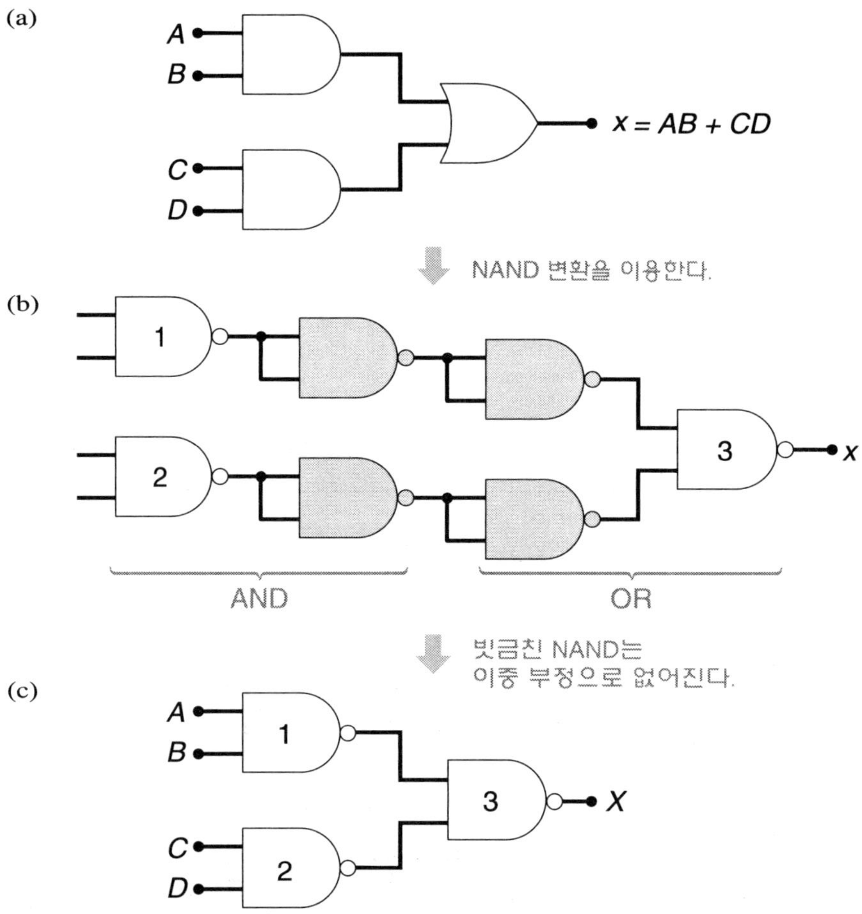


**그림 3-13** $x = AB + CD$의 회로

**예제3-24** 다음 논리 회로를 NAND로 구성하라.

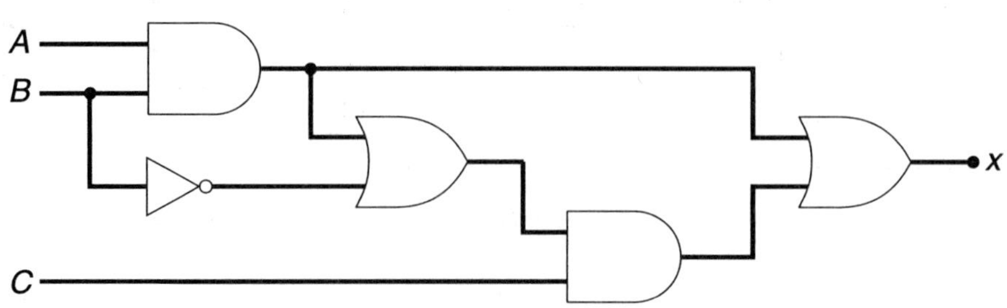


**그림 3-14**

**해설** 각 소자에 NAND 변환을 한 후 이중 부정을 소거시키면 된다.

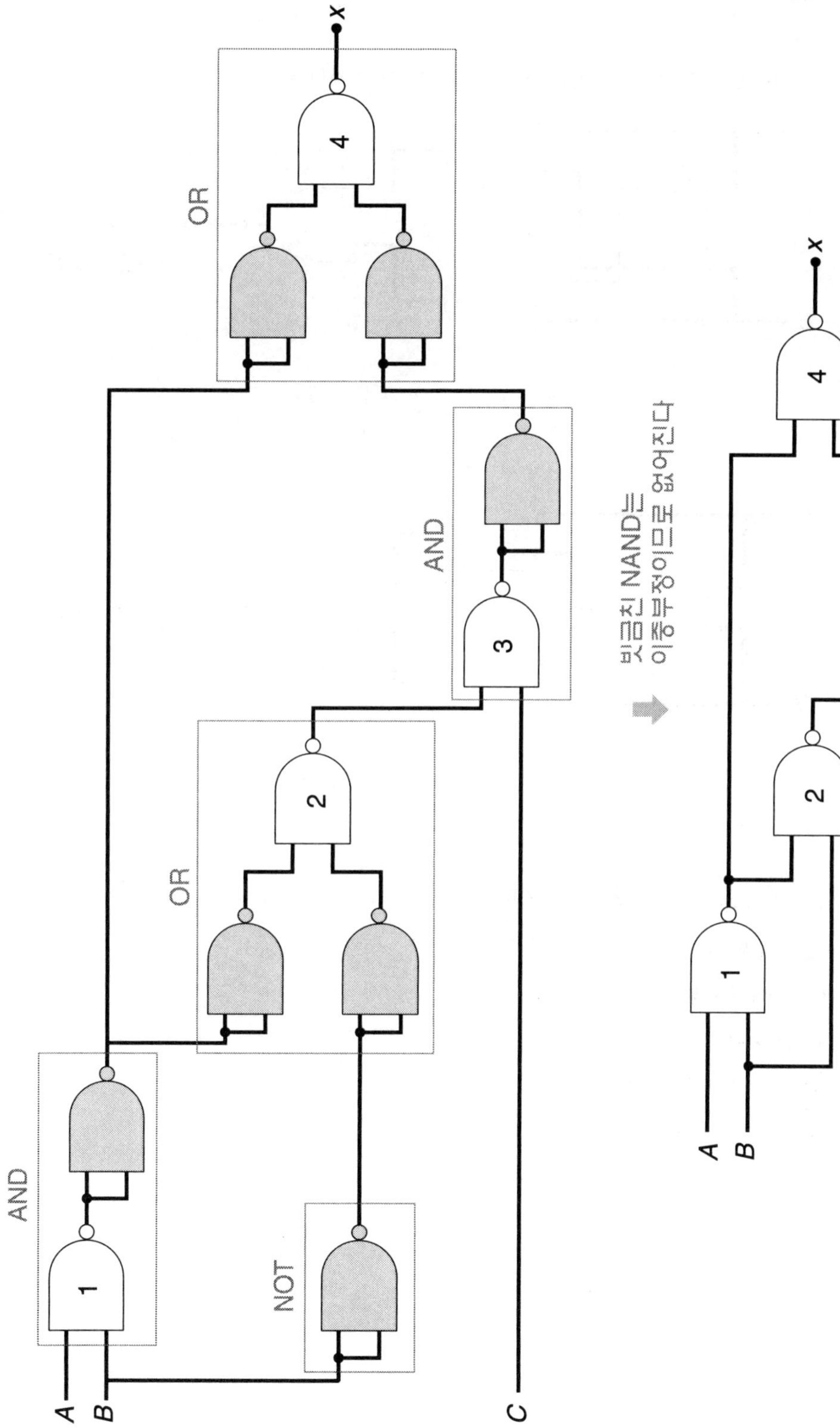


**그림 3-15** NAND로 변환된 회로

**예제3-25** Exclusive - OR회로를 NAND게이트로 구성하라.

**해 설** XOR 게이트는 $x=\overline{A}B+A\overline{B}$ 인 논리 함수이다.

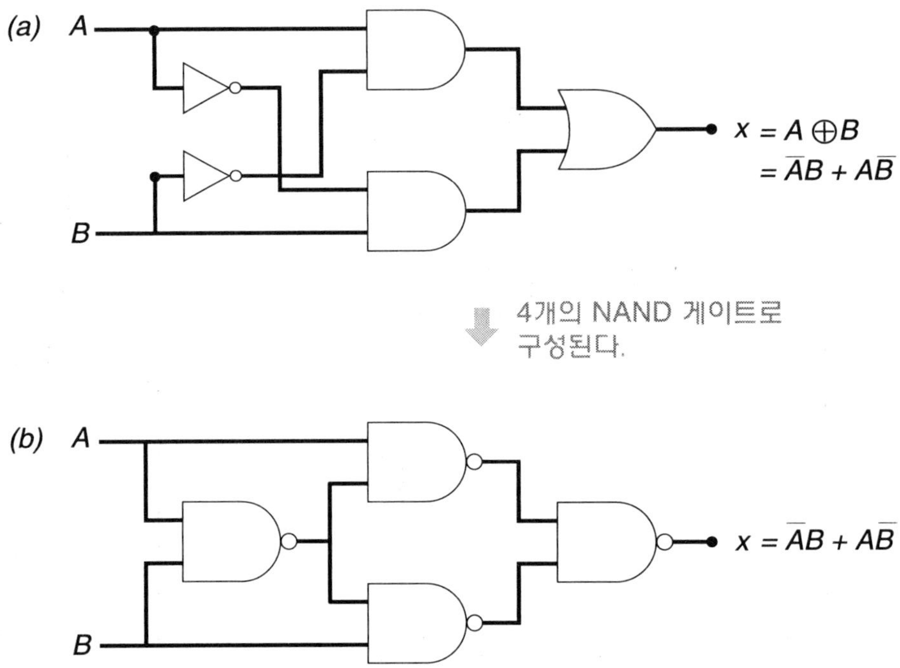


**그림 3-16** XOR 회로의 실현

이 회로의 논리식은 다음과 같다.

$$
\begin{aligned}
x &= \overline{A}B+A\overline{B} \\
&= (\overline{A}+\overline{B})(A+B) \\
&= \overline{AB}(A+B) \\
&= \overline{AB}\cdot A+\overline{AB}\cdot B \\
&= \overline{\overline{(\overline{AB}\cdot A)}\cdot\overline{(\overline{AB}\cdot B)}}
\end{aligned}
$$

**예제3-26** 다음은 NAND 다단 회로이다. AND - OR회로로 변환하라.

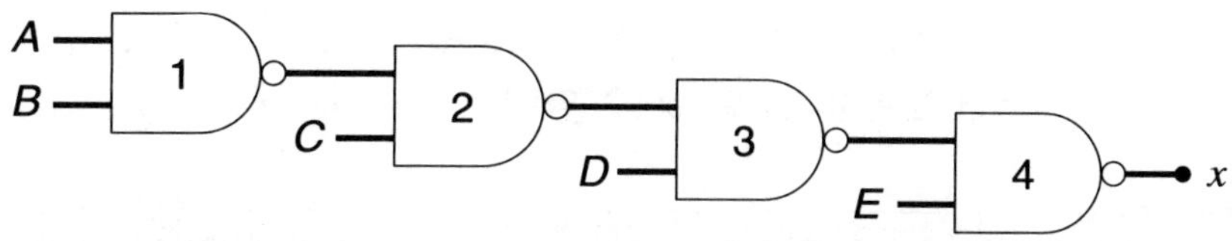


그림 3-17

**해설** NAND 다단 회로는 다음과 같은 성질이 있다.

**성질 1.** 출력단에서 볼 때 홀수단째는 OR, 짝수단째는 AND로 동작한다.

**성질 2.** 홀수단째의 입력은 부정 형태로, 짝수번째의 입력은 그대로 나타난다.

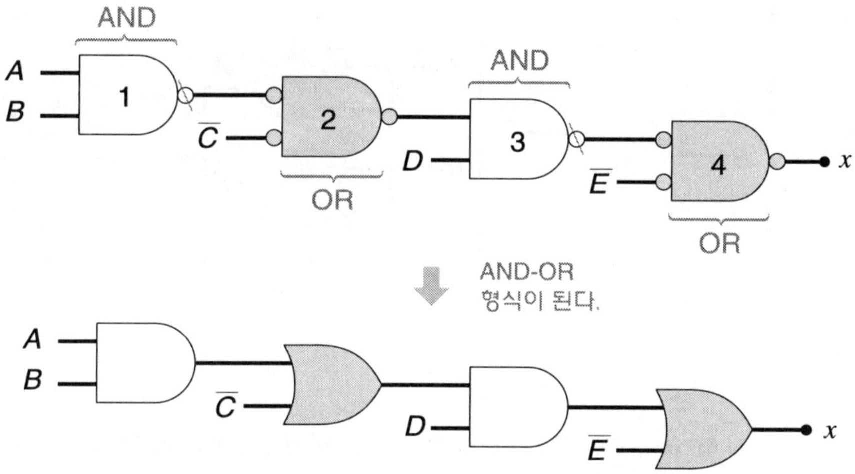


그림 3-18 $x = (AB + \overline{C})D + \overline{E}$ 인 회로

이 회로의 논리식은 다음과 같다.

$$
\begin{aligned}
x &= \overline{\overline{\overline{\overline{AB}\cdot C}\cdot D}\cdot E} \\
&= \overline{\overline{\overline{\overline{AB}\cdot C}} + \overline{D}} + \overline{E} = \overline{\overline{AB}\cdot C + \overline{\overline{D}}} + \overline{E} \\
&= \overline{\overline{AB}\cdot C}\cdot \overline{\overline{D}} + \overline{E} = (\overline{\overline{AB}} + \overline{C})D + \overline{E} \\
&= (AB + \overline{C})D + \overline{E}
\end{aligned}
$$

## 3.6.2 NOR게이트의 범용성

그림 3-19와 같이 NOR 게이트를 적당히 조합하면 AND, OR, 인버터 모두를 표현 할 수 있다.

| 논리함수 | 논리 기호 | NAND게이트만을 사용한 회로 |
|---|---|---|
| 인버터(NOT) | 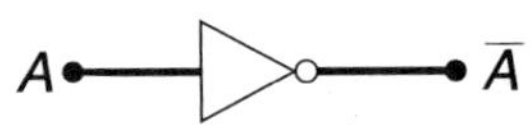 | 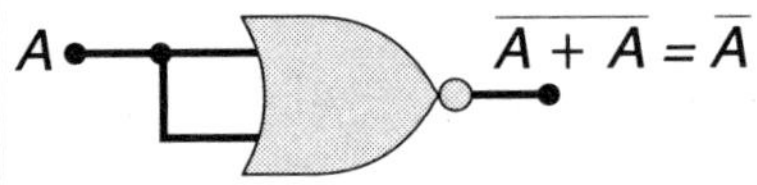 |
| OR | 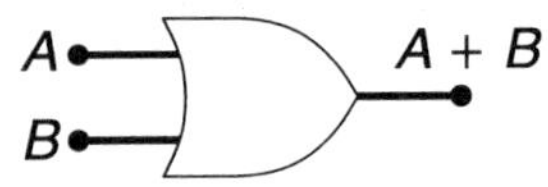 | 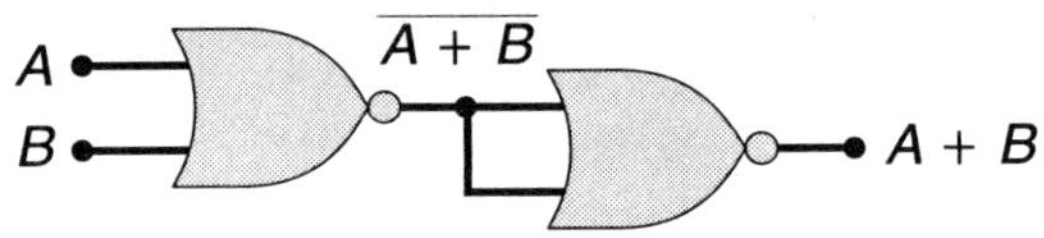 |
| AND | 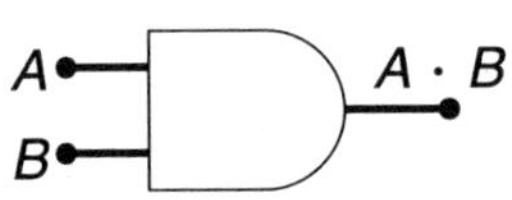 | 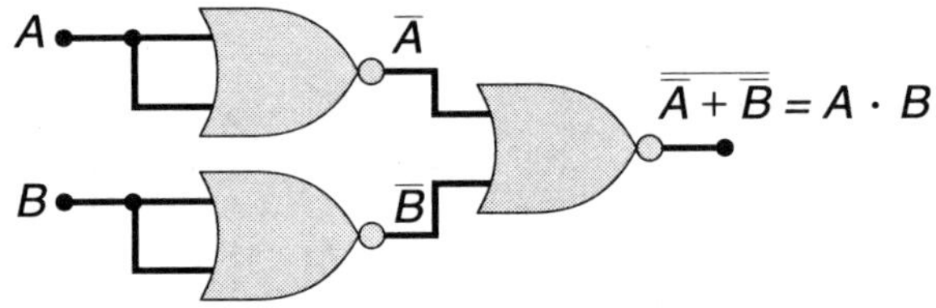 |

**그림 3-19** 기본 게이트의 NOR 변환

NAND 논리 회로를 NOR 논리 회로로 변환하고자 할 때에는 모든 입력을 부정하여 NOR로 바꾸어 놓으면 출력이 $\overline{x}$ 의 등가 회로가 얻어진다.

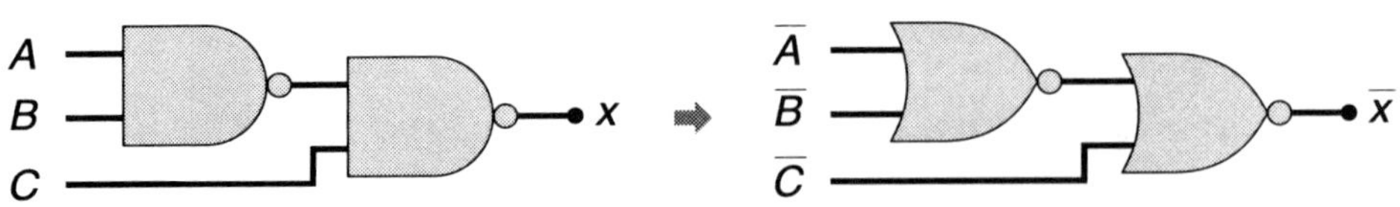


(a) $x = AB + \overline{C}$ (b) $\overline{x} = (\overline{A}+\overline{B})\,C$

**그림 3-20** NAND-NOR 변환

그림 3-20(b)에서 출력이 $\overline{x}$ 이므로 긍정 신호 $x$를 얻기위해서는 1 입력의 NOR 게이트를 인버터로하여 부가시킨다.

**예제3-27** 논리식 $x = (A + B)(C + D)$를 NOR게이트만을 이용하여 설계하라.

**해설** 그림 3-19의 NOR변환을 이용한다.

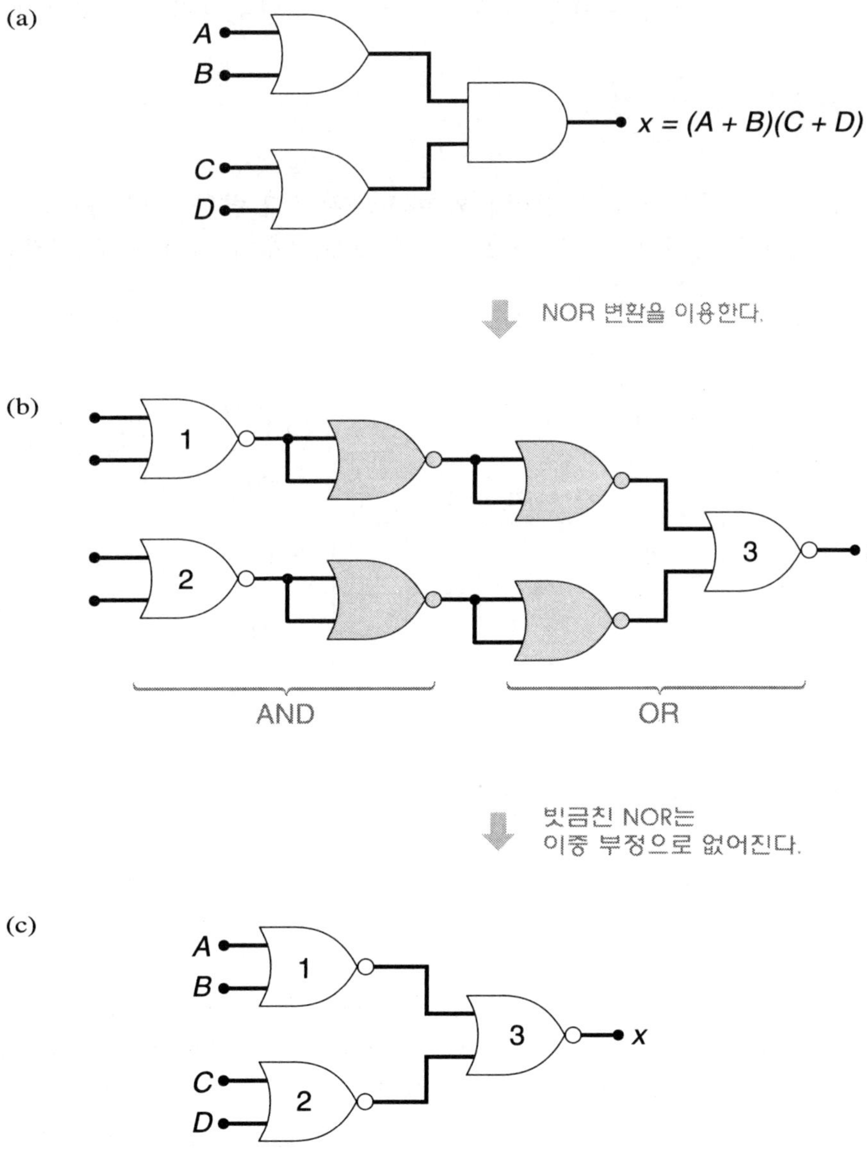


**그림 3-21** $x = (A + B)(C + D)$의 회로

## 3. 7 카르노 도표에 의한 간략화

카르노 도표(Karnaugh map)는 도표를 이용하여 논리식을 간소화시키는 방법으로 가장 널리 쓰이고 있다. 이 도표는 주로 2 변수, 3변수 및 4변수를 간소화 시키는데 사용되고 있으며 5변수 이상은 너무 복잡하여 잘 사용하지 않는다. 실제적으로 6변수까지가 한계이다.

### 3.7.1 카르노 맵의 형식

이 카르노 맵은 진리표와 마찬가지로 입력과 출력 사이의 관계를 나타낸 것이다. 그림 3－22는 2개, 3개, 4개의 입력 변수를 갖는 카르노 맵을 보인 것이다.

| A \ B | 0 | 1 |
|---|---|---|
| 0 | 0 | 1 |
| 1 | 2 | 3 |

(a) 2변수

| A \ BC | 00 | 01 | 11 | 10 |
|---|---|---|---|---|
| 0 | 0 | 1 | 3 | 2 |
| 1 | 4 | 5 | 7 | 6 |

(b) 3변수

| AB \ CD | 00 | 01 | 11 | 10 |
|---|---|---|---|---|
| 00 | 0 | 1 | 3 | 2 |
| 01 | 4 | 5 | 7 | 6 |
| 11 | 12 | 13 | 15 | 14 |
| 10 | 8 | 9 | 11 | 10 |

(c) 4변수

**그림 3－22** 각 변수에 따른 카르노 맵

그림 3－22에서 네모칸안의 숫자는 최소항(minterm)을 표시한 것이다. $n$개의 입력 변수의 경우에 $2^n$개의 네모칸이 필요하다. 이 카르노 맵에서 수평 방향으로(또는 수직 방향으로) 인접한 칸은 단지 한 변수의 논리 상태만 다르다 즉, 그림 3－22(c)에서 행은 $\overline{C}\overline{D}, \overline{C}D, CD, C\overline{D}$ 의 순서로, 열은 $\overline{A}\overline{B}, \overline{A}B, AB, A\overline{B}$ 의 순서이므로 최상위 맨 왼 쪽 칸이 $\overline{A}\overline{B}\overline{C}\overline{D}$ 이고, 바로 오른 쪽 칸은 $\overline{A}\overline{B}\overline{C}D$ 로 단지 하나의 변수 $D$만 다르다.

**예제3-28** 논리식 $x(A, B) = \Sigma(0, 1)$에 대한 진리표를 작성하고 이를 카르노 맵(K-map)으로 나타내어라.

$A, B$는 입력이고, $x$는 출력이다.

**해설** 2변수이므로 4개의 칸이 필요하다. 진리표에서 $\overline{A}\,\overline{B}$와 $\overline{A}B$의 경우 출력 $x = 1$이므로 해당 칸에 1을 써 넣는다.

| | A B | x | |
|---|---|---|---|
| 0 | 0 0 | 1 | → $\overline{A}\,\overline{B}$ |
| 1 | 0 1 | 1 | → $\overline{A}B$ |
| 2 | 1 0 | 0 | |
| 3 | 1 1 | 0 | |

$$\left\{ x = \overline{A}\,\overline{B} + \overline{A}B \right\}$$

(a)

| A \ B | 0 | 1 |
|---|---|---|
| 0 | 1 | 1 |
| 1 | 0 | 0 |

(b)

**그림 3-23** 2변수에 대한 진리표와 K-map

**예제3-29** 논리식 $x(A, B, C) = \Sigma(1, 2, 5, 7)$에 대한 진리표를 작성하고 이를 카르노 맵(K-map)으로 나타내어라.

$A, B, C$는 입력이고, $x$는 출력이다.

**해설** 3변수이므로 8개의 칸이 필요하다.

| | A B C | x | |
|---|---|---|---|
| 0 | 0 0 0 | 0 | |
| 1 | 0 0 1 | 1 | → $\overline{A}\,\overline{B}C$ |
| 2 | 0 1 0 | 1 | → $\overline{A}B\overline{C}$ |
| 3 | 0 1 1 | 0 | |
| 4 | 1 0 0 | 0 | |
| 5 | 1 0 1 | 1 | → $A\overline{B}C$ |
| 6 | 1 1 0 | 0 | |
| 7 | 1 1 1 | 1 | → $ABC$ |

$$\left\{ \begin{aligned} x &= \overline{A}\,\overline{B}C + \overline{A}B\overline{C} \\ &+ A\overline{B}C + ABC \end{aligned} \right\}$$

(a)

| AB \ C | 0 | 1 |
|---|---|---|
| 00 | 0 | 1 |
| 01 | 1 | 0 |
| 11 | 0 | 1 |
| 10 | 0 | 1 |

(b)

**그림 3-24** 3변수에 대한 진리표와 K-map

**예제3-30** 논리식 $x(A, B, C, D) = \Sigma(2, 5, 12, 13)$에 대한 진리표를 작성하고 이를 카르노 맵(K-map)으로 나타내어라.

$A, B, C, D$는 입력이고, $x$는 출력이다.

**해설**

| | A B C D | x | |
|---|---|---|---|
| 0 | 0 0 0 0 | 0 | |
| 1 | 0 0 0 1 | 0 | |
| 2 | 0 0 1 0 | 1 | → $\overline{A}\,\overline{B}C\overline{D}$ |
| 3 | 0 0 1 1 | 0 | |
| 4 | 0 1 0 0 | 0 | |
| 5 | 0 1 0 1 | 1 | → $\overline{A}B\overline{C}D$ |
| 6 | 0 1 1 0 | 0 | |
| 7 | 0 1 1 1 | 0 | |
| 8 | 1 0 0 0 | 0 | |
| 9 | 1 0 0 1 | 0 | |
| 10 | 1 0 1 0 | 0 | |
| 11 | 1 0 1 1 | 0 | |
| 12 | 1 1 0 0 | 1 | → $AB\overline{C}\,\overline{D}$ |
| 13 | 1 1 0 1 | 1 | → $AB\overline{C}D$ |
| 14 | 1 1 1 0 | 0 | |
| 15 | 1 1 1 1 | 0 | |

$$\left\{ \begin{aligned} x = \overline{A}\,\overline{B}C\overline{D} + \overline{A}B\overline{C}D \\ + AB\overline{C}\,\overline{D} + AB\overline{C}D \end{aligned} \right\}$$

(a)

| AB \ CD | 00 | 01 | 11 | 10 |
|---|---|---|---|---|
| 00 | 0 | 0 | 0 | 1 |
| 01 | 0 | 1 | 0 | 0 |
| 11 | 1 | 1 | 0 | 0 |
| 10 | 0 | 0 | 0 | 0 |

(b)

**그림 3-25** 4변수에 대한 진리표와 K-map

## 3.7.2 2개항의 묶음(Pair)

2개의 인접한 항이 1로 채워진 경우를 페어(pair) 또는 쌍이라고 한다. 다음은 2개항의 묶음에 대해 설명한 것이다.

1. 2개의 인접한 "1"로 표시되는 칸이 존재할 때는 이를 한 개의 변수로 나타낼 수 있다.
2. 인접한 "1'을 2개씩(또는 쌍으로) 묶었을 때 변수가 보수 관계를 나타내면 그 변수는 소거된다.
3. K-map상에 pair가 2개 이상이면 각 간략화된 논리곱을 논리합(OR)시켜서 부울식을 얻는다.

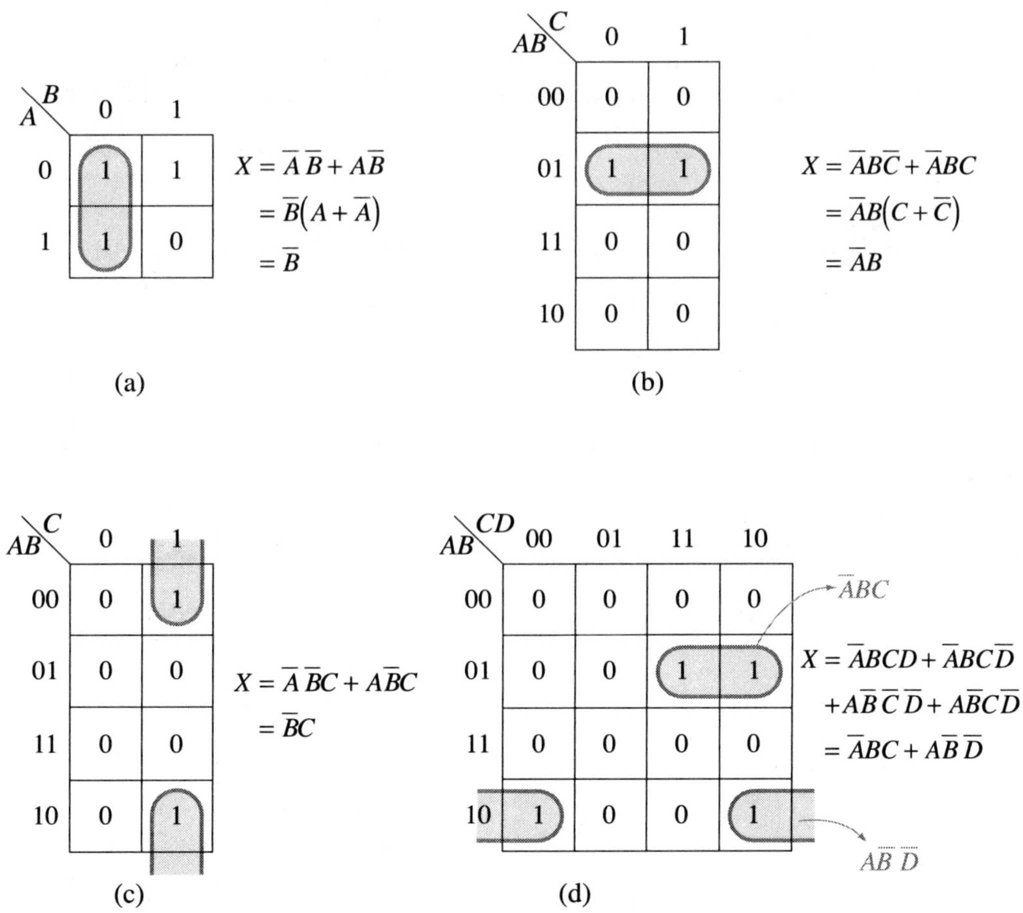


**그림 3-26** 2개 항의 묶음(pairs) 예

## 3.7.3 4개항의 묶음(Quad)

4개의 인접한 항이 1로 채워진 경우를 쿼드(quad)라고 한다. 다음은 4개 항의 묶음에 대해 완성한 것이다.

1. "1"이 4개 인접된 칸에 표시되어 있으면 이를 한 개의 변수항으로 나타낼 수 있다.
2. "1"로 채워진 4개의 항을 묶으면 부정과 부정이 아닌 형태를 갖는 2개의 변수가 소거된다.

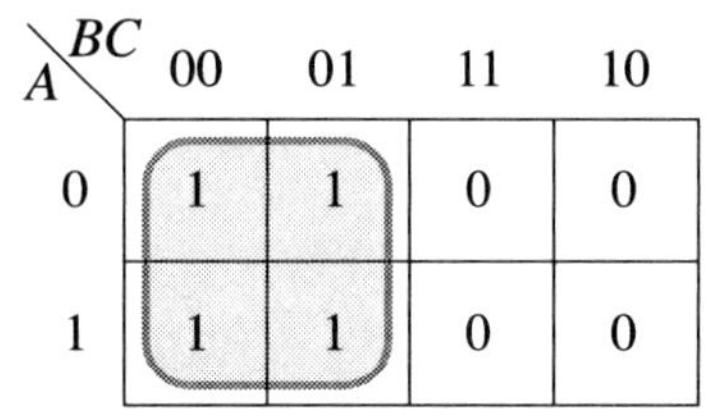


(a) $X = \overline{B}$

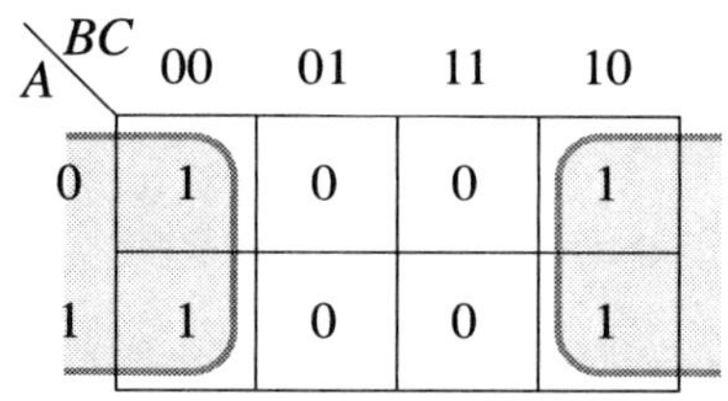


(b) $X = \overline{C}$

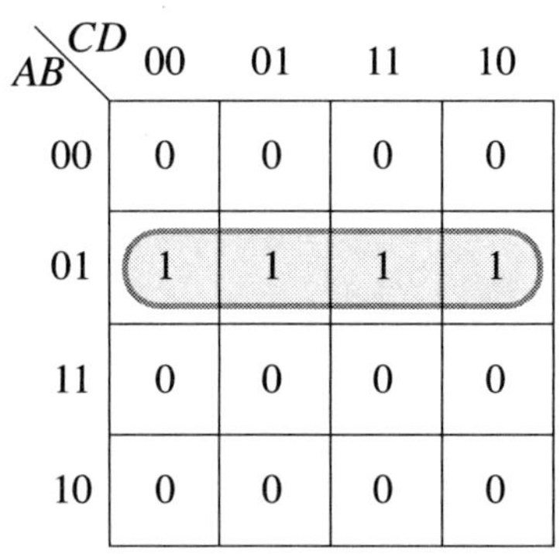


(c) $X = \overline{A}B$

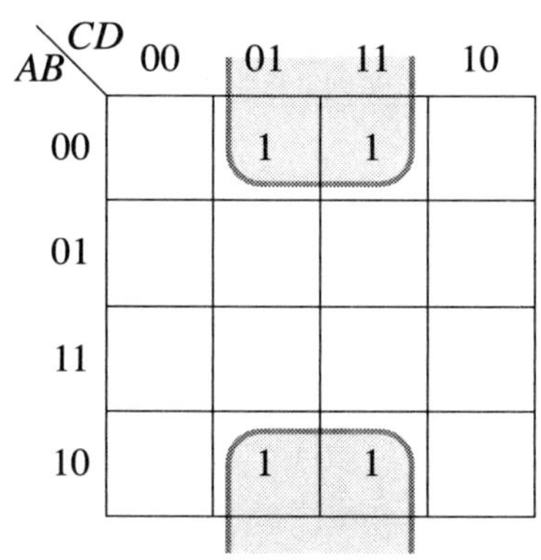


(d) $X = \overline{B}D$

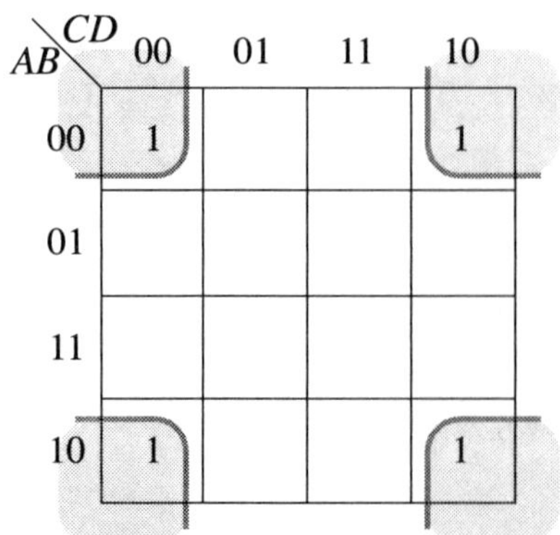


(e) $X = \overline{B}\overline{D}$

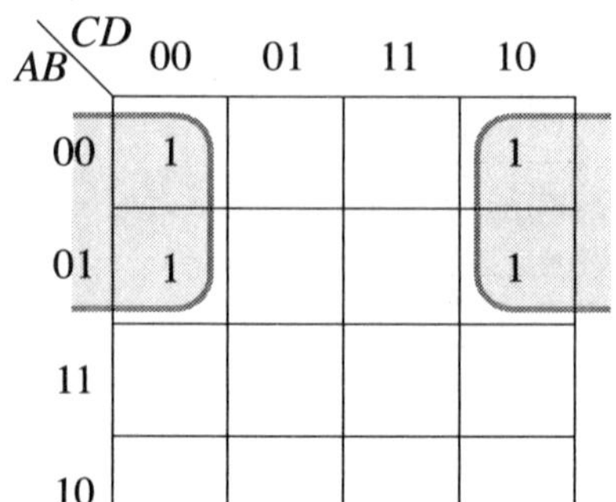


(f) $X = \overline{A}\overline{D}$

**그림 3-27** 4개 항의 묶음 (quads) 예

## 3.7.4 8개항의 묶음(Qctet)

8개의 인접한 항이 1로 채워진 경우를 옥테트(Octet)라고 한다. 다음은 8개항의 묶음에 대해 설명된 것이다.

1. "1"로 표시된 8개의 인접된 칸은 일괄하여 한개의 변수항으로 나타낼 수 있다.
2. "1"로 채워진 8개의 칸이 묶여지면 부정과 부정이 아닌 3개의 변수가 소거된다.

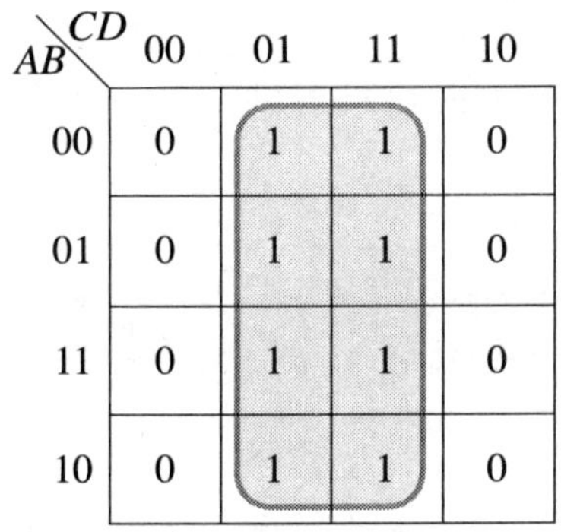


(a) $X = D$

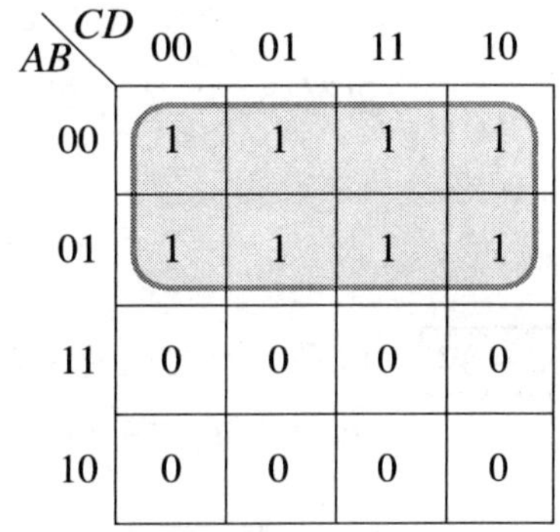


(b) $X = \overline{A}$

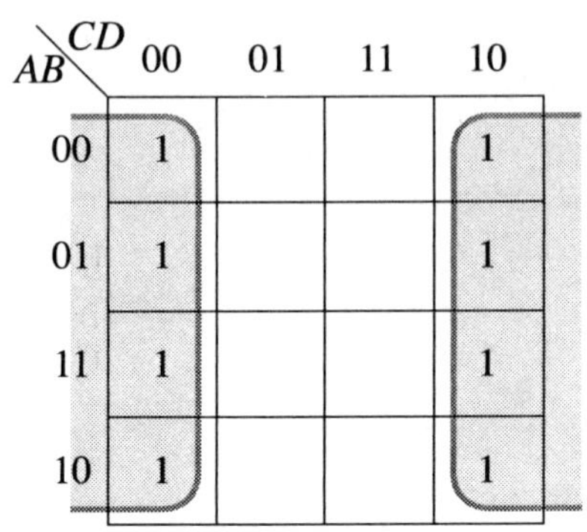


(c) $X = \overline{D}$

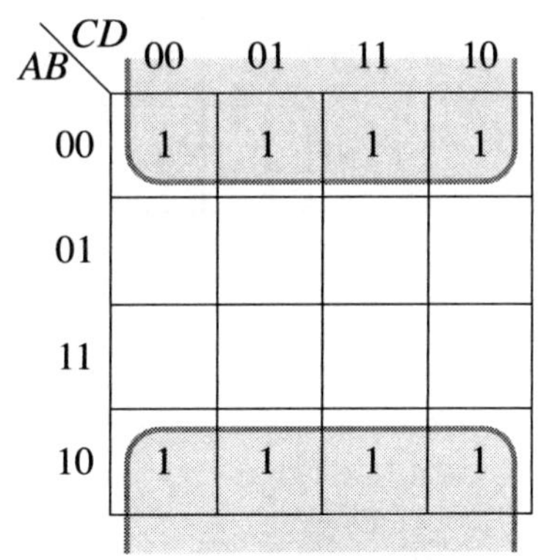


(d) $X = \overline{B}$

**그림 3-28** 8개 항의 묶음(Octet) 예

## 3.7.5 카르노 맵에 의한 간략한 절차

다음 과정을 카르노 맵을 이용하여 부울함수를 간략화 시키는 과정을 설명한 것이다.

**과정** 1. 진리표로부터 카르노 맵을 작성한다.

**과정** 2. 고립된 1은 그 칸 자체 하나만 묶는다.

**과정** 3. 최소한 한번만 묶어지는 칸을 찾아서 이 1을 포함하는 모든 쌍을 묶는다.

**과정** 4. 될 수 있는 대로 큰 칸 항으로 묶는다. 즉, Octet, quad, pair 순으로 묶는다.

**과정** 5. 각 묶음의 항을 합(OR)으로 나타낸다.

**예제3-31** 다음 각 그림은 4변수를 갖는 문제에 대한 카르노 맵이다. 간략화된 $X$를 구하라.

| $AB \backslash CD$ | 00 | 01 | 11 | 10 |
|---|---|---|---|---|
| 00 | 0 | 1 | 0 | 0 |
| 01 | 1 | 1 | 1 | 1 |
| 11 | 0 | 0 | 1 | 1 |
| 10 | 1 | 0 | 0 | 0 |

(a)

| $AB \backslash CD$ | 00 | 01 | 11 | 10 |
|---|---|---|---|---|
| 00 | 0 | 1 | 0 | 0 |
| 01 | 0 | 1 | 1 | 1 |
| 11 | 1 | 1 | 1 | 0 |
| 10 | 0 | 0 | 1 | 0 |

(b)

그림 3-29

**해설**

| $AB \backslash CD$ | 00 | 01 | 11 | 10 |
|---|---|---|---|---|
| 00 | 0 | 1 | 0 | 0 |
| 01 | 1 | 1 | 1 | 1 |
| 11 | 0 | 0 | 1 | 1 |
| 10 | 1 | 0 | 0 | 0 |

(a)

$$X = A\overline{B}\,\overline{C}\,\overline{D} + \overline{A}\,\overline{C}D + \overline{A}B + BC$$

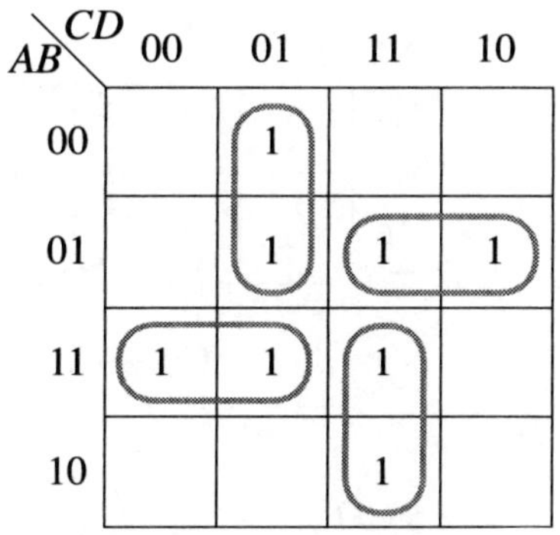


$$X = AB\overline{C} + \overline{A}\,\overline{C}D + \overline{A}BC + ACD$$

(b)

**그림 3-30**

**예제3-32** 다음 카르노 맵에 대한 논리식을 간단화하라.

(a)

| A \ BC | 00 | 01 | 11 | 10 |
|---|---|---|---|---|
| 0 | 1 | 0 | 0 | 1 |
| 1 | 1 | 1 | 0 | 1 |

(b)

| A \ BC | 00 | 01 | 11 | 10 |
|---|---|---|---|---|
| 0 | 0 | 1 | 1 | 1 |
| 1 | 0 | 1 | 1 | 1 |

(c)

| AB \ CD | 00 | 01 | 11 | 10 |
|---|---|---|---|---|
| 00 | 1 | 1 | 1 | 1 |
| 01 | 1 | 1 | 1 | 0 |
| 11 | 1 | 1 | 0 | 0 |
| 10 | 0 | 0 | 0 | 0 |

(d)

| AB \ CD | 00 | 01 | 11 | 10 |
|---|---|---|---|---|
| 00 | 1 | 0 | 0 | 1 |
| 01 | 1 | 1 | 0 | 0 |
| 11 | 1 | 1 | 0 | 0 |
| 10 | 1 | 1 | 0 | 0 |

**그림 3-31** 논리회로의 예

해 설

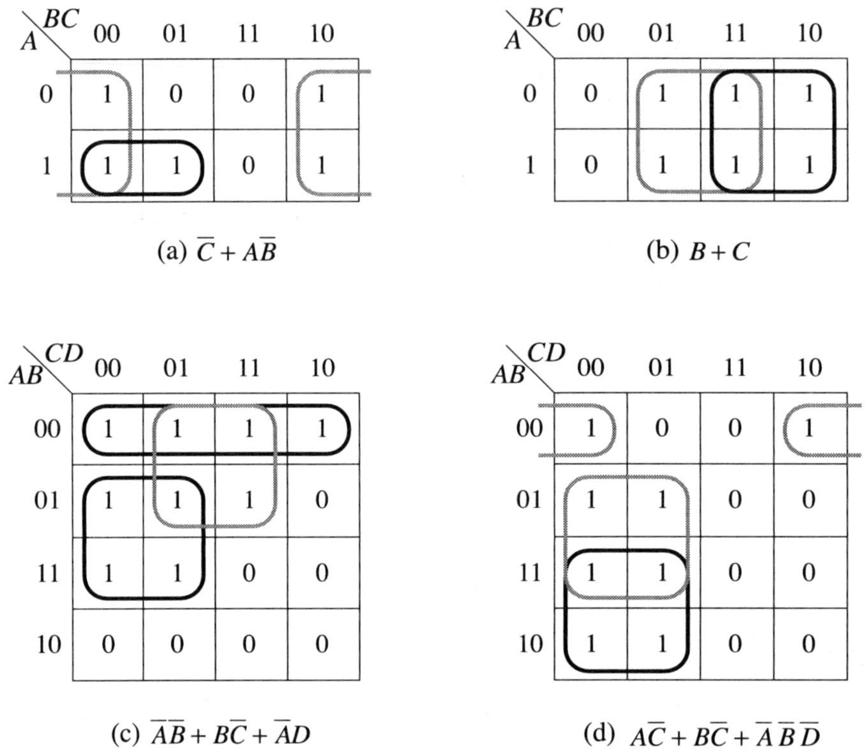


그림 3 - 32

**예제3-33** 카르노 맵을 이용하여 다음 부울 대수식을 간소화하라.

$$X = ABC + \overline{A}BC + A\overline{B}\overline{C} + AB\overline{C} + A\overline{B}C$$

해 설

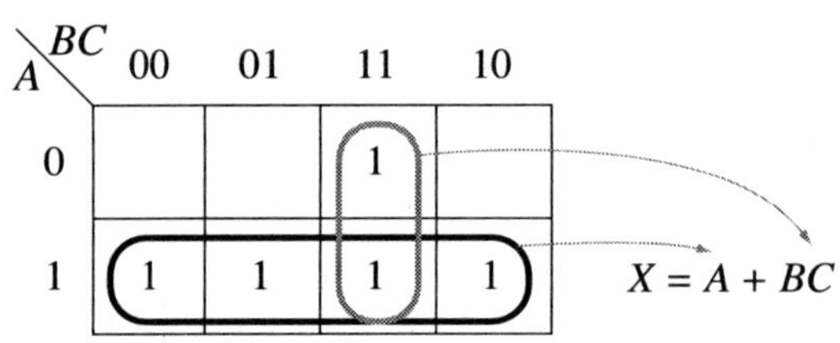


그림 3 - 33

**예제3-34** 다음 적의 합(sum of product, sop)형의 식을 카르노 맵을 이용하여 간소화하라.

$$X = \overline{A}B + \overline{A}\,\overline{B}\,\overline{C} + AB\overline{C} + A\overline{B}\,\overline{C}$$

**해설** 먼저 논리 함수를 최소항의 합형으로 전개한다.

$\overline{A}B$ 는 $\overline{A}B(C+\overline{C}) = \overline{A}BC + \overline{A}B\overline{C}$ 이므로 카르노를 작성하면 다음과 같다.

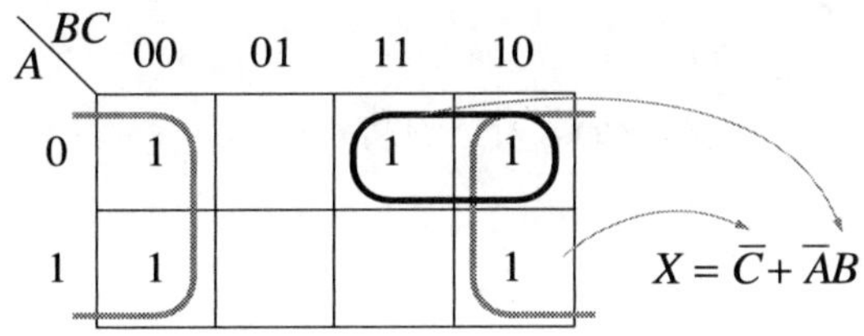


그림 3-34

**예제3-35** 다음 식을 Karnaugh mapping 절차를 사용하여 간단히 하라.

$$X = B\overline{C}D + ABCD + AB\overline{C}\,\overline{D} + AB\overline{C}\,\overline{D} + \overline{A}BCD$$

**해설** $B\overline{C}D$ 는 $(A+\overline{A})B\overline{C}D = AB\overline{C}D + \overline{A}B\overline{C}D$ 이다.

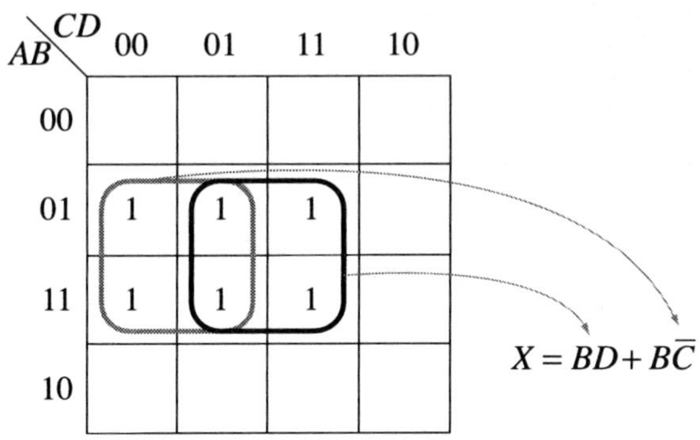


그림 3-35

**예제3-36** 다음 식을 Karnaugh mapping 절차를 사용하여 간단히 하라.

$$X = \overline{A}C\overline{D} + \overline{A}CD + A\overline{B}D + ABCD + \overline{A}\overline{B}CD$$

**해설**

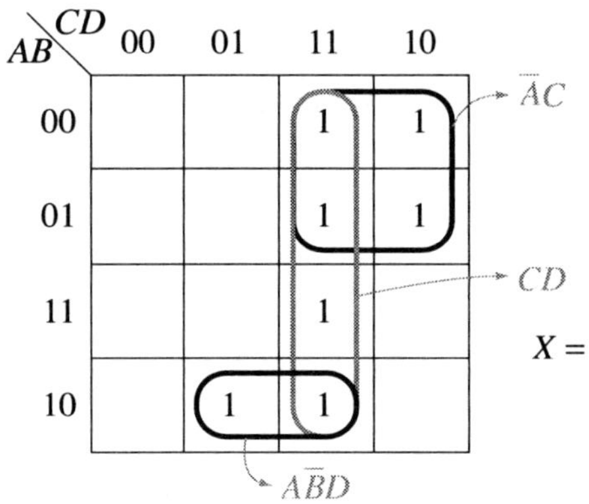


$$X = CD + \overline{A}C + A\overline{B}D$$

그림 3-36

**예제3-37** 다음 식을 Karnaugh mapping 절차를 사용하여 간단히 하라.

$$X = \overline{A}\,\overline{D} + A\overline{B}\,\overline{D} + \overline{A}\,\overline{C}D + \overline{A}CD$$

**해설**

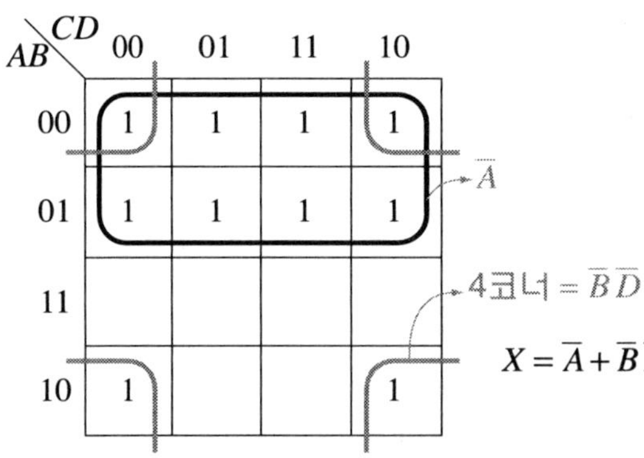


$$X = \overline{A} + \overline{B}\,\overline{D}$$

그림 3-37

**예제3-38** 논리함수 $X$가 다음과 같은 Karnaugh map으로 주어졌을 때 $\overline{X}$를 구하라.

| $A \backslash BC$ | 00 | 01 | 11 | 10 |
|---|---|---|---|---|
| 0 | 0 | 0 | 1 | 0 |
| 1 | 0 | 0 | 1 | 1 |

**그림 3-38**

**해설** 논리 함수의 부정을 구하려면 네모칸의 0과 1을 바꾸어 놓은 후 간략화를 한다.

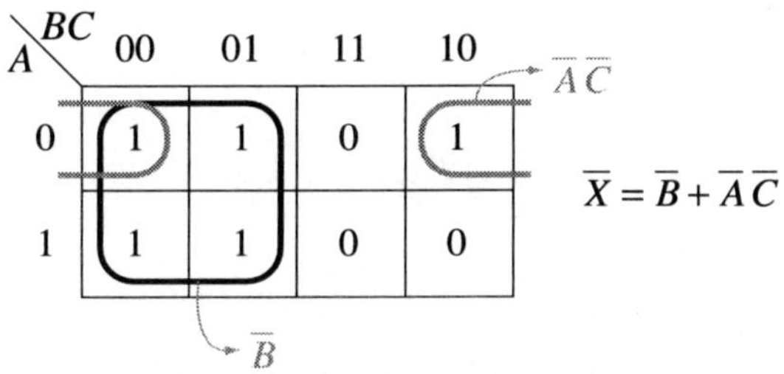


**그림 3-39**

**예제3-39** 논리 함수 $X$가 다음과 같은 Karnaugh map으로 주어졌을 때 $\overline{X}$를 구하라.

| $AB \backslash CD$ | 00 | 01 | 11 | 10 |
|---|---|---|---|---|
| 00 | 1 |  | 1 | 1 |
| 01 |  | 1 | 1 |  |
| 11 |  | 1 | 1 |  |
| 10 | 1 |  | 1 | 1 |

**그림 3-40**

**해 설** 논리 함수의 부정을 구하려면 0과 1을 바꾸어 놓아야 하는 불편함이 있으므로 직접 0 표시칸에 대해 간략화를 한다.

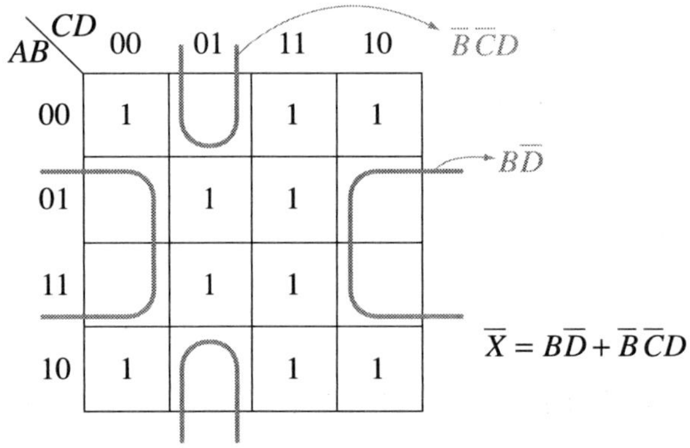


그림 3-41

**예제3-40** 다음 부울 함수를 간소화하라.

$X(A,\ B,\ C,\ D) = \sum m(4,\ 6,\ 7,\ 15)$

$X(A,\ B,\ C,\ D) = \sum m(0,\ 1,\ 2,\ 4,\ 5,\ 6,\ 8,\ 9,\ 12,\ 13,\ 14)$

**해 설**

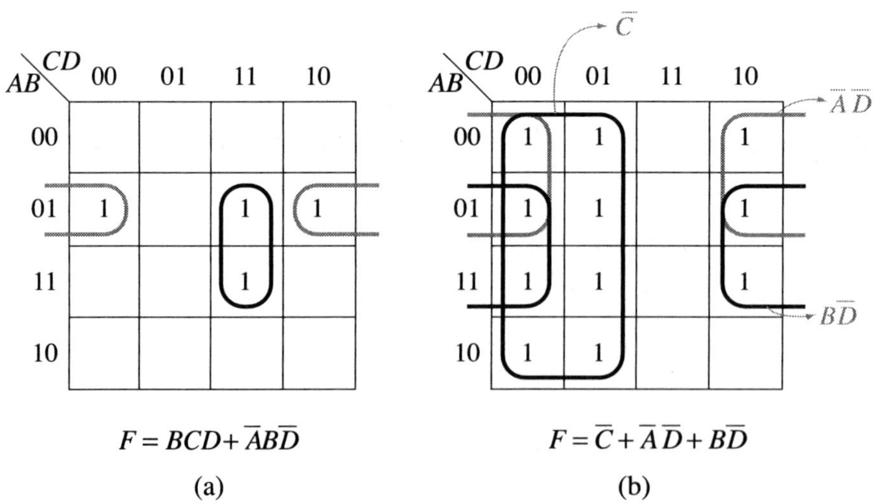


그림 3-42

**예제3-41** 다음 논리식의 합의 곱(product of sum, POS)형을 구하라.

$X(A,\ B,\ C) = \sum(1,\ 3,\ 4,\ 6)$

**해설**

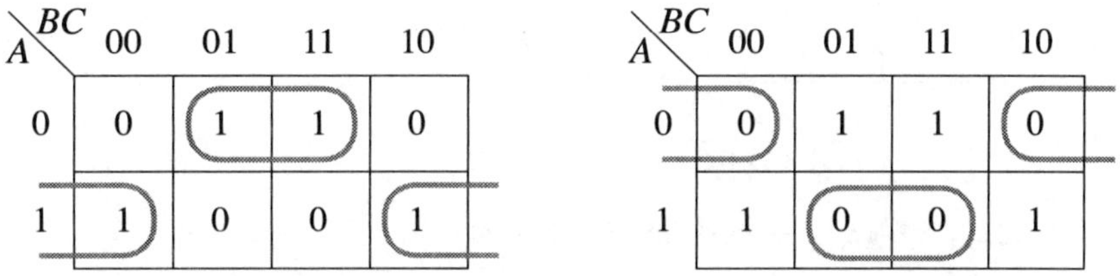


(a) SOP형 구하기　　　(b) POS형 구하기

그림 3-43

1. 곱의 합(SOP)형 구하기 : 1을 묶음

   $x = A\overline{C} + \overline{A}C$

2. 합의 곱(POS)형 구하기 : 0을 묶음

   $\overline{x} = AC + \overline{A}\,\overline{C}$

   $\overline{x}$ 를 보수화하면 합의 곱형이 얻어진다.

   $x = \overline{AC + \overline{A}\,\overline{C}} = \overline{AC} \cdot \overline{\overline{A}\,\overline{C}} = (\overline{A} + \overline{C})(A + C)$

## 3.7.6 POS식의 간소화

지금까지는 카르노 맵을 사용하여 적의 합(sum of product, SOP)형에 대한 간소화를 다루었으나 이 절에서는 합의 적(product of sum, POS)형의 간소화에 대해 알아본다.

**예제3-42** 논리 함수 $x(A, B, C) = \Pi M(1, 2, 3, 6, 7)$에 대한 카르노 맵(K-map)을 작성하고 간소화하라.

**해설** 최대항의 곱을 표준 POS형이라고 한다.

(1) 표준 POS식의 맵 작성

논리함수 $X = (A + B + \overline{C})(A + \overline{B} + \overline{C})(A + \overline{B} + C)(\overline{A} + \overline{B} + C)(\overline{A} + \overline{B} + \overline{C})$ 를 카르노 맵에 표시할 때는 각 표준합 항에 대하여 0을 넣는다.

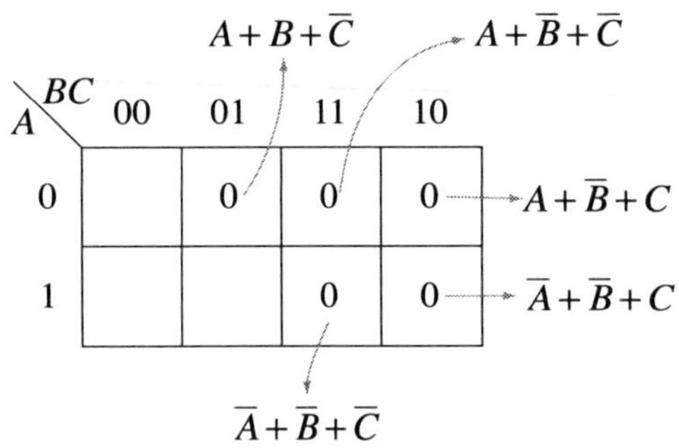


**그림 3-44** 표준 POS식의 맵 작성 예

(2) POS식의 카르노 맵 간소화

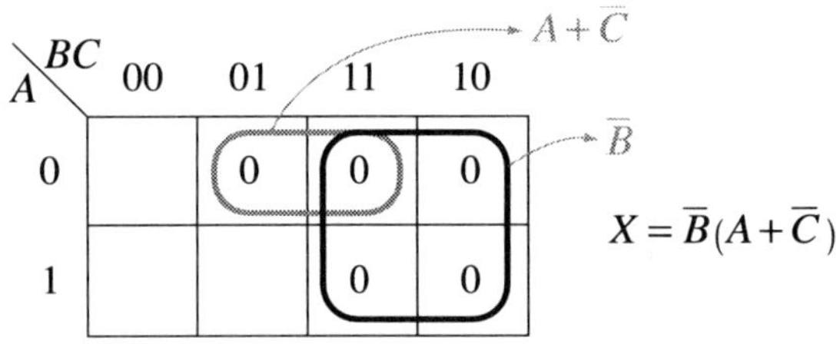


**그림 3-45**

## 3.7.7 don't care의 조건

어떤 논리 회로에서 입력 변수의 조합 중에는 이에 대응하는 논리 동작이 절대로 일어나지 않는 경우가 있다. 이와 같이 진리표상의 변수의 조합중 사용하지 않는 것을 don't care 조건이라고 한다. 이 don't care 조건을 진리표나 카르노 도표에서 보통 × 또는 d로 표시하고 간소화 과정에서 0 또는 1 중 편리한 대로 취급한다.

카르노 맵 상에서 don't care항은 다음과 같은 성질이 있다.

1. 카르노 맵 상에서 간소화 할 때 묶음이 최대가 되도록 don't care 항 ×를 포함시켜야 한다. 이 때 ×는 1로 간주한다.
2. 논리함수의 부정을 구할 때는 카르노 맵상의 1과 0을 서로 바꾸고 don't care항은 그대로 놓고 구한다.
3. don't care 항만을 묶어 간소화 시킬 수는 없다.
4. 묶음 내부의 don't care항은 1로 간주되나 그 외의 don't care항은 0이라고 생각하고 논리식을 구한다.

**예제3-43** 그림과 같은 카르노 맵의 논리 함수 F를 구하라. 여기서 x는 don't care 입력이다.

(a)

| A \ BC | 00 | 01 | 11 | 10 |
|---|---|---|---|---|
| 0 | 0 | 0 | 1 | 1 |
| 1 | 0 | × | × | × |

(b)

| A \ BC | 00 | 01 | 11 | 10 |
|---|---|---|---|---|
| 0 | 1 | × | 0 | × |
| 1 | 1 | 0 | 0 | × |

그림 3-46

**해설**

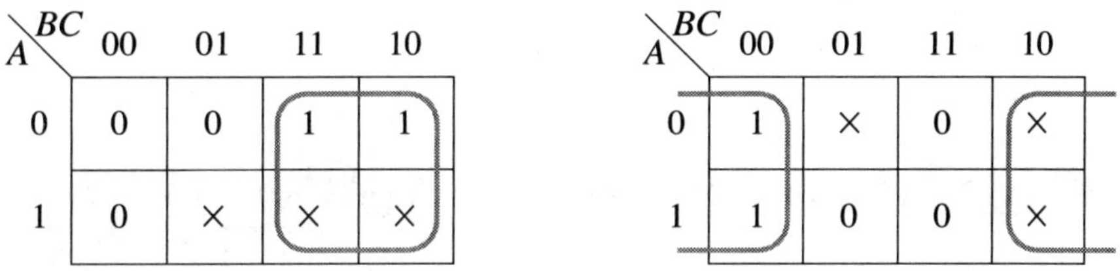


(a) $F = B$ (b) $F = \overline{C}$

그림 3-47

**예제3-44** d로 나타낸 리던던시(redundancy)조건을 사용하여 다음 논리식 F를 간단히 하라.

$$F(a,\ b,\ c,\ d) = \sum m(7,\ 12,\ 13,\ 14) + \sum d(2,\ 6,\ 11,\ 15)$$

**해설** don't care (무정의)는 리던던시(redundancy), 금지 결합(forbidden combination)이라고도 한다.

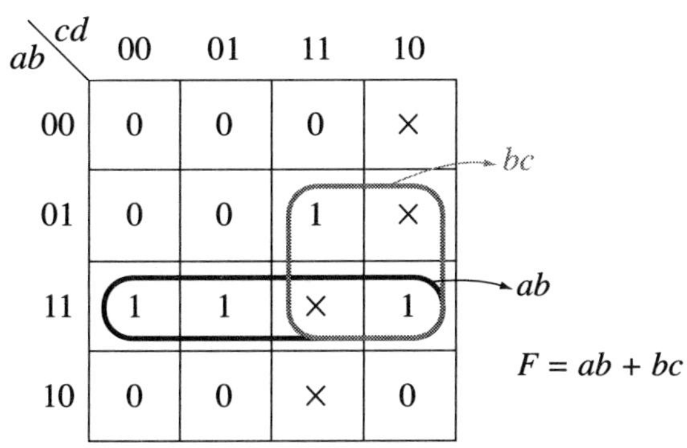


그림 3-48

**예제3-45** 다음의 Karnaugh map을 간략화 하라.

(a)

| AB \ CD | 00 | 01 | 11 | 10 |
|---|---|---|---|---|
| 00 | | × | × | |
| 01 | | | 1 | 1 |
| 11 | × | × | × | |
| 10 | | 1 | 1 | |

(b)

| AB \ CD | 00 | 01 | 11 | 10 |
|---|---|---|---|---|
| 00 | | 1 | × | 1 |
| 01 | | | | |
| 11 | 1 | 1 | 1 | × |
| 10 | | | 1 | × |

그림 3-49

**해설**

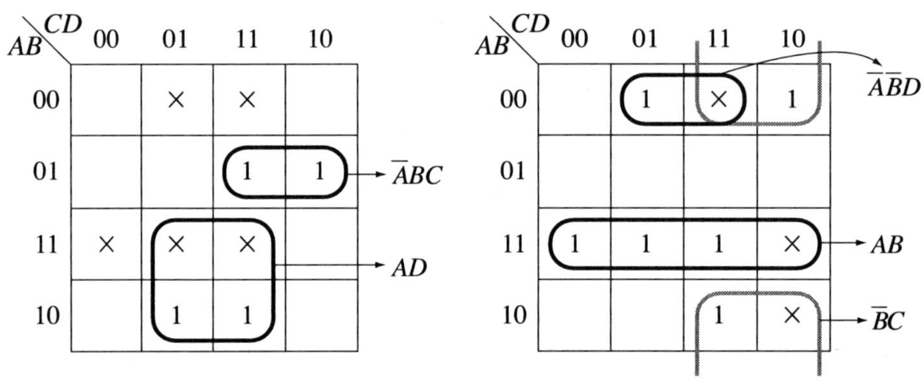


(a) $F = AD + \overline{A}BC$ (b) $F = AB + \overline{B}C + \overline{A}\overline{B}D$

그림 3-50

**예제3-46** 다음 주어진 Karnaugh도에서

(1) $x_1$에 대한 적의 합(SOP)을 구하라.

(2) $x_2$에 대한 합의 적(POS)을 구하라.

| cd \ ab | 00 | 01 | 11 | 10 |
|---|---|---|---|---|
| 00 | | 1 | | 1 |
| 01 | 1 | × | | 1 |
| 11 | × | 1 | × | 1 |
| 10 | | × | | |

$x_1$

| cd \ ab | 00 | 01 | 11 | 10 |
|---|---|---|---|---|
| 00 | 0 | 0 | × | 1 |
| 01 | × | 0 | 1 | 1 |
| 11 | 1 | 0 | 0 | 1 |
| 10 | 1 | 1 | × | 0 |

$x_2$

**그림 3-51**

**해설**

(1) $x_1 = \bar{a}b + a\bar{b}\bar{c} + \bar{b}d$

(2) $x_2 = (a+c)(\bar{b}+\bar{c}+\bar{d})(\bar{a}+\bar{c}+d)$

## 3.7.8 5변수의 카르노 맵

5변수의 진리표는 5개의 변수의 모든 가능한 조합을 나타내기 위해서 $2^5 = 32$개의 셀이 필요하다. 그림 3-52는 5변수 카르노 맵상의 최소항들의 위치를 보인 것이다. 이 그림에서 2줄로 그어진 중앙 부분을 접었을 때 서로 마주보는 항은 인접항이 된다.

| AB \ CDE | 000 | 001 | 011 | 010 | 110 | 111 | 101 | 100 |
|---|---|---|---|---|---|---|---|---|
| 00 | 0 | 1 | 3 | 2 | 7 | 6 | 5 | 4 |
| 01 | 8 | 9 | 11 | 10 | 14 | 15 | 13 | 12 |
| 11 | 24 | 25 | 27 | 26 | 30 | 31 | 29 | 28 |
| 10 | 16 | 17 | 19 | 18 | 22 | 23 | 21 | 20 |

(C: 110, 111, 101, 100 열 / B: 01, 11 행 / A: 11, 10 행 / E: 001, 011 열 및 101, 100 열 / D: 011, 010, 110, 111 열)

**그림 3-52** 5변수 맵상의 최소항들의 위치

**예제3-47** 부울 함수 $F(A, B, C, D, E) = \sum m(0, 2, 4, 6, 9, 11, 13, 15, 17, 21, 25, 27, 29, 31)$ 를 간소화 하라.

**해설**

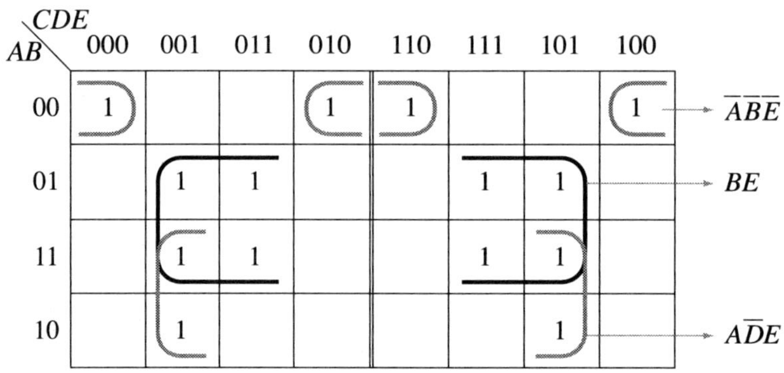


$$F = BE + \overline{A}\overline{B}\overline{E} + A\overline{D}E$$

그림 3-53

## 3. 8 조합 논리 회로의 설계

디지털 시스템에서 논리 회로는 크게 조합 논리 회로와 순서 논리 회로로 나눌 수 있다. 조합 논리 회로는(combinational logic circuit)는 출력이 현재의 입력에 의해서만 결성되는 게이트들로 구성된 회로로서 가산기와 같은 연산히로 멀티플렉서 등이 이에 속한다. 반면에 순서 논리 회로는 현재입력과 과거의 입력에 의해서 출력이 결정되는 회로로서 조합 논리 회로와 기억 소자들로 구성된다.

**조합 논리 회로의 블럭다이어그램** 그림 3－54는 n개의 입력변수들과 조합 논리 회로 그리고 m개의 출력 변수로 구성된 블럭도를 보인 것이다.

**그림 3－54**

### 조합 논리 회로의 설계 절차

조합 논리 회로의 설계는 어떠한 문제를 설정하는 것으로부터 시작해서 논리 회로를 얻는 일련의 과정이다. 즉 부울 함수를 간소화한 표현식을 논리 게이트들로 구성하게 된다. 다음은 조합 논리 회로의 설계 절차를 과정별로 정리한 것이다.

**과정** 1. 문제를 명확히 기술한다.

**과정** 2. 필요한 입력 변수와 출력 변수의 개수를 결정한다.

**과정** 3. 각 변수에 사용된 문자를 할당한다.

**과정** 4. 진리표를 작성한다.

**과정** 5. Karnaugh map등을 이용하여 출력식을 간소화 한다.

**과정** 6. 논리 회로를 그린다.

**예제3-48** 3변수인 다수결 회로를 구성하고자 한다. 2개 이상의 변수가 1일 때 1을 출력하는 논리 회로를 설계하라.

**해설** 과정 2. 입력 변수는 3개이고 출력 변수는 1개이다.

과정 3. 입력 변수를 A, B, C 그리고 출력 변수를 x라고 정한다.

과정 4. 진리표를 작성한다.

과정 5. 출력식을 간단히 한다.

$$x = \overline{A}BC + A\overline{B}C + AB\overline{C} + ABC$$
$$= AB + BC + AC$$

과정 6. 간소화된 출력식에 대한 회로도를 작성한다. AND - OR로 구성된 회로는 NAND 게이트화 하는것이 바람직하다.

| | A B C | $x$ |
|---|---|---|
| 0 | 0 0 0 | 0 |
| 1 | 0 0 1 | 0 |
| 2 | 0 1 0 | 0 |
| 3 | 0 1 1 | 1 |
| 4 | 1 0 0 | 0 |
| 5 | 1 0 1 | 1 |
| 6 | 1 1 0 | 1 |
| 7 | 1 1 1 | 1 |

(a) 진리표 작성

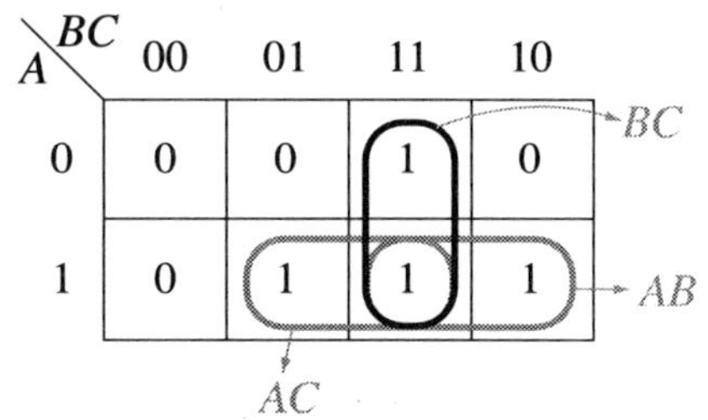


$x = AB + BC + AC$

(b) 출력 x의 간소화

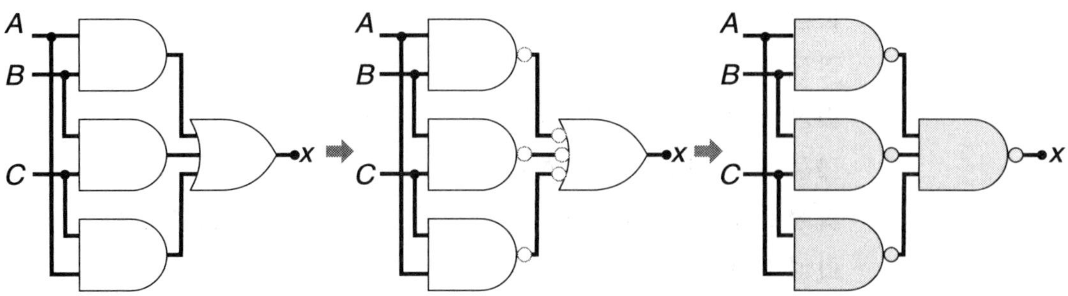


(c) AND-OR 회로의 NAND 변환

**그림 3-55**

**예제3-49** 다음과 같이 P, Q, R의 3개의 입력과 하나의 출력 S를 가진 회로가 있다.

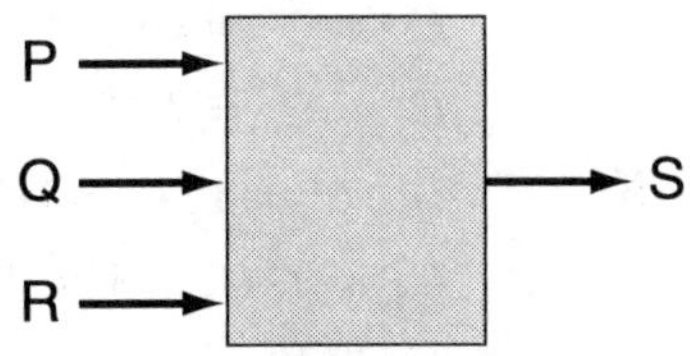


그림 3-56

P = 0인 모든 경우와 Q = R = 1인 모든 경우에 1을 출력하는 논리 회로를 설계하라.

**해설** 과정 2. 입력 변수는 3개이고 출력 변수는 1개이다.

과정 3. 입력 변수를 P, Q, R 그리고 출력 변수를 S라고 정한다.

과정 4. 진리표를 작성한다.

과정 5. 출력식을 간단히 한다.

과정 6. 간소화된 출력식에 대한 회로도를 작성한다.

| | P Q R | $S$ |
|---|---|---|
| 0 | 0 0 0 | 1 |
| 1 | 0 0 1 | 1 |
| 2 | 0 1 0 | 1 |
| 3 | 0 1 1 | 1 |
| 4 | 1 0 0 | 0 |
| 5 | 1 0 1 | 0 |
| 6 | 1 1 0 | 0 |
| 7 | 1 1 1 | 1 |

(a) 진리표 작성

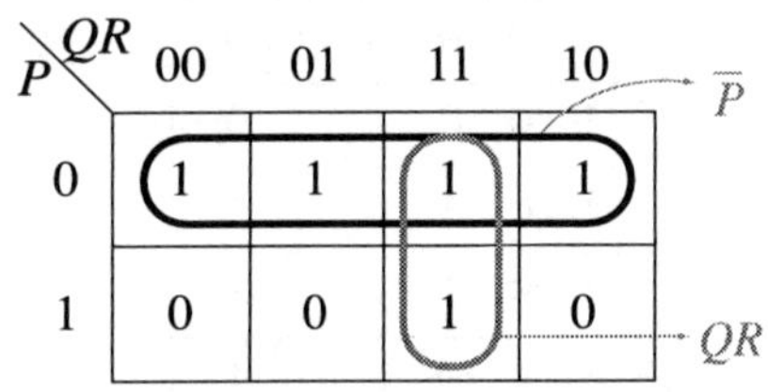


$$S = \sum(0,\ 1,\ 2,\ 3,\ 7)$$
$$= \overline{P} + QR$$

(b) 출력 S의 간소화

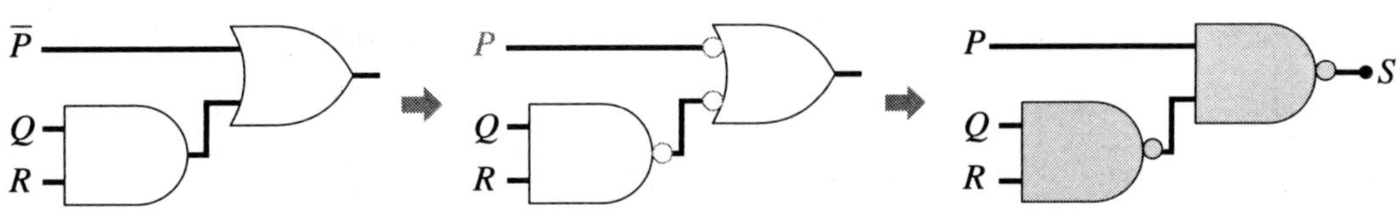


(c) AND-OR 회로의 NAND 변환

그림 3-57

**예제3-50** 어떤 스위칭 네트워크는 두 제어 입력 $C_1$, $C_2$와 두 데이터 입력 $D_1, D_2$ 그리고 출력 $x$를 갖고 있다.

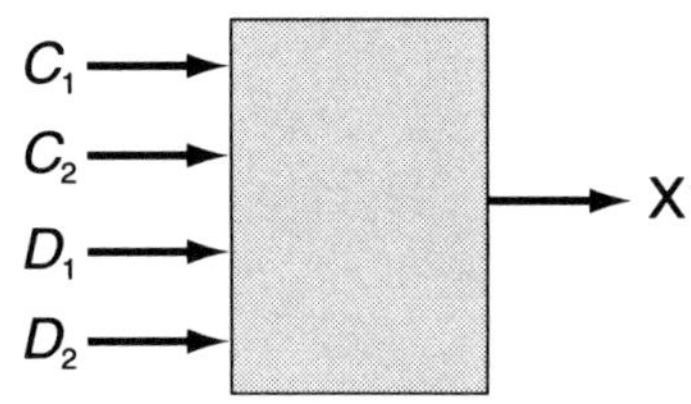


그림 3-58

$C_1 = C_2 = 0$이면 출력 $x = 0$이고, $C_1 = C_2 = 1$이면 출력 $x = 1$이다. 또, $C_1 = 1$, $C_2 = 0$이면 $x = D_1$이고 $C_1 = 0$, $C_2 = 1$이면 $x = D_2$가 된다고 한다.

이 때 출력 $x$의 적의 합(sum of product)형을 구하라. 그리고 $x$에 관한 네트워크를 NAND게이트로 설계하라.

**해설**

| $C_1$ $C_2$ $D_1$ $D_2$ | $x$ |
|---|---|
| 0 0 0 0 | 0 |
| 0 1 0 1 | 1 |
| 0 1 1 0 | 0 |
| 0 1 1 1 | 1 |
| 1 0 0 0 | 0 |
| 1 0 0 1 | 0 |
| 1 0 1 0 | 1 |
| 1 0 1 1 | 1 |
| 1 1 0 0 | 1 |
| 1 1 0 1 | 1 |
| 1 1 1 0 | 1 |
| 1 1 1 1 | 1 |

(a) 진리표 작성

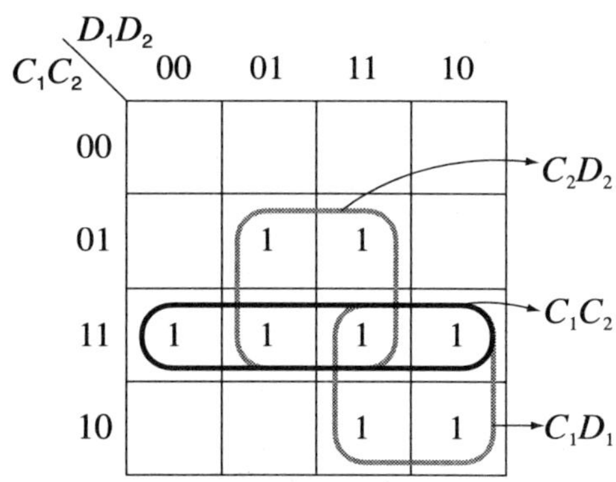


$$x = C_1C_2 + C_1D_1 + C_2D_2$$

(b) $x$의 SOP형으로의 간소화

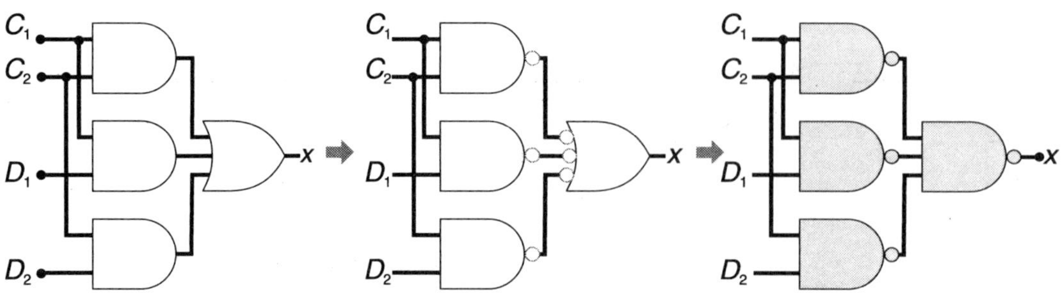


(c) AND-OR 게이트 네트워크의 NAND 변환

그림 3-59

**예제3-51** 3비트 우수 패리티 발생기(even parity generator)를 설계하라.

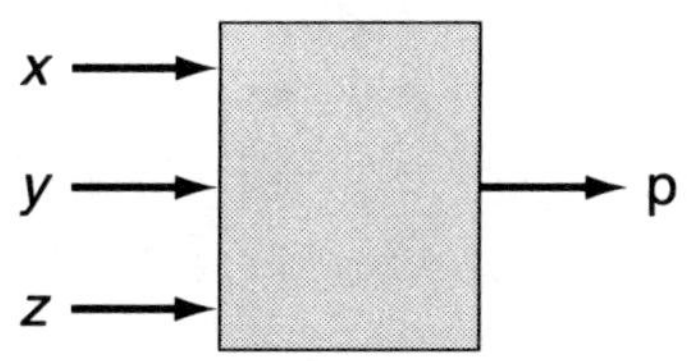


그림 3-60

입력 변수 $x$, $y$, $z$는 메시지 비트이고, 출력 변수 $p$는 패리티 비트이다.

**해설** 진리표를 작성하고 출력 $p$에 관한 식을 XOR함수로 표현한다.

| | $x$ | $y$ | $z$ | $p$ |
|---|---|---|---|---|
| 0 | 0 | 0 | 0 | 0 |
| 1 | 0 | 0 | 1 | 1 |
| 2 | 0 | 1 | 0 | 1 |
| 3 | 0 | 1 | 1 | 0 |
| 4 | 1 | 0 | 0 | 1 |
| 5 | 1 | 0 | 1 | 0 |
| 6 | 1 | 1 | 0 | 0 |
| 7 | 1 | 1 | 1 | 1 |

(a) 진리표 작성

| $x$ \ $yz$ | 00 | 01 | 11 | 10 |
|---|---|---|---|---|
| 0 | 0 | (1) | 0 | (1) |
| 1 | (1) | 0 | (1) | 0 |

$$P = \bar{x}\bar{y}z + \bar{x}y\bar{z} + x\bar{y}\bar{z} + xyz$$
$$= (\bar{x}y + x\bar{y})\bar{z} + (xy + \bar{x}\bar{y})z$$
$$= (x \oplus y)\bar{z} + (\overline{x \oplus y})z$$
$$= (x \oplus y) \oplus z$$

(b) 논리식

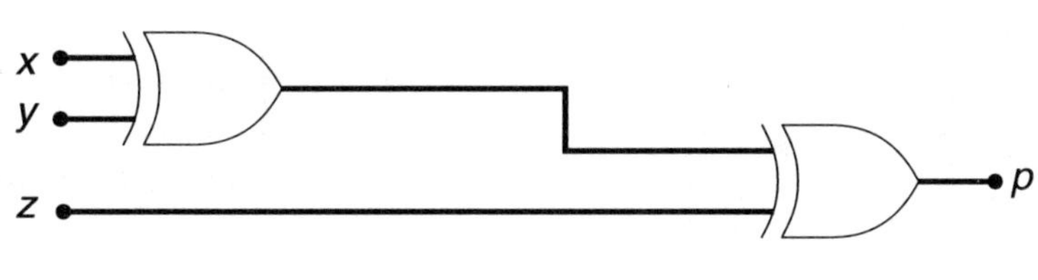


(c) 3비트 우수 패리티 발생기

그림 3-61

**예제3-52** 우수 패리티 비트를 가진 에러 검출 회로를 설계하라.

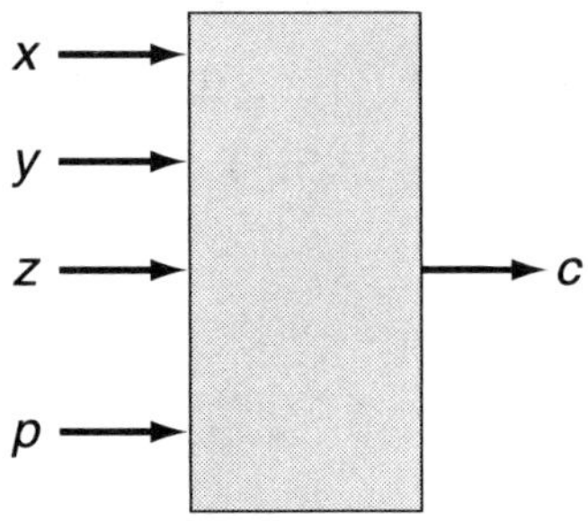


그림 3-62

입력 변수 $x$, $y$, $z$는 메시지 비트, $p$는 패리티 비트이고, 출력 변수 $c$는 패리티 검사기(parity checker)출력이다.

**해설** 우수 패리티가 사용되었으므로 패리티 검사기의 입력에 홀수개의 1이 입력될 때만 1을 출력한다.
출력 c의 최소항의 합을 구하면,

$C(x, y, z, p) = \sum(1, 2, 4, 7, 8, 11, 13, 14)$

| | $x$ | $y$ | $z$ | $p$ | $c$ |
|---|---|---|---|---|---|
| 0 | 0 | 0 | 0 | 0 | 0 |
| 1 | 0 | 0 | 0 | 1 | 1 |
| 2 | 0 | 0 | 1 | 0 | 1 |
| 3 | 0 | 0 | 1 | 1 | 0 |
| 4 | 0 | 1 | 0 | 0 | 1 |
| 5 | 0 | 1 | 0 | 1 | 0 |
| 6 | 0 | 1 | 1 | 0 | 0 |
| 7 | 0 | 1 | 1 | 1 | 1 |
| 8 | 1 | 0 | 0 | 0 | 1 |

(a) 진리표 작성

| $xy$ \ $zp$ | 00 | 01 | 11 | 10 |
|---|---|---|---|---|
| 00 | 0 | 1 | 0 | 1 |
| 01 | 1 | 0 | 1 | 0 |
| 11 | 0 | 1 | 0 | 1 |
| 10 | 1 | 0 | 1 | 0 |

$C = (x \oplus y) \oplus (z \oplus p)$

(b) 논리식

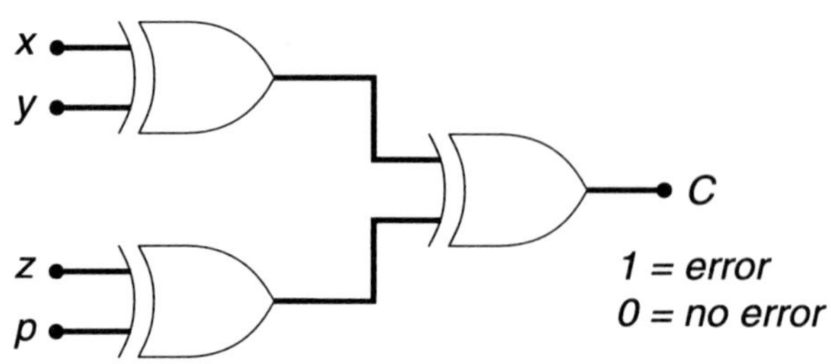


(c) 패리티 검사기 설계

그림 3-63

# 3. 9 퀸 맥크러스키 법

퀸 맥크러스키법(Quine-McClusky method, QM법)은 5변수이상의 함수를 최소화하기 위한 방법으로서 도표법(tabular method)이라고도 한다. 이 방법은 주어진 논리 함수의 주항(prime implicants)을 구하고, 최소수의 주항을 선정하기 위하여 주항 차트(prime implicant chart)를 작성하여 필수 주항(essential prime implicant)을 선정한 후 이 항들을 OR 시켜 간략화된 논리 함수를 얻는다.

## 3.9.1 주항의 결정

퀸 맥크러스키법을 적용하기 위해서는 주어진 함수를 최소항의 합 형태로 표현하여야 한다. 이 최소항은 2진수로 나타내고 이로 부터 1의 개수가 같은 항들끼리 모아 group을 만들고 변수가 하나씩만 변한 항들을 (∨표시) 정리 $xy + x\bar{y} = x$ 를 이용하여 제거시킴으로써 주항을 구할 수 있다. 예를 들어

$$f(a,\ b,\ c,\ d) = \sum m(0,\ 1,\ 2,\ 5,\ 6,\ 7,\ 8,\ 9,\ 10,\ 14)$$

의 주항을 구해보자.

**표 3.2** 주항의 결정

| 항 배열 | | | | 제 1감축 | | | 제 2감축 | |
|---|---|---|---|---|---|---|---|---|
| group 0 | 0 | 0000 | ∨ | 0, 1 | 000 − | ∨ | 0, 1, 8, 9 | − 00 − |
| | 1 | 0001 | ∨ | 0, 2 | 00 − 0 | ∨ | 0, 2, 8, 10 | − 0 − 0 |
| group 1 | 2 | 0010 | ∨ | 0, 8 | − 000 | ∨ | ~~0, 8, 1, 9~~ | ~~− 00 −~~ |
| | 8 | 1000 | ∨ | 1, 5 | 0 − 01 | | ~~0, 8, 2, 10~~ | ~~− 0 − 0~~ |
| | 5 | 0101 | ∨ | 1, 9 | − 001 | ∨ | | |
| group 2 | 6 | 0110 | ∨ | 2, 6 | 0 − 10 | ∨ | 2, 6, 10, 14 | − − 10 |
| | 9 | 1001 | ∨ | 2, 10 | − 010 | ∨ | ~~2, 10, 6, 14~~ | ~~− − 10~~ |
| | 10 | 1010 | ∨ | 8, 9 | 100 − | ∨ | | |
| group 3 | 7 | 0111 | ∨ | 8, 10 | 10 − 0 | ∨ | | |
| | 14 | 1110 | ∨ | 5, 7 | 01 − 1 | | | |
| | | | | 6, 7 | 011 − | | | |
| | | | | 6, 14 | − 110 | ∨ | | |
| | | | | 10, 14 | 1 − 10 | ∨ | | |

표 3－2에서 검표 (∨)가 안 된 항들이 주항(prime implicant)이다. 이 주항의 합으로 함수를 표현하면 다음과 같다.

$$f = \underset{(1,5)}{\bar{a}\bar{c}d} + \underset{(5,7)}{\bar{a}bd} + \underset{(6,7)}{\bar{a}bc} + \underset{(0,1,8,9)}{\bar{b}\bar{c}} + \underset{(0,2,8,10)}{\bar{b}\bar{d}} + \underset{(2,6,10,14)}{c\bar{d}}$$

## 3.9.2 주항 차트의 작성

퀸 맥크러스키법의 두번째 과정은 최소수의 주항을 선정하기 위해서 차트를 작성하는 일이다.

| 주항(PI) | 0 | 1 | 2 | 5 | 6 | 7 | 8 | 9 | 10 | 14 |
|---|---|---|---|---|---|---|---|---|---|---|
| *(0, 1, 8, 9) $\bar{b}\bar{c}$ | × | × | | | | | × | (×) | | |
| (0, 2, 8, 10) $\bar{b}\bar{d}$ | × | | × | | | | × | | × | |
| *(2, 6, 10, 14) $c\bar{d}$ | | | × | | × | | | | × | (×) |
| (1, 5) $\bar{a}\bar{c}d$ | | × | | × | | | | | | |
| (5, 7) $\bar{a}bd$ | | | | × | | × | | | | |
| (6, 7) $\bar{a}bc$ | | | | | × | × | | | | |

**그림 3－64** 주항 차트(prime implicant chart)

어떤 최소항(minterm)이 오직 하나의 주항에 의하여 포함되는 경우 그 주항은 필수 주항(essential prime implicant)이라고 하며 반드시 그 함수의 표현에 사용되어야 한다. 위의 경우 필수 주항은 $\bar{b}\bar{c}$ 와 $c\bar{d}$ 가 되고 이 주항에 해당되는 열은 모두 지워버릴 수 있다. 그리고 $\bar{a}bd$ 는 나머지 최소항을 모두 포함하므로 함수 표현에 사용된다. 따라서, 간략화된 형태는 다음과 같다.

$$f = \bar{b}\bar{c} + c\bar{d} + \bar{a}bd$$

**예제3-53** Quine-McClusky 과정을 이용하여 다음 함수 f의 모든 주항(prime implicant)을 구하라.

$f(a,\ b,\ c,\ d) = \sum m(10,\ 11,\ 12,\ 13,\ 14,\ 15)$

**해설** 먼저 주항을 구하기 위해서는 1의 개수에 의한 group으로 배열한 후 첫 항들로부터 1이 하나 더 많은 다음 항들과 모든 항을 서로 비교하여 동일 열(列)상의 한 변수만 변화한 항은 검표(∨)를 하고 변화된 변수는 제거하여 그 자리에 −를 채워 제 1감축란에 기재한다. 이 후 같은 방법으로 제 2감축을 얻는다. 여기서 검표(∨)되지 않은 항이 주항(prime implicant) 이다.

| 항 배 열 | | | | | | 제1 감축 | | | | | | 제2 감축 | | | | |
|---|---|---|---|---|---|---|---|---|---|---|---|---|---|---|---|---|
| 10 | 1 | 0 | 1 | 0 | ∨ | (10, 11) | 1 | 0 | 1 | − | ∨ | (10, 11, 14, 15) | 1 | − | 1 | − |
| 12 | 1 | 1 | 0 | 0 | ∨ | (10, 14) | 1 | − | 1 | 0 | ∨ | (12, 13, 14, 15) | 1 | 1 | − | − |
| 11 | 1 | 0 | 1 | 1 | ∨ | (12, 13) | 1 | 1 | 0 | − | ∨ | | | | | |
| 13 | 1 | 1 | 0 | 1 | ∨ | (12, 14) | 1 | 1 | − | 0 | ∨ | | | | | |
| 14 | 1 | 1 | 1 | 0 | ∨ | (11, 15) | 1 | − | 1 | 1 | | | | | | |
| 15 | 1 | 1 | 1 | 1 | ∨ | (14, 15) | 1 | 1 | 1 | − | ∨ | | | | | |

따라서, 주항은 acd, ac, ab이다.

**예제3-54** 다음의 함수 $f$를 Quine-McClusky method를 이용하여 최소화하라.

$$f(a,\ b,\ c) = \sum m(0,\ 1,\ 2,\ 5,\ 6,\ 7)$$

**해설** 1. 주항의 결정

| | | | | | | | | |
|---|---|---|---|---|---|---|---|---|
| 0 | 0 | 0 | 0 | V | (0, 1) | 0 | 0 | − |
| 1 | 0 | 0 | 1 | V | (0, 2) | 0 | − | 0 |
| 2 | 0 | 1 | 0 | V | (1, 5) | − | 0 | 1 |
| 5 | 1 | 0 | 1 | V | (2, 6) | − | 1 | 0 |
| 6 | 1 | 1 | 0 | V | (5, 7) | 1 | − | 1 |
| 7 | 1 | 1 | 1 | V | (6, 7) | 1 | 1 | − |

2. 주항의 차트 작성

| | 0 | 1 | 2 | 5 | 6 | 7 |
|---|---|---|---|---|---|---|
| (0, 1) $\bar{a}\bar{b}$ | × | × | | | | |
| (0, 2) $\bar{a}\bar{c}$ | × | | × | | | |
| (1, 5) $\bar{b}c$ | | × | | × | | |
| (2, 6) $b\bar{c}$ | | | × | | × | |
| (5, 7) $ac$ | | | | × | | × |
| (6, 7) $ab$ | | | | | × | × |

$$f = \bar{a}\bar{b} + b\bar{c} + ac$$

또 다른 해를 구할 수 있다.

| | 0 | 1 | 2 | 5 | 6 | 7 |
|---|---|---|---|---|---|---|
| (0, 1) $\bar{a}\bar{b}$ | × | × | | | | |
| (0, 2) $\bar{a}\bar{c}$ | × | | × | | | |
| (1, 5) $\bar{b}c$ | | × | | × | | |
| (2, 6) $b\bar{c}$ | | | × | | × | |
| (5, 7) $ac$ | | | | × | | × |
| (6, 7) $ab$ | | | | | × | × |

$$f = \bar{a}\bar{c} + \bar{b}c + ab$$

3. 최소화 된 함수

$$f = \bar{a}\bar{b} + b\bar{c} + ac$$

또는

$$f = \bar{a}\bar{c} + \bar{b}c + ab$$

**예제3-55** Quine-McClusky 과정을 이용하여 다음 함수 $f$를 최소화 하라.

$$f(a,\ b,\ c,\ d) = \sum m(0,\ 4,\ 5,\ 6,\ 11,\ 12,\ 13,\ 14,\ 15)$$

**해설** 1. 주항의 결정

주항을 결정하기 위한 감축표를 작성한다.

| | | | | | |
|---|---|---|---|---|---|
| 0 | 0 0 0 0 ∨ | (0, 4) | 0 − 0 0 | (4, 5, 12, 13) | − 1 0 − |
| 4 | 0 1 0 0 ∨ | (4, 5) | 0 1 0 − ∨ | (4, 6, 12, 14) | − 1 − 0 |
| 5 | 0 1 0 1 ∨ | (4, 6) | 0 1 − 0 ∨ | (12, 13, 14, 15) | 1 1 − − |
| 6 | 0 1 1 0 ∨ | (4, 12) | − 1 0 0 ∨ | | |
| 12 | 1 1 0 0 ∨ | (5, 13) | − 1 0 1 ∨ | | |
| 11 | 1 0 1 1 ∨ | (6, 14) | − 1 1 0 ∨ | | |
| 13 | 1 1 0 1 ∨ | (12, 13) | 1 1 0 − ∨ | | |
| 14 | 1 1 1 0 ∨ | (12, 14) | 1 1 − 0 ∨ | | |
| 15 | 1 1 1 1 ∨ | (11, 15) | 1 − 1 1 | | |
| | | (13, 15) | 1 1 − 1 ∨ | | |
| | | (14, 15) | 1 1 1 − ∨ | | |

위 표에서 검표(∨)가 안된 항이 모두 주항이다.
즉, $\bar{a}\bar{c}\bar{d}$, $acd$, $b\bar{c}$, $b\bar{d}$, $ab$ 들이 주항에 해당된다.

2. 주항의 차트 작성

| | 0 | 4 | 5 | 6 | 11 | 12 | 13 | 14 | 15 |
|---|---|---|---|---|---|---|---|---|---|
| *(0, 4) $\bar{a}\bar{c}\bar{d}$ | ⊗ | × | | | | | | | |
| *(11, 15) $acd$ | | | | | ⊗ | | | | × |
| *(4, 5, 12, 13) $b\bar{c}$ | | × | ⊗ | | | × | × | | |
| *(4, 6, 12, 14) $b\bar{d}$ | | × | | ⊗ | | × | | × | |
| (12, 13, 14, 15) $ab$ | | | | | | × | × | × | × |

3. 최소화 된 함수

$$f = \bar{a}\bar{c}\bar{d} + acd + b\bar{c} + b\bar{d}$$

**예제3-56** 다음의 함수 $F$는 don't care 조건을 갖고 있다.

$$F(A,\ B,\ C,\ D)=\sum m(2,\ 3,\ 7,\ 9,\ 11,\ 13)+\sum d(1,\ 10,\ 15)$$

Quine-McClusky method를 이용하여 최소화하라.

**해설** 1. 주항의 결정

먼저 주항을 찾는 과정에서 don't care는 1로 취급한다.

| | A | B | C | D | |
|---|---|---|---|---|---|
| 1 | 0 | 0 | 0 | 1 | ∨ |
| 2 | 0 | 0 | 1 | 0 | ∨ |
| 3 | 0 | 0 | 1 | 1 | ∨ |
| 9 | 1 | 0 | 0 | 1 | ∨ |
| 10 | 1 | 0 | 1 | 0 | ∨ |
| 7 | 0 | 1 | 1 | 1 | ∨ |
| 11 | 1 | 0 | 1 | 1 | ∨ |
| 13 | 1 | 1 | 0 | 1 | ∨ |
| 15 | 1 | 1 | 1 | 1 | ∨ |

| | A | B | C | D | |
|---|---|---|---|---|---|
| (1, 3) | 0 | 0 | − | 1 | ∨ |
| (1, 9) | − | 0 | 0 | 1 | ∨ |
| (2, 3) | 0 | 0 | 1 | − | ∨ |
| (2, 10) | − | 0 | 1 | 0 | ∨ |
| (3, 7) | 0 | − | 1 | 1 | ∨ |
| (3, 11) | − | 0 | 1 | 1 | ∨ |
| (9, 11) | 1 | 0 | − | 1 | ∨ |
| (9, 13) | 1 | − | 0 | 1 | ∨ |
| (10, 11) | 1 | 0 | 1 | − | ∨ |
| (7, 15) | − | 1 | 1 | 1 | ∨ |
| (11, 15) | 1 | − | 1 | 1 | ∨ |
| (13, 15) | 1 | 1 | − | 1 | ∨ |

| | A | B | C | D |
|---|---|---|---|---|
| (1, 3, 9, 11) | − | 0 | − | 1 |
| (2, 3, 10, 11) | − | 0 | 1 | − |
| (3, 7, 11, 15) | − | − | 1 | 1 |
| (9, 11, 13, 15) | 1 | − | − | 1 |

2. 주항 차트의 작성

다음에 주항 차트를 작성하는 과정에서 don't care는 0으로 취급되어 don't care항은 차트상의 가로축에 열거되지 아니한다.

| | 2 | 3 | 7 | 9 | 11 | 13 |
|---|---|---|---|---|---|---|
| (1, 3, 9, 11) | | × | | × | × | |
| *(2, 3, 10, 11) | (×) | × | | | × | |
| *(3, 7, 11, 15) | | × | (×) | | × | |
| *(9, 11, 13, 15) | | | | × | × | (×) |

3. 최소화된 식

$$F=\overline{B}C+CD+AD$$

memo

# 연 습 문 제

**Q·01** 다음 논리식에서 옳지 않은 것은?

가. $A + A = A$　　나. $AA = A$

다. $A + \overline{A} = 1$　　라. $A\overline{A} = 1$

**Q·02** 다음 논리식 중 틀린 항은 어느 것인가?

가. $B \cdot \overline{B} = 0$　　나. $G + GF = G$

다. $y + \overline{w}y = y$　　라. $c + \overline{c} = 0$

**Q·03** 논리식 $x = (\overline{A} + B)(A + B)$ 를 간단히 한 식은?

가. $A$　　나. $B$　　다. $AB$　　라. $A$

---

**해설** $x = (\overline{A} + B)(A + B)$

$$= \overline{A}A + \overline{A}B + BA + BB$$
$$= 0 + \overline{A}B + BA + B$$
$$= \overline{A}B + AB + B$$
$$= B(\overline{A} + A + 1)$$
$$= B$$

**Q·04** 논리식 $A + AB$를 간단히 하면?

가. 0　　나. 1　　다. $A$　　라. $B$

**Q·05** 논리식 (부울 대수식) $A + \overline{A}B$ 를 간단히 계산한 결과는?

가. $AB$　　나. $\overline{A} + B$

---

**해답** 1. 라　2. 라　3. 나　4. 다　5. 라

다. $A+\overline{B}$ 라. $A+B$

해설 $A+\overline{A}B=(A+\overline{A})(A+B)=A+B$

**Q·06** 논리식 $AB + BC + ABC$를 간단히 하면?

가. $B(A + C)$ 나. $A(B + C)$

다. $BC$ 라. $A + BC$

해설 $AB + BC + ABC = AB(1 + C) + BC = AB + BC = B(A + C)$

**Q·07** 다음 식을 간단히 하면 다음 중 어느 것인가?

$$L=(A+B)\cdot(A+C)\cdot(\overline{B}+C)$$

가. $L=A\cdot B\cdot C$ 나. $L=A\cdot\overline{B}+B\cdot C$

다. $L=A\cdot B\cdot C+A\cdot B\cdot C$ 라. $L=A\cdot B\cdot\overline{C}+\overline{A}\cdot B\cdot C$

해설 $L=(A+B)(A+C)(B+C)$

$=(A+AC+AB+BC)(\overline{B}+C)$

$=A\overline{B}+A\overline{B}C+AC+ABC+BC$

$=A\overline{B}+BC$

**Q·08** 다음 식 중에서 곱의 합(sum of product : SOP)형은 어느 것인가?

가. $\overline{MN}+PQ$ 나. $(A+B)CD$

다. $A+\overline{BC}+D$ 라. $(B+C)(D+E+F)$

해설 곱의 합 형식은 둘 이상의 변수들을 묶어서 부정을 취하지 않는다.

**Q·09** 다음 식 중 곱의 합(SOP)형태가 아닌 것은?

(a) $MN\overline{P}+(M+\overline{N})P$ (c) $RS\overline{T}+\overline{R}ST+\overline{T}$

(b) $AB+\overline{A}B\overline{C}$ (d) $A\overline{CD}+\overline{A}CD$

**해답** 6. 가 7. 나 8. 다 9. 나

가. (b)와 (d)

나. (a)와 (d)

다. (a)와 (c)

라. (b) 와 (c)

**Q·10** 다음 설명으로 옳은 것은?

"어떤 함수를 부정한 것은 원래의 함수에 각각의 변수를 부정함과 동시에 논리합과 논리적의 기호를 서로 교환한 것과 같다"

가. 벤의 정리

나. 드－모르강의 정리

다. 쌍대의 정리

라. 컨센서스 정리

**Q·11** $\overline{A+B}$ 와 등가인 식은 어느 것인가?

가. $A\cdot\overline{B}$

나. $\overline{A}\cdot B$

다. $\overline{A}+\overline{B}$

라. $\overline{A}\cdot\overline{B}$

**Q·12** 논리식 $\overline{A\cdot(A+B)}$ 를 간단히 하면?

가. $A$　　나. $\overline{A}$　　다. $B$　　라. $\overline{B}$

---

해설 $\overline{A(A+B)} = \overline{A} + (\overline{A+B})$

$= \overline{A} + \overline{A}\,\overline{B}$

$= \overline{A}(1+\overline{B}) = \overline{A}$

**Q·13** 다음 논리식을 간단히 하면?

$$\overline{\overline{A}+B}+\overline{A}+\overline{B}$$

가. $A$

나. $B$

다. $AB$

라. $\overline{A}+\overline{B}$

**Q·14** 다음 그림과 등가인 게이트는?

---

해답 10. 나　11. 라　12. 나　13. 라

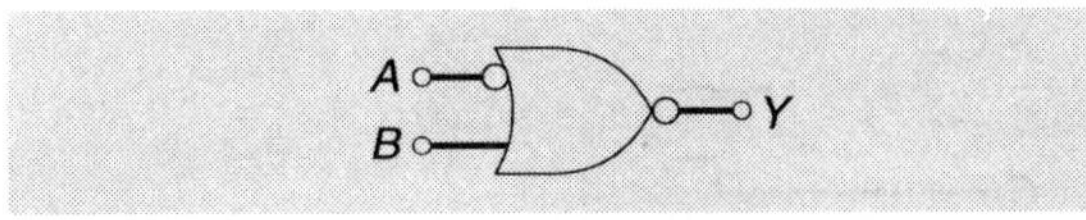


가. 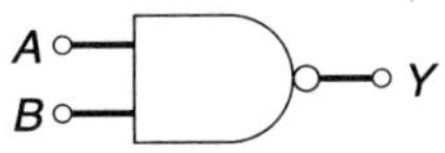


나. 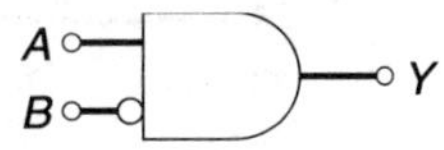


다. 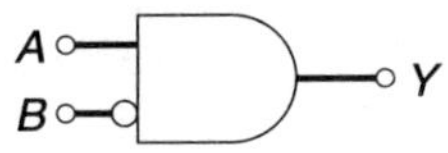


라. 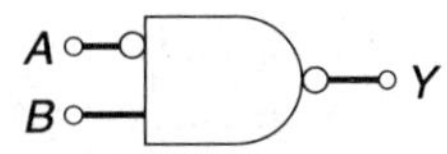


**Q·15** 식 $Z=\overline{(\overline{A}+C)\cdot(B+\overline{D})}$ 를 간단히 하면?

가. $Z=A\overline{B}+\overline{C}D$

나. $Z=A\overline{C}+\overline{B}D$

다. $Z=\overline{A}C+B\overline{D}$

라. $Z=\overline{A}B+C\overline{D}$

해설 드 모르강의 정리를 이용하여 식을 간단히 하면

$$Z=\overline{(\overline{A}+C)}+\overline{(B+\overline{D})}$$
$$=(\overline{\overline{A}}\cdot\overline{C})+\overline{B}\cdot\overline{\overline{D}}$$
$$=A\overline{C}+\overline{B}D$$

**Q·16** 다음 식을 간단히 하면?

$$x=(\overline{A}+B)(A+B+D)\overline{D}$$

가. $A\overline{B}$

나. $A\overline{C}+D$

다. $A+\overline{B}D$

라. $B\overline{D}$

해설 전개하여 곱의 합 형식으로 한다.

$$x=\overline{A}A\overline{D}+\overline{A}B\overline{D}+\overline{A}D\overline{D}+BA\overline{D}+BB\overline{D}+BD\overline{D}$$
$$=0+\overline{A}B\overline{D}+0+AB\overline{D}+B\overline{D}+0$$
$$=B\overline{D}(\overline{A}+A+1)$$
$$=B\overline{D}$$

**Q·17** 부울 함수 $F=(A+B+AB)(A+C)$의 논리 등가회로는?

**해답** 14. 다 15. 나 16. 라 17. 나

가. 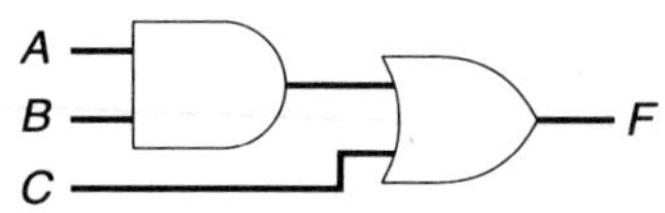


나. 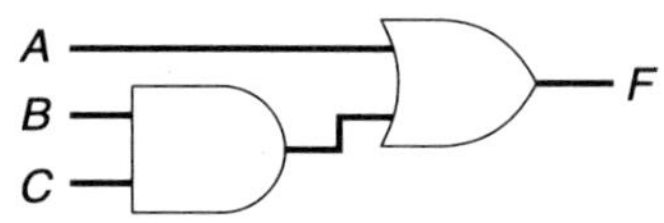


다. 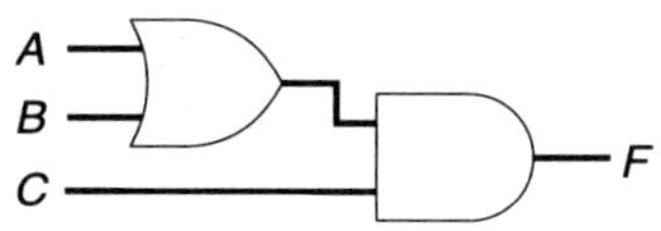


라. 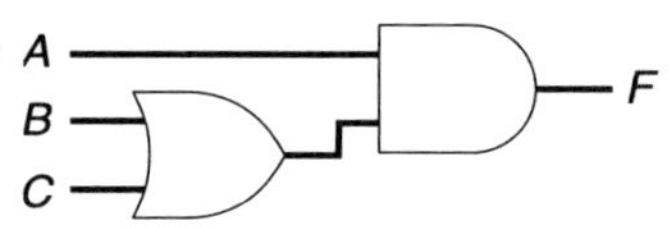


---

해설 $F = (A+B+AB)(A+C)$

$= A+(B+AB)C$

$= A+BC+ABC$

$= A+BC(1+A)$

$= A+BC$

**Q·18** 그림과 같은 논리 다이어그램에서 얻어지는 출력을 간단리 하면?

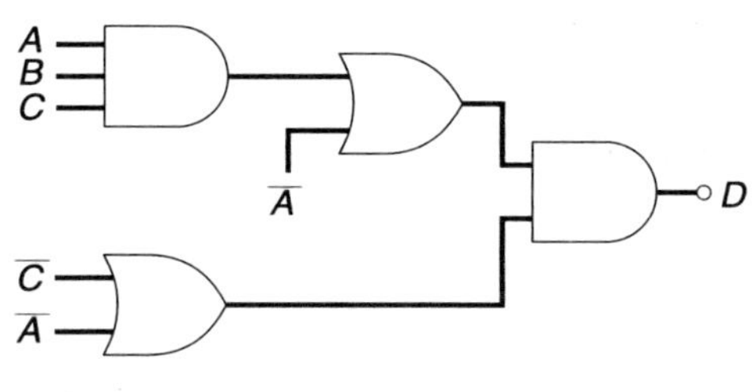


가. $\overline{A}$　　나. $\overline{A}BC + A\overline{C}$

다. $ABC + \overline{A}\,\overline{C}$　　라. $A\overline{B}\,\overline{C} + A\overline{C}$

**Q·19** 그림의 논리 회로에서 출력 $X$의 방정식을 구하여 간단화 하면?

◉해답◉ 18. 가　19. 가

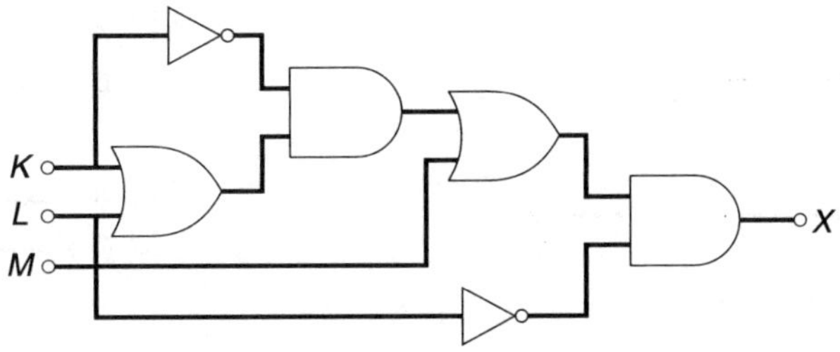


가. $X=\overline{L}M$

나. $X=LK+\overline{K}M$

다. $X=\overline{K}(K+L)\overline{L}$

라. $X=\overline{K}(K+L)\overline{L}$

**Q·20** 다음의 그림과 같은 논리회로가 있다. 논리회로를 간소화 하면?

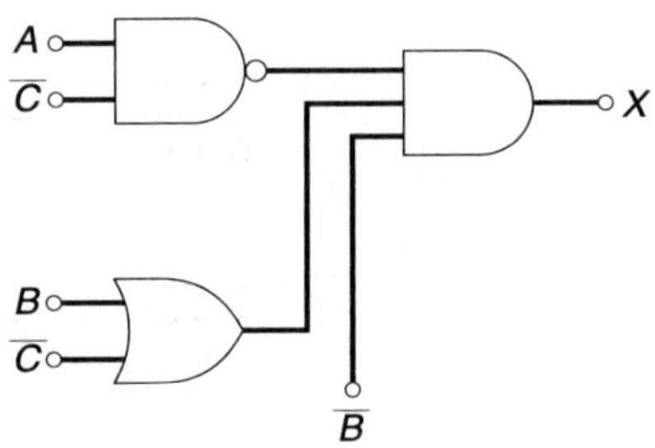


가. $X=ABC$

나. $X=\overline{A}\,\overline{B}\,\overline{C}$

다. $X=A+B+C$

라. $X=\overline{A}+\overline{B}+\overline{C}$

**Q·21** 그림의 논리 회로에 대한 논리식은?

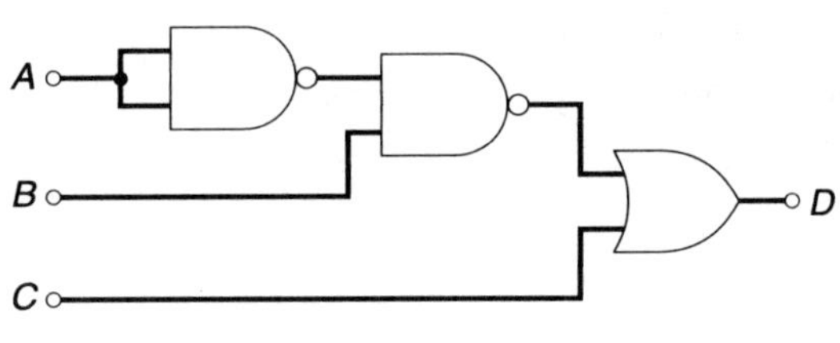


가. $D=(\overline{A}+B)C$

나. $D=(A+\overline{B})+C$

다. $D=(\overline{A}+\overline{B})+C$

라. $D=(A+B)+\overline{C}$

해설 $D=\overline{\overline{A}\cdot B}+C=A+\overline{B}+C$

**Q·22** $Y=\overline{A}\overline{B}\overline{C}+A\overline{B}\overline{C}+AB\overline{C}+\overline{A}B\overline{C}$ 를 간략하게 회로로 구성한 것으로 맞는 것은?

해답 20. 나 21. 나 22. 다

가. 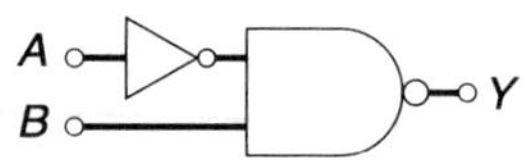


나. 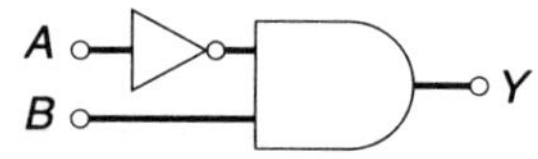


다. 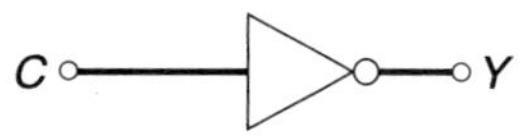


라. 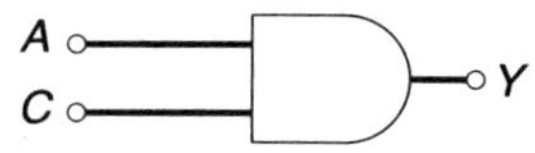


**Q·23** 다음 논리 회로에서 얻어지는 출력 $x$를 간략화한 회로는?

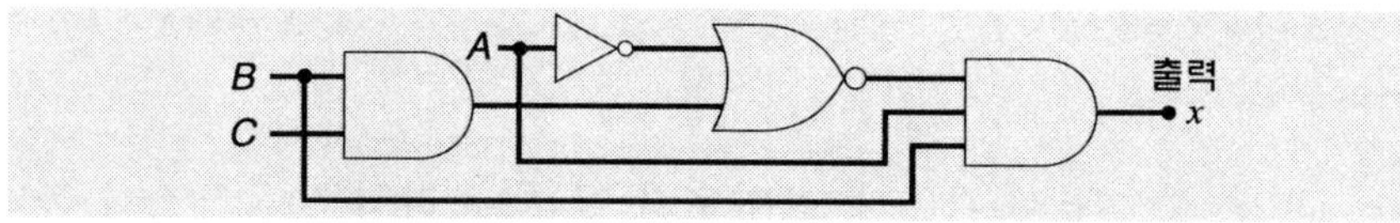


가. 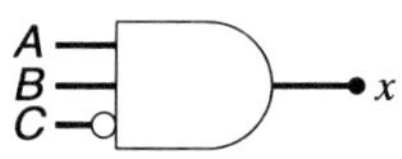


나. 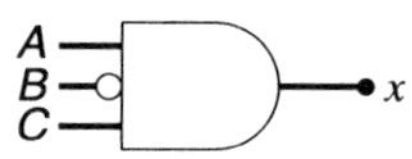


다. 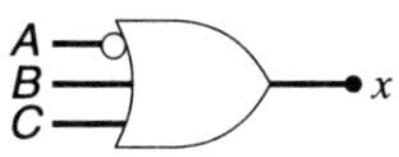


라. 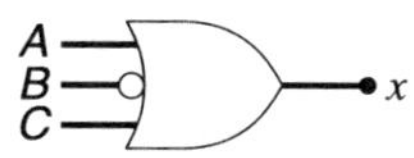


해설 출력$x = \overline{(\overline{A}+BC)}\cdot AB$

$= (\overline{\overline{A}}\cdot\overline{BC})\cdot AB$

$= A\cdot(\overline{B}+\overline{C})\cdot AB$

$= AAB\overline{B}+AAB\overline{C}$

$= AB\overline{C}$

**Q·24** 다음 논리 회로의 출력 x를 간단히 하면?

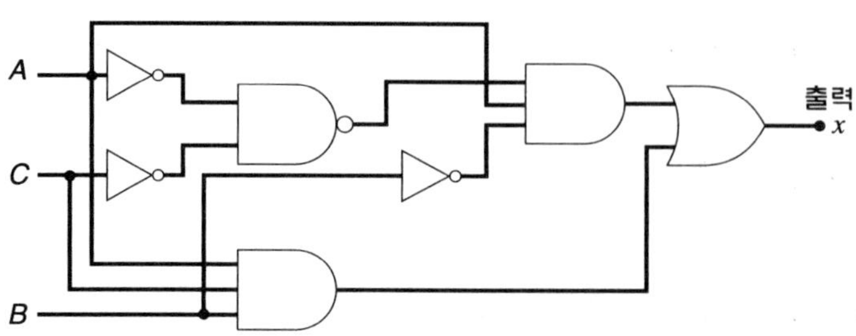


가. $x = A(\overline{B}+C)$

나. $x = A(B+\overline{C})$

**해답** 23. 가 24. 가

다. $x=\overline{A}(B+C)$　　　　라. $x=A(\overline{B}+\overline{C})$

해설 드 모르강의 정리와 분배법칙을 이용하여 간단히 한다.

$$x = ABC + A\overline{B}(\overline{\overline{A}\,\overline{C}})$$
$$= ABC + A\overline{B}(\overline{\overline{A}} + \overline{\overline{C}})$$
$$= ABC + A\overline{B}(A + C)$$
$$= ABC + A\overline{B}A + A\overline{B}C$$
$$= ABC + A\overline{B} + A\overline{B}C$$

첫번째 항과 세번째 항에 공통 변수 $AC$가 있다.

$$x = AC(B+\overline{B}) + A\overline{B}$$
$$= AC + A\overline{B}$$
$$= A(\overline{B}+C)$$

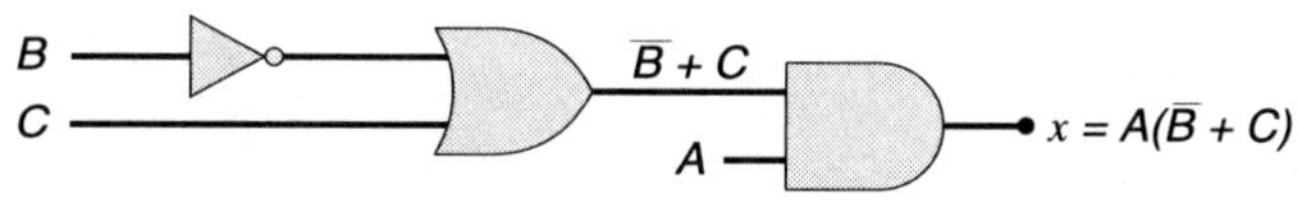


**Q·25** 다음 회로에서 출력 x에 대한 부울식은?

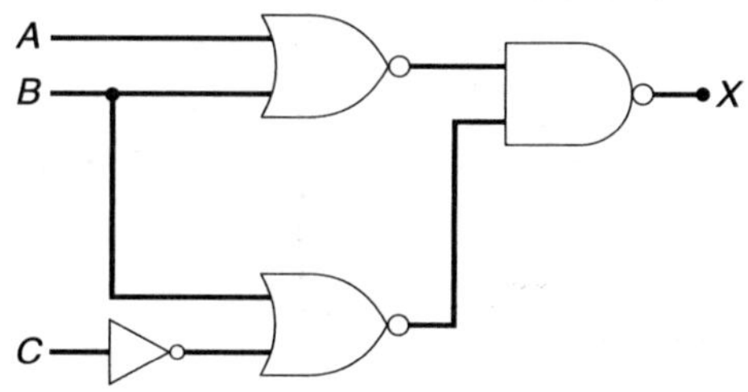


가. $x=\overline{A}+B+C$　　　　나. $x=A+\overline{B}C$

다. $x=B+\overline{A}C$　　　　라. $x=A+B+\overline{C}$

해설 $x=\overline{\overline{(A+B)}\,\overline{(B+\overline{C})}}$
$$=(A+B)+(B+\overline{C})$$
$$=A+B+\overline{C}$$

**Q·26** 다음 논리회로와 등가인 것은?

⊙해답⊙ 25. 라　26. 라

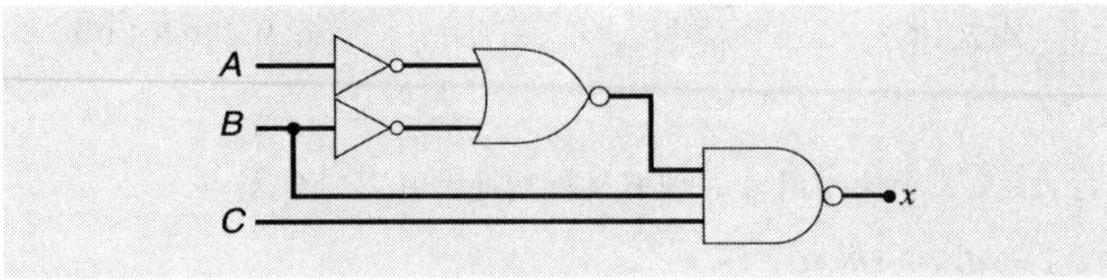


가. 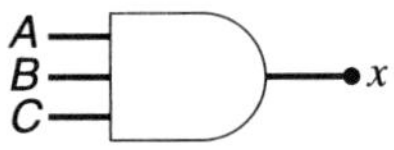


나. 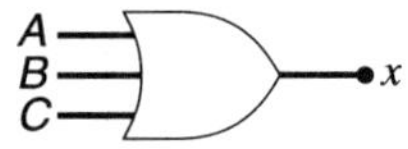


다. 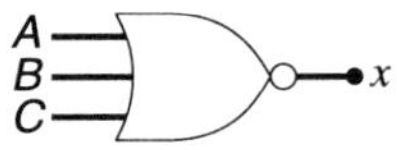


라. 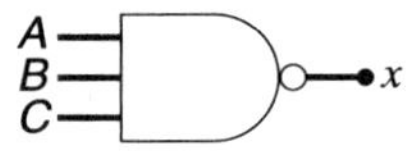


---

해설 $x=\overline{(\overline{\bar{A}+\bar{B}})\cdot B\cdot C}=(\bar{A}+\bar{B})+\overline{BC}$

$=\bar{A}+\bar{B}+\bar{B}+\bar{C}=\bar{A}+\bar{B}+\bar{C}$

$=\overline{ABC}$

**Q·27** 그림과 같은 회로의 출력은?

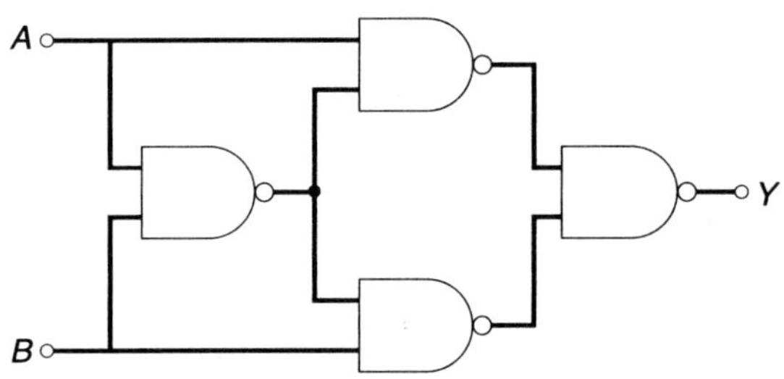


가. $AB$　　나. $\bar{A}+\bar{B}$

다. $AB+\overline{A}\overline{B}$　　라. $A\bar{B}+\bar{A}B$

**Q·28** 그림과 같은 회로의 출력 F에 대한 논리식의 표현으로서 올바르지 못한 것은?

---

**해답** 27. 라　28. 나

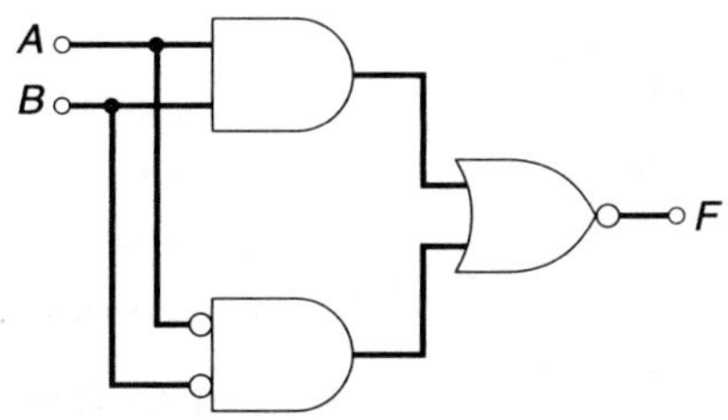


가. $\overline{A}B+A\overline{B}$　　　　나. $AB+\overline{A}\,\overline{B}$

다. $(A+B)(\overline{AB})$　　　　라. $(\overline{A}+\overline{B})(A+B)$

**Q·29** 다음 부울 함수 $x$의 보수를 구하고 가장 적은 문자표현으로 간단화 하면?

$$x=(B\overline{C}+\overline{A}D)(A\overline{B}+C\overline{D})$$

가. 1　　　　나. 0

다. $\overline{A}B+\overline{C}D$　　　　라. $\overline{A}B+C\overline{D}$

---

**해설** $x$의 보수 $\overline{x}$를 구한다.

$$\overline{x}=\overline{B\overline{C}+\overline{A}D}+\overline{A\overline{B}+C\overline{D}}$$
$$=\overline{B\overline{C}}\cdot\overline{\overline{A}D}+\overline{A\overline{B}}\cdot\overline{C\overline{D}}$$
$$=(\overline{B}+C)(A+\overline{D})+(\overline{A}+B)(\overline{C}+D)$$
$$=A\overline{B}+\overline{B}\,\overline{D}+AC+C\overline{D}+\overline{A}\,\overline{C}+\overline{A}D+B\overline{C}+BD=1$$

**Q·30** 다음 부울 함수 F의 보수를 구하고 간단화 하면?

$$F=(\overline{AB}\cdot A)(\overline{AB}\cdot B)$$

가. 0　　　　나. 1

다. AB　　　　라. A + B

---

**해설** 먼저 $x$를 간단히 하면 $F=\overline{AB}AB$ 이다.
기본 공식 $X\cdot\overline{X}=0$ 이므로 $F=0$ 이다. 따라서 $F$의 보수 $\overline{F}=1$ 이 된다.

**Q·31** 다음 진리표에서 표준 SOP형(최소항의 합)으로 표현한 것은?

---

**해답** 29. 가　30. 나　31. 다

| $A$ | $B$ | $C$ | $x$ |
|---|---|---|---|
| 0 | 0 | 0 | 0 |
| 0 | 0 | 1 | 0 |
| 0 | 1 | 0 | 0 |
| 0 | 1 | 1 | 1 |
| 1 | 0 | 0 | 0 |
| 1 | 0 | 1 | 1 |
| 1 | 1 | 0 | 1 |
| 1 | 1 | 1 | 0 |

가. $x=(\overline{A}+B+C)(A+\overline{B}+C)(A+B+\overline{C})$

나. $x=(A+\overline{B}+\overline{C})(\overline{A}+B+C)(\overline{A}+\overline{B}+C)$

다. $x=\overline{A}BC+A\overline{B}C+AB\overline{C}$

라. $x=A\overline{B}\overline{C}+\overline{A}B\overline{C}+\overline{A}\overline{B}C$

해설 함수 $x=1$이 되는 변수를 조합하여 최소항을 만든다. 표준 SOP(sum of product)형은 가법(덧셈) 표준형이라고도 하며 임의의 논리 함수를 일련의 최소항의 논리합으로 표시한 것이다.

**Q·32** 다음 논리식 $f=\overline{A}C+AB$ 를 표준 SOP형(가법 표준형)으로 전개한 것은?

가. $x=A\overline{B}\overline{C}+\overline{A}B\overline{C}+\overline{A}\overline{B}C$

나. $x=\overline{A}BC+\overline{A}\overline{B}C+ABC+AB\overline{C}$

다. $x=\overline{A}BC+A\overline{B}\overline{C}+ABC+\overline{A}\overline{B}C$

라. $x=\overline{A}BC+\overline{A}\overline{B}C+\overline{A}B\overline{C}+ABC$

해설 논리식 제1항에 $B+\overline{B}=1$ , 제2항에 $C+\overline{C}=1$ 을 곱하면 값은 변하지 않고 부족된 변수를 보충한다.

$$\begin{aligned} x &= \overline{A}C(B+\overline{B})+AB(C+\overline{C}) \\ &= \overline{A}BC+\overline{A}\overline{B}C+ABC+AB\overline{C} \end{aligned}$$

**Q·33** 다음 진리표에서 표준 POS형(승법 표준형)의 논리식을 구하면?

| $A$ | $B$ | $C$ | $x$ |
|---|---|---|---|
| 0 | 0 | 0 | 0 |
| 0 | 0 | 1 | 0 |
| 0 | 1 | 0 | 0 |
| 0 | 1 | 1 | 1 |
| 1 | 0 | 0 | 1 |
| 1 | 0 | 1 | 1 |
| 1 | 1 | 0 | 0 |
| 1 | 1 | 1 | 1 |

**해답** 32. 나 33. 가

가. $x=(A+B+C)(A+B+\overline{C})(A+\overline{B}+C)(\overline{A}+\overline{B}+C)$

나. $x=(\overline{A}+\overline{B}+\overline{C})(\overline{A}+\overline{B}+C)(\overline{A}+B+\overline{C})(A+B+\overline{C})$

다. $x=ABC+AB\overline{C}+A\overline{B}C+\overline{A}\overline{B}C$

라. $x=\overline{A}\overline{B}\overline{C}+\overline{A}\overline{B}C+\overline{A}B\overline{C}+AB\overline{C}$

**Q·34** 다음 논리 회로의 간단화된 회로는?

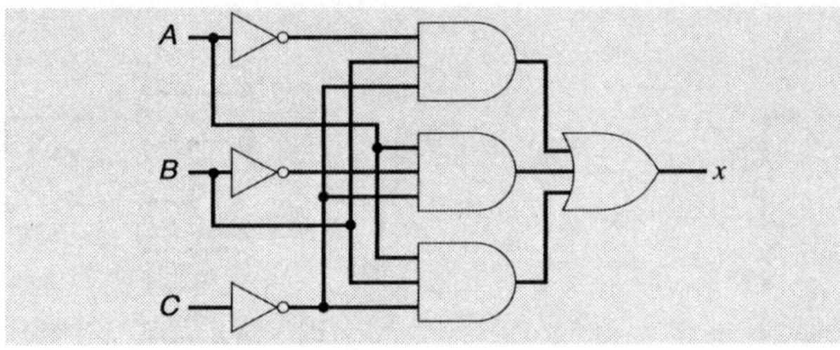


가. 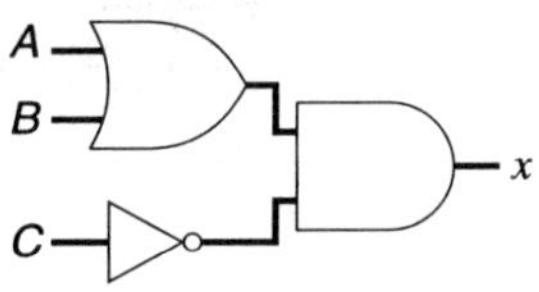


나. 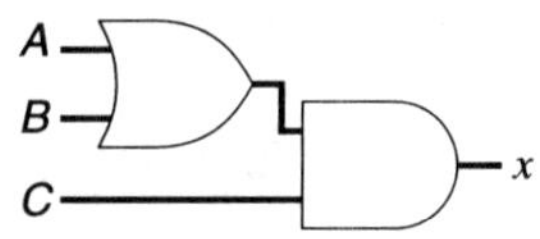


다. 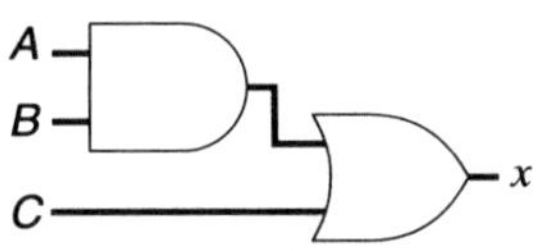


라. 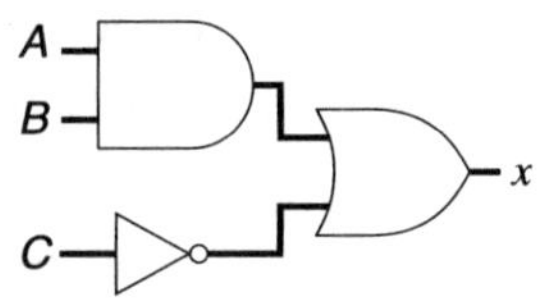


해설

$$\begin{aligned} x &= \overline{A}B\overline{C}+A\overline{B}\overline{C}+AB\overline{C} \\ &= B\overline{C}(\overline{A}+A)+A\overline{C}(\overline{B}+B) \\ &= B\overline{C}+A\overline{C} \\ &= (A+B)\overline{C} \end{aligned}$$

**Q·35** 논리식 $AB+\overline{A}C+BC$ 를 간소화 하면?

가. $AB+BC$

나. $AB+\overline{A}C$

다. $\overline{A}C+BC$

라. $AB+C$

해설 컨센서스정리를 이용한다.

**해답** 34. 가 35. 나

**Q·36** 다음 그림의 표준 POS형 회로를 간략화한 회로는 어느 것인가?

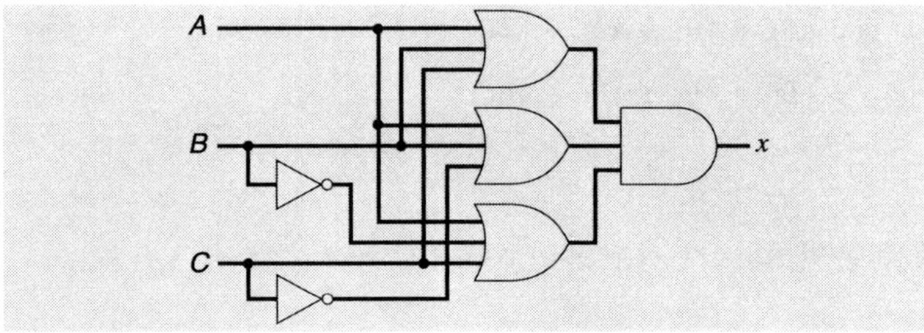


가. 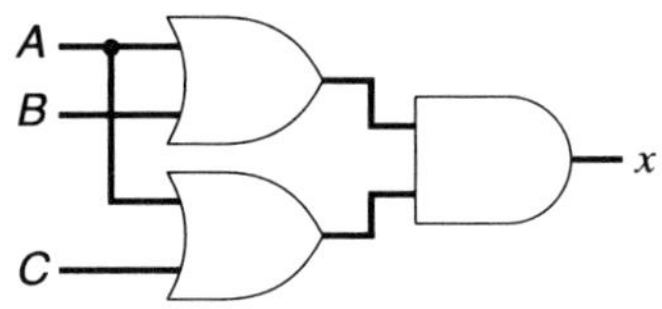


나. 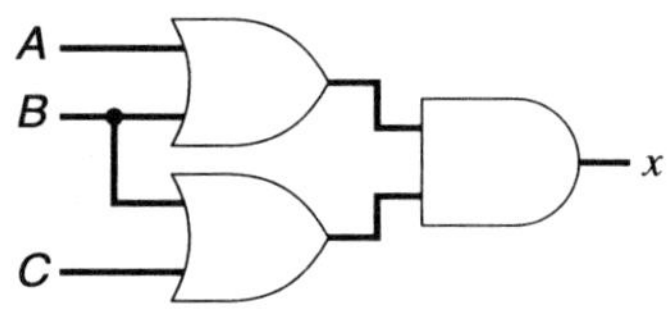


다. 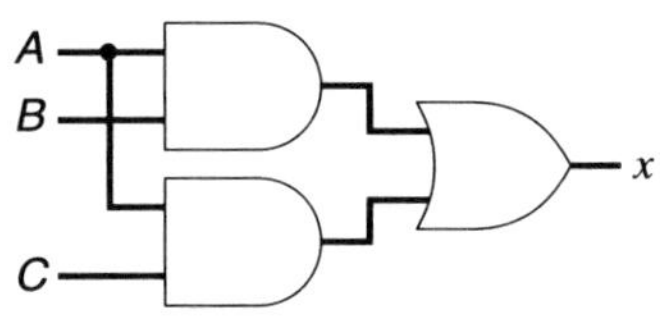


라. 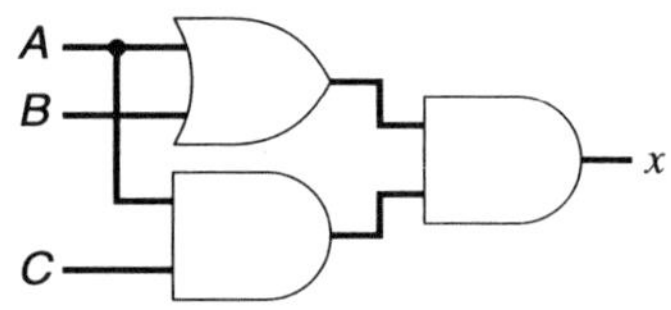


해설 $x=(A+B+C)(A+B+\overline{C})(A+\overline{B}+C)$

$=\prod(0,\ 1,\ 2)=\sum(3,\ 4,\ 5,\ 6,\ 7)$

| A \ BC | 00 | 01 | 11 | 10 | |
|---|---|---|---|---|---|
| 0 | 0 | 0 | 1 | 0 | → BC |
| 1 | 1 | 1 | 1 | 1 | → A |

$x=A+BC$
$=(A+B)(A+C)$

**Q·37** 다음 회로의 출력은?

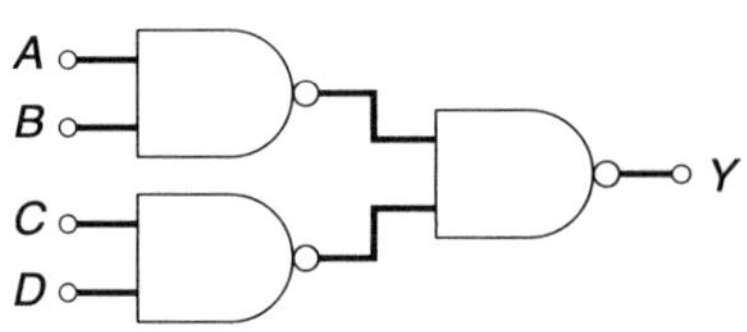


가. $Y=\overline{AB}+\overline{CD}$ 나. $Y=\overline{A+B+C+D}$

다. $Y=AB+CD$ 라. $Y=(A+B)(C+D)$

**해답** 36. 가 37. 다

**Q·38** 다음의 NAND 게이트로 구성된 회로의 출력 Y의 논리 동작은?

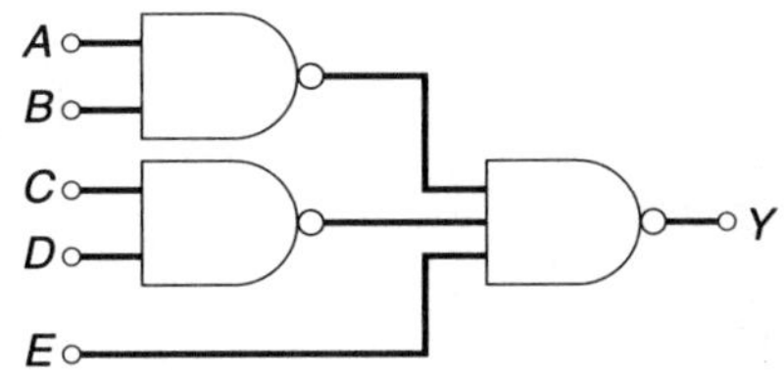


가. $Y=(A+B)(C+D)\overline{E}$　　나. $Y=AB+CD+\overline{E}$

다. $Y=(A+B)(C+D)+E$　　라. $Y=AB+CD+E$

**Q·39** 다음 회로의 논리식 $X$는?

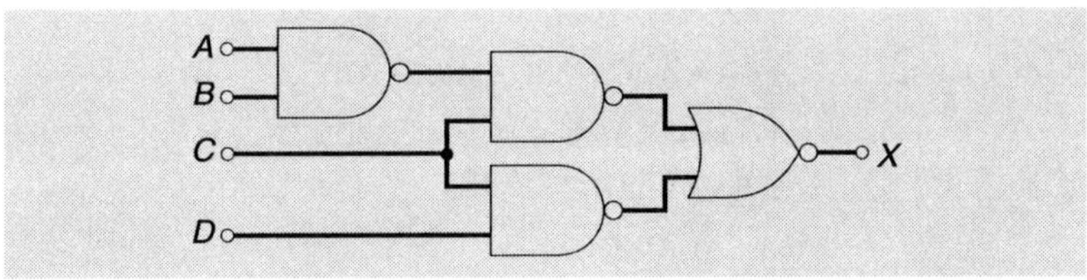


가. $X=(A+B)CD$　　나. $X=(A+\overline{B})CD$

다. $X=(\overline{A}+\overline{B})CD$　　라. $X=(\overline{A}+B)CD$

**Q·40** 다음 논리회로의 출력 $f$는?

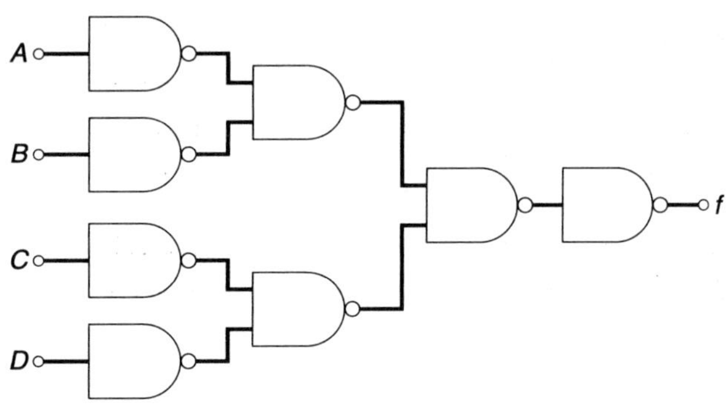


가. $f=\overline{AB+CD}$　　나. $f=AB+CD$

다. $f=(A+B)(C+D)$　　라. $f=\overline{(A+B)(C+D)}$

**해답** 38. 나　39. 다　40. 다

**Q·41** 부울 함수 $x(A,\ B,\ C) = \Sigma(0,\ 1,\ 2,\ 3,\ 4)$ 의 간소화 식에 대한 논리 회로는?

가. 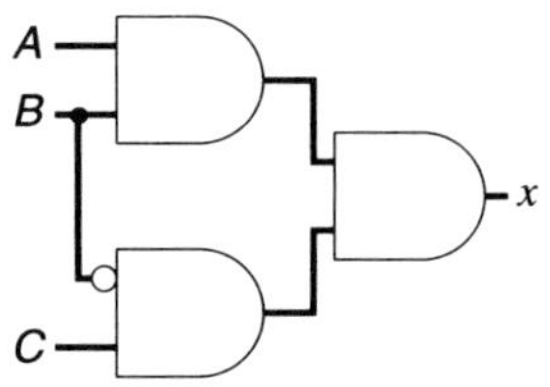


나. 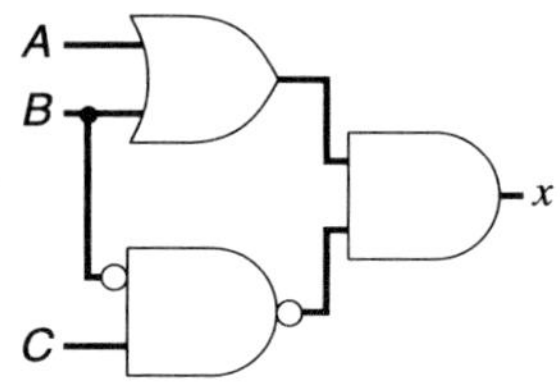


다. 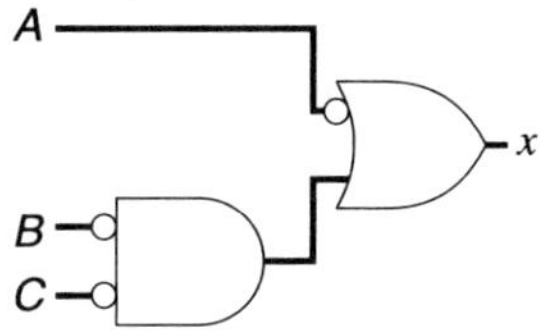


라. 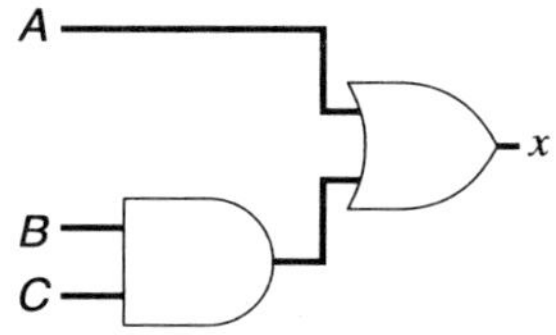


해설 $x(A,\ B,\ C) = \overline{A}\,\overline{B}\,\overline{C} + \overline{A}\,\overline{B}C + \overline{A}B\overline{C} + \overline{A}BC + A\overline{B}\,\overline{C}$

$= \overline{A}\,\overline{B} + \overline{A}B + A\overline{B}\,\overline{C}$

$= \overline{A}(\overline{B} + B) + A\overline{B}\,\overline{C}$

$= (\overline{A} + A)(\overline{A} + \overline{B}\,\overline{C})$

$= \overline{A} + \overline{B}\,\overline{C}$

**Q·42** 다음 회로 중 기능이 다른 회로는?

가. 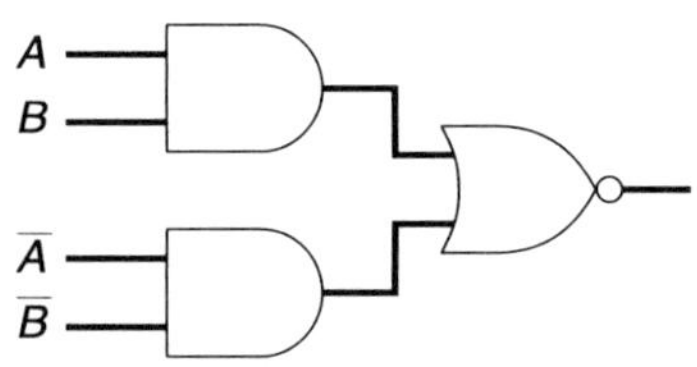


나. 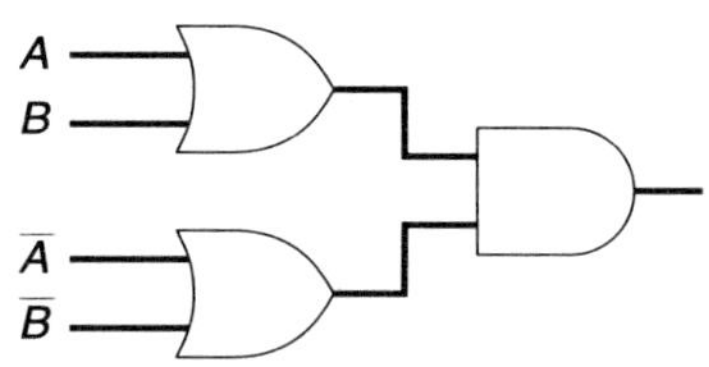


다. 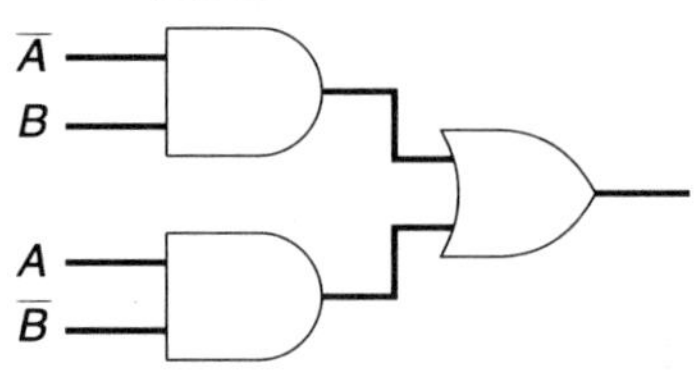


라. 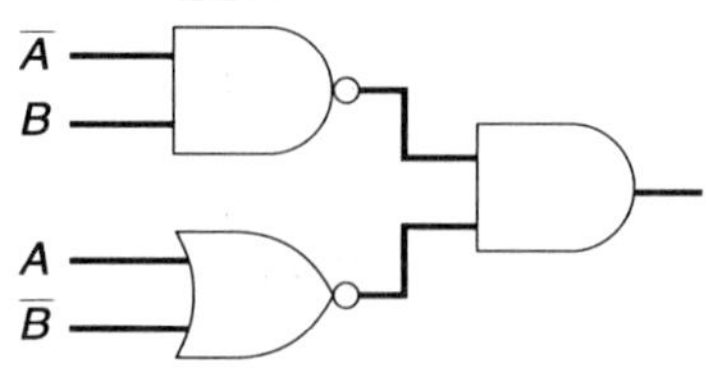


**Q·43** 다음 그림의 NAND로 구성된 회로의 출력과 등가인 것은?

**해답** 41. 다 42. 라 43. 나

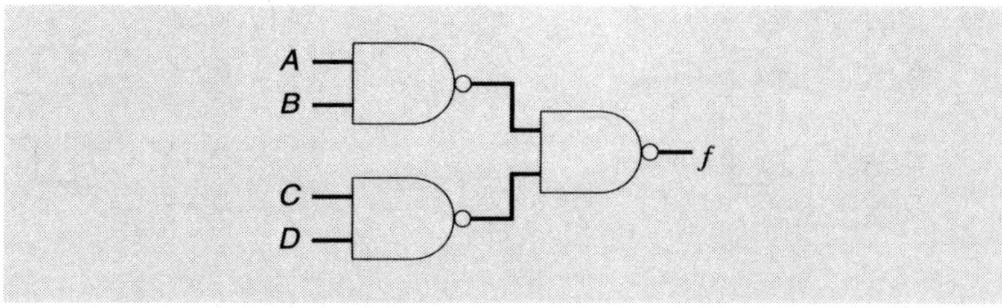


가. 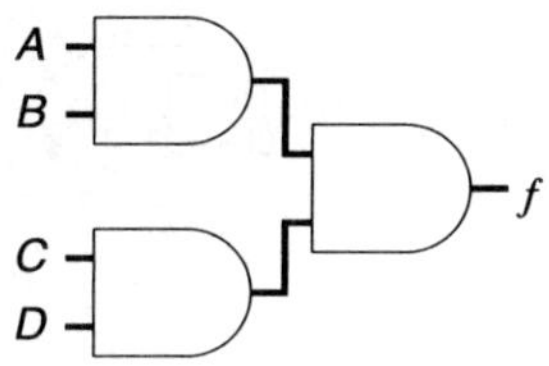


나. 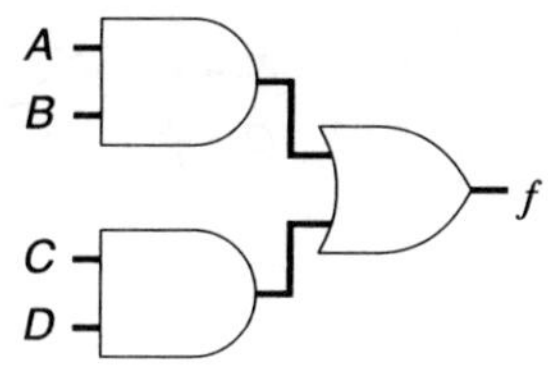


다. 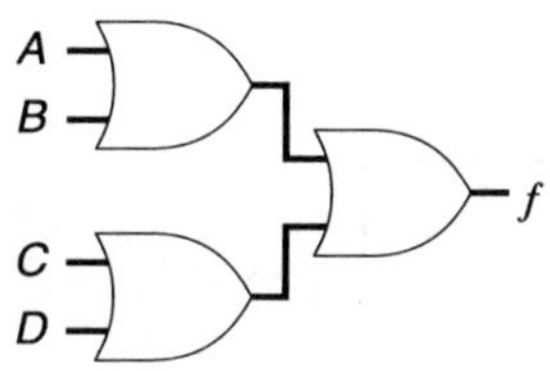


라. 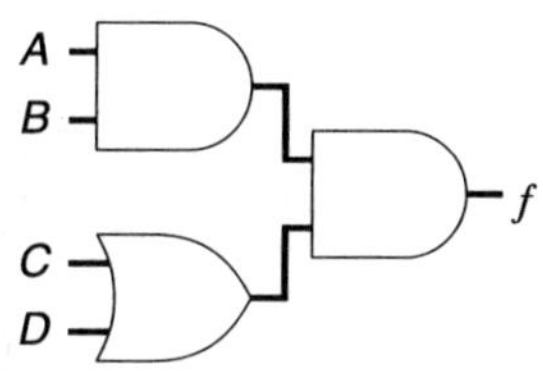


**해설** NAND 구성의 회로를 AND-OR의 구성으로 논리동작의 증명이 쉽게 된다.

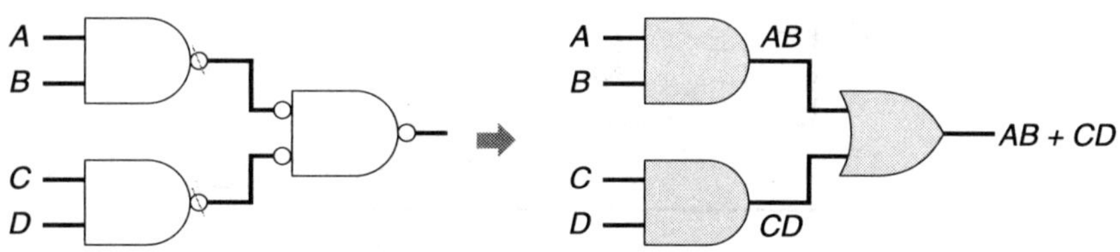


**Q·44** 다음 그림의 NOR로 구성된 회로의 출력 f와 등가인 회로는?

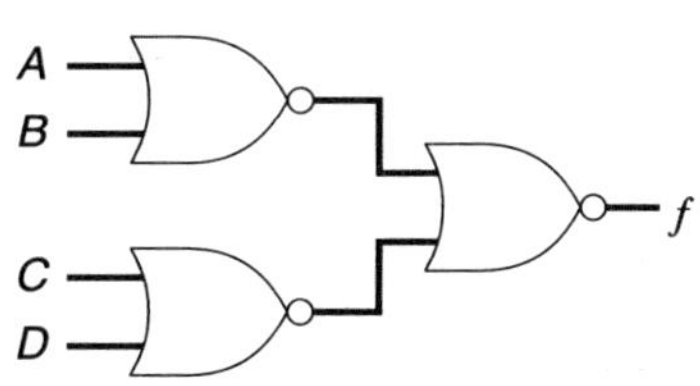


**해답** 44. 다

가. 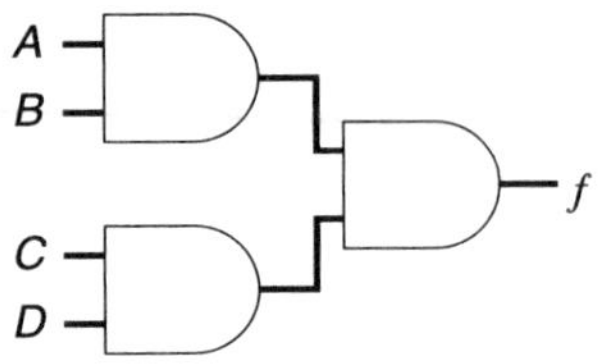


나. 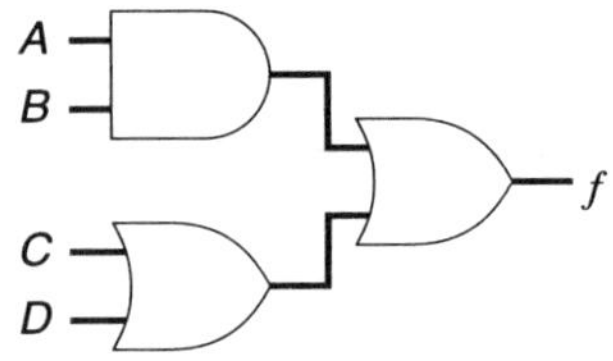


다. 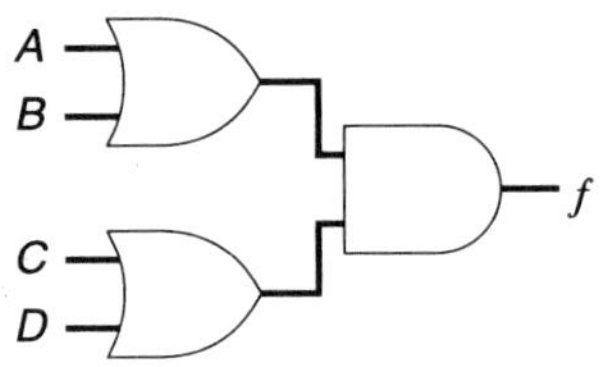


라. 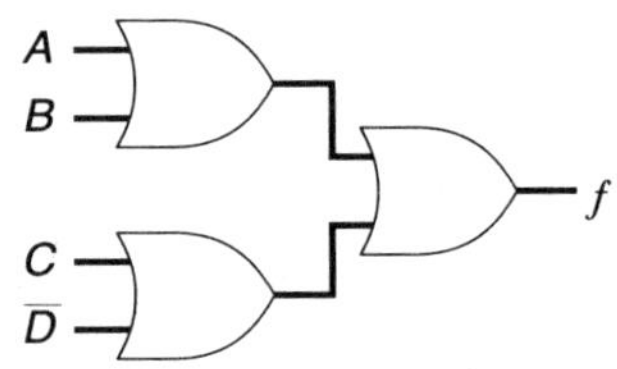


**Q·45** 다음 그림의 논리 회로를 NAND로 구성한 것이다. 옳은 것은 어느 것인가?

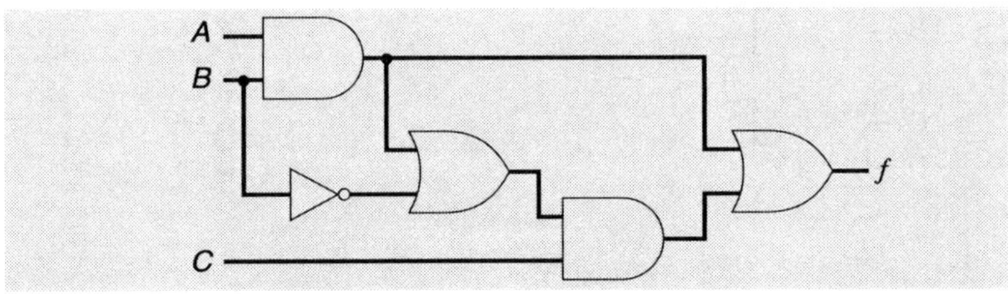


가. 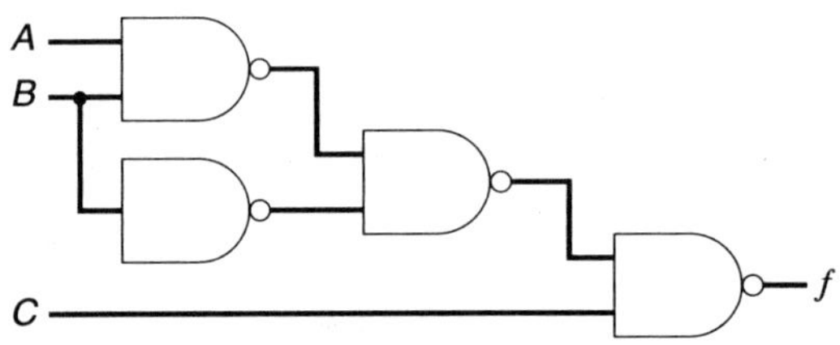


나. 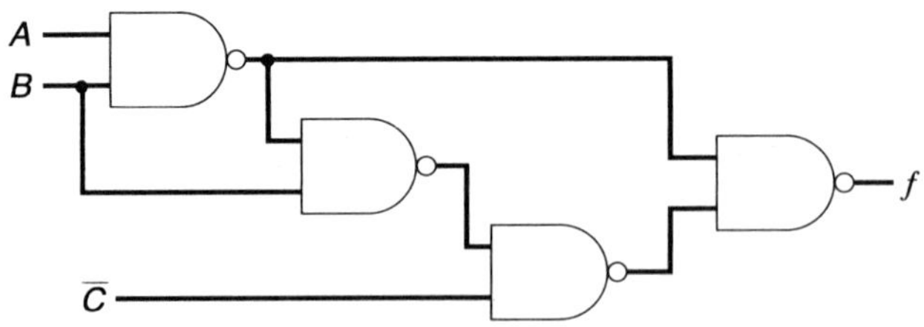


다. 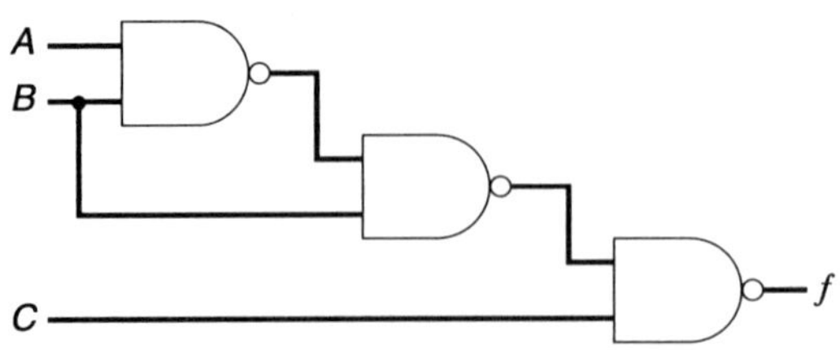


**해답** 45. 라

라. 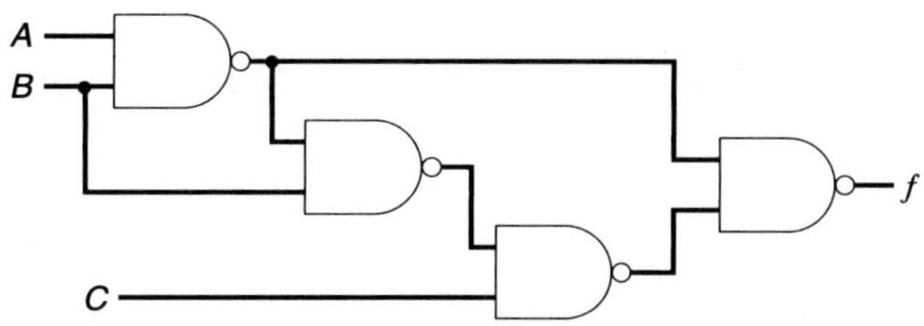


**Q·46** 다음 AND/OR회로를 NAND gate로 실현한 것이다. 옳은 것은?

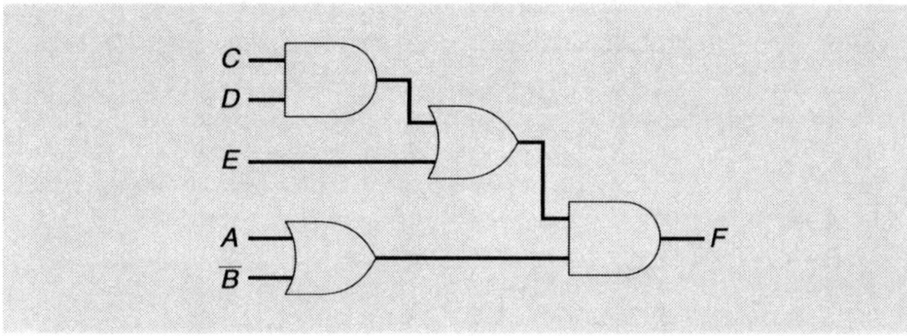


가. 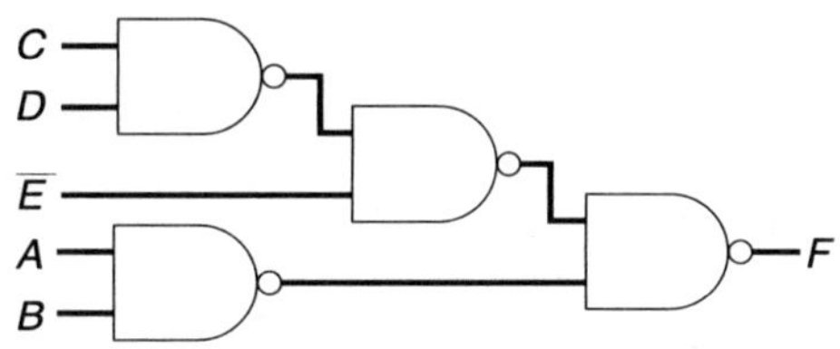


나. 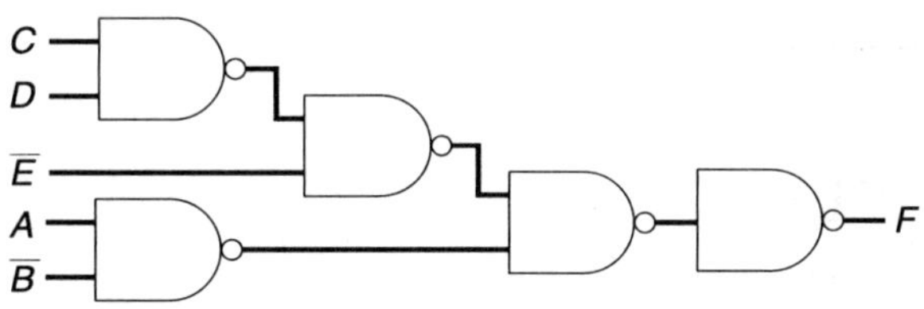


다. 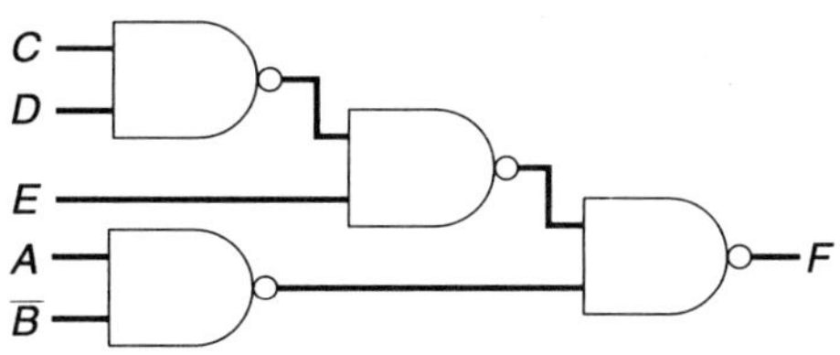


라. 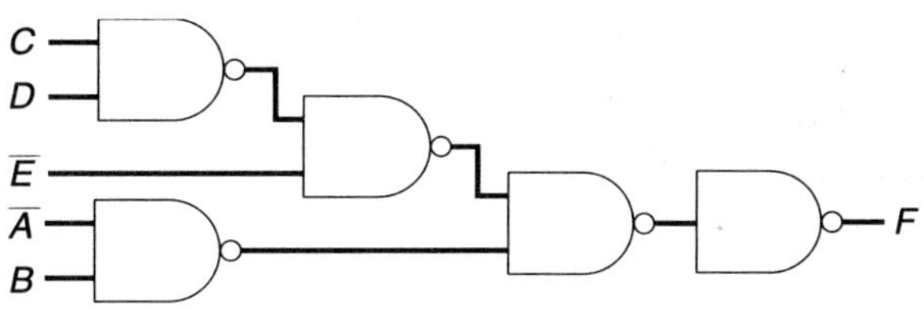


**해답** 46. 라

**Q·47** 다음 그림과 같은 NAND로 구성된 회로를 NOR로 변환한 것이다. 옳게 구성된 것은 어느 것인가?

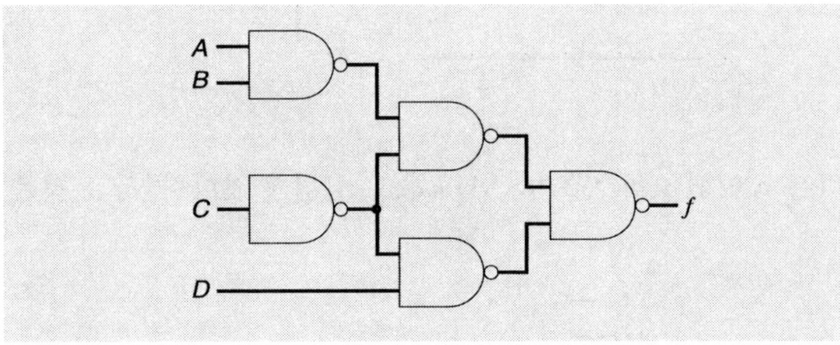


가. 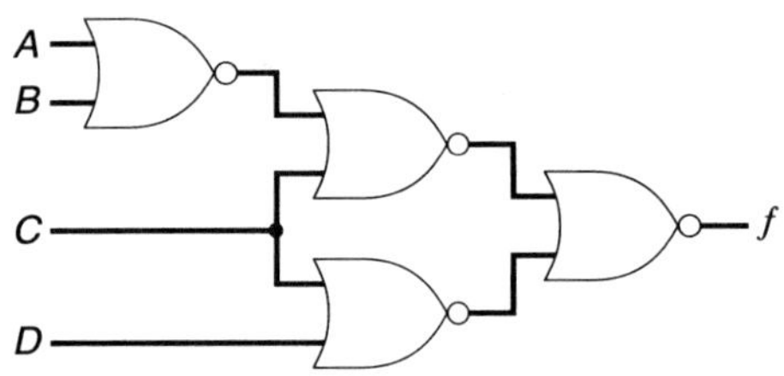


나. 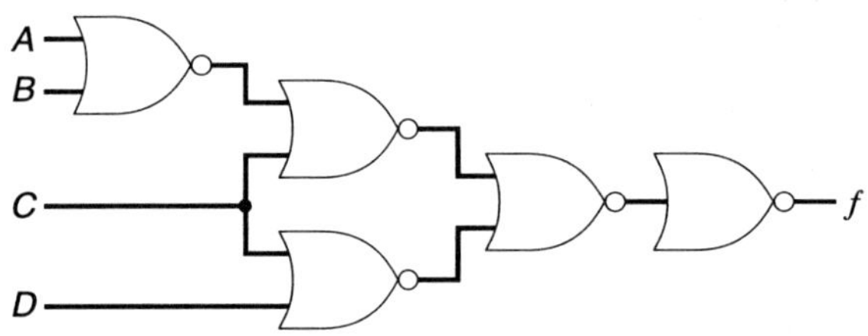


다. 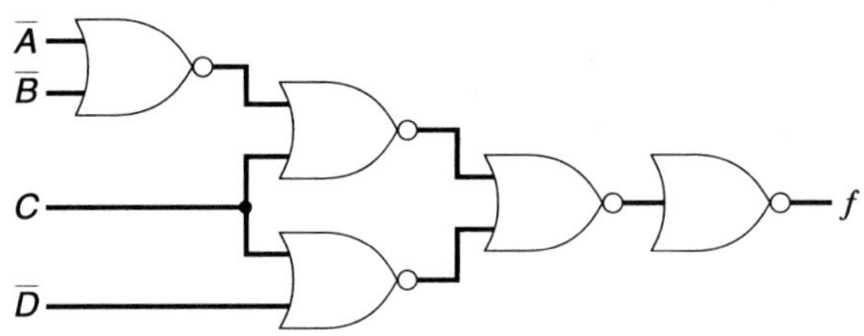


라. 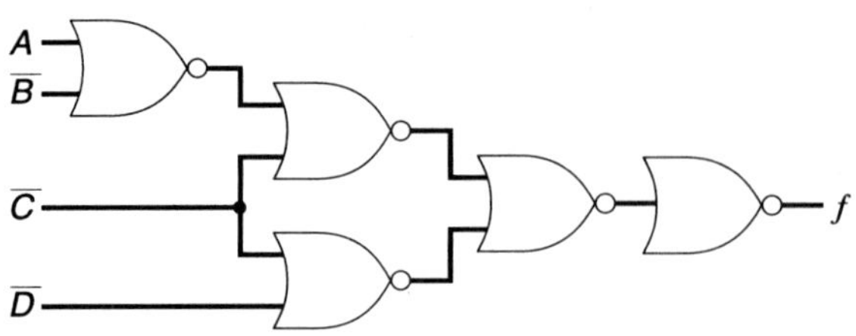


**해답** 47. 다

**Q·48** 다음 진리치표를 도시법으로 표시할 때 옳은 것은?

| $A$ | $B$ | $Y$ |
|---|---|---|
| 0 | 0 | 0 |
| 0 | 1 | 1 |
| 1 | 0 | 1 |
| 1 | 1 | 0 |

가.

| | $\overline{B}$ | $B$ |
|---|---|---|
| $\overline{A}$ | 0 | 0 |
| $A$ | 1 | 1 |

나.

| | $\overline{B}$ | $B$ |
|---|---|---|
| $\overline{A}$ | 1 | 1 |
| $A$ | 0 | 0 |

다.

| | $\overline{B}$ | $B$ |
|---|---|---|
| $\overline{A}$ | 0 | 1 |
| $A$ | 1 | 0 |

라.

| | $\overline{B}$ | $B$ |
|---|---|---|
| $\overline{A}$ | 1 | 0 |
| $A$ | 0 | 1 |

**Q·49** 논리식 $T=\overline{F}P+F\overline{P}+FP$ 를 간단히 하면?

가. $T=P+F$ 나. $T=\overline{P}+F$

다. $T=P+\overline{F}$ 라. $T=\overline{P}+\overline{F}$

해설 2변수 K－map을 작성한다.

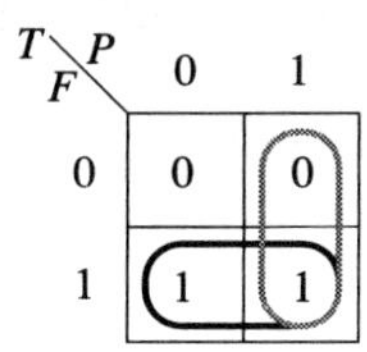


수평으로 pair와 수직으로 pair의 overlapping group이 형성된다.
T = P + F

**Q·50** 다음 진리표를 도시법으로 표시할 때 옳은 것은?

⊙해답⊙ 48. 다 49. 가 50. 라

| $A$ | $B$ | $C$ | $Y$ |
|---|---|---|---|
| 0 | 0 | 0 | 0 |
| 0 | 0 | 1 | 0 |
| 0 | 1 | 0 | 1 |
| 0 | 1 | 1 | 1 |
| 1 | 0 | 0 | 1 |
| 1 | 0 | 1 | 0 |
| 1 | 1 | 0 | 1 |
| 1 | 1 | 1 | 0 |

가.

| | $\bar{C}$ | $C$ |
|---|---|---|
| $\bar{A}\bar{B}$ | 0 | 0 |
| $\bar{A}B$ | 0 | 1 |
| $AB$ | 1 | 1 |
| $A\bar{B}$ | 1 | 0 |

나.

| | $\bar{C}$ | $C$ |
|---|---|---|
| $\bar{A}\bar{B}$ | 0 | 1 |
| $\bar{A}B$ | 0 | 1 |
| $AB$ | 1 | 0 |
| $A\bar{B}$ | 1 | 0 |

다.

| | $\bar{C}$ | $C$ |
|---|---|---|
| $\bar{A}\bar{B}$ | 0 | 0 |
| $\bar{A}B$ | 0 | 1 |
| $AB$ | 1 | 1 |
| $A\bar{B}$ | 0 | 1 |

라.

| | $\bar{C}$ | $C$ |
|---|---|---|
| $\bar{A}\bar{B}$ | 0 | 0 |
| $\bar{A}B$ | 1 | 1 |
| $AB$ | 1 | 0 |
| $A\bar{B}$ | 1 | 0 |

**Q·51** 다음 3변수 카르노 맵(karnaugh map)으로 된 함수 $x(A, B, C)$를 최소화하면?

| $C$ \ $AB$ | 00 | 01 | 11 | 10 |
|---|---|---|---|---|
| 0 | 1 | 1 | | |
| 1 | | 1 | 1 | 1 |

가. $x = AC + \bar{A}B + \bar{A}C$

나. $x = \bar{A}C + A\bar{B} + \bar{A}B$

다. $x = \bar{A}\bar{C} + AC + \bar{A}B$

라. $x = A\bar{C} + \bar{A}C + \bar{A}B$

해설 3개의 쌍의 페어(pair)로 이루어진다.

**Q·52** 다음의 K-map을 최소화한 함수를 구하면?

| $A$ \ $BC$ | 00 | 01 | 11 | 10 |
|---|---|---|---|---|
| 0 | 1 | 1 | 1 | 1 |
| 1 | 0 | 0 | 1 | 1 |

가. $\bar{A} + B$

나. $A + \bar{B}$

해답 51. 다 52. 가

다. $A$ 　　　　　　　　　　 라. $\overline{A}+BC$

해설 2개의 quad로 묶어진다.

**Q·53** 어떤 논리 회로의 진리표가 다음과 같을 때 출력 x를 최소화한 식은?

| 입 력 | | | 출력 |
|---|---|---|---|
| $A$ | $B$ | $C$ | $x$ |
| 0 | 0 | 0 | 0 |
| 0 | 0 | 1 | 0 |
| 0 | 1 | 0 | 1 |
| 0 | 1 | 1 | 1 |
| 1 | 0 | 0 | 0 |
| 1 | 0 | 1 | 1 |
| 1 | 1 | 0 | 0 |
| 1 | 1 | 1 | 1 |

가. $x=A\overline{B}+BC$

나. $x=\overline{B}+AC$

다. $x=\overline{A}B+AC$

라. $x=A\overline{B}+\overline{A}C$

해설 3변수 K－map에서 출력 $x$는

$x=\Sigma(2,\ 3,\ 5,\ 7)=\overline{A}B+AC$

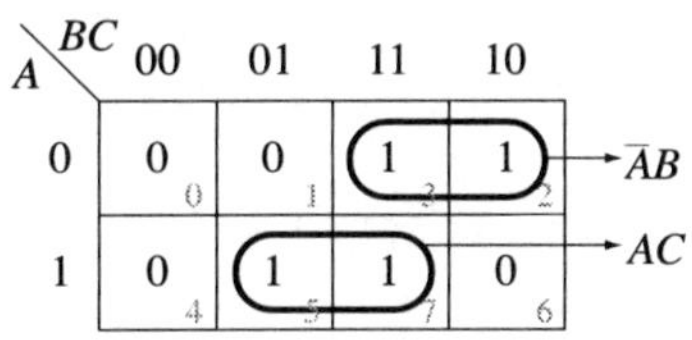


**Q·54** 다음 카르맵(karnaugh map)을 최소화한 함수는?

| AB \ CD | 00 | 01 | 11 | 10 |
|---|---|---|---|---|
| 00 | | | | |
| 01 | | | | |
| 11 | 1 | 1 | 1 | 1 |
| 10 | | | | |

가. $AB$

나. $BC$

다. $\overline{A}D$

라. $A\overline{C}$

해답 53. 다 54. 가

해설

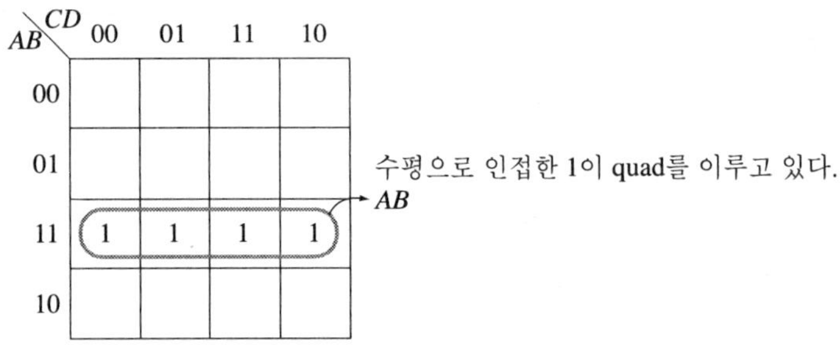


**Q·55** 다음 그림과 같이 표시된 카르노 맵을 최소화한 함수 F를 구하면?

| AB\CD | 00 | 01 | 11 | 10 |
|---|---|---|---|---|
| 00 | 1 | | | 1 |
| 01 | | | | |
| 11 | | | | |
| 10 | 1 | | | 1 |

가. $F=\overline{B}\,\overline{D}$

나. $F=\overline{B}+\overline{D}$

다. $F=B+\overline{D}$

라. $F=\overline{B}+D$

해설 각 코너에 1이 quad를 이루고 있다.

**Q·56** 다음 카르나도에 대한 최소화 함수를 구하면?

| AB\CD | 00 | 01 | 11 | 10 |
|---|---|---|---|---|
| 00 | 1 | | | 1 |
| 01 | | 1 | 1 | |
| 11 | | 1 | 1 | |
| 10 | 1 | | | 1 |

가. $AB+CD$

나. $A\overline{B}+C\overline{D}$

다. $\overline{B}D+B\overline{D}$

라. $BD+\overline{B}\,\overline{D}$

해설 2개의 quad로 묶을 수 있다.

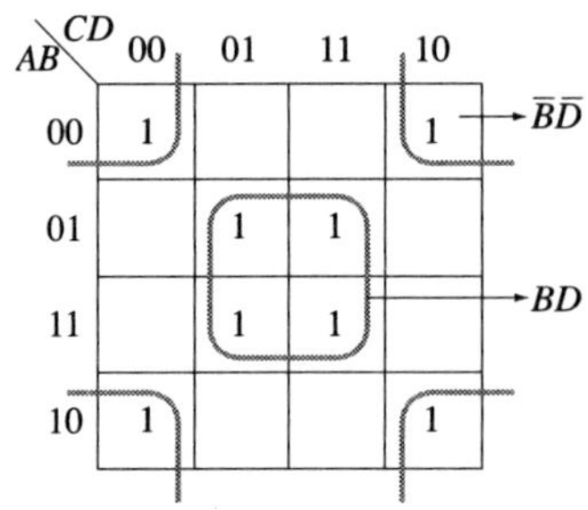


해답 55. 가 56. 라

## Q·57 다음 카르노 맵을 간략화한 결과는?

| AB \ CD | 00 | 01 | 11 | 10 |
|---|---|---|---|---|
| 00 | 0 | 1 | 1 | 1 |
| 01 | 0 | 0 | 0 | 1 |
| 11 | 1 | 1 | 0 | 1 |
| 10 | 1 | 1 | 0 | 1 |

가. $\overline{A}\overline{B}D + AC + C\overline{D}$

나. $\overline{A}\overline{B}D + A\overline{C} + CD$

다. $\overline{A}\overline{B}D + A\overline{C} + C\overline{D}$

라. $\overline{A}\overline{B}D + AC + CD$

**해설** 1개의 pair와 2개의 quad로 묶여진다.

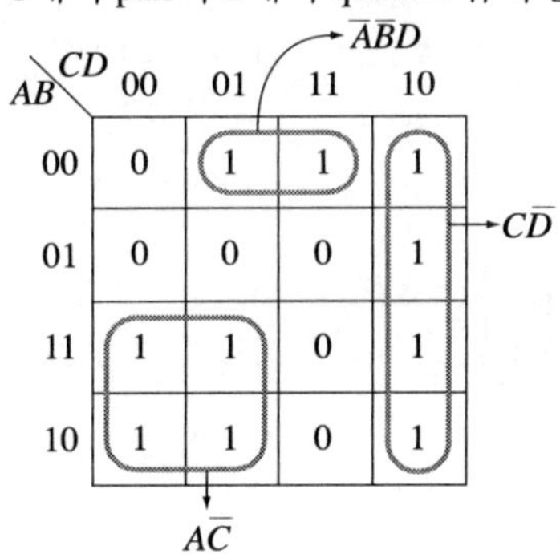


## Q·58 다음과 같은 카르노 맵(karnaugh map)에서 구하여진 간단화된 논리식은?

| AB \ CD | 00 | 01 | 11 | 10 |
|---|---|---|---|---|
| 00 | 0 | 1 | 0 | 0 |
| 01 | 0 | 1 | 1 | 0 |
| 11 | 1 | 1 | 1 | 1 |
| 10 | 1 | 0 | 0 | 1 |

가. $F = AB + A\overline{D} + BD + \overline{A}\overline{C}D$

나. $F = AB + BD + A\overline{B}\overline{D} + \overline{A}\overline{C}D$

다. $F = \overline{A}D + BD + AC\overline{D}$

라. $F = A\overline{D} + BD + \overline{A}\overline{C}D$

**해설** 1개의 pair와 2개의 quad로 묶여진다.

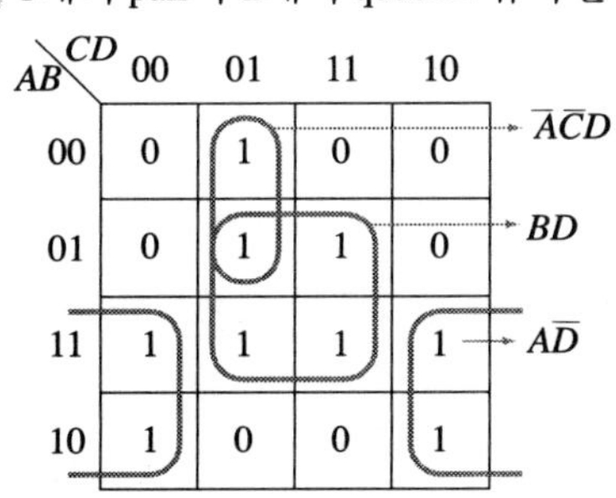


**해답** 57. 다 58. 라

## Q·59 다음 카르노 맵을 간략화한 식은?

| | $\overline{C}\overline{D}$ | $\overline{C}D$ | $CD$ | $C\overline{D}$ |
|---|---|---|---|---|
| $\overline{A}\overline{B}$ | 1 | 1 | 1 | 1 |
| $\overline{A}B$ | 1 | 1 | 0 | 0 |
| $AB$ | 0 | 0 | 0 | 1 |
| $A\overline{B}$ | 0 | 0 | 1 | 1 |

가. $\overline{A}\,\overline{B}+\overline{A}\,\overline{C}+A\overline{B}C+AC\overline{D}$

나. $\overline{A}\,\overline{B}+\overline{A}\,\overline{C}+\overline{B}C+AC\overline{D}$

다. $\overline{A}\,\overline{C}+\overline{B}\,C+AC\overline{D}$

라. $\overline{A}\,\overline{B}+B\,\overline{C}+A\overline{B}C$

해설

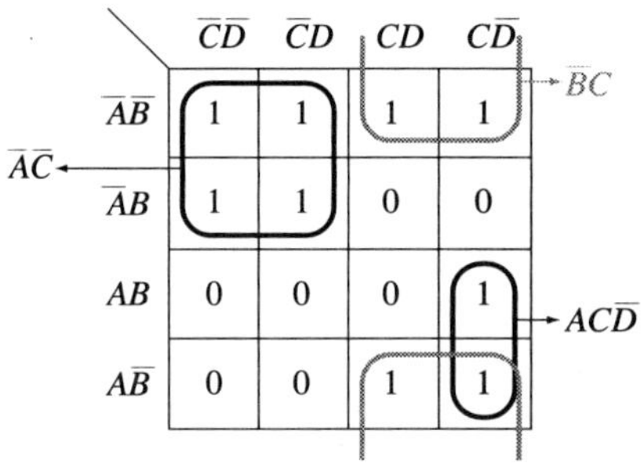


1개의 pair와 2개의 quad를 형성한다.

$x=\overline{A}\,\overline{C}+\overline{B}C+AC\overline{D}$

## Q·60 다음 카르노 맵을 간략화한 식은?

| | $\overline{C}\overline{D}$ | $\overline{C}D$ | $CD$ | $C\overline{D}$ |
|---|---|---|---|---|
| $\overline{A}\overline{B}$ | 1 | 0 | 1 | 1 |
| $\overline{A}B$ | 1 | 0 | 0 | 1 |
| $AB$ | 0 | 0 | 0 | 0 |
| $A\overline{B}$ | 1 | 0 | 1 | 1 |

가. $\overline{A}\,\overline{D}+\overline{B}C+A\overline{B}\,\overline{C}\,\overline{D}$

나. $\overline{A}\,D+\overline{B}C+\overline{B}\,\overline{D}$

다. $\overline{A}\,\overline{C}\,\overline{D}+\overline{A}\,\overline{B}C+\overline{A}C\overline{D}+A\overline{B}\,\overline{C}\,\overline{D}$

라. $A\,\overline{D}+B\overline{C}+BD$

해설

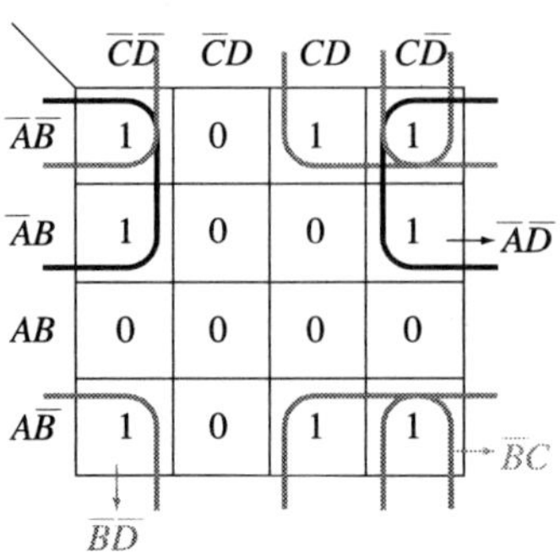


3개의 quad로 묶인다.

$x=\overline{A}\,\overline{D}+\overline{B}C+\overline{B}\overline{D}$

해답 59. 다 60. 나

**Q·61** 다음의 카르노 맵(karnaugh map)을 최소화 하면?

| AB \ CD | 00 | 01 | 11 | 10 |
|---|---|---|---|---|
| 00 | 1 | 1 | 0 | 1 |
| 01 | 1 | 1 | 0 | 1 |
| 11 | 0 | 0 | 0 | 0 |
| 10 | 1 | 1 | 0 | 1 |

가. $x=(\overline{A}+\overline{B})\cdot(\overline{C}+\overline{D})$

나. $x=(\overline{A}+\overline{B})\cdot(C+D)$

다. $x=(A+B)\cdot(C+D)$

라. $x=(A+B)(\overline{C}+\overline{D})$

---

해설 4개의 quad로 이루어 진다.

1. 적의 합(SOP)형

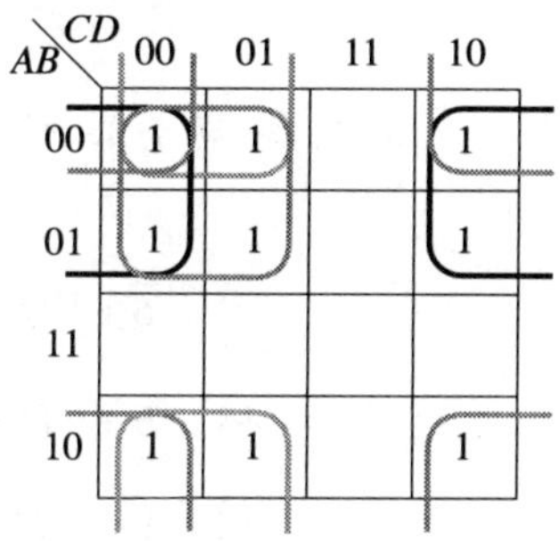


SOP형을 구하기 위해서는 최소항 1을 묶는다.

$x=\overline{A}\,\overline{C}+\overline{A}\,\overline{D}+\overline{B}\,\overline{C}+\overline{B}\,\overline{D}$

2. 합의 적POS)형

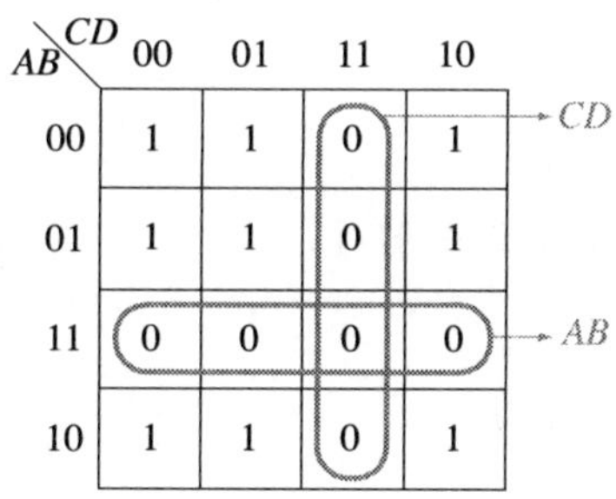


먼저 0을 묶어 $\overline{x}$를 구한다.

$\overline{x}=AB+CD$

다음에 함수 보수를 구한다.

$x=\overline{AB+CD}$

정리하면,

$x=\overline{AB+CD}=\overline{AB}\cdot\overline{CD}=(\overline{A}+\overline{B})(\overline{C}+\overline{D})$

**Q·62** 다음과 같은 K−map의 논리식을 옳게 표현한 것은? (단, d는 don't care 입력이다.)

---

**해답** 61. 가 62. 라

| C \ AB | 00 | 01 | 11 | 10 |
|---|---|---|---|---|
| 0 | 0 | 0 | 1 | 1 |
| 1 | 0 | 0 | $d$ | $d$ |

가. $y = A\overline{C}$

나. $y = \overline{A}\overline{C}$

다. $y = \overline{B}$

라. $y = A$

**해설** d를 포함하여 1개의 quad를 형성한다.

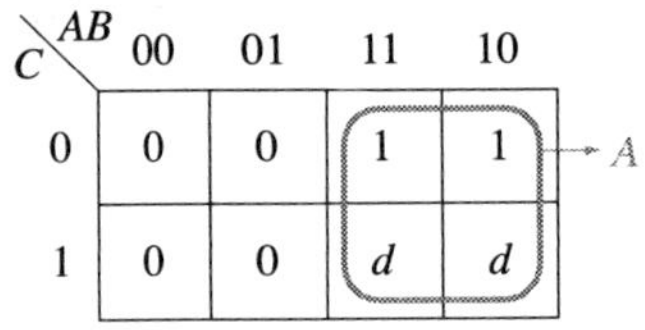


**Q·63** 다음의 Karnaugh map을 만족하는 논리식을 최소화 하면?

| CD \ AB | 00 | 01 | 11 | 10 |
|---|---|---|---|---|
| 00 | 1 | 1 | $d$ | 1 |
| 01 | 1 | 0 | $d$ | 1 |
| 11 | 1 | 1 | $d$ | $d$ |
| 10 | 1 | 0 | 0 | $d$ |

$d$ : don't care

가. $\overline{B} + CD$

나. $\overline{B} + CD + \overline{C}\overline{D}$

다. $\overline{B} + \overline{C}\overline{D}$

라. $\overline{B} + CD + \overline{C}A$

**해설** 1개의 octet와 2개의 quad로 묶을 수 있다.

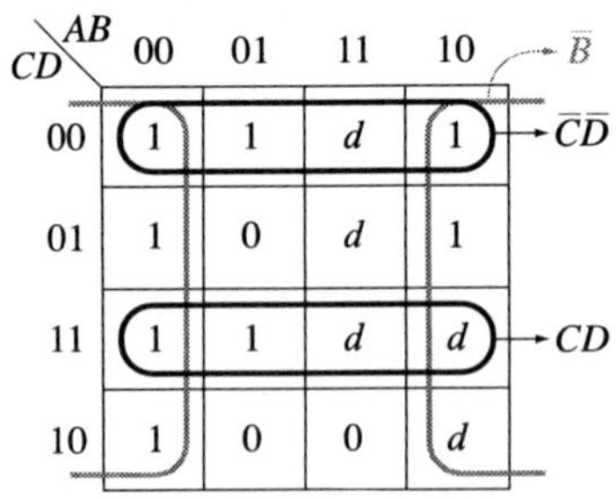


**Q·64** d로 나타내진 리던던시 조건을 사용하여 부울함수 F를 곱의 합형으로 간단히 하면?

**해답** 63. 나 64. 라

$$F = \bar{y} + \bar{x}\bar{z}$$
$$d = yz + xy$$

가. $F = x$　　　　나. $F = \bar{x}y$

다. $F = y$　　　　라. $F = 1$

**해설**

| $x$ \ $yz$ | 00 | 01 | 11 | 10 |
|---|---|---|---|---|
| 0 | 1 | 1 | X | 1 |
| $x$ | 1 | 1 | X | X |

($z$: 01, 11 열 / $y$: 11, 10 열)

*don't care* 조건을 X로 나타내었다.

**Q·65** 다음의 벤 다이어그램에서 빗금친 부분에 대한 부울 식은?

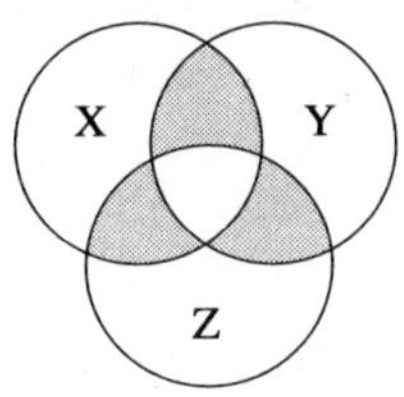


가. $XY + YZ + XZ$

나. $XY\bar{Z} + \bar{X}YZ + X\bar{Y}Z$

다. $XYZ + \bar{X}\bar{Y}\bar{Z}$

라. $\bar{X}Y + \bar{Y}Z + X\bar{Z}$

**해설**

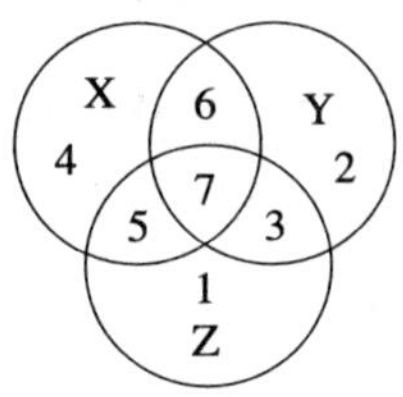


그림의 벤도에서 면적 5에 대한 함수는 $X\bar{Y}Z$ 이고, 면적 3에서는 $\bar{X}YZ$ , 면적 6은 $XY\bar{Z}$ 이므로 이의 전 논리한수 $F(X, Y, Z)$ 는 $F(X, Y, Z) = XY\bar{Z} + \bar{X}YZ + X\bar{Y}Z$

**Q·66** 그림의 벤도에서 빗금친 부분이 나타내는 부울 표현은?

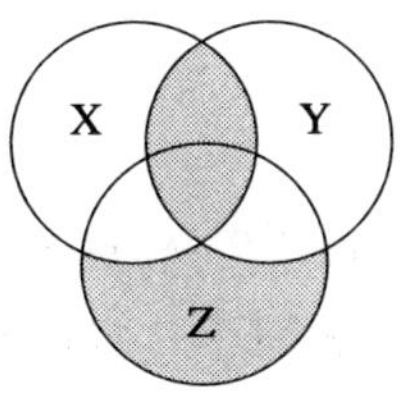


가. $X + \bar{Y} + Z$

나. $X\bar{Y}Z + \bar{X}YZ$

다. $\bar{X}\bar{Y}Z + XY$

라. $XY + Z$

**해답** 65. 나　66. 다

해설 면적 6은 $XY\overline{Z}$ , 면적 7은 $XYZ$ , 면적 6+7은 $XY\overline{Z}+XYZ=XY(\overline{Z}+Z)=XY$ 이다. 또한 면적 1은 $\overline{X}\,\overline{Y}Z$ 이므로 $6+7+1=XY+\overline{X}\,\overline{Y}Z$ 가 된다.

**Q·67** 조합 논리 회로에서 4개의 입력($A$, $B$, $C$, $D$)에서 홀수개의 입력이 1일 때 논리 1을 출력하는 회로의 논리식은?

가. $(A\oplus B)(C\oplus D)$　　나. $(A\oplus B)+(C\oplus D)$

다. $A\oplus B\oplus C\oplus D$　　라. $\overline{A\oplus B\oplus C\oplus D}$

해설

| AB \ CD | 00 | 01 | 11 | 10 |
|---|---|---|---|---|
| 00 | | 1 | | 1 |
| 01 | 1 | | 1 | |
| 11 | | 1 | | 1 |
| 10 | 1 | | 1 | |

4변수에서 홀수개의 입력이 1인 논리식을 구하면,

$F=A\oplus B\oplus C\oplus D$

즉, 4개의 변수들로 표현된 배타적-OR 함수가 된다.

**Q·68** $A, B, C$의 입력 중 $A>B$ 또는 $B>C$일 때만 출력이 나오는 논리회로의 식은?

가. $\overline{A}B+A\overline{B}$　　나. $A\overline{B}C+\overline{A}$

다. $A\overline{C}+BC$　　라. $A\overline{B}+B\overline{C}$

해설 먼저 진리표를 작성한 후 논리식을 구한다.

| A \ BC | 00 | 01 | 11 | 10 |
|---|---|---|---|---|
| 1 | | | | 1 |
| 0 | 1 | 1 | | 1 |

$B\overline{C}$　$A\overline{B}$

**Q·69** 어떤 회로에서 입력은 $A, B, C$ 3종류이며 출력은 $A, B, C$중 둘 이상 1일 때에 한하여 1로 된다고 한다. 이 논리회로의 출력을 나타내는 논리식은?

가. $(A+B)(B+C)$　　나. $A+BC$

**해답** 67. 다　68. 라　69. 라

다. $\overline{A}\overline{B}+\overline{B}\overline{C}+\overline{A}\overline{C}$　　　　라. $AB+BC+AC$

해설

| C \ AB | 00 | 01 | 11 | 10 |
|---|---|---|---|---|
| 0 | 0 | 0 | 1 | 0 |
| 1 | 0 | 1 | 1 | 1 |

**Q·70** 다음 중 $A$ 또는 $B$가 0이며 $C, D$가 모두 1이 아닐 때에 한하여 출력 $x$가 1이 되는 논리식은?

가. $x=(A+B)(\overline{C}+\overline{D})$　　　　나. $x=(\overline{A}+\overline{B})(\overline{C}+\overline{D})$

다. $x=(A+\overline{B})(\overline{C}+D)$　　　　라. $x=(\overline{A}+\overline{B})(C+D)$

**Q·71** 식 $F(A, B, C)=\Sigma(0, 1, 2, 5, 6, 7)$ 을 Quin－McClusky method를 이용하여 최소화하고자 한다. 주항(prime implicant)을 결정하기 위하여 감축표를 다음과 같이 작성하였다. 주항에 해당되지 않는 것은?

| | | | |
|---|---|---|---|
| 0 | 000 V | 0, 1 | 00－ |
| 1 | 001 V | 0, 2 | 0－0 |
| 2 | 010 V | 1, 5 | －01 |
| 5 | 101 V | 2, 6 | －10 |
| 6 | 110 V | 5, 7 | 1－1 |
| 7 | 111 V | 6, 7 | 11－ |

가. $A\overline{B}$　　　　나. $AC$

다. $AB$　　　　라. $B\overline{C}$

해설 검표(∨)되지 않은 항이 주항(PI)이다.

**Q·72** 다음 주항 차트에서 필수 주항(essential prime implicant)에 해당되지 않는 항은 어느 것인가?

**해답** 70. 나　71. 가　72. 나

| | a | b | c | d | 0 | 4 | 5 | 10 | 11 | 12 | 13 | 15 |
|---|---|---|---|---|---|---|---|---|---|---|---|---|
| (0, 4) | 0 | − | 0 | 0 | X | X | | | | | | |
| (4, 5, 12, 13) | − | 1 | 0 | − | | X | X | | | X | X | |
| (13, 15) | 1 | 1 | − | 1 | | | | | | | X | X |
| (11, 15) | 1 | − | 1 | 1 | | | | | X | | | X |

가. $b\bar{c}$

나. $abd$

다. $acd$

라. $\bar{a}\bar{c}\bar{d}$

**해설** 최소수의 주항을 선정하는 과정이다. 필수 주항이란 어떤 최소항이 오직 하나의 주항에 의하여 포함되는 경우의 주항이다.

| | a | b | c | d | 0 | 4 | 5 | 10 | 11 | 12 | 13 | 15 |
|---|---|---|---|---|---|---|---|---|---|---|---|---|
| (0, 4) | 0 | − | 0 | 0 | (X) | X | | | | | | |
| (4, 5, 12, 13) | − | 1 | 0 | − | | X | (X) | | | (X) | X | |
| (13, 15) | 1 | 1 | − | 1 | | | | | | | X | X |
| (11, 15) | 1 | − | 1 | 1 | | | | | (X) | | | X |

따라서,

$$f(a,\ b,\ c,\ d) = \sum(0,\ 4,\ 5,\ 11,\ 12,\ 13,\ 15)$$
$$= b\bar{c} + acd + \bar{a}\bar{c}\bar{d}$$

## Q·73 다음 주항 차트에서 간략화된 식은?

| 주항 \ 최소항 | 0 | 1 | 2 | 5 | 6 | 7 | 8 | 9 | 10 | 14 |
|---|---|---|---|---|---|---|---|---|---|---|
| (0, 1, 8, 9) $\bar{B}\bar{C}$ | X | X | | | | | X | X | | |
| (0, 2, 8, 10) $\bar{B}\bar{D}$ | X | | X | | | | X | | X | |
| (2, 6, 10, 14) $C\bar{D}$ | | | X | | X | | | | X | X |
| (1, 5) $\bar{A}\bar{C}D$ | | X | | X | | | | | | |
| (5, 7) $\bar{A}BD$ | | | | X | | X | | | | |
| (6, 7) $\bar{A}BC$ | | | | | X | X | | | | |

가. $\bar{B}\bar{C} + C\bar{D} + \bar{A}BD$

나. $\bar{B}\bar{C} + \bar{B}\bar{D} + \bar{A}BD$

다. $\bar{B}\bar{D} + C\bar{D} + \bar{A}BC$

라. $\bar{B}\bar{D} + C\bar{D} + \bar{A}B$

**해답** 73. 가

**해설** 필수 주항(EPI)은 $\overline{B}\,\overline{C}$ 와 $C\overline{D}$ 이다. 이에 해당하는 행과 열을 모두 지운 후 단순화된 차트를 보고 간략화 한다. $\overline{A}BD$ 는 나머지 두 최소항을 모두 포함하므로 함수 표현에 사용한다.

| | 0 | 1 | 2 | 5 | 6 | 7 | 8 | 9 | 10 | 14 |
|---|---|---|---|---|---|---|---|---|---|---|
| (0, 1, 8, 9) $\overline{B}\,\overline{C}$ | X | X | | | | | X | (X) | | |
| (0, 2, 8, 10) $\overline{B}\,\overline{D}$ | X | | X | | | | X | | X | |
| (2, 6, 10, 14) $C\overline{D}$ | | | X | | X | | | | X | (X) |
| (1, 5) $\overline{A}\,\overline{C}D$ | | X | | X | | | | | | |
| (5, 7) $\overline{A}BD$ | | | | X | | X | | | | |
| (6, 7) $\overline{A}BC$ | | | | | X | X | | | | |

원으로 표시된 항이 필수 주항이다.

따라서,

$$F(A,\ B,\ C,\ D) = \sum(0,\ 1,\ 2,\ 5,\ 6,\ 7,\ 8,\ 9,\ 10,\ 14)$$
$$= \overline{B}\,\overline{C} + C\overline{D} + \overline{A}BD$$

## Q·74 다음 주항(PI) 차트에서 필수 주항인 항을 나타낸 것으로 옳은 것은?

| 주 항 \ 최소항 | 0 | 2 | 3 | 5 | 7 | 9 | 11 | 13 | 14 | 16 | 18 | 24 | 26 | 28 | 30 |
|---|---|---|---|---|---|---|---|---|---|---|---|---|---|---|---|
| (0, 2, 16, 18) | X | X | | | | | | | | X | X | | | | |
| (16, 18, 24, 26) | | | | | | | | | | X | X | X | X | | |
| (24, 26, 28, 30) | | | | | | | | | | | | X | X | X | X |
| (2, 3) | | X | X | | | | | | | | | | | | |
| (3, 7) | | | X | X | | | | | | | | | | | |
| (3, 11) | | | X | | | | X | | | | | | | | |
| (5, 7) | | | | X | X | | | | | | | | | | |
| (5, 13) | | | | X | | | | X | | | | | | | |
| (9, 11) | | | | | | X | X | | | | | | | | |
| (9, 13) | | | | | | X | | X | | | | | | | |
| (14, 30) | | | | | | | | | X | | | | | | X |

가. (2, 3), (3, 7), (3, 11), (5, 7), (5, 13), (9, 11), (9, 13)

나. (0, 2, 16, 18), (2, 3), (5, 13), (14, 30)

다. (0, 2, 16, 18), (24, 26, 28, 30), (14, 30)

라. (16, 18, 24, 26), (24, 26, 28, 30), (3, 11), (5, 13), (9, 13)

**해답** 74. 다

해설 필수 주항은 3개가 있다.

| | 0 | 2 | 3 | 5 | 7 | 9 | 11 | 13 | 14 | 16 | 18 | 24 | 26 | 28 | 30 |
|---|---|---|---|---|---|---|---|---|---|---|---|---|---|---|---|
| *(0, 2, 16, 18) | (X) | X | | | | | | | | X | X | | | | |
| (16, 18, 24, 26) | | | | | | | | | | X | X | X | X | | |
| *(24, 26, 28, 30) | | | | | | | | | | | | X | X | (X) | X |
| (2, 3) | | X | X | | | | | | | | | | | | |
| (3, 7) | | | X | X | | | | | | | | | | | |
| (3, 11) | | | X | | | | X | | | | | | | | |
| (5, 7) | | | | X | X | | | | | | | | | | |
| (5, 13) | | | | X | | | | X | | | | | | | |
| (9, 11) | | | | | | X | X | | | | | | | | |
| (9, 13) | | | | | | X | | X | | | | | | | |
| *(14, 30) | | | | | | | | | (X) | | | | | | X |

**Q·75** 2bit(비트)의 수에 입력을 제곱하여 출력하는 조합 논리 회로를 설계하고자 한다. 출력을 나타내는 부울(Boole) 함수의 식으로 옳은 것은? (단, 입력은 $A$, $B$이고 출력은 $S_3$, $S_2$, $S_1$ 및 $S_0$로 표시한다.)

가. $S_3=\overline{A}B,\ S_2=AB,\ S_1=1,\ S_0=B$

나. $S_3=AB,\ S_2=A\overline{B},\ S_1=0,\ S_0=B$

다. $S_3=\overline{A}B,\ S_2=AB,\ S_1=1,\ S_0=A$

라. $S_3=AB,\ S_2=A\overline{B},\ S_1=0,\ S_0=A$

해설 입력 상태를 제곱하여 출력시키기 위한 표를 작성하면 다음과 같다.

| 입 력 | | | 출 력 | | | | |
|---|---|---|---|---|---|---|---|
| 10진 | $A$ | $B$ | 10진 | $S_3$ | $S_2$ | $S_1$ | $S_0$ |
| 0 | 0 | 0 | 0 | 0 | 0 | 0 | 0 |
| 1 | 0 | 1 | 1 | 0 | 0 | 0 | 1 |
| 2 | 1 | 0 | 4 | 0 | 1 | 0 | 0 |
| 3 | 1 | 1 | 9 | 1 | 0 | 0 | 1 |

$S_0=B,\ S_1=0$

$S_2=A\overline{B}$

$S_3=AB$

**Q·76** BCD로 표현된 10진수 디지트(decimal digit)를 입력으로 받아서, 출력으

해답 75. 나

로 입력 0의 보수를 생성하는 조합회로를 설계하고자 한다. 출력 부울함수의 표현으로 잘못된 것은? (단, 입력 변수 : $x_8x_4x_2x_1$이고 출력 변수 : $y_8y_4y_2y_1$이다.)

가. $y_8 = \overline{x_8}\,\overline{x_4}\,\overline{x_2}$　　　　나. $y_4 = \overline{x_4} + \overline{x_2}$

다. $y_2 = \overline{x_2}$　　　　라. $y_1 = \overline{x_1}$

---

**해설**

| $x_8$ | $x_4$ | $x_2$ | $x_1$ | $y_8$ | $y_4$ | $y_2$ | $y_1$ |
|---|---|---|---|---|---|---|---|
| 0 | 0 | 0 | 0 | 1 | 0 | 0 | 1 |
| 0 | 0 | 0 | 1 | 1 | 0 | 0 | 0 |
| 0 | 0 | 1 | 0 | 0 | 1 | 1 | 1 |
| 0 | 0 | 1 | 1 | 0 | 1 | 1 | 0 |
| 0 | 1 | 0 | 0 | 0 | 1 | 0 | 1 |
| 0 | 1 | 0 | 1 | 0 | 1 | 0 | 0 |
| 0 | 1 | 1 | 0 | 0 | 0 | 1 | 1 |
| 0 | 1 | 1 | 1 | 0 | 0 | 1 | 0 |
| 1 | 0 | 0 | 0 | 0 | 0 | 0 | 1 |
| 1 | 0 | 0 | 1 | 0 | 0 | 0 | 0 |

BCD 입력을 $x_8x_4x_2x_1$일 때 9의 보수 출력 K－map에 의하여 구하면 다음과 같다.

$y_8 = \overline{x_8}\,\overline{x_4}\,\overline{x_2}$

$y_4 = \overline{x_4}x_2 + x_4\overline{x_2} = x_4 \oplus x_2$

$y_2 = x_2$

$y_1 = \overline{x_1}$

◎해답◎ 76. 다

# 4 chapter

# 연산 회로와 논리 장치

## Arithmetic Circuit & Logic Units

chapter 4

# 연산회로와 논리 장치

Arithmetic Circuit & Logic Units

## 4. 1 반가산기

반가산기(half adder ; HA)는 1자리의 2진수 2개를 가산하는 회로이다. 입력 변수 $X$와 $Y$는 각각 피가수와 가수를 나타내고 출력 $S$는 합(sum), $C$는 자리올림(carry)이다.

| 입 력 | | 출 력 | |
|---|---|---|---|
| $X$ | $Y$ | $S$ | $C$ |
| 0 | 0 | 0 | 0 |
| 0 | 1 | 1 | 0 |
| 1 | 0 | 1 | 0 |
| 1 | 1 | 0 | 1 |

(a) 진리표

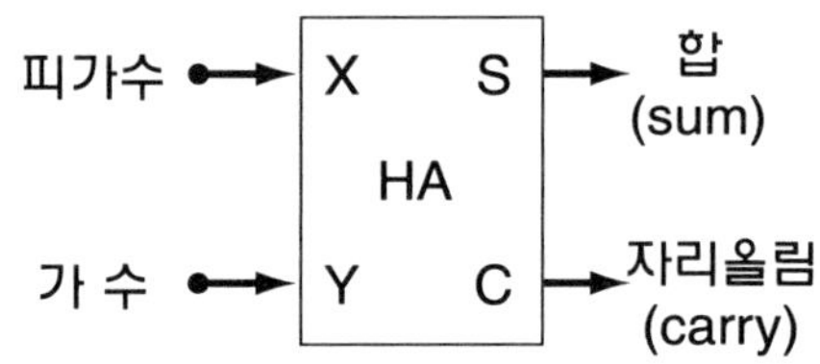


(b) 논리 기호

**그림 4-1** HA 진리표와 논리 기호

여기서, 합 출력 S와 자리올림 출력 C의 논리식을 유도하면 다음과 같다.

$$S = \overline{X}Y + X\overline{Y} = X \oplus Y$$
$$C = XY$$

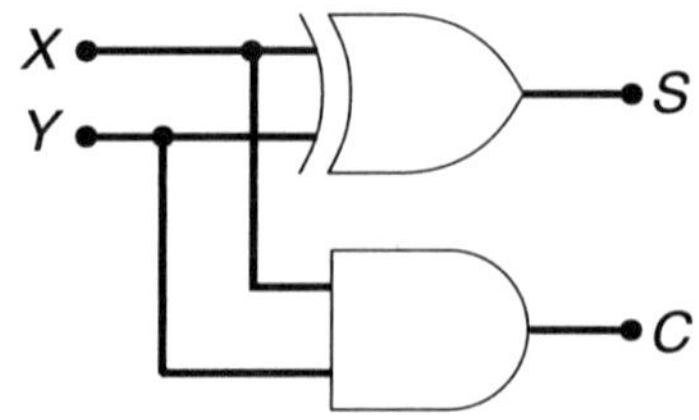


**그림 4-2** HA의 구성

즉 반가산기는 배타적 OR 게이트 1개와 AND 게이트 1개로 구성된다.

**예제 4-1** 기본 논리 게이트를 이용하여 반가산기(HA)를 실현하라.

**해설** S의 식을 다음과 같이 변형시킨다.

$$S = \overline{X}Y + X\overline{Y} = (X+Y)(\overline{X}+\overline{Y}) = (X+Y)\overline{XY}$$
$$C = XY$$

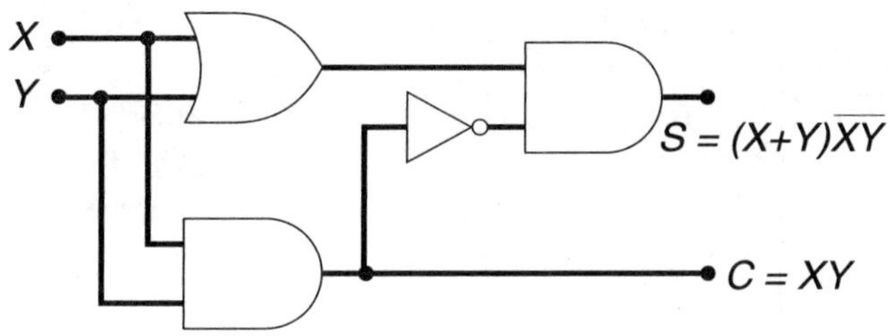


그림 4-3 기본 논리 게이트 이용 HA의 구성

**예제 4-2** NAND 게이트 만으로 반가산기(HA)를 실현하라.

**해설** S의 식을 논리곱의 부정형 AND-NOT형으로 변형한다.

$$S = (X+Y)\overline{XY} = X\overline{XY} + Y\overline{XY} = \overline{\overline{(X\overline{XY})}\ \overline{(Y\overline{XY})}}$$
$$C = XY = \overline{\overline{XY}}$$

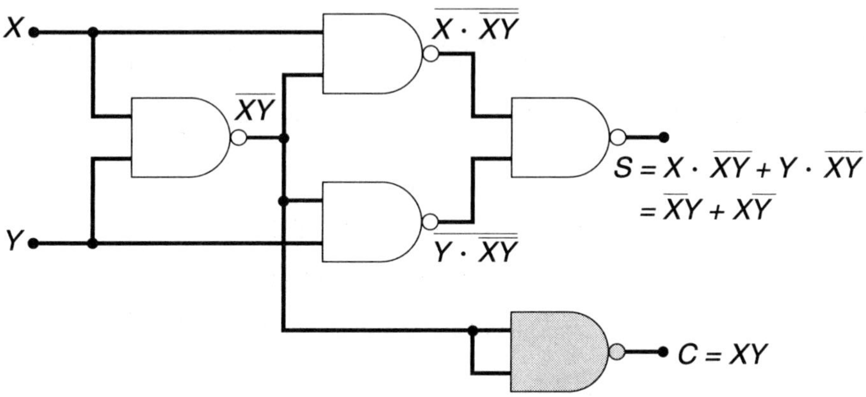


그림 4-4 NAND를 이용한 HA의 구성

## 4. 2 전가산기

전가산기(full adder ; FA)는 2개의 반가산기를 조합시켜 자리올림(carry)입력을 고려한 가산기이다.

| map의 번호 | 입력 | | | 출력 | |
|---|---|---|---|---|---|
| | $X$ | $Y$ | $Z$ | $S$ | $C$ |
| 0 | 0 | 0 | 0 | 0 | 0 |
| 1 | 0 | 0 | 1 | 1 | 0 |
| 2 | 0 | 1 | 0 | 1 | 0 |
| 3 | 0 | 1 | 1 | 0 | 1 |
| 4 | 1 | 0 | 0 | 1 | 0 |
| 5 | 1 | 0 | 1 | 0 | 1 |
| 6 | 1 | 1 | 0 | 0 | 1 |
| 7 | 1 | 1 | 1 | 1 | 1 |

(a) 진리표

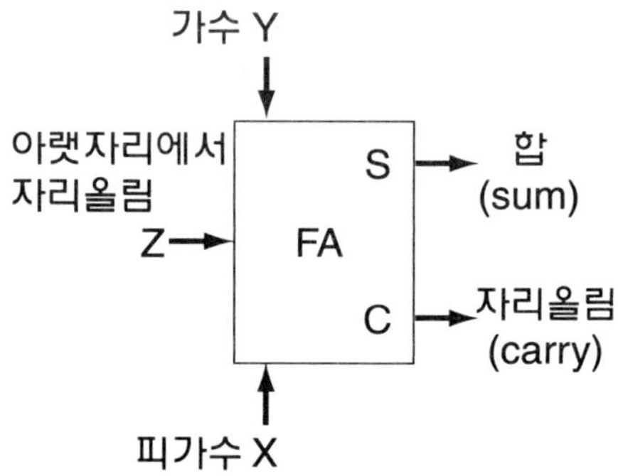


(b) 논리 기호

**그림 4-5** FA 진리표와 논리 기호

**예제 4-3** 전가산기(FA)의 논리식을 구하고 그 식을 이용하여 전가산기를 실현하라.

**해설** 전가산기는 3개의 입력과 2개의 출력으로 구성된 조합 논리 회로이다.

**전가산기의 논리식** 합(S)과 자리올림(C)을 구한다.

$$\begin{aligned} S &= \sum(1,\ 2,\ 4,\ 7) \\ &= \overline{X}\,\overline{Y}Z + \overline{X}Y\overline{Z} + X\overline{Y}\,\overline{Z} + XYZ \\ &= \overline{X}\left(\overline{Y}Z + Y\overline{Z}\right) + X\left(\overline{Y}\,\overline{Z} + YZ\right) \\ &= \overline{X}(Y \oplus Z) + X\left(\overline{Y \oplus Z}\right) = X \oplus (Y \oplus Z) \end{aligned}$$

$$\begin{aligned} C &= \sum(3,\ 5,\ 6,\ 7) \\ &= XY + XZ + YZ \end{aligned}$$

(a) S에 대한 K-map
$S = X \oplus (Y \oplus Z)$

(b) C에 대한 K-map
$C = XY + XZ + YZ$

**그림 4-6** 전가산기 출력의 K map

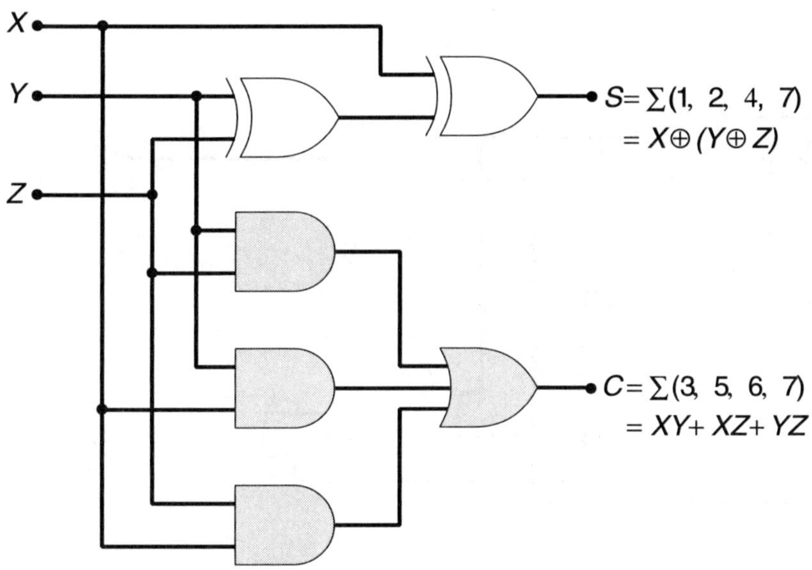


**그림 4-7** 전가산기

**예제 4-4** 반가산기(HA)를 사용하여 전가산기를 구성하라.

**해 설** 전가산기(FA)의 논리식을 변형하면 반가산의 논리식과 같은 항으로 나타낼 수 있다. 전가산기는 2개의 반가산기와 1개의 OR게이트에 의해 구성할 수 있다.

$$S = (X \oplus Y) \oplus Z$$

$$\begin{aligned} C &= \overline{X}YZ + X\overline{Y}Z + XY\overline{Z} + XYZ \\ &= (\overline{X}Y + X\overline{Y})Z + (\overline{Z} + Z)XY \\ &= (X \oplus Y)Z + XY \end{aligned}$$

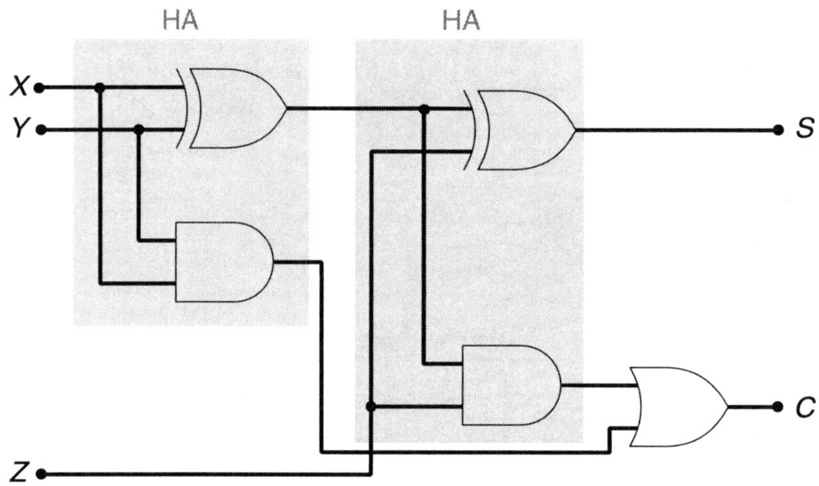


(a)

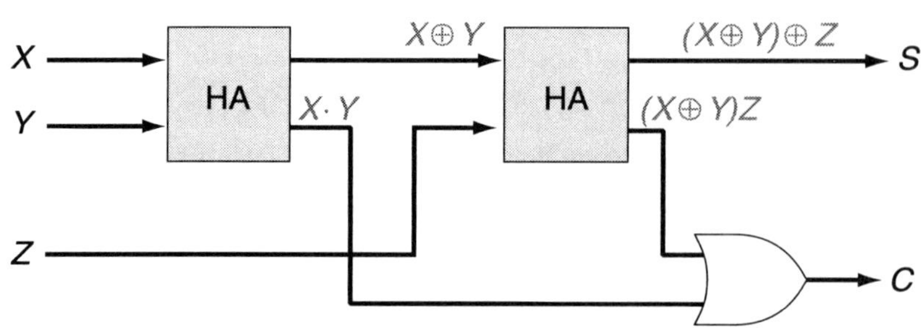


(b)

**그림 4-8** 2개의 HA를 이용한 전가산기의 구성

## 4. 3 병렬 2진 가산기

다음 그림 4-9는 전가산기로 구성된 병렬 4비트 가산기이다. 첫단의 $C_1 = 0$이므로 FA1은 반가산기로 동작한다.

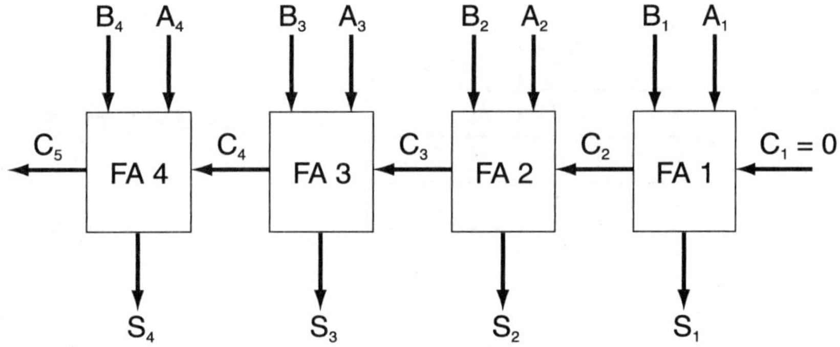


**그림 4-9** 병렬 4비트 가산기

**실제 IC 병렬 가산기** TTL 4비트 병렬 가산기 IC칩에는 74LS83A, 74283, 74LS283 등이 있으며 고속화된 CMOS 계열로 74HC283이 있다.

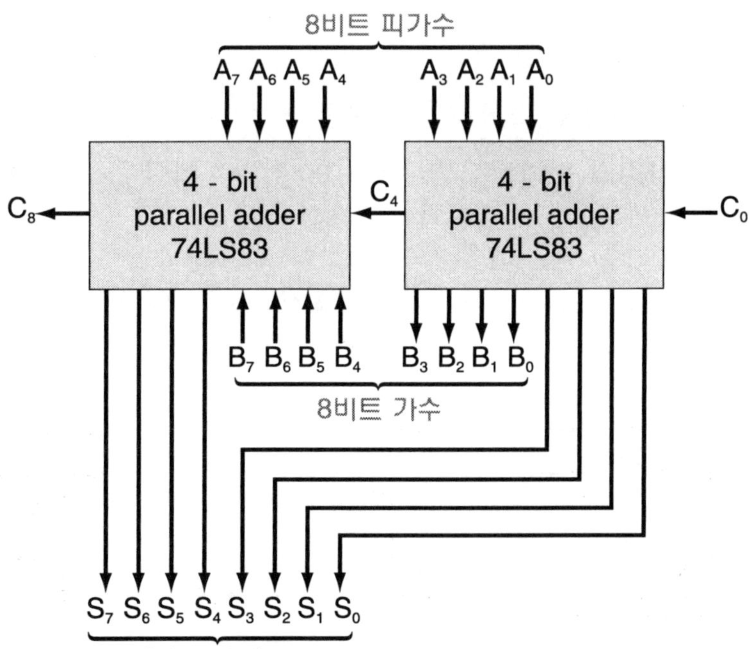


**그림 4-10** 74LS83 4비트 병렬 가산기

## 4. 4 반감산기

반감산기(half subtractor ; HS)는 1자리 2진수의 감산을 하는 회로이다. 입력 변수 $X$와 $Y$는 각각 피감수와 감수를 나타내고 출력 $D$는 차(differ-ence), $B$는 자리빌림(borrow)이다.

| 입 력 | | 출 력 | |
|---|---|---|---|
| $X$ | $Y$ | $D$ | $B$ |
| 0 | 0 | 0 | 0 |
| 0 | 1 | 1 | 1 |
| 1 | 0 | 1 | 0 |
| 1 | 1 | 0 | 0 |

(a) 진리표

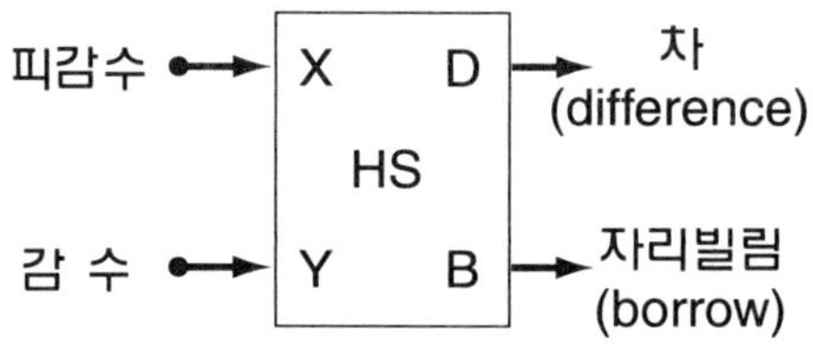


(b) 논리 기호

**그림 4-11** HS 진리표와 논리 기호

**예제 4-5** 반감산기(HS)의 논리식을 구하고 그 식을 이용하여 반감산기를 실현하라.

**해 설** 반감산기는 피감수 $X$, 감수 $Y$의 2개의 입력과, 차 $D$, 자리빌림 $B$의 2개의 출력을 얻는 조합 논리 회로를 구성한다.

**반감산기의 논리식** 그림 4-11(a) 진리표에서 두 출력에 대한 논리식을 구한다.

$$D = \overline{X}Y + X\overline{Y} = X \oplus Y$$
$$B = \overline{X}Y$$

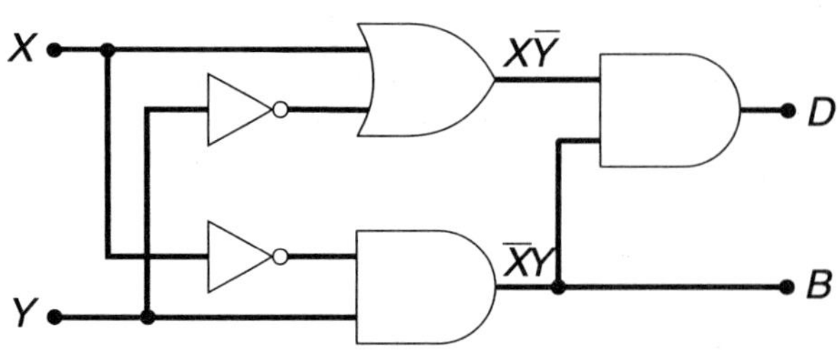


(a) $D = X\overline{Y} + \overline{X}Y$
$B = \overline{X}Y$

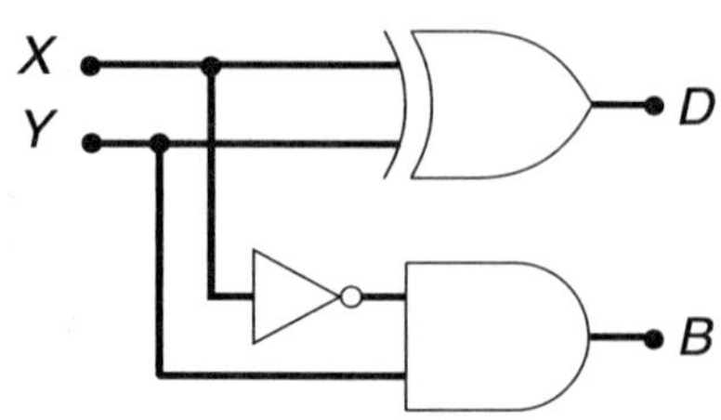


(b) $D = X \oplus Y$
$B = \overline{X}Y$

**그림 4-12** 반감산기의 실현 예

## 4. 5 전감산기

전감산기(full subtractor)는 2개의 반감산기를 조합시켜 자리빌림(borrow) 입력을 고려한 감산기이다.

| map의 | 입 력 | | | 출 력 | |
|---|---|---|---|---|---|
| 번 호 | $X$ | $Y$ | $Z$ | $D$ | $B$ |
| 0 | 0 | 0 | 0 | 0 | 0 |
| 1 | 0 | 0 | 1 | 1 | 1 |
| 2 | 0 | 1 | 0 | 1 | 1 |
| 3 | 0 | 1 | 1 | 0 | 1 |
| 4 | 1 | 0 | 0 | 1 | 0 |
| 5 | 1 | 0 | 1 | 0 | 0 |
| 6 | 1 | 1 | 0 | 0 | 0 |
| 7 | 1 | 1 | 1 | 1 | 1 |

(a) 진리표

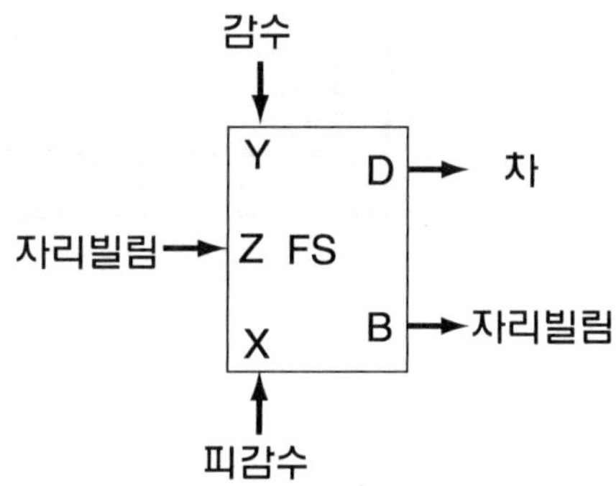


(b) 논리 기호

**그림 4-13** FS의 진리표 및 논리 기호

**예제 4-6** 전감산기(FS)의 논리식을 구하고 그 식을 이용하여 전감산기를 실현하라.

**해설** 전감산기는 3개의 입력과 2개의 출력으로 구성된 조합 논리 회로이다.

**전감산기의 논리식** 그림 4-13(a) 진리표에 의해 구한다.

$$D = X \oplus (Y \oplus Z)$$

$$\begin{aligned} B &= \overline{X}\overline{Y}Z + \overline{X}Y\overline{Z} + \overline{X}YZ + XYZ \\ &= \left(\overline{X}\overline{Y} + XY\right)Z + \left(\overline{Z} + Z\right)\overline{X}Y \\ &= \left(\overline{X \oplus Y}\right)Z + \overline{X}Y \end{aligned}$$

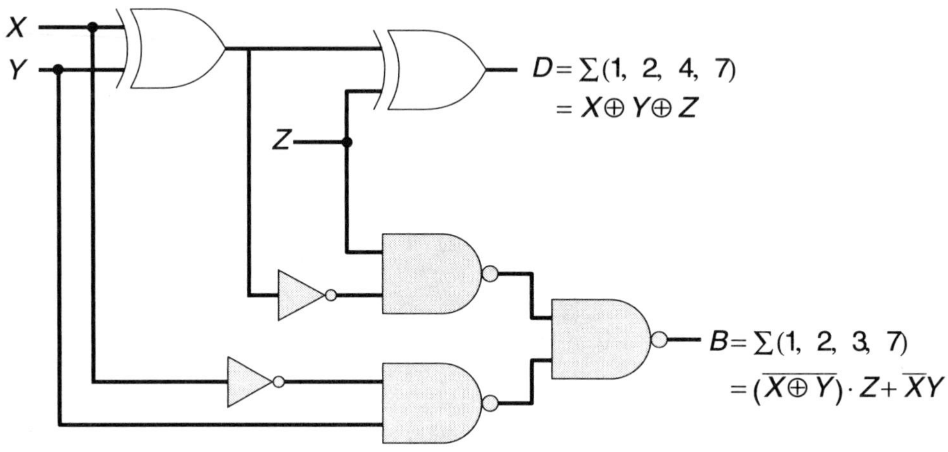


**그림 4－14** 전감산기의 실현

**2의 보수 감산** 그림 4－15는 $A-B$의 감산을 수행하기 위한 병렬 가산기이다. 감수 $B$의 각 비트는 보수 (반전)로 전환되고 LSB에 1을 ($C_0$ = 1) 더함으로써 2의 보수를 발생시킨다.

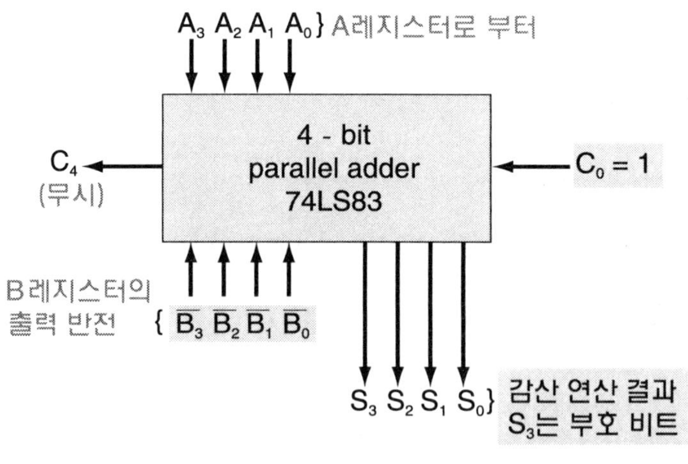


**그림 4－15** 2의 보수에 의한 감산 A－B를 수행하는 병렬 가산기

## 4. 6 BCD 가산기

BCD의 가산 과정은 다음과 같다.

1. 4비트 씩 나누어 2진 가산을 한다.
2. 이 4비트 군의 합이 9보다 큰가를 검출한다.
3. 이 합이 9보다 크거나 자리올림이 발생($S_4$ = 1일 때)하면 여기에 $6_{10} = (0110)_2$을 더한다.

$$\begin{array}{ll} A_3A_2A_1A_0 & \leftarrow \text{BCD코드} \\ +\ B_3B_2B_1B_0 & \leftarrow \text{BCD코드} \\ \hline S_4S_3S_2S_1S_0 & \leftarrow \text{2진 합} \end{array}$$

표 4-1

| $S_4$ | $S_3$ | $S_2$ | $S_1$ | $S_0$ | |
|---|---|---|---|---|---|
| 0 | 1 | 0 | 1 | 0 | (10) |
| 0 | 1 | 0 | 1 | 1 | (11) |
| 0 | 1 | 1 | 0 | 0 | (12) |
| 0 | 1 | 1 | 0 | 1 | (13) |
| 0 | 1 | 1 | 1 | 0 | (14) |
| 0 | 1 | 1 | 1 | 1 | (15) |
| 1 | 0 | 0 | 0 | 0 | (16) |
| 1 | 0 | 0 | 0 | 1 | (17) |
| 1 | 0 | 0 | 1 | 0 | (18) |

두 BCD의 합이 9보다 큰 경우 : $S_3$=1이고 $S_2$, $S_1$ 또는 둘다 1일 때 합은 10~15이다.

$$X = S_4 + S_3(S_2 + S_1)$$

$S_4 = 1$, 즉 자리올림이 발생하면 합은 15보다 더 크다.

**예제 4-7** 4bit 병렬 가산기(74LS83) 2개를 이용하여 BCD 가산기를 구성하라.

**해설** BCD 가산기는 다음과 같이 3개의 부분으로 구성된다.

1. 상위 4비트 병렬 가산기 부분 : 두 BCD 코드군 $A_3A_2A_1A_0$와 $B_3B_2B_1B_0$이 가산되어 합 $S_4S_3S_2S_1S_0$을 출력한다.
2. OR와 AND 게이트로 구성된 검출회로부분 : 두 BCD군의 합이 9보다 큰가를 검출한다. 9보다 큰 경우 논리식 $X = 1$이 된다.
3. 0110 보정 회로 부분 : $X = 1$일 때만 합 비트에 보정을 위한 0110을 더하고 캐리를 발생시킨다. 최종 출력은 $\Sigma_3\Sigma_2\Sigma_1\Sigma_0$에 나타난다. $X = 0$이면 보정이 필요없으며 $\Sigma_3\Sigma_2\Sigma_1\Sigma_0 = S_3S_2S_1S_0$이다.

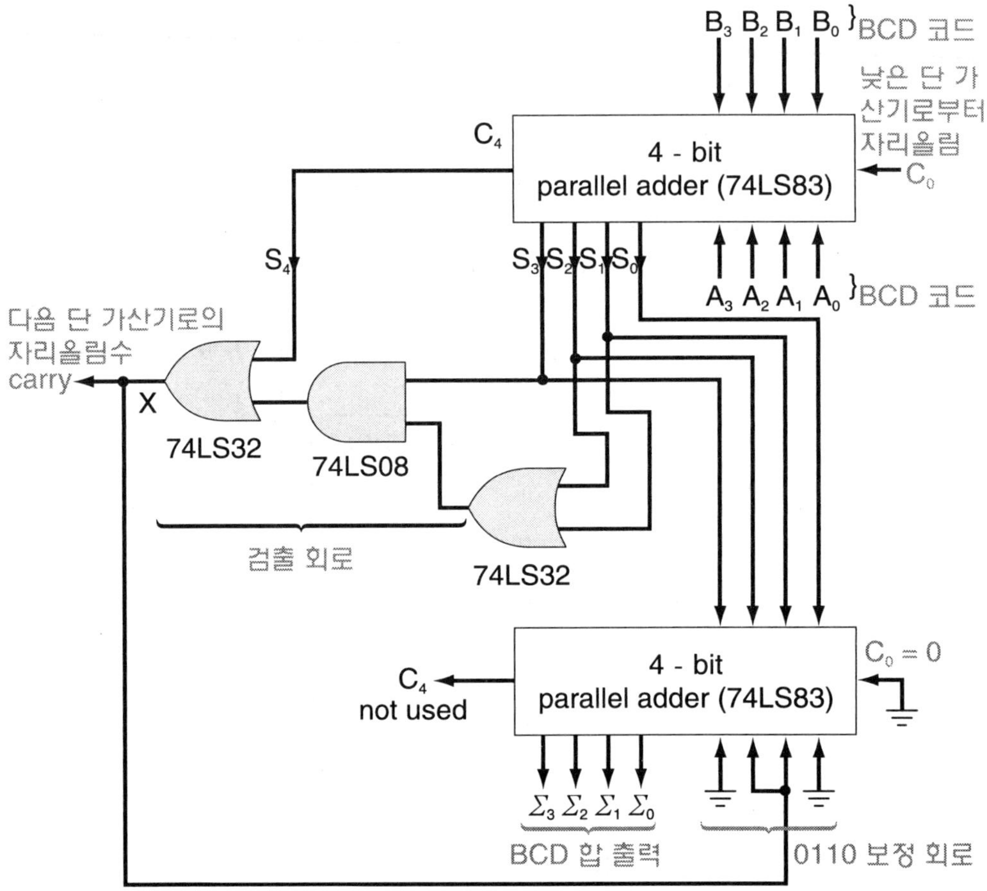


**그림 4-16** BCD 가산기

## 4.7 크기 비교기

크기 비교기(magnitude comparator)는 2개의 2진 입력 크기를 비교하여 $A = B$, $A > B$, $A < B$의 3경우를 판별하는 조합 논리 회로이다.

표 4-2

| 입력 | | 출력 | | |
|---|---|---|---|---|
| $A$ | $B$ | $A = B$ | $A > B$ | $A < B$ |
| 0 | 0 | 1 | 0 | 0 |
| 0 | 1 | 0 | 0 | 1 |
| 1 | 0 | 0 | 1 | 0 |
| 1 | 1 | 1 | 0 | 0 |

위 진리표에서 출력식을 구하면

$$A = B \qquad Y_1 = \bar{A}\,\bar{B} + AB = \overline{A \oplus B}$$

$$A > B \qquad Y_2 = A\,\bar{B}$$

$$A < B \qquad Y_3 = \bar{A}\,B$$

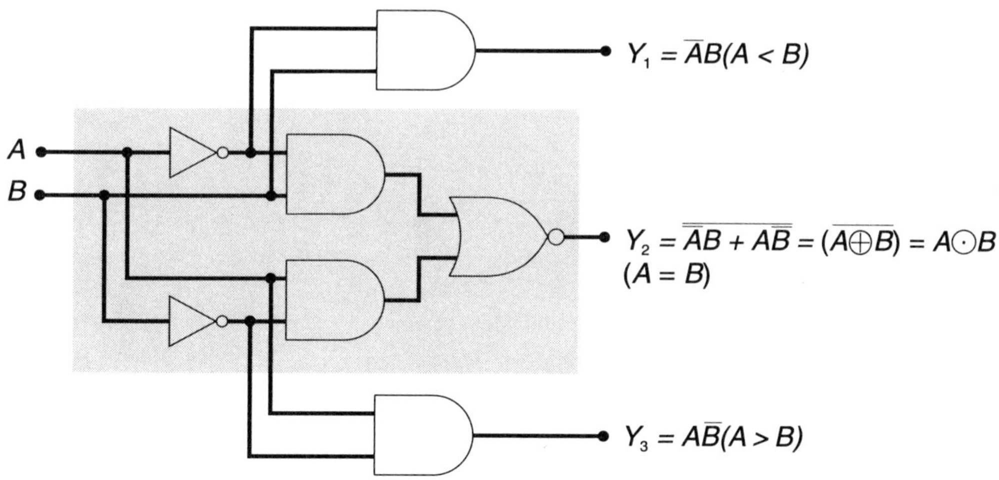


그림 4-17 2진 비교기

**74HC85 4비트 크기 비교기** 74HC85는 2개의 4비트 2진수를 비교한다.

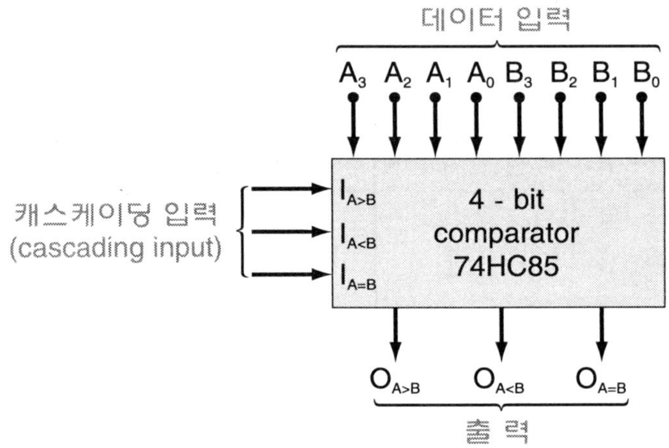


**그림 4-18** 74HC85 4비트 크기 비교기

# 4.8 디코더

디코더(decoder)는 $n$개의 입력변수에서 $2^n$개의 최소항(minterm)을 만들어내는 회로이다. 흔히 $n$개의 입력과 $m$개($m \le 2^n$)의 출력을 가지는 디코더를 $n$대 $m$라인 디코더 또는 $n \times m$ 디코더라고 한다. 이 디코더를 이용하면 어떠한 조합 논리 회로도 설계할 수 있다.

**예제 4-8** 하나의 인에이블(enable) 입력(E)을 가진 2×4 디코더를 구성하라.

**해설** 2×4 디코더는 입력이 2비트이고 출력은 4개이다.
이 디코더는 AND 또는 NAND 게이트를 이용하여 구성할 수 있다. 또한, 이 디코더는 인에블 입력 E = 1일 때만 동작한다.

1. AND 게이트 이용 2×4 디코더

| 인에이블 | 입력 | | 출력 | | | |
|---|---|---|---|---|---|---|
| $E$ | $A$ | $B$ | $D_0$ | $D_1$ | $D_2$ | $D_3$ |
| 0 | × | × | 0 | 0 | 0 | 0 |
| 1 | 0 | 0 | 1 | 0 | 0 | 0 |
| 1 | 0 | 1 | 0 | 1 | 0 | 0 |
| 1 | 1 | 0 | 0 | 0 | 1 | 0 |
| 1 | 1 | 1 | 0 | 0 | 0 | 1 |

× : don't care
$E$ = 1일 때만 정상 동작

(a) 진리표

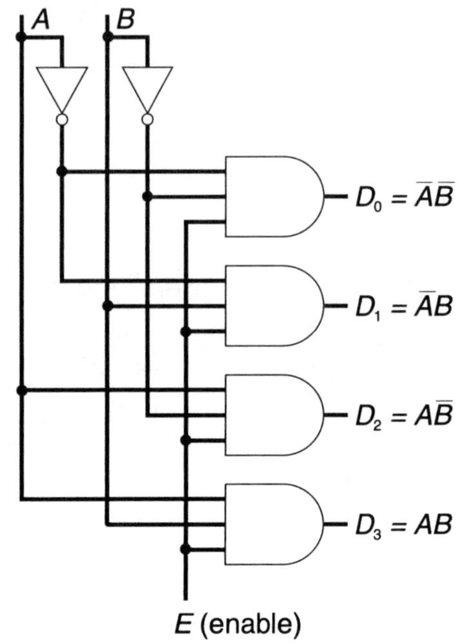


(b) 회로도

**그림 4-19** AND게이트 이용 2×4 디코더

2. NAND 게이트 이용 2×4 디코더

보수화된 형태로 출력을 만드는것이 더 경제적이기 때문에 NAND 게이트로 디코더를 구성한다.

| 인에이블 | 입 력 | | 출 력 | | | |
|---|---|---|---|---|---|---|
| $E$ | $A$ | $B$ | $D_0$ | $D_1$ | $D_2$ | $D_3$ |
| 0 | 0 | 0 | 0 | 1 | 1 | 1 |
| 0 | 0 | 1 | 1 | 0 | 1 | 1 |
| 0 | 1 | 0 | 1 | 1 | 0 | 1 |
| 0 | 1 | 1 | 1 | 1 | 1 | 0 |
| 1 | × | × | 1 | 1 | 1 | 1 |

$E = 0$일 때만 정상 출력

(a) 진리표

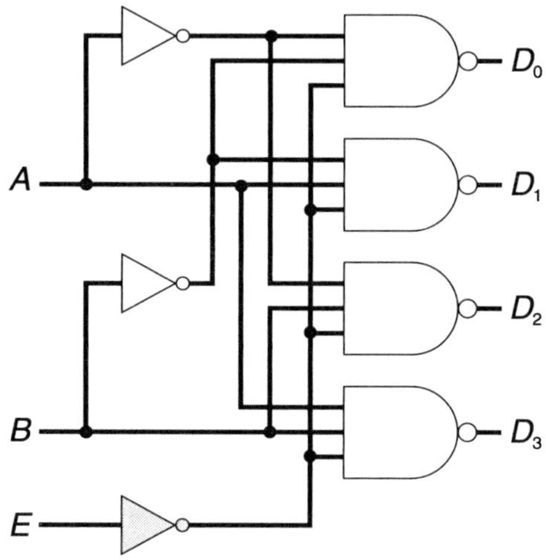


(b) 회로도

**그림 4-20** NAND 게이트 이용 2×4 디코더

**예제 4-9** 3×8 디코더를 구성하라.

**해설** 3×8 디코더는 3개의 입력과 8개의 디코드된 출력을 가진다.

| 인에이블 | 입 력 | | | 출 력 | | | | | | | |
|---|---|---|---|---|---|---|---|---|---|---|---|
| $E$ | $A$ | $B$ | $C$ | $D_0$ | $D_1$ | $D_2$ | $D_3$ | $D_4$ | $D_5$ | $D_6$ | $D_7$ |
| 0 | × | × | × | 0 | 0 | 0 | 0 | 0 | 0 | 0 | 0 |
| 1 | 0 | 0 | 0 | 1 | 0 | 0 | 0 | 0 | 0 | 0 | 0 |
| 1 | 0 | 0 | 1 | 0 | 1 | 0 | 0 | 0 | 0 | 0 | 0 |
| 1 | 0 | 1 | 0 | 0 | 0 | 1 | 0 | 0 | 0 | 0 | 0 |
| 1 | 0 | 1 | 1 | 0 | 0 | 0 | 1 | 0 | 0 | 0 | 0 |
| 1 | 1 | 0 | 0 | 0 | 0 | 0 | 0 | 1 | 0 | 0 | 0 |
| 1 | 1 | 0 | 1 | 0 | 0 | 0 | 0 | 0 | 1 | 0 | 0 |
| 1 | 1 | 1 | 0 | 0 | 0 | 0 | 0 | 0 | 0 | 1 | 0 |
| 1 | 1 | 1 | 1 | 0 | 0 | 0 | 0 | 0 | 0 | 0 | 1 |

(a) 3×8 디코더에 대한 진리표

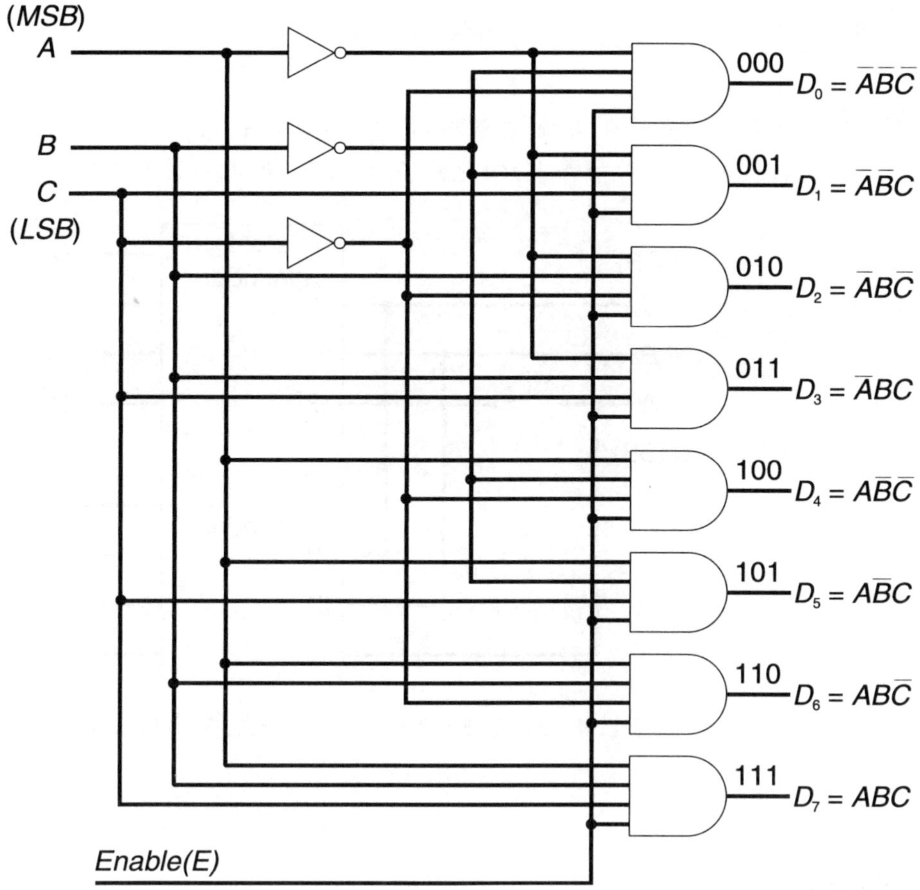


(b) 회로도

**그림 4-21** 3×8 디코더

이 3×8 디코더는 여러가지 이름으로 불리워지는데, 3개의 입력선과 8개의 출력선을 가지므로 3선-to-8선(3-line-to-8-line)디코더라고하며, 1-of-8 디코더는 8개의 출력 단자 중 한번에 1개만이 동작하기 대문에 붙여진 이름이다. 또한 2진-to-8진(binary-to-octal) 디코더라고도 하는데 이는 3개의 2진 입력 단자와 입력 코드에 대응하는 8개의 출력 단자 중 1개만이 동작한다는 의미이다.

**예제4-10** 두 개의 2×4 디코더를 이용하여 3×8 디코더를 구성하라.

**해설** 변수 $A$를 인에이블에 연결한다. 0 ~ 3 까지는 $A$가 이므로 위쪽의 2×4 디코더가, 4 ~ 7까지는 A = 1이므로 아래쪽 디코더가 동작한다.

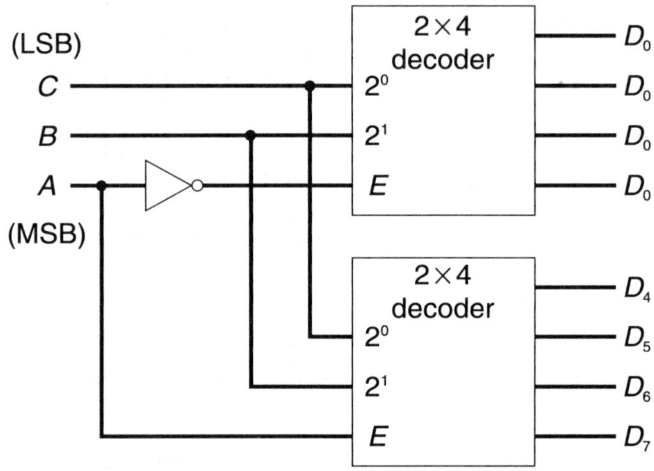


**그림 4-22** 두개의 2×4 디코더로 만든 3×8 디코더

**예제4-11** 디코더로 전가산기를 설계하라.

**해설** 3개의 입력에 대해 8개의 최소항이 있으므로 3×8 디코더가 필요하다.

$$S(x, y, z) = \Sigma(1, 2, 4, 7)$$

$$C(x, y, z) = \Sigma(3, 5, 6, 7)$$

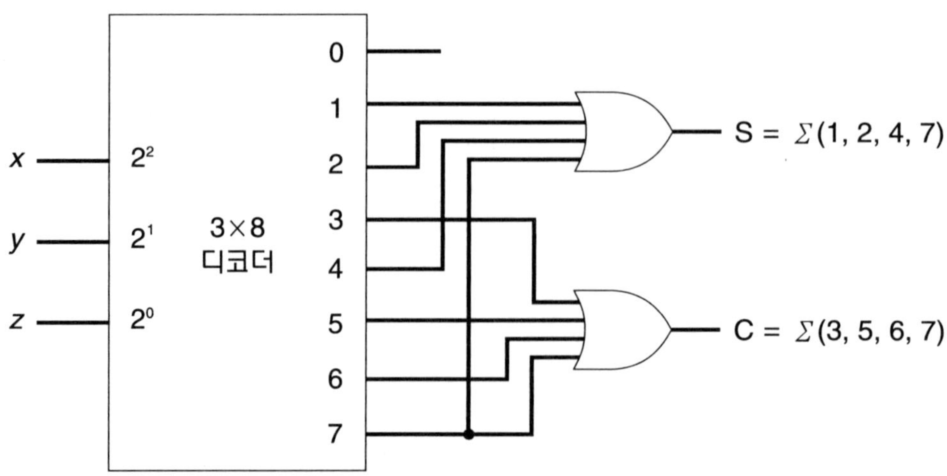


**그림 4-23** 디코더를 이용한 전가산기의 설계

**74LS138 디코더** 이 디코더는 NAND 게이트로 구성되어 있다. $A_2A_1A_0$의 3개 입력과 8개의 출력을 갖는 3×8 디코더(3-to-8 디코더 또는 1-of-8 디코더)라고 한다. $\overline{E_1}, \overline{E_2}, E_3$ 는 인에이블 입력 단자이다.

1. 74LS138 디코더에서 $\overline{E_1} = \overline{E_2} = 0,\ E_3 = 1$ 이고 $A_2 = A_1 = 1,\ A_0 = 0$이면, 즉 $110_2 = 6_{10}$ 이므로 출력 $\overline{Q_6}$ 는 LOW가 되고 나머지 출력은 HIGH가 된다.
2. 74LS138 디코더에서 $\overline{E_1} = 0,\ \overline{E_2} = E_3 = 1$ 인 경우 $\overline{E_2} = 1$이므로 디코더는 동작하지 않는다. 이 때 모든 출력은 HIGH 상태가 된다.

| $\overline{E_1}$ | $\overline{E_2}$ | $E_3$ | 출 력 |
|---|---|---|---|
| 0 | 0 | 1 | $A_2A_1A_0$에 의해응답 |
| 1 | × | × | all HIGH |
| × | 1 | × | all HIGH |
| × | × | 0 | all HIGH |

중요 : $X$는 don't care이다.

$\overline{E_1} = \overline{E_2} = 0,\ E_3 = 1$ 일 때 출력은 $A_2A_1A_0$의 입력에 따라 결정된다.

(a) 진리표

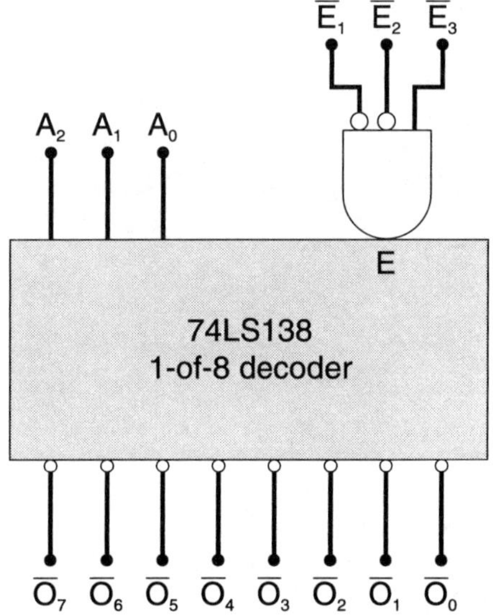


(b) 74LS138 디코더

그림 4-24

**7442 디코더** 이 디코더는 BCD-to-10진 디코더이다. 흔히 74LS42와 74HC42가 있다. 각각의 출력은 BCD 입력이 가해질 때만 LOW가 된다. 예를 들어 DCBA = 0011일 경우 $\overline{Q_3}$ 는 LOW가 된다. 이 디코더는 인에이블 입력이 없다.

**7445 디코더/구동기** 이 디코더/구동기는 BCD-to-10진 디코더/구동기(driver)로 개방-컬렉터(open-collector) 단자를 갖고 있어 30V(HIGH 상태에서), 80mA(LOW 상태에서)까지 동작할 수 있어 릴레이나, 모터를 직접 구동시키는데 사용되고 있다.

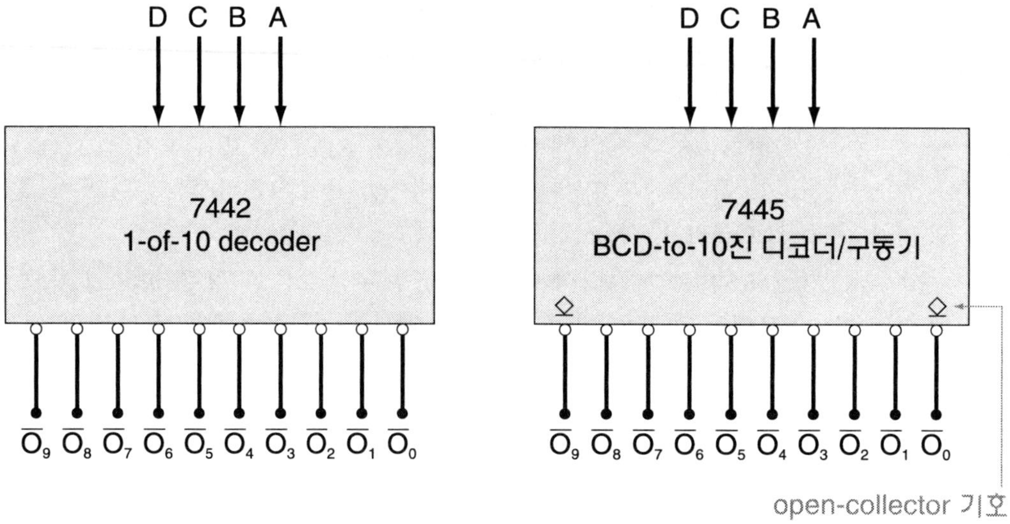


(a) BCD-to-10진 디코더 (b) BCD-to-10진 디코더/구동기

**그림 4-25**

## 4.9 인코더

인코더(encoder)는 디코더의 역기능을 수행하는 회로이다. 즉 $2^n$개 입력값에 대해 $n$개의 이진 코드를 출력한다.

**예제4-12** 8진대 2진 인코더(octal-to-binary encoder)를 설계하라.

**해 설** 이 인코더는 한번에 하나의 입력만 1인 값을 갖으며 진리표에서 출력에 대한 부울식 구하면 다음과 같으며, 이 식은 3개의 OR 게이트로 구현할 수 있다.

$$X = D_4 + D_5 + D_6 + D_7$$
$$Y = D_2 + D_3 + D_6 + D_7$$
$$Z = D_1 + D_3 + D_5 + D_7$$

| 입력 | | | | | | | | 출력 | | |
|---|---|---|---|---|---|---|---|---|---|---|
| $D_7$ | $D_6$ | $D_5$ | $D_4$ | $D_3$ | $D_2$ | $D_1$ | $D_0$ | $X$ | $Y$ | $Z$ |
| 0 | 0 | 0 | 0 | 0 | 0 | 0 | 1 | 0 | 0 | 0 |
| 0 | 0 | 0 | 0 | 0 | 0 | 1 | 0 | 0 | 0 | 1 |
| 0 | 0 | 0 | 0 | 0 | 1 | 0 | 0 | 0 | 1 | 0 |
| 0 | 0 | 0 | 0 | 1 | 0 | 0 | 0 | 0 | 1 | 1 |
| 0 | 0 | 0 | 1 | 0 | 0 | 0 | 0 | 1 | 0 | 0 |
| 0 | 0 | 1 | 0 | 0 | 0 | 0 | 0 | 1 | 0 | 1 |
| 0 | 1 | 0 | 0 | 0 | 0 | 0 | 0 | 1 | 1 | 0 |
| 1 | 0 | 0 | 0 | 0 | 0 | 0 | 0 | 1 | 1 | 1 |

(a) 8진대 2진 인코더에 대한 진리표

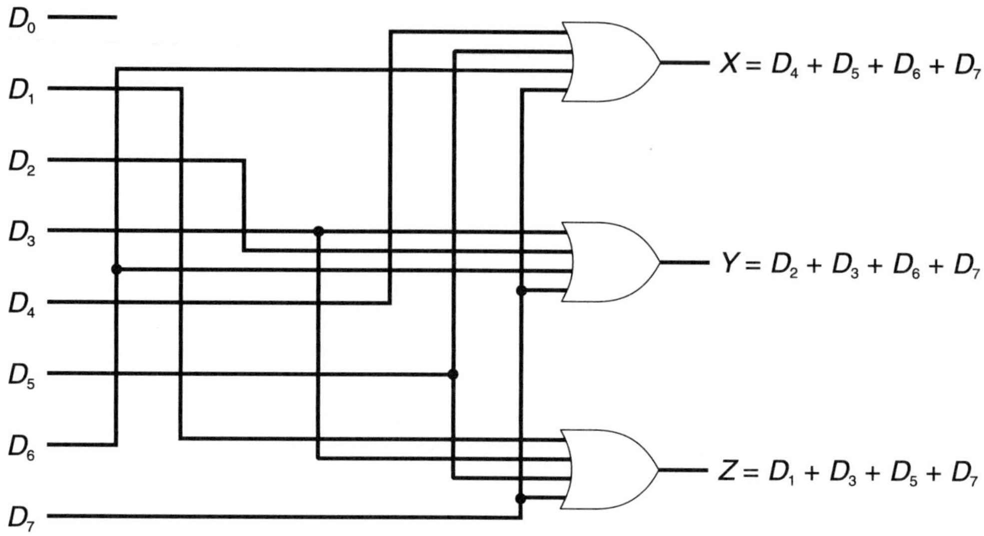


(b) 회로도

**그림 4-26** 8진대 2진 인코더

## 4.10 멀티플렉서

멀티플렉서(multiplexer ; MUX)는 여러개의 입력선 중에서 어느 하나를 선택하여 출력선에 실어주는 기능을 한다. 즉 $n$개의 선택 입력에 따라 $2^n$개의 입력을 하나의 출력에 선택적으로 연결시켜 주는 조합회로이다.

**예제4-13** 2×1 멀티플렉서를 구성하라.

**해 설** 멀티플렉서는 데이터 선택기(data selector)라고도 한다. 그림 에서 $I_0$, $I_1$은 데이터 입력, $S$는 선택 입력이다.

| 선택입력 $S$ | 출력 $Z$ |
|---|---|
| 0 | $Z = I_0$ |
| 1 | $Z = I_1$ |

(a) 진리표

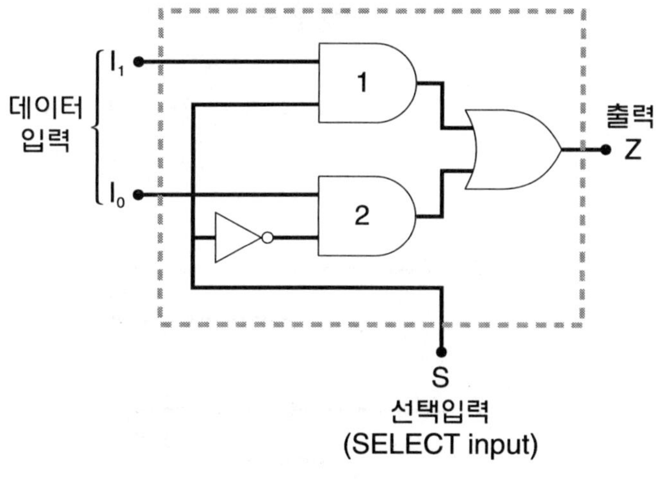


(b) 2-입력 MUX

**그림 4-27** 2×1 멀티 플렉서

2-입력 멀티플렉서의 부울식은 다음과 같다.

$$Z = I_O\overline{S} + I_1S$$

위 식에서 S = 0이면 출력 Z는 $I_0$가 되고 S = 1이면 Z는 $I_1$과 같게 된다.

$Z = I_0 \cdot 1 + I_1 \cdot 0 = I_0$ (S = 0일 때)

$Z = I_0 \cdot 0 + I_1 \cdot 1 = I_1$ (S = 1일 때)

**예제4-14** 4×1 멀티플렉서를 구성하라.

**해 설** 데이터 입력이 $I_0 \sim I_3$, 즉 4개 이므로 2개의 선택 입력 ($S_0$, $S_1$)이 필요하다. MUX 진리표에서와 같이 $S_1S_0 = 10$인 경우 출력 $Z$는 입력 $I_2$의 값을 갖는다.

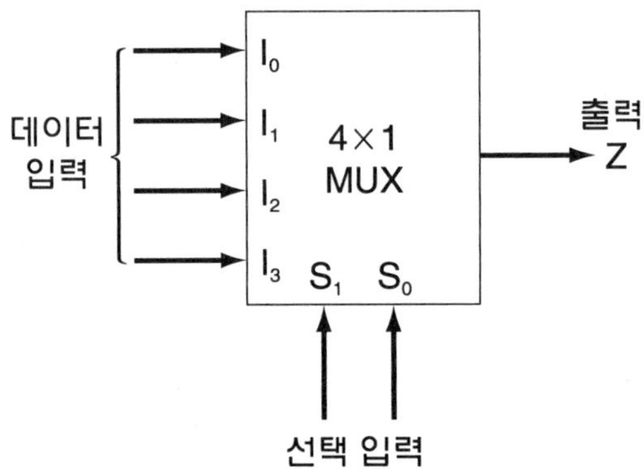


(a) 기 호

| 선택입력 | | 출력 |
|---|---|---|
| $S_1$ | $S_0$ | $Z$ |
| 0 | 0 | $I_0$ |
| 0 | 1 | $I_1$ |
| 1 | 0 | $I_2$ |
| 1 | 1 | $I_3$ |

(b) 4-입력 MUX 진리표

**그림 4-28** 4×1 MUX 기호 및 진리표

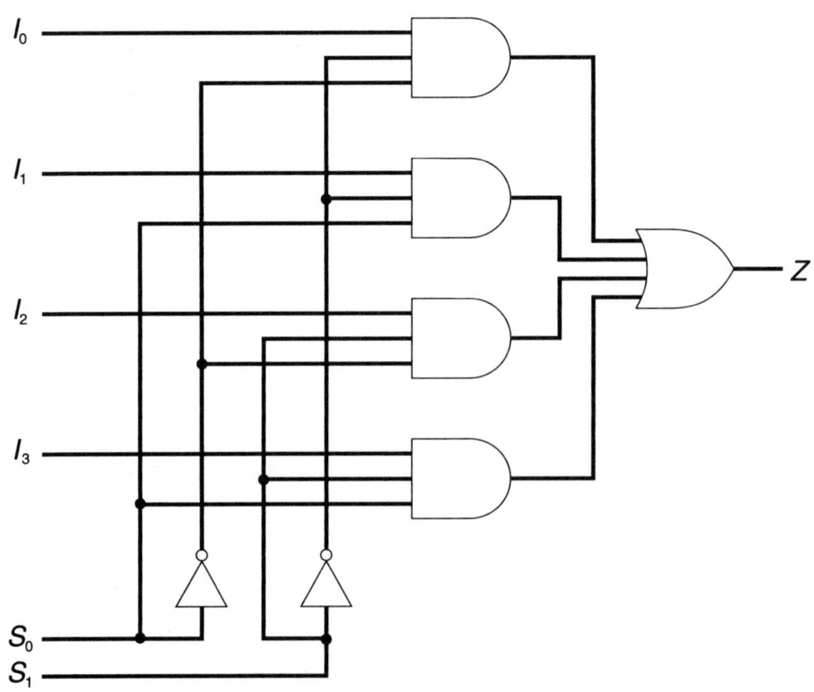


**그림 4-29** 4×1 멀티플렉서

**74151 멀티플렉서** 그림4－30은 74151(74LS151, 74HC151) 8－입력 멀티플렉서이다. 인에이블 $\overline{E}=0$ 일 때 선택 입력 $S_2S_1S_0$의 값에 따라 입력 데이터 $I_0 \sim I_7$ 중 하나를 선택하여 출력 Z에 보낸다. $\overline{E}=1$ 이면 선택 입력 코드에 관계없이 출력 $Z=0$이다.

| 입 력 | | | | 출 력 | |
|---|---|---|---|---|---|
| $\overline{E}$ | $S_2$ | $S_1$ | $S_0$ | $\overline{Z}$ | $Z$ |
| H | × | × | × | H | L |
| L | L | L | L | $\overline{I_0}$ | $I_0$ |
| L | L | L | H | $\overline{I_1}$ | $I_1$ |
| L | L | H | L | $\overline{I_2}$ | $I_2$ |
| L | L | H | H | $\overline{I_3}$ | $I_3$ |
| L | H | L | L | $\overline{I_4}$ | $I_4$ |
| L | H | L | H | $\overline{I_5}$ | $I_5$ |
| L | H | H | L | $\overline{I_6}$ | $I_6$ |
| L | H | H | H | $\overline{I_7}$ | $I_7$ |

(a) 8－입력 MUX 진리표

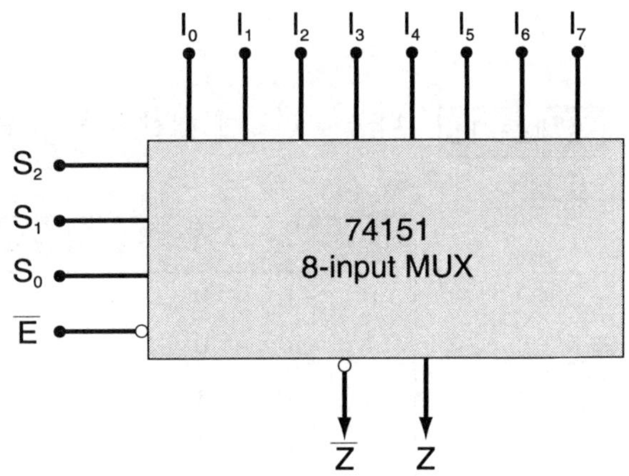


(b) 74151 MUX

**그림 4－30** 74151 8-입력 멀티플렉서

## 4. 11 MUX에 의한 부울 함수의 실현

멀티플렉서는 디코더에서처럼 어떤 부울 함수도 실현할 수 있다. n개의 변수들로 이루어진 부울 함수는 $2^{n-1} \times 1$ MUX를 사용하여 설계할 수 있으며, 이 변수들 중 n−1개를 MUX의 선택 입력으로 하고 나머지 1개는 MUX의 입력으로 사용된다.

**예제4-15** 다음 진리표에 대한 부울 함수를 멀티플렉서를 이용하여 설계하라.

**표 4-3**

| 최소항 | A | B | C | $Y = \Sigma(1, 3, 4, 5)$ |
|---|---|---|---|---|
| 0 | 0 | 0 | 0 | 0 |
| 1 | 0 | 0 | 1 | 1 |
| 2 | 0 | 1 | 0 | 0 |
| 3 | 0 | 1 | 1 | 1 |
| 4 | 1 | 0 | 0 | 1 |
| 5 | 1 | 0 | 1 | 1 |
| 6 | 1 | 1 | 0 | 0 |
| 7 | 1 | 1 | 1 | 0 |

**해 설** MUX에 의한 부울 함수 실현 과정은 다음과 같다.

1. 먼저 사용해야 할 MUX의 크기를 구한다.
   $n = 3$ 변수 함수이므로 $n-1 = 3-1 = 2$개의 선택선과 $2^{n-1} = 2^{3-1} = 4$개의 입력을 가진 MUX, 즉 4×1 MUX가 필요하다.

2. MUX 실현표를 작성한다.
   변수 $A$를 입력으로, $B$와 $C$를 선택선으로 사용한다면 MUX 실현표는 다음과 같이 작성된다.

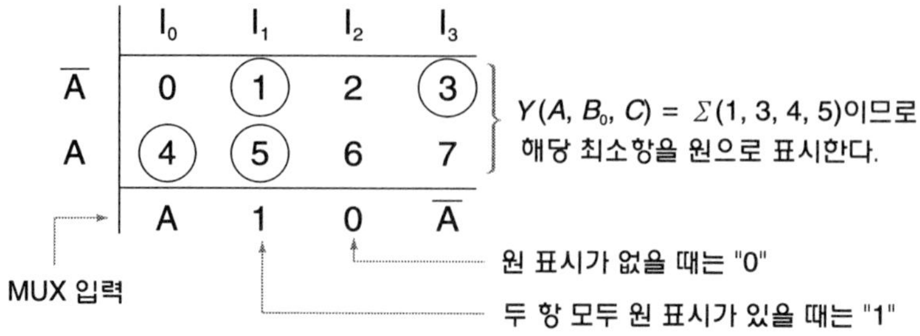


**그림 4-31**

최소항 중 0 ~ 3번까지는 보수 $\overline{A}$ 로 표시하고, 4 ~ 7번 까지는 $A$로 표시한다.

3. 부울 함수 식 $Y = \Sigma(1, 3, 4, 5)$의 최소항들을 전부 원으로 표시한다.

4. MUX 입력을 결정한다.
   - 만일 열에 있는 두개의 최소항이 모두 원으로 표시되어 있으면 MUX 입력은 1이 된다.
   - 만일 열에 있는 두개의 최소항이 모두 원으로 표시되어 있지 않으면 MUX 입력은 0이 된다.
   - 만일 위쪽 최소항만 원으로 표시되어 있으면 MUX입력은 $\overline{A}$ 가되고, 아래쪽만 표시되어 있으면 $A$가 된다.

위에서 설명한 과정을 통해 구성한 MUX 연결 상태는 다음과 같다.

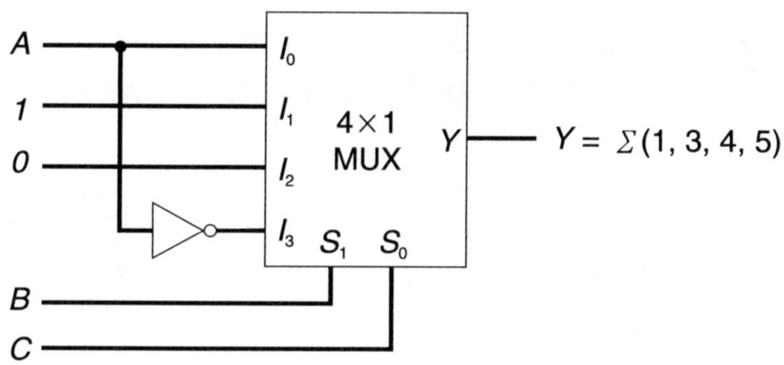


그림 4 - 32 MUX 실현

**다른 해**

MUX의 입력을 $C$로 하여 설계할 수도 있다. 이때 선택선은 $A$, $B$가 된다.

|  | $I_0$ | $I_1$ | $I_2$ | $I_3$ |  |
|---|---|---|---|---|---|
| $\overline{C}$ | 0 | 2 | (4) | 6 | ← 0, 2, 4, 6은 C가 0이다. |
| C | (1) | (3) | (5) | 7 | ← 1, 3, 5, 7은 C가 1이다. |
|  | C | C | 1 | 0 |  |

(a) 실현표 작성

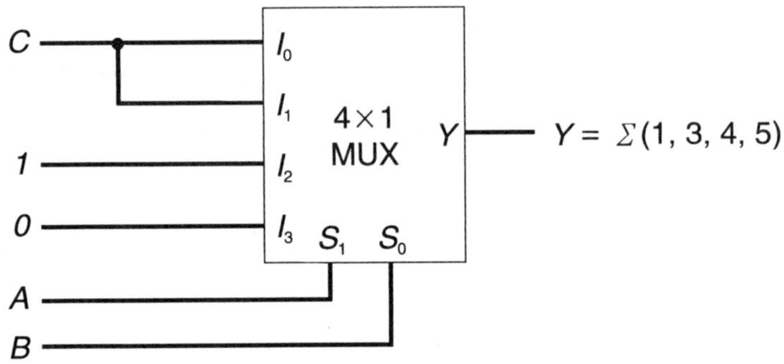


(b) MUX 실현

**그림 4-33** MUX 입력이 C인 경우의 실현

**예제4-16** 부울 함수 $F(A, B, C) = AB + \overline{A}\,\overline{B}\,\overline{C} + \overline{A}BC$를 4-to-1 멀티플렉서로 실현하고자 한다. 데이터 입력 단자 $I_0 \sim I_3$에 인가되는 입력을 구하라.

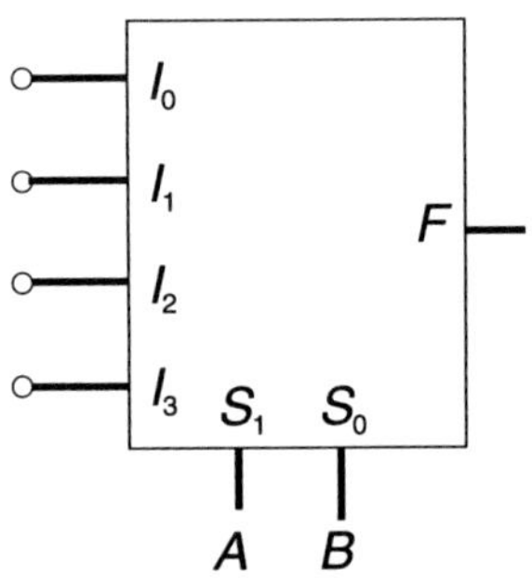


(a) 기 호

| 선택입력 | | 출력 |
|---|---|---|
| $S_1$ | $S_0$ | $F$ |
| 0 | 0 | $I_0$ |
| 0 | 1 | $I_1$ |
| 1 | 0 | $I_2$ |
| 1 | 1 | $I_3$ |

(b) MUX 진리표

**그림 4-34**

**해설**

$I_0 = \overline{C}$
$I_1 = C$
$I_2 = 0$
$I_3 = 1$

# 4.12 디멀티플렉서

디멀티플렉서(demultiplexer ; DEMUX)는 MUX의 반대 동작을 한다. 즉 하나의 입력을 받아들여 여러개의 출력으로 분배해 주는 조합회로로서 데이터 분배기 (data distributor)라고도 한다.

1. 하나의 인에이블(enable)을 가진 디코더는 디멀티플렉서로 동작할 수 있다.
2. 디코더 회로에서 인에이블 E를 데이터 입력선으로 *A*, *B*를 선택선으로 간주하면 디멀티플렉서로 동작하게 된다.
3. 인에이블 입력이 있는 디코더를 디코더/디멀티플렉서라고도 한다.

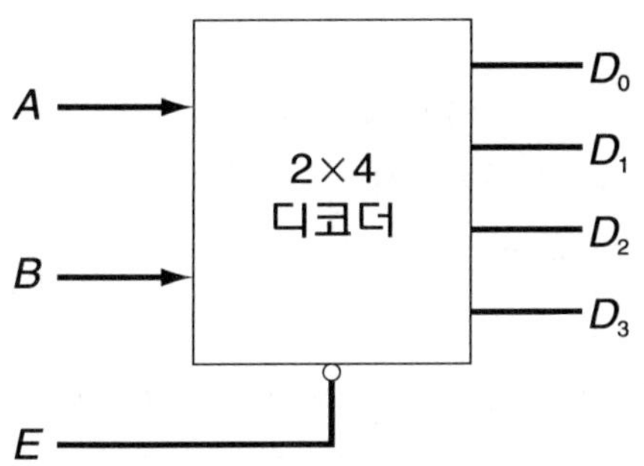


(a) 2×4 디코더

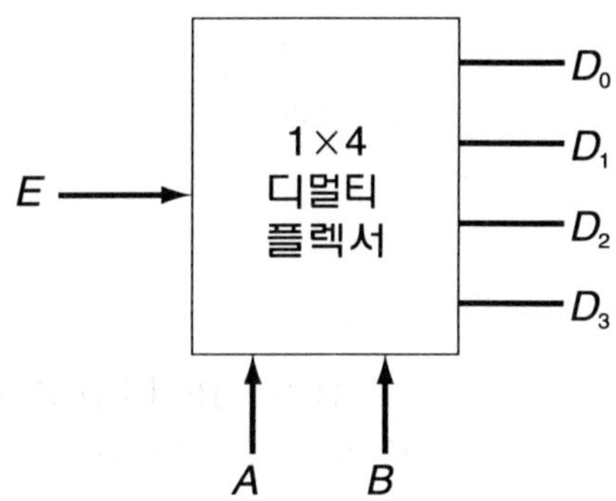


(b) 1×4 디멀티플렉서

**그림 4-35** 디코더와 디멀티플렉서의 기호

**예제4-17** 1×4 DEMUX의 진리표와 논리 회로를 그려라.

**해 설** 1×4 디멀티플렉서는 제어 입력 $S_1S_0$에 따라 네개의 출력 중에 하나의 출력에만 입력이 출력되고 나머지는 0이 출력된다.
출력식은 다음과 같다.

$$D_0 = E(\overline{S_1}\,\overline{S_0}) \qquad D_1 = E(\overline{S_1}\,S_0)$$

$$D_2 = E(S_1\,\overline{S_0}) \qquad D_3 = E(S_1\,S_0)$$

| 제어입력 | | 출 력 | | | |
|---|---|---|---|---|---|
| $S_1$ | $S_0$ | $D_0$ | $D_1$ | $D_2$ | $D_3$ |
| 0 | 0 | E | 0 | 0 | 0 |
| 0 | 1 | 0 | E | 0 | 0 |
| 1 | 0 | 0 | 0 | E | 0 |
| 1 | 1 | 0 | 0 | 0 | E |

중요 :
E는 데이터 입력 (data input)이다.

(a) 진리표

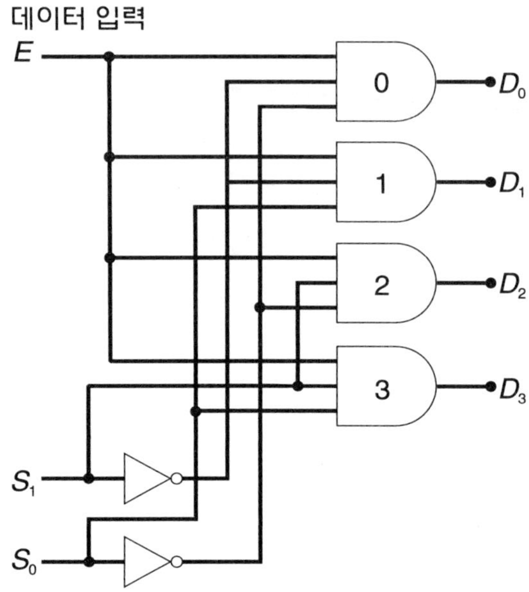


(b) 1×4 DEMUX 회로

**그림 4-36** 1×4 디멀티플렉서

**74LS138 디코더/디멀티플렉서** 그림 4-37은 74LS138 디코더에서 $\overline{E_1}$ 만을 입력(I)으로 사용하고 $A_2A_1A_0$는 선택 코드(select code)로 사용하여 디멀티플렉서의 기능을 갖도록 한 것이다. 이 그림에서 $A_2A_1A_0$가 000이면 $\overline{Q_0}$ 만이 동작하고 이때 $\overline{E_1}$ = LOW 이면 $\overline{Q_0}$ 는 LOW, $\overline{E_1}$ 가 HIGH이면 $\overline{Q_0}$ 는 HIGH가 된다.

| 선택 코드 | | | 출 력 | | | | | | | |
|---|---|---|---|---|---|---|---|---|---|---|
| $S_2$ | $S_1$ | $S_0$ | $O_7$ | $O_6$ | $O_5$ | $O_4$ | $O_3$ | $O_2$ | $O_1$ | $O_0$ |
| 0 | 0 | 0 | 0 | 0 | 0 | 0 | 0 | 0 | 0 | I |
| 0 | 0 | 1 | 0 | 0 | 0 | 0 | 0 | 0 | I | 0 |
| 0 | 1 | 0 | 0 | 0 | 0 | 0 | 0 | I | 0 | 0 |
| 0 | 1 | 1 | 0 | 0 | 0 | 0 | I | 0 | 0 | 0 |
| 1 | 0 | 0 | 0 | 0 | 0 | I | 0 | 0 | 0 | 0 |
| 1 | 0 | 1 | 0 | 0 | I | 0 | 0 | 0 | 0 | 0 |
| 1 | 1 | 0 | 0 | I | 0 | 0 | 0 | 0 | 0 | 0 |
| 1 | 1 | 1 | I | 0 | 0 | 0 | 0 | 0 | 0 | 0 |

(a)

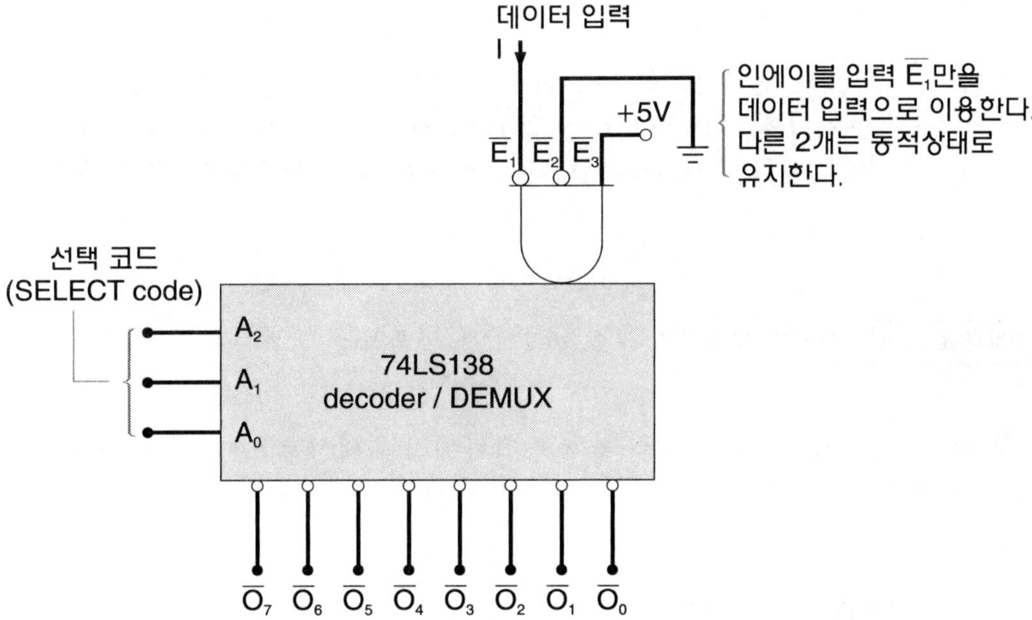


**그림 4-37** 74LS138 디코더/디멀티플렉서

## 4. 13 코드 변환기의 설계

코드 변환기(code converter)는 2진 코드를 다른 형태의 2진 코드로 변환기에는 BCD-binary, Binary-BCD, BCD-Gray code, Gray code-BCD, BCD-7-segment, ASCII-EBCDIC, EBCDIC-ASCII 등이 있다.

**예제4-18** 2자리 BCD-2진 부호 변환기를 설계하라.

**해 설** 2자리 BCD 코드를 2진 부호로 나타내기 위해서는 8개의 입력선과 7개의 출력선이 필요하다.

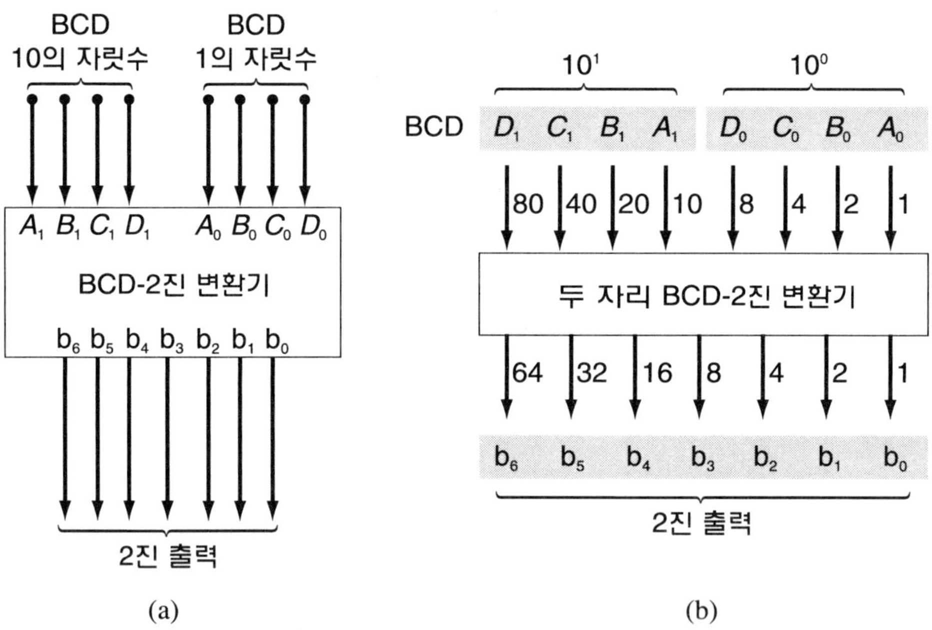


**그림 4-38** 두자리 BCD-2진 변환기 기본 개념

다음 표 4-4는 각 BCD 비트에 대한 10진 자리수와 동일한 2진수를 보인것이다.

표 4-4

| BCD비트 | 10진 자리수 | 2진 출력 $b_6$ | $b_5$ | $b_4$ | $b_3$ | $b_2$ | $b_1$ | $b_0$ |
|---|---|---|---|---|---|---|---|---|
| $A_0$ | 1 | 0 | 0 | 0 | 0 | 0 | 0 | 1 |
| $B_0$ | 2 | 0 | 0 | 0 | 0 | 0 | 1 | 0 |
| $C_0$ | 4 | 0 | 0 | 0 | 0 | 1 | 0 | 0 |
| $D_0$ | 8 | 0 | 0 | 0 | 1 | 0 | 0 | 0 |
| $A_1$ | 10 | 0 | 0 | 0 | 1 | 0 | 1 | 0 |
| $B_1$ | 20 | 0 | 0 | 1 | 0 | 1 | 0 | 0 |
| $C_1$ | 40 | 0 | 1 | 0 | 1 | 0 | 0 | 0 |
| $D_1$ | 80 | 1 | 0 | 1 | 0 | 0 | 0 | 0 |

이 변환기는 가산기를 이용하여 설계할 수 있다.

1. 표 4-4에서 $A_0$는 LSB인 $b_0$의 값과 동일하므로 $A_0$는 $b_0$와 직접 연결한다.
2. $B_0$와 $A_1$은 $b_1$과 관련된다. 이들 2개의 비트는 가산기와 결합하여 $b_1$을 만든다.
3. $D_0$, $A_1$, $C_1$만이 비트 $b_3$와 관련된다. 위 가산기는 $D_0$와 $A_1$을 결합하여 그 결과를 아래의 가산기와 연결된다. 여기서 $C_1$이 더해져서 $b_3$를 만든다.

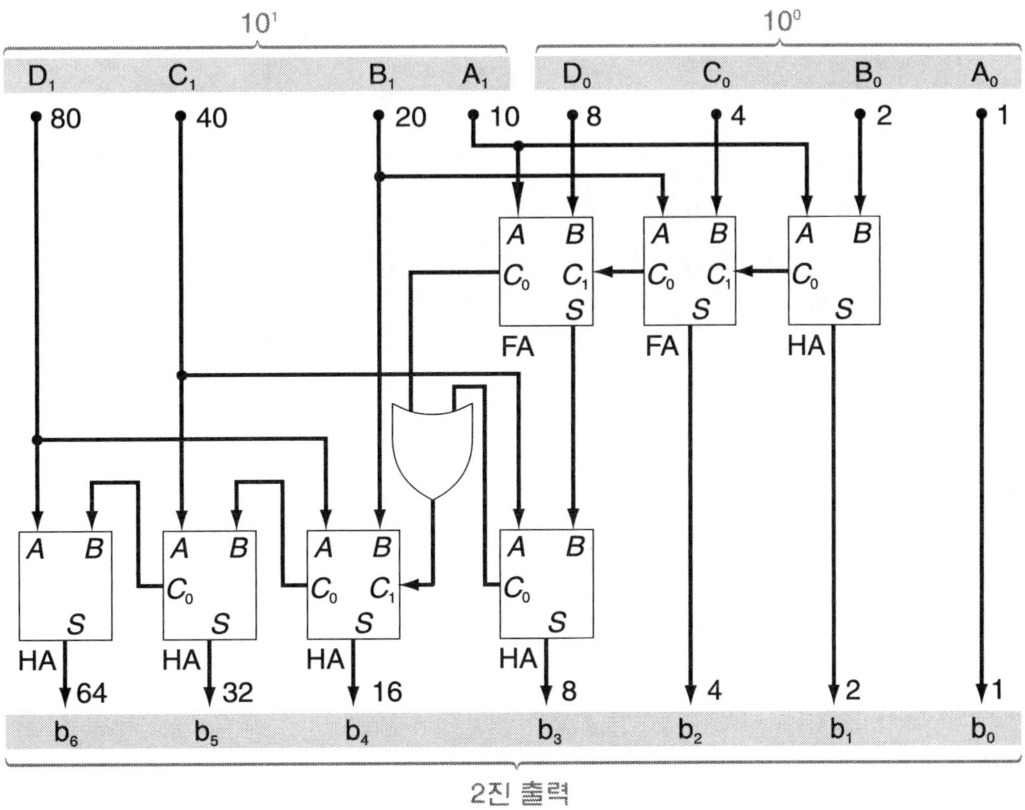


**그림 4-39** 2자리 BCD-2진 부호 변환기

이 변환기는 DMM(digital multimeter)과 같은 기기로 부터 얻은 BCD 데이터를 컴퓨터로 전송하고자 할 때 사용한다. 컴퓨터의 ALU는 2진 상태에서 처리되므로 이 변환기가 필요하다.

**예제4-19** 4비트의 그레이 코드-2진 코드 변환기를 설계하라.

**해 설** 먼저 그레이 코드(gray code)와 2진 코드(binary code)표를 작성한다.

표 4-5

| 10진 | 그레이 코드 | | | | 2진 코드 | | | |
|---|---|---|---|---|---|---|---|---|
| | $g_8$ | $g_4$ | $g_2$ | $g_1$ | $b_8$ | $b_4$ | $b_2$ | $b_1$ |
| 0 | 0 | 0 | 0 | 0 | 0 | 0 | 0 | 0 |
| 1 | 0 | 0 | 0 | 1 | 0 | 0 | 0 | 1 |
| 2 | 0 | 0 | 1 | 1 | 0 | 0 | 1 | 0 |
| 3 | 0 | 0 | 1 | 0 | 0 | 0 | 1 | 1 |
| 4 | 0 | 1 | 1 | 0 | 0 | 1 | 0 | 0 |
| 5 | 0 | 1 | 1 | 1 | 0 | 1 | 0 | 1 |
| 6 | 0 | 1 | 0 | 1 | 0 | 1 | 1 | 0 |
| 7 | 0 | 1 | 0 | 0 | 0 | 1 | 1 | 1 |
| 8 | 1 | 1 | 0 | 0 | 1 | 0 | 0 | 0 |
| 9 | 1 | 1 | 0 | 1 | 1 | 0 | 0 | 1 |
| 10 | 1 | 1 | 1 | 1 | 1 | 0 | 1 | 0 |
| 11 | 1 | 1 | 1 | 0 | 1 | 0 | 1 | 1 |
| 12 | 1 | 0 | 1 | 0 | 1 | 1 | 0 | 0 |
| 13 | 1 | 0 | 1 | 1 | 1 | 1 | 0 | 1 |
| 14 | 1 | 0 | 0 | 1 | 1 | 1 | 1 | 0 |
| 15 | 1 | 0 | 0 | 0 | 1 | 1 | 1 | 1 |

다음에는 각 출력에 대응하는 논리식은 카르노 맵으로 구한다.

$$b_8 = g_8$$
$$b_4 = \overline{g_8}\,g_4 + g_8\,\overline{g_4} = g_8 \oplus g_4$$
$$b_2 = g_8 \oplus g_4 \oplus g_2 = b_4 \oplus g_2$$
$$b_1 = b_2 \oplus g_1$$

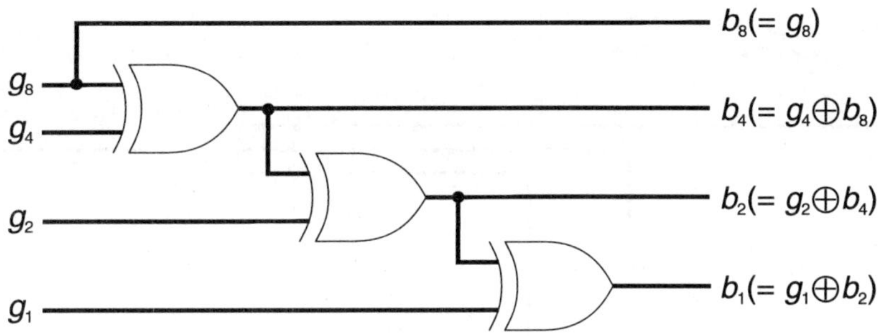


**그림 4-40** 4비트 그레이 코드-2진 코드 변환기

**예제4-20** BCD(8421)-3초과 코드 변환기를 설계하라.

**해설** 먼저 BCD 및 3초과 코드의 진리표를 작성한다.

**표 4-6**

| Decimal Number (Map value) | BCD 코드 | | | | 3초과 코드 | | | |
|---|---|---|---|---|---|---|---|---|
| | *A* (8) | *B* (4) | *C* (2) | *D* (1) | *W* | *X* | *Y* | *Z* |
| 0 | 0 | 0 | 0 | 0 | 0 | 0 | 1 | 1 |
| 1 | 0 | 0 | 0 | 1 | 0 | 1 | 0 | 0 |
| 2 | 0 | 0 | 1 | 0 | 0 | 1 | 0 | 1 |
| 3 | 0 | 0 | 1 | 1 | 0 | 1 | 1 | 0 |
| 4 | 0 | 1 | 0 | 0 | 0 | 1 | 1 | 1 |
| 5 | 0 | 1 | 0 | 1 | 1 | 0 | 0 | 0 |
| 6 | 0 | 1 | 1 | 0 | 1 | 0 | 0 | 1 |
| 7 | 0 | 1 | 1 | 1 | 1 | 0 | 1 | 0 |
| 8 | 1 | 0 | 0 | 0 | 1 | 0 | 1 | 1 |
| 9 | 1 | 0 | 0 | 1 | 1 | 1 | 0 | 0 |

다음에는 각 출력식을 카르노맵으로 구한다. BCD로 사용하지 않는 10 ~ 15의 6개항은 don't care 항으로 처리한다.

$$W = A + B(C + D)$$
$$X = B\overline{C}\overline{D} + \overline{B}(C + D)$$
$$Y = CD + \overline{C}\overline{D}$$
$$Z = \overline{D}$$

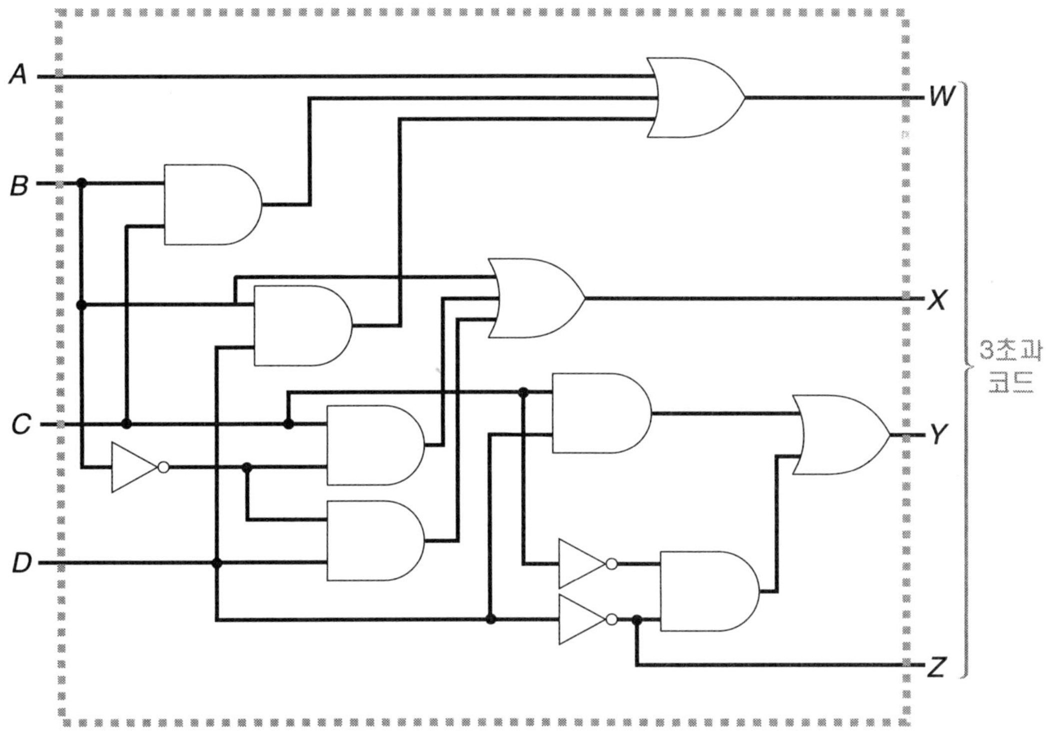


**그림 4-41** BCD-3초과 코드 변환기

**예제4-21** BCD-코드-7-segment 디스플레이 코드 변환기를 설계하라.

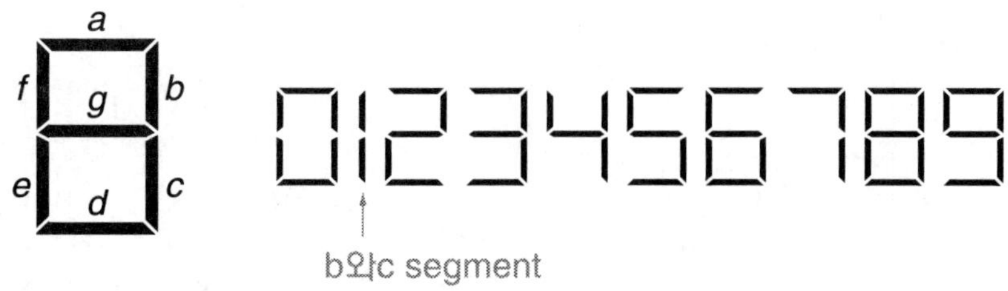


그림 4-42

**해 설** 4비트 BCD 입력에 대한 출력에 적당한 segment에 전류를 통하게 함으로써 10진수를 표시할 수 있다.

표 4-7

| Map Value | *A* | *B* | *C* | *D* | *a* | *b* | *c* | *d* | *e* | *f* | *g* |
|---|---|---|---|---|---|---|---|---|---|---|---|
| 0 | 0 | 0 | 0 | 0 | 1 | 1 | 1 | 1 | 1 | 1 | 0 |
| 1 | 0 | 0 | 0 | 1 | 0 | 1 | 1 | 0 | 0 | 0 | 0 |
| 2 | 0 | 0 | 1 | 0 | 1 | 1 | 0 | 1 | 1 | 0 | 1 |
| 3 | 0 | 0 | 1 | 1 | 1 | 1 | 1 | 1 | 0 | 0 | 1 |
| 4 | 0 | 1 | 0 | 0 | 0 | 1 | 1 | 0 | 0 | 1 | 1 |
| 5 | 0 | 1 | 0 | 1 | 1 | 0 | 1 | 1 | 0 | 1 | 1 |
| 6 | 0 | 1 | 1 | 0 | 1 | 0 | 1 | 1 | 1 | 1 | 1 |
| 7 | 0 | 1 | 1 | 1 | 1 | 1 | 1 | 0 | 0 | 0 | 0 |
| 8 | 1 | 0 | 0 | 0 | 1 | 1 | 1 | 1 | 1 | 1 | 1 |
| 9 | 1 | 0 | 0 | 1 | 1 | 1 | 1 | 0 | 0 | 1 | 1 |

1 = *segment on*

0 = *segment off*

각 출력에 대한 논리식을 카르노맵으로 구한다.

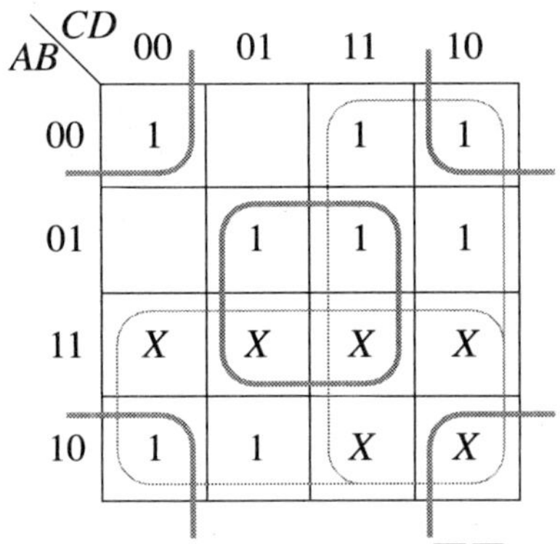

$a = A + C + BD + \overline{B}\,\overline{D}$

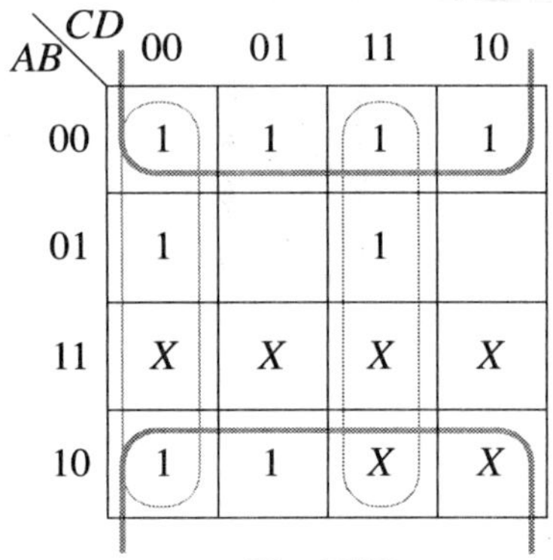

$b = \overline{B} + \overline{C}\,\overline{D} + CD$

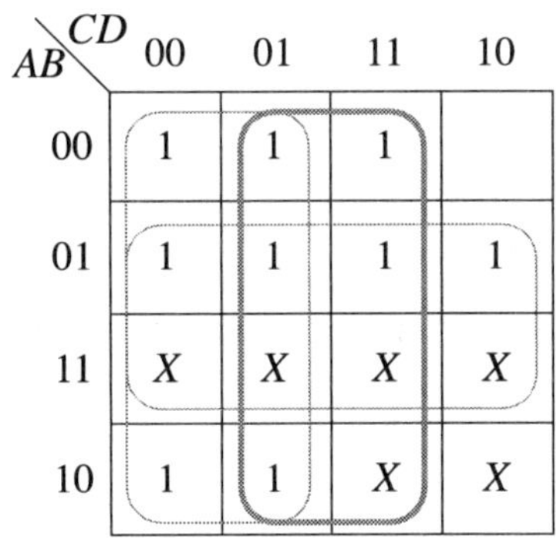

$c = B + \overline{C} + D$

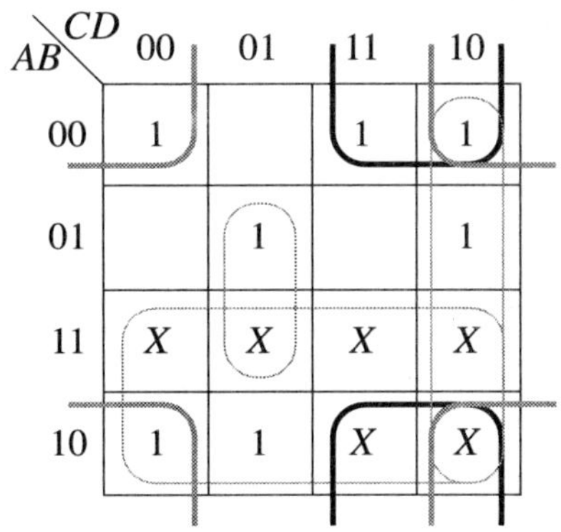

$d = A + \overline{B}\,\overline{D} + C\overline{D} + \overline{B}C + B\overline{C}D$

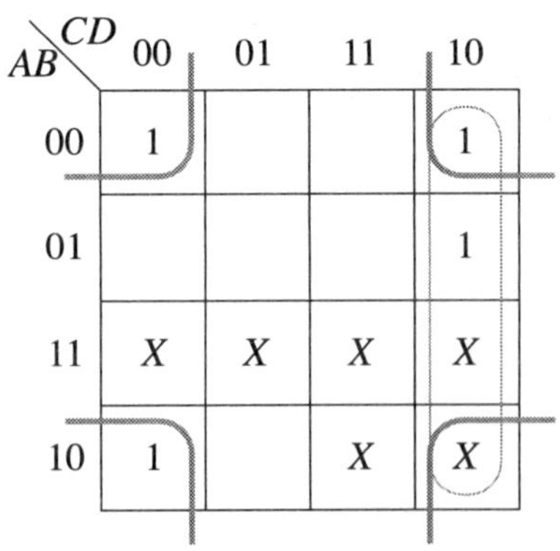

$e = \overline{B}\,\overline{D} + C\overline{D}$

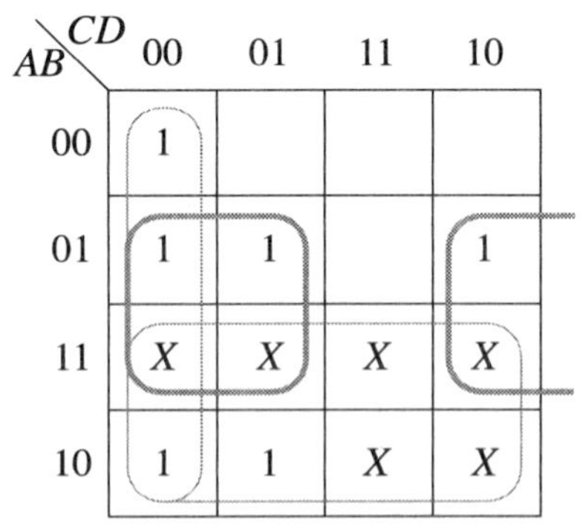

$f = A + B\overline{C} + \overline{C}\,\overline{D} + B\overline{D}$

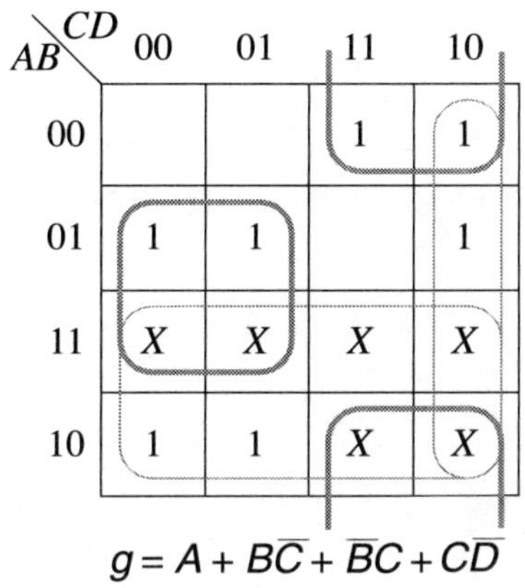


그림 4-43

a ~ g의 출력식에 의해 BCD-7 segment 디코더를 설계할 수 있다.

**BCD-7-segment 디코더/구동기** 그림 4-44는 7-segment LED를 구동시키기 위해서 사용한 BCD-7-segment(TTL 7446 또는 7447)이다. LED의 애노드(anode)는 $V_{CC}(+5V)$와 연결되어 있다.

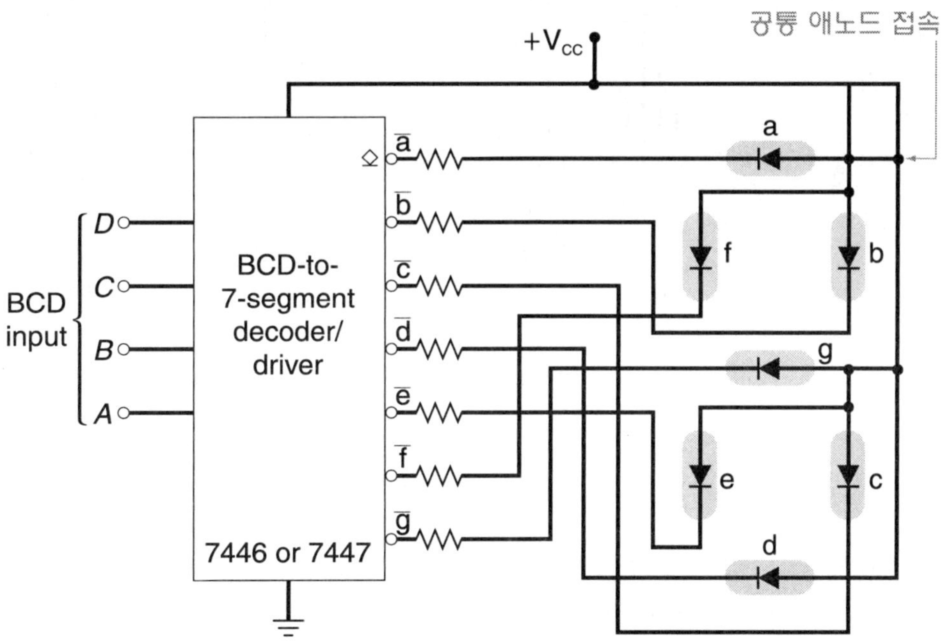


그림 4-44 공동 애노드형 7-segment LED 표시기

## 4. 14 ROM에 의한 설계

ROM은 디코더와 OR 게이트로 구성된 기억 장치이다. 일반적으로 ROM을 프로그램한다는 것은 디코더의 출력과 OR 게이트의 입력은 연결하는 상태를 결정하는것을 말한다.

**예제4-22** ROM을 이용하여 조합 논리 회로를 설계하라.

$F_1(A_1, A_0) = \Sigma(1, 2, 3)$

$F_2(A_1, A_0) = \Sigma(0, 2)$

**해 설** 이 조합 논리 회로를 실현하기 위해 ROM은 2개의 입력과 2개의 출력을 가져야만 한다. ROM의 크기는 4×2이다.

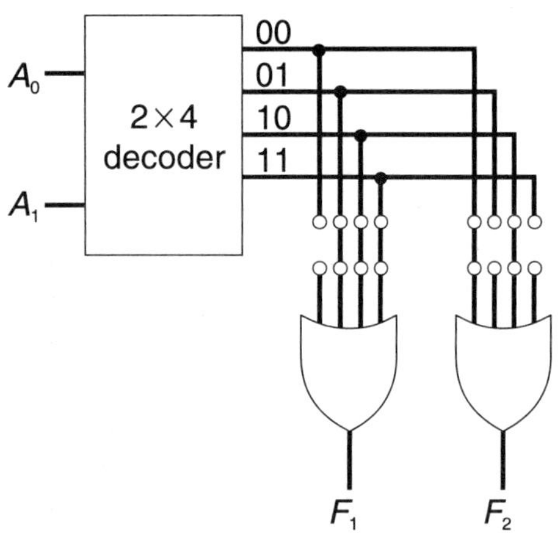


(a) AND-OR 게이트로 구성된 ROM

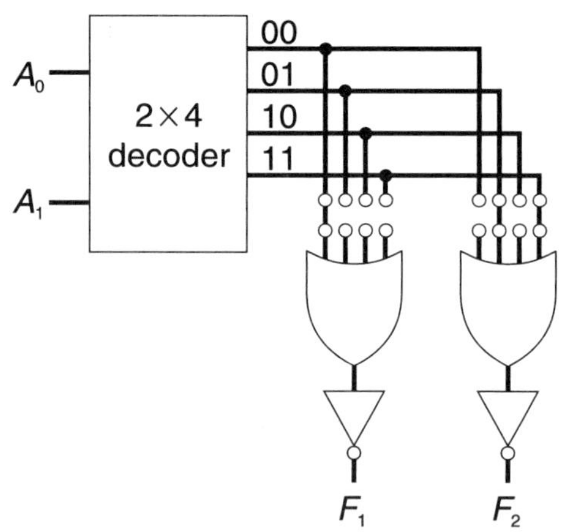


(b) AND-OR-인버터로 구성된 ROM

**그림 4-45** 4×2 ROM을 이용한 논리 회로 실현

1. AND-OR로 구성된 ROM의 경우는 진리표에서 출력을 0으로 하는 최소항들에 대한 연결 고리를 제거한다.
2. AND-OR-인버터로 구성된 ROM의 경우 진리표에서 출력을 1로 하는 최소항들에 대한 연결 고리를 제거한다.

memo

# 연 습 문 제

**Q·01** 반가산기(half adder)의 설명으로 옳은 것은?

가. 2자리의 2진수 덧셈하는 회로이다.
나. 세 자리의 2진수만 덧셈하는 회로이다.
다. 1자리의 2진수 덧셈을 하는 회로이다.
라. 짝수자리만의 2진수를 덧셈하는 회로이다.

해설 반가산기는 2비트를 더하여 그 결과로 1비트의 합과 1비트의 캐리를 발생하는회로이다.

**Q·02** 다음 회로의 명칭은?

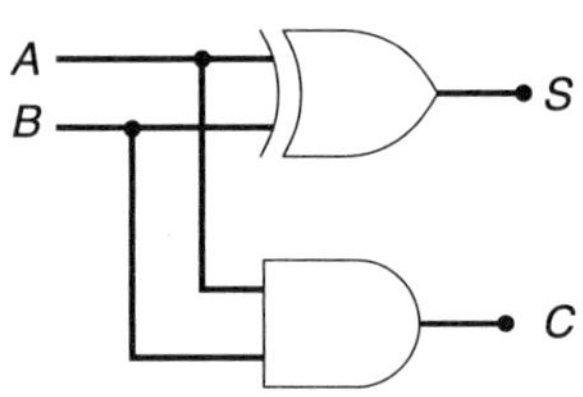


가. 반가산기
나. 반감산기
다. 전가산기
라. 전감산기

해설 반가산기 (HA)는 배타적 OR게이트 1개와 AND 게이트 1개로 구성된다.

**Q·03** 다음의 진리표를 실현하는 논리 회로는 어느 것인가? 단, $A$, $B$는 입력이고 $S$, $C$는 출력이다.

| A | B | S | C |
|---|---|---|---|
| 0 | 0 | 0 | 0 |
| 0 | 1 | 1 | 0 |
| 1 | 0 | 1 | 0 |
| 1 | 1 | 0 | 1 |

**해답** 1. 다 2. 가 3. 라

가. 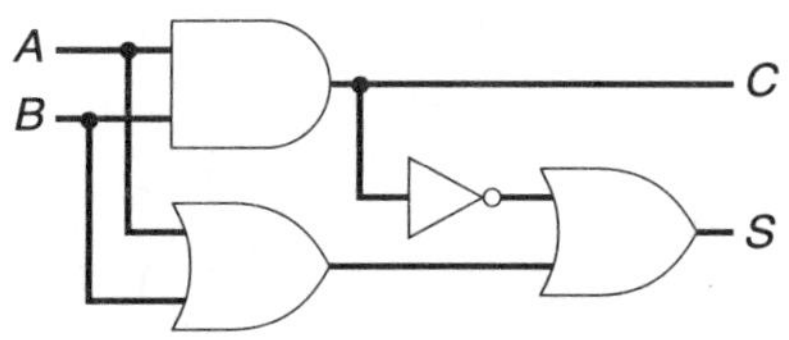


나. 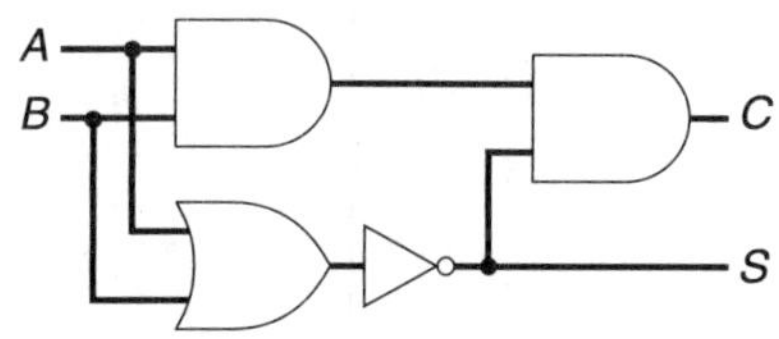


다. 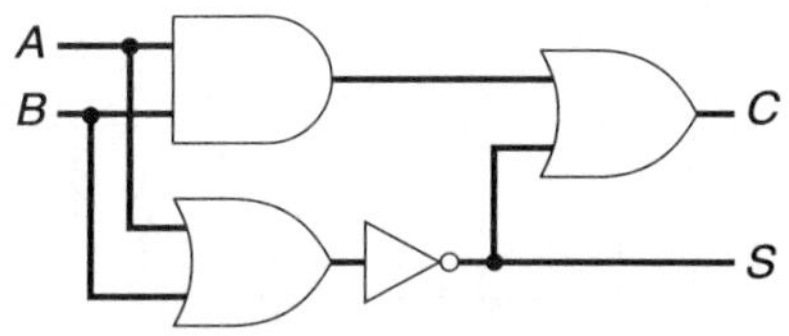


라. 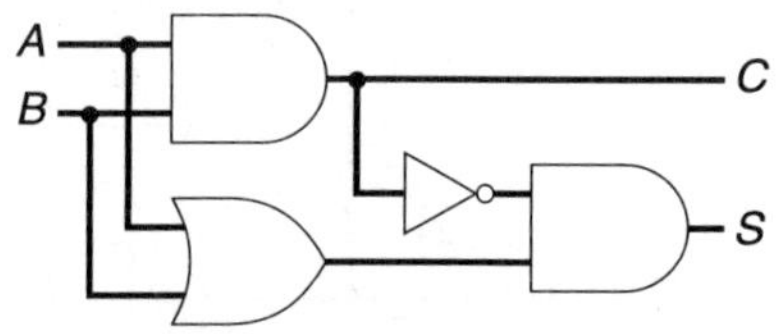


**해설** 반가산기이다.

$$S = \overline{A}B + A\overline{B} = A \oplus B$$
$$C = AB$$

**Q·04** 다음 중 전가산기(Full adder)의 구성으로 옳은 것은?

가. 1개의 반가산기와 1개의 OR 게이트
나. 1개의 반가산기와 1개의 AND 게이트
다. 2개의 반가산기와 1개의 OR 게이트
라. 2개의 반가산기와 1개의 AND 게이트

**Q·05** 다음 그림은 전가산기(FA)의 블럭도에 대한 진리표이다. $x$, $y$, $z$는 전가산기 입력이고 $S$, $C$는 출력이라 할 때 옳은 것은 어느 것인가?

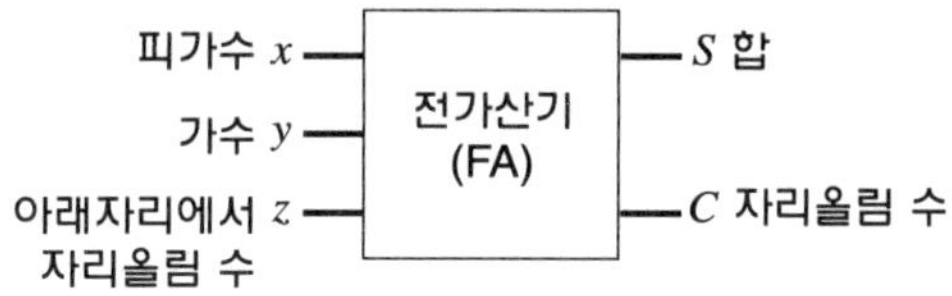


| | | | | | | | | | |
|---|---|---|---|---|---|---|---|---|---|
| 입력 | $x$ | 0 | 0 | 1 | 1 | 0 | 0 | 1 | 1 |
| | $y$ | 0 | 1 | 0 | 1 | 0 | 1 | 0 | 1 |
| | $z$ | 0 | 0 | 0 | 0 | 1 | 1 | 1 | 1 |
| 출력 | $S$ | | | | | | | | |
| | $C$ | | | | | | | | |

**해답** 4. 다 5. 다

| | | | | | | | | | |
|---|---|---|---|---|---|---|---|---|---|
| 가. | s | 0 | 1 | 1 | 1 | 1 | 1 | 1 | 1 |
| | c | 0 | 0 | 0 | 1 | 0 | 0 | 1 | 1 |
| 나. | s | 0 | 1 | 0 | 1 | 1 | 0 | 1 | 0 |
| | c | 0 | 0 | 0 | 0 | 0 | 1 | 0 | 1 |
| 다. | s | 0 | 1 | 1 | 0 | 1 | 0 | 0 | 1 |
| | c | 0 | 0 | 0 | 1 | 0 | 1 | 1 | 1 |
| 라. | s | 0 | 1 | 1 | 0 | 1 | 0 | 0 | 1 |
| | c | 0 | 0 | 0 | 1 | 0 | 1 | 0 | 1 |

**해설** 전가산기에서 최소항(minterm)의 합으로 표시하면 다음과 같다.

$$S = \Sigma(1, 2, 4, 7)$$
$$C = \Sigma(3, 5, 6, 7)$$

**Q·06** 전가산기에 3입력 $A, B, C_{n-1}$이 가해지면 합의 출력은?

가. $A + B + C_{n-1}$　　나. $A + BC_{n-1}$

다. $A \oplus B \oplus C_{n-1}$　　라. $AB \oplus C_{n-1}$

**Q·07** 반가산기 2개를 조합시켜 전가산기를 구성한 것이다. (a) ~ (d)에 명칭으로 옳은 것은 어느 것인가? 단, $S$는 합(sum), $C$는 자리올림(carry)이다.

반가산기

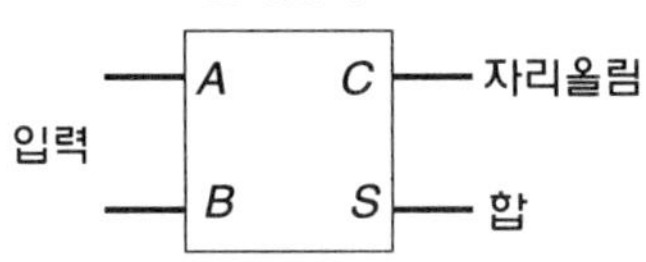


전가산기

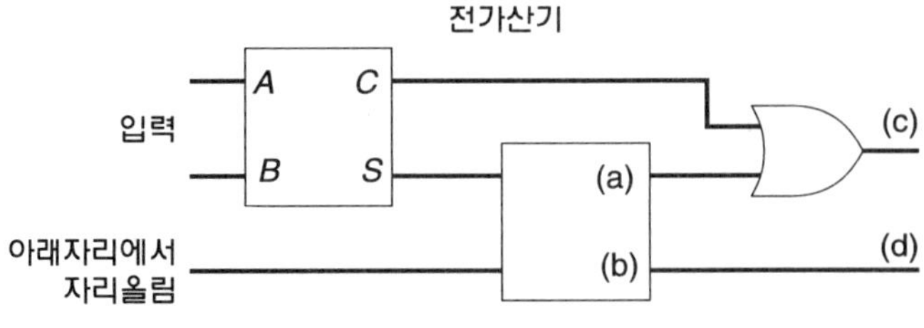


**해답** 6. 다　7. 가

|  | a | b | c | d |
|---|---|---|---|---|
| 가 | C | S | C | S |
| 나 | S | C | C | S |
| 다 | C | S | S | C |
| 라 | S | C | S | C |

해설 전가산기는 HA 2개와 OR 게이트 1개로 구성된다.

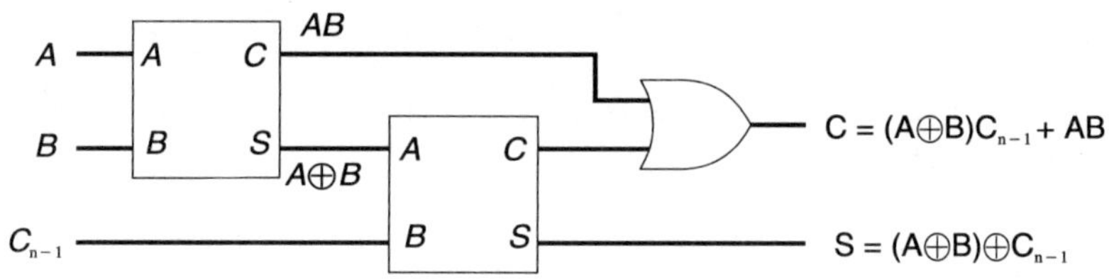


**Q·08** 반가산기를 이용하여 전가산기를 만드는 것이다. 어느 것이 옳바르게 된 것인가? (단, $C$는 가산기의 캐리(carry)를 나타내고 $S$는 합을 나타내는 비트이다.)

가.

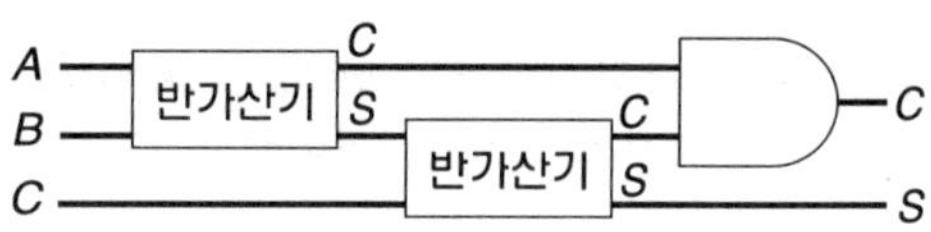


나.

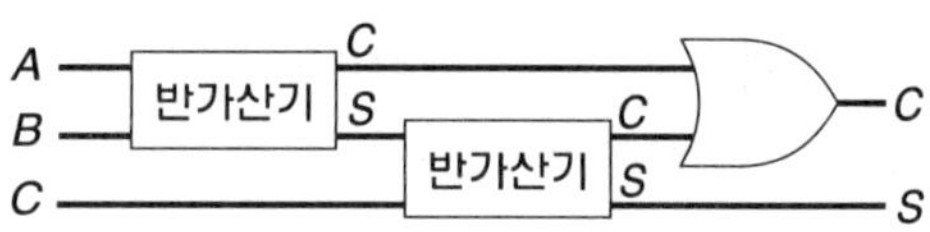


다.

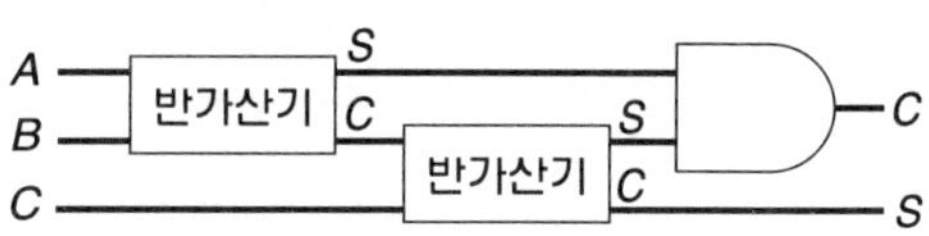


라.

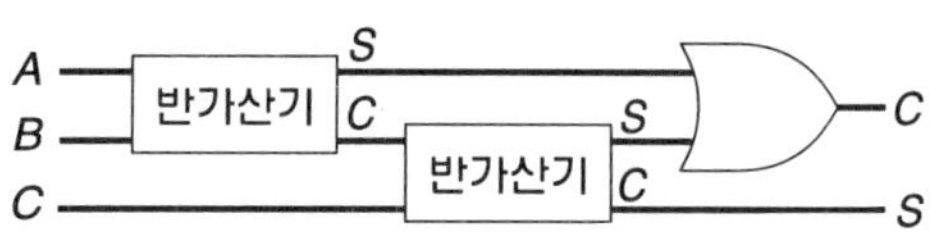


**Q·09** 그림의 회로 명칭은?

**해답** 8. 나 9. 라

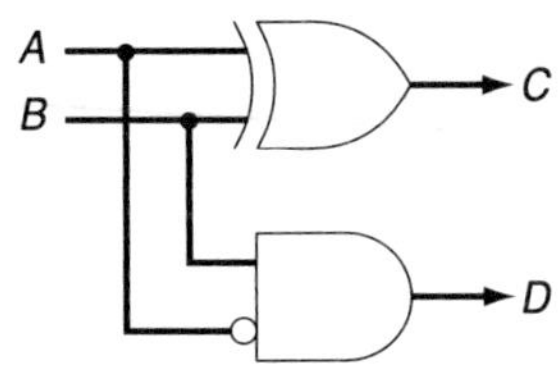


가. 가산기
나. RS 플립플롭
다. 감산기
라. 반감산기

**Q·10** 반감산기에서 차를 얻기 위하여 사용되는 게이트는?

가. 배타적 OR　　나. AND 게이트
다. NOR 게이트　　라. OR 게이트

**Q·11** 35비트(bit) 두 2진수를 병렬 가산을 위해서는 최소한 몇개의 반가산기와 전가산기가 필요한가?

가. 반가산기 : 1개, 전가산기 34개
나. 반가산기 : 2개, 전가산기 33개
다. 전가산기 : 1개
라. 반가산기 : 1개, 전가산기 35개

해설 최우단 bit(LSB)의 가산에는 반가산기만 있으면 되나, 그 다음 비트부터 자리올림수가 있으므로 전가산기를 사용해야 한다.

**Q·12** $(CBABDEAB)_{16}$과 $(ABCDEABC)_{16}$을 덧셈할 수 있는 병렬 가산기를 만들려면 몇 개의 반 가산기와 전 가산기가 필요한가?

가. 2, 20　　나. 30, 2
다. 31, 1　　라. 1, 31

**Q·13** 10비트(bit)의 입력을 받아들일 수 있는 직렬 2진 가산기를 위해서 필요한 최소한의 가산기 수는?

가. 반가산기 : 12개, 전가산기 : 9개　　나. 반가산기 : 5개
다. 전가산기 : 10개　　라. 전가산기 : 1개

해설 직렬 가산기는 2진수의 최하위 자리인 LSB에서 최상위 자리인 MSB를 향해서 한 자리씩 순서대로 가산하여 합을 구하는 방식이다.

**해답** 10. 가　11. 가　12. 라　13. 라

**Q·14** 직렬 2진 가산기는 전가산기가 1개만으로 가능하며 회로적으로 병렬 2진 가산기보다 간단하나 연산 속도는 느리다. 직렬 2진 가산기를 구성할 때 꼭 필요한 회로는?

가. 지연 회로　　나. 펄스 회로
다. 제어 회로　　라. 보수 회로

**Q·15** 다음 논리 회로에 대한 진리표 중 틀린 것의 번호는 어느 것인가?

| | 입 력 | | 출력 |
|---|---|---|---|
| | L | M | Y |
| ① | 0 | 0 | $\overline{A}$ |
| ② | 0 | 1 | A |
| ③ | 1 | 0 | 1 |
| ④ | 1 | 1 | 1 |

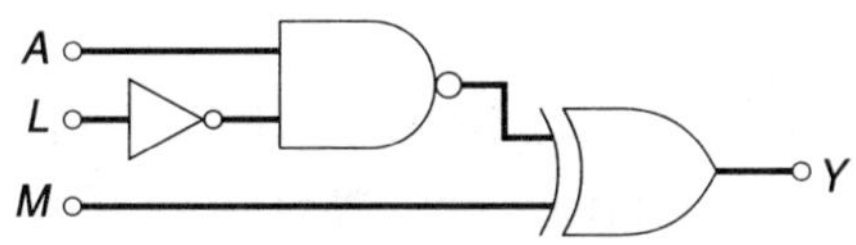


가. ①　　나. ②
다. ③　　라. ④

**해설** 입력 A에 대해 출력이 A 또는 $\overline{A}$를 얻거나 입력에 관계없이 1 또는 0을 얻는 제어회로를 진보영 1기(true－complement－zero－one element)라고 한다.

**Q·16** 다음의 비교 회로에서 논리 $f_1$의 기능은?

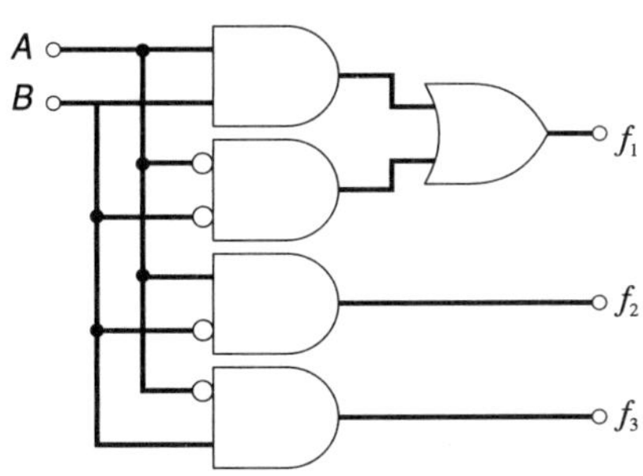


가. $A = B$
나. $A > B$
다. $A < B$
라. $A \geq B$

**해설** $f_1 = A\cdot B+\overline{A}\overline{B} = A \quad B(A=B)$
$f_2 = A\overline{B}(A>B)$
$f_3 = \overline{A}B(A<B)$

**해답** 14. 가　15. 라　16. 가

**Q·17** 그림을 1비트 2진 비교기(comparator)로 사용하고자 한다. 출력 $f$는 다음 중 어느 경우를 나타내는가?

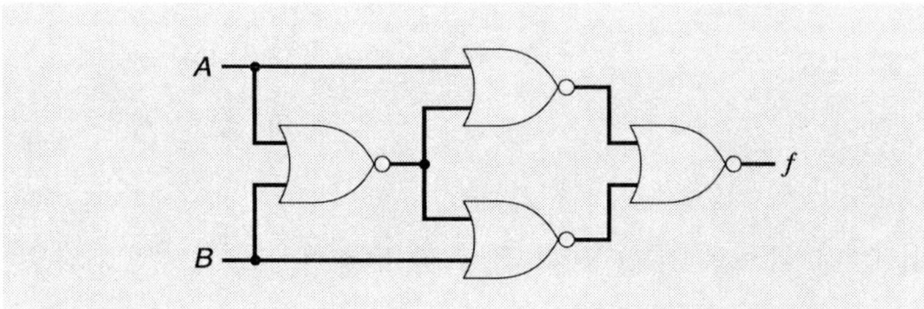


가. $A = B$　　나. $A > B$

다. $A < B$　　라. 사용할 수 없다.

**Q·18** 그림의 BCD 가산기 논리도에서 $A_1$, $A_2$, $A_3$, $A_4$에 0101이 $B_1$, $B_2$, $B_3$, $B_4$에 1000이 들어 왔다면 $C_0$와 $Z_1$, $Z_2$, $Z_3$, $Z_4$의 출력은?

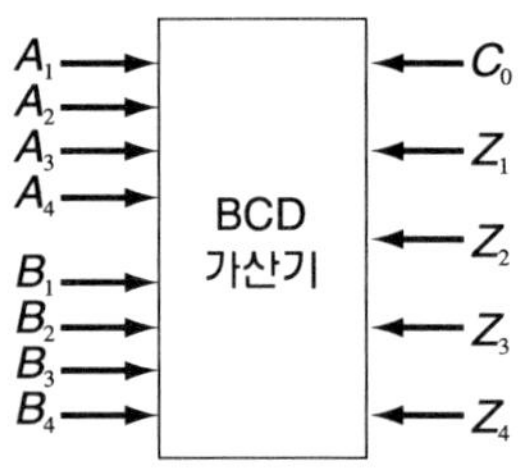


가. 1, 0011

나. 0, 0011

다. 1, 0110

라. 0, 0110

해설 BCD가산

|  |  |
|---|---|
| 0101 |  |
| + 1000 | 2진 가산 |
| 1101 | 9보다 크면 6을 더한다. |
| +0110 | 6을 가산 |
| 10011 |  |

**Q·19** 다음과 같은 진리표로 동작하는 소자는?

| 입력 | | 출력 | | | |
|---|---|---|---|---|---|
| $X$ | $Y$ | $D_0$ | $D_1$ | $D_2$ | $D_3$ |
| 0 | 0 | 1 | 0 | 0 | 0 |
| 0 | 1 | 0 | 1 | 0 | 0 |
| 1 | 0 | 0 | 0 | 1 | 0 |
| 1 | 1 | 0 | 0 | 0 | 1 |

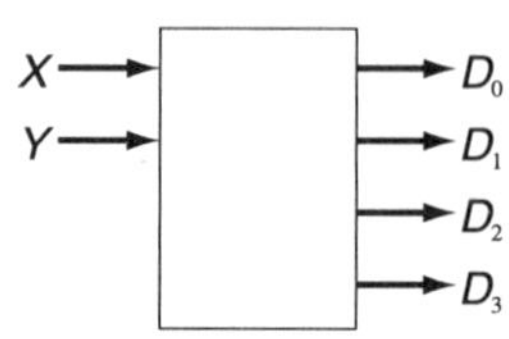


가. 디코더(decoder)　　나. 인코더(encoder)

◎해답◎ 17. 가　18. 가　19. 가

다. 멀티플렉서(multiplexer) 라. 디멀티플렉서(demultiplexer)

**Q·20** 그림의 디코더에 A, B에 각각 "0", "1"이 입력되었을 때 "1"을 출력하는 것은 어느 단자인가?

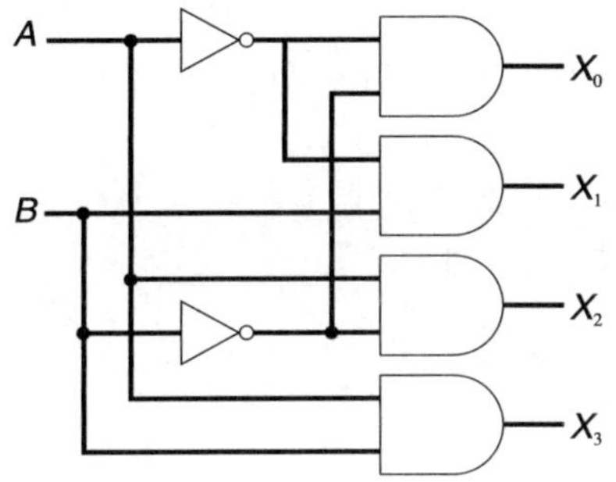


가. $X_0$
나. $X_1$
다. $X_2$
라. $X_3$

해설 $X_0 = \overline{A}\overline{B},\ X_1 = \overline{A}B,\ X_2 = A\overline{B},\ X_3 = AB$

**Q·21** 다음은 디코더(decoder)에 대한 설명이다. 이에 해당되지 않는 것은?

가. 출력보다 많은 입력을 갖고 있다.
나. 한번에 하나의 출력만이 동작한다.
다. BCD 입력을 LED표시와 인터페이스 시킨다.
라. 큰 전류 및 전압을 다루는 구동기 형태의 출력을 갖고 있다.

**Q·22** 64개의 서로 다른 입력 조합의 경우 디코더의 입출력의 수는 몇 개인가?

가. 3, 12 나. 4, 16
다. 8, 8 라. 6, 64

**Q·23** 1－of－32디코더를 설계하려고 한다. 1－of－4디코더만을 이용하여 설계를 한다면 최소한 몇 개가 필요한가?

가. 8개 나. 9개
다. 10개 라. 11개

**Q·24** 3×8 디코더(enable 입력을 가짐)와 2×4 디코더를 이용하여 5×32 디코더를 구성하고자 한다. 소요갯수는 최소 각각 얼마인가?

**해답** 20. 나 21. 가 22. 라 23. 다 24. 다

가. 3×8 디코더 : 5개, 2×4 디코더 : 1개
나. 3×8 디코더 : 5개, 2×4 디코더 : 2개
다. 3×8 디코더 : 4개, 2×4 디코더 : 1개
라. 3×8 디코더 : 4개, 2×4 디코더 : 8개

**Q·25** 디코더(decoder)로 전가산기를 실현하고자 한다. 이의 설계에 요구되는 것은?

가. 2×4 디코더 : 1개, OR게이트 : 2개
나. 2×4 디코더 : 2개, AND게이트 : 2개
다. 3×8 디코더 : 1개, OR게이트 : 2개
라. 3×8 디코더 : 2개, AND게이트 : 2개

---

해설

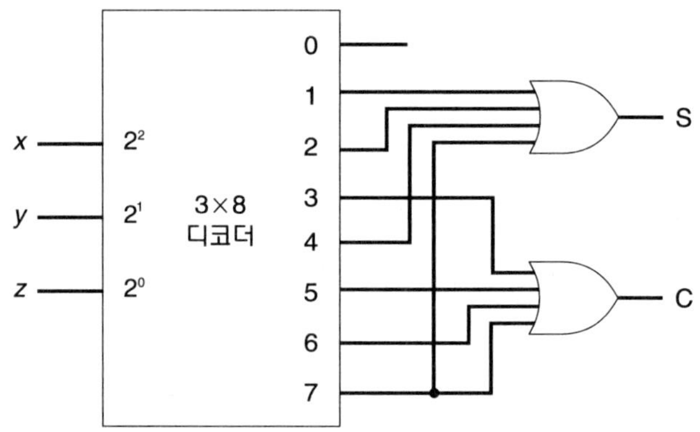


**Q·26** 다음 중 데이터 분배회로로 사용되는 것은?

가. 시프트 레지스터(Shif Register)
나. 디멀티플렉서(Demultiplexer)
다. 인코더(Encoder)
라. 멀티플렉서(Multiplexer)

**Q·27** 단일 회선을 여러개의 회선으로 신호를 전송하는데 필요한 장치는?

가. 멀티플렉서(multiplexer)
나. 인코더(encoder)
다. 디코더(decoder)
라. 디멀티플렉서(demultiplexer)

**해답** 25. 다 26. 나 27. 라

**Q·28** 다음 회로의 명칭은 무엇인가?

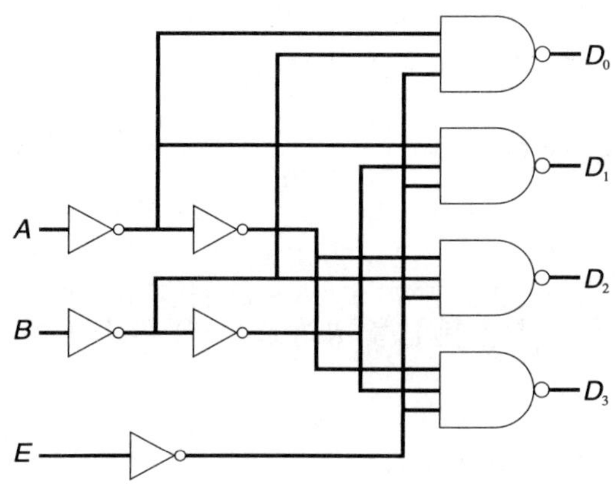


가. 인코더　　나. 멀티플렉서
다. 디멀티플렉서　　라. 패리티 체크회로

**Q·29** 다음은 디멀티플렉서(DEMUX)를 설명한 것이다. 이에 해당되지 않는 것은?

가. 여러 개 출력 중의 하나에 입력 신호를 전달하는데 사용된다.
나. 한번에 단 하나의 출력이 동장된다.
다. 선택 입력을 사용한다.
라. 출력에서 2진 코드를 생성한다.

**Q·30** 인코더(encoder)의 회로 구성시 사용되는 게이트의 집합은?

가. NOT 게이트　　나. AND 게이트
다. OR 게이트　　라. NAND 게이트

해설 인코더(부호기)는 명령을 해독하는 해독기의 출력을 입력으로 취하여 명령을 실제로 지시할 몇 개의 신호를 내는데 편리하다.

**Q·31** 다음 중 인코더에 대한 설명으로 옳은 것은?

가. 출력에서 2진 코드를 생성한다.
나. BCD 입력을 LED 표시와 인터페이스 시킨다.
다. 선택 입력을 사용한다.

**해답** 28. 다　29. 라　30. 다　31. 가

라. 논리함수를 발생할 때 사용된다.

**Q·32** 다음 중 0과 1의 조합에 의하여 어떠한 기호라도 표현될 수 있도록 부호화를 행하는 회로를 무엇이라고 하는가?

가. 디코더(decoder) 나. DEMUX
다. MUX 라. 인코더(encoder)

**Q·33** 여러개의 회로가 단일 회선을 공동으로 이용하여 신호를 전송하는데 필요한 장치는?

가. 멀티플렉서(multiplexer) 나. 인코더(encoder)
다. 디코더(decoder) 라. 디멀티플렉서(demultiplexer)

해설 멀티플렉서(MUX)는 데이터 선택 회로라고도 하며, $2^n$개의 입력 데이터로부터 정보를 받아들여 단일 회선을 공동 출력선으로 이용하여 신호를 전송하는 회로이다.

**Q·34** 다음 논리도는 무슨 회로인가?

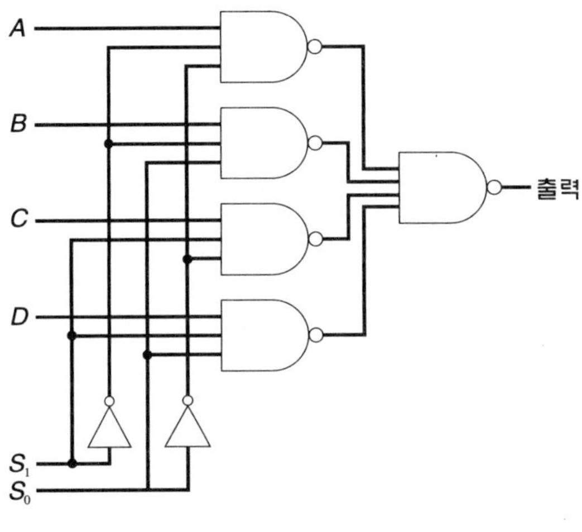


가. 멀티플렉서(multiplexer)
나. 디멀티플렉서(demultiplexer)
다. 인코더(encoder)
라. 디코더(decoder)

**Q·35** 다음 중 데이터 선택 회로로 사용되는 것은?

가. 디멀티플렉서(demultiplexer) 나. 디코더(decoder)
다. 멀티플렉서(multiplexer) 라. 인코더(encoder)

**해답** 32. 라 33. 가 34. 가 35. 다

**Q·36** 다음은 멀티플렉서(MUX)를 설명한 것이다. 이에 해당되지 않는 것은?

가. 선택 입력을 사용한다.
나. 직렬에서 병렬로의 변환에 사용한다.
다. 출력보다 많은 입력을 가진다.
라. 논리 함수를 발생할 때 사용한다.

**해설** MUX는 병렬에서 직렬로의 변환에 사용한다.

**Q·37** 그림의 회로에서 입력 A = low level, B = high level이라고 하면 출력값은?

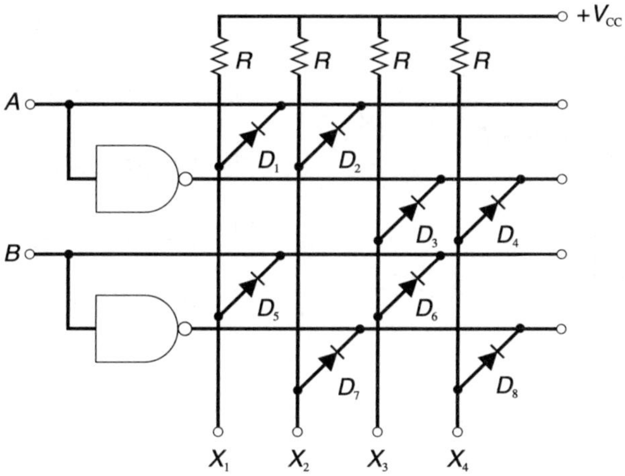


가. $X_1$
나. $X_2$
다. $X_3$
라. $X_4$

**해설** $X_1 = AB,\ X_2 = A\overline{B},\ X_3 = \overline{A}B,\ X_4 = \overline{AB}$

**Q·38** 다음 그림은 4 – to – 1 멀티플렉서(multiplexer)로 구성되 논리 회로이다. 멀티플렉서의 진리표가 아래 표와 같을 때 구성된 회로의 입력 $A$, $B$, $C$에 대한 출력 함수 F는 어느 것인가?

| $S_1$ | $S_0$ | $F$ |
|---|---|---|
| 0 | 0 | $D_0$ |
| 0 | 1 | $D_1$ |
| 1 | 0 | $D_2$ |
| 1 | 1 | $D_3$ |

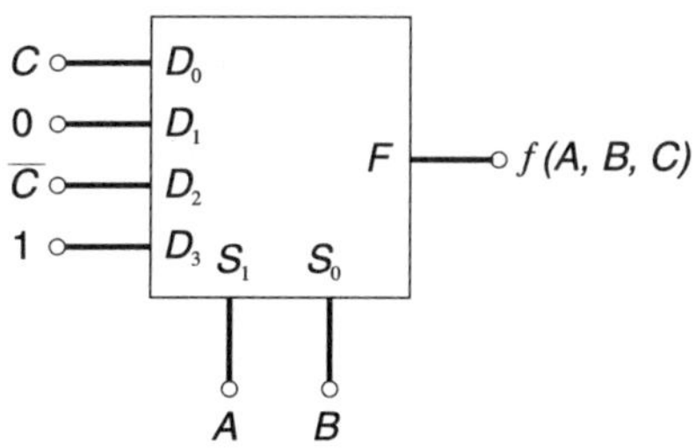


**해답** 36. 나 37. 다 38. 나

가. $F(A,\ B,\ C)=\Sigma(1,\ 3,\ 5,\ 6)$

나. $F(A,\ B,\ C)=\Sigma(1,\ 4,\ 6,\ 7)$

다. $F(A,\ B,\ C)=\Sigma(0,\ 2,\ 3,\ 5)$

라. $F(A,\ B,\ C)=\Sigma(2,\ 3,\ 5,\ 7)$

---

해설 $S_1=A,\ S_0=B,\ D_0=C,\ D_1=0,\ D_2=\overline{C},\ D_3=1$ 에 의한 실현표를 작성하면 다음과 같다.

| | $D_0$ | $D_1$ | $D_2$ | $D_3$ |
|---|---|---|---|---|
| $\overline{C}$ | 0 | 2 | ④ | ⑥ |
| $C$ | ① | 3 | 5 | ⑦ |
| | C | 0 | C' | 1 |

$\therefore F(A,\ B,\ C)=\Sigma(1,\ 4,\ 6,\ 7)$.

**Q·39** 멀티플렉서(multiplexer)를 이용한 다음 회로의 출력은 어느 것인가?

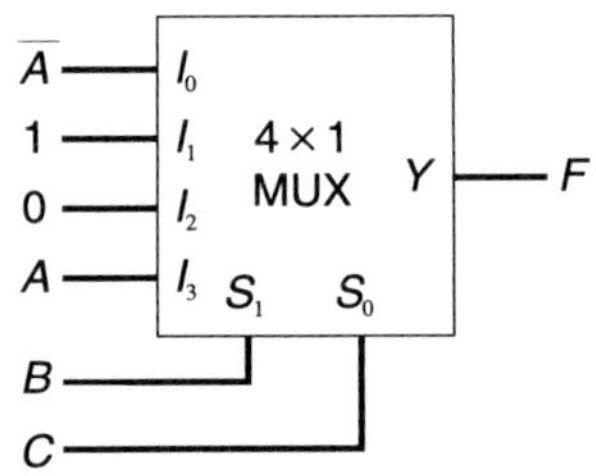


가. $F=BC+A\overline{B}C+AB\overline{C}$

나. $F=\overline{A}\overline{B}+AC$

다. $F=\overline{A}BC+A\overline{B}C+AB\overline{C}$

라. $F=AB+AC+BC$

**Q·40** 다음 그림은 Multiplexer를 이용하여 부울함수를 실현한 것이다. 출력함수 F는 어느 것인가?

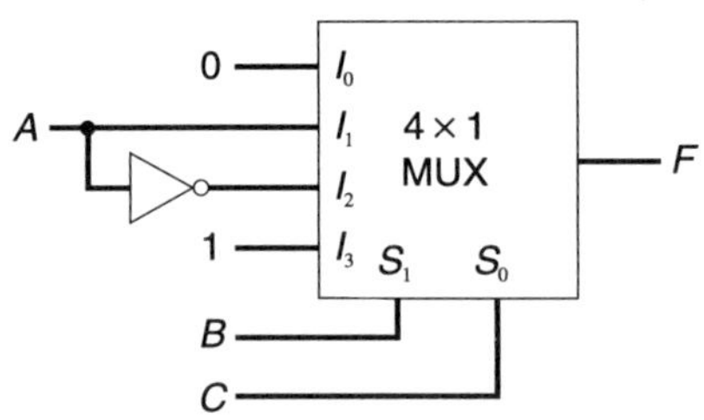


가. $F(A,\ B,\ C)=\Sigma(2,\ 4,\ 5,\ 6)$

나. $F(A,\ B,\ C)=\Pi(2,\ 4,\ 5,\ 6)$

다. $F(A,\ B,\ C)=\Sigma(2,\ 3,\ 5,\ 7)$

라. $F(A,\ B,\ C)=\Pi(2,\ 3,\ 5,\ 7)$

---

**해답** 39. 나 40. 다

**Q·41** 논리 함수 $F(w\ \ x,\ y)=wx+\overline{w}\,\overline{x}\,\overline{y}+\overline{w}xy$ 를 그림과 같이 4-to-1 멀티플렉서(multiplexer)로 실현하고자 한다. 데이터 입력단자 $D_0 \sim D_3$에 각각 인가할 입력으로 잘 못 표현된 것은?

<멀티플렉서의 진리표>

| $S_1$ | $S_0$ | $F$ |
|---|---|---|
| 0 | 0 | $D_0$ |
| 0 | 1 | $D_1$ |
| 1 | 0 | $D_2$ |
| 1 | 1 | $D_3$ |

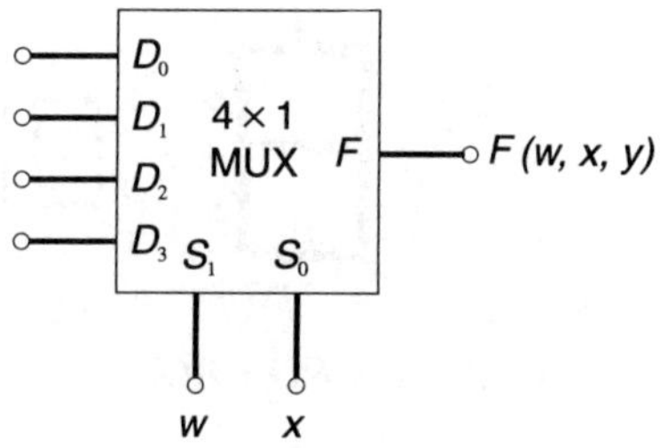


가. $D_0=\overline{y}$　　나. $D_1=y$

다. $D_2=1$　　라. $D_3=1$

---

**해설** $S=w,\ S_0=x$ 이고 $F(w,\ x,\ y)=\Sigma(0,\ 3,\ 6,\ 7)$ 로써 주어져 있으므로 실현표를 작성하면 다음과 같다.

| | $D_0$ | $D_1$ | $D_2$ | $D_3$ |
|---|---|---|---|---|
| $y$ | 1 | ③ | 5 | ⑦ |
| $\overline{y}$ | ⓪ | 2 | 4 | ⑥ |
| | y' | y | 0 | 1 |

$D_0=\overline{y}$, $D_1=y$
$D_2=0$, $D_3=1$

**Q·42** 그림의 코드 변환회로의 명칭은?

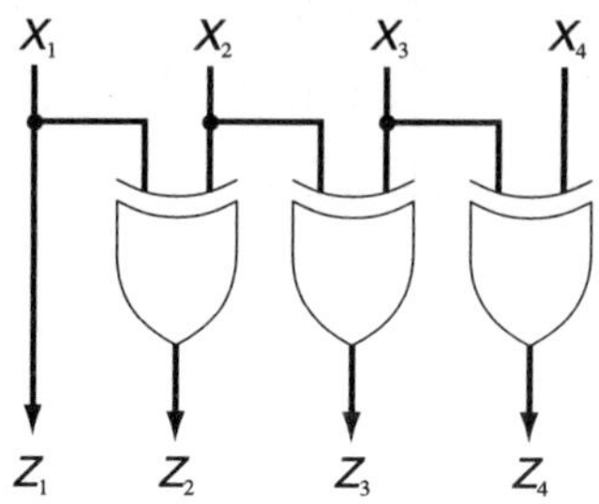


가. BCD－GRAY 코드 변환기
나. BCD－2421 코드 변환기
다. BCD－3초과 코드 변환기
라. BCD－9의 보수 변환기

**Q·43** 십진 BCD계수가 출력으로 그림과 같은 표시를 이용하려면 어떤 디코더 드라이브가 필요한가?

가. BCD－10 쎄그먼트　　나. Octal－10 쎄그먼트

다. BCD－7 쎄그먼트　　라. Octal－7 쎄그먼트

**해답** 41. 다　42. 가　43. 다

**Q·44** BCD코드 "$ABCD$"를 그림과 같이 LED로 표시할 수 있도록 BCD－to－Segment decoder를 설계하려고 한다. 출력 $a$의 표현식으로 가장 간단한 것은?

가. $A+D+CD+\overline{AC}$

나. $D+\overline{D}+AC+\overline{A}+D$

다. $A+C+BD+\overline{B}\,\overline{D}$

라. $B+D+A\overline{B}C+\overline{B}D$

해설 $a$가 1인 경우 $\Sigma(0, 2, 3, 5, 6, 7, 8, 9)$ 와 BCD코드 이므로 don't care조건 $d=\Sigma(10, 11, 12, 13, 14, 15)$ 를 K－map으로 간소화 한다.

**Q·45** 4－비트 전가산기 MSI 회로를 이용하여 BCD코드를 Excess 3 코드로 변환하는 회로를 설계하고자 한다. 이 때 $B_4B_3B_2B_1$의 입력으로 옳은 것은? (단, 가산기의 입력 캐리는 $C1$이고 출력 캐리는 $C_5$이다.)

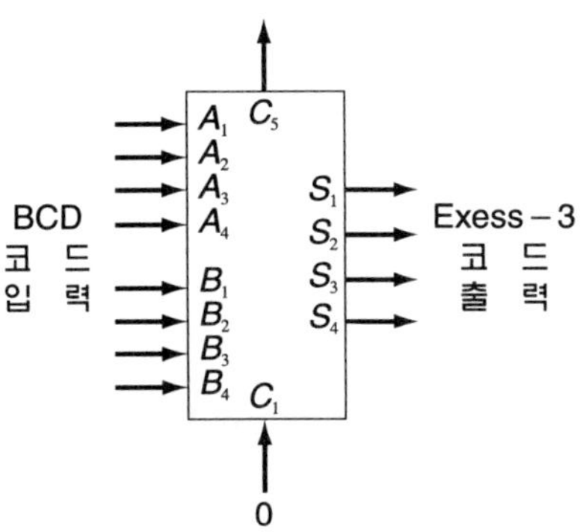


가. 1111

나. 0000

다. 1100

라. 0011

**Q·46** 다음 그림은 어떤 함수 $F$를 실현한 PLA(Programmable Logic Array)이다. 함수 $F$는?

해답 44. 다 45. 라 46. 나

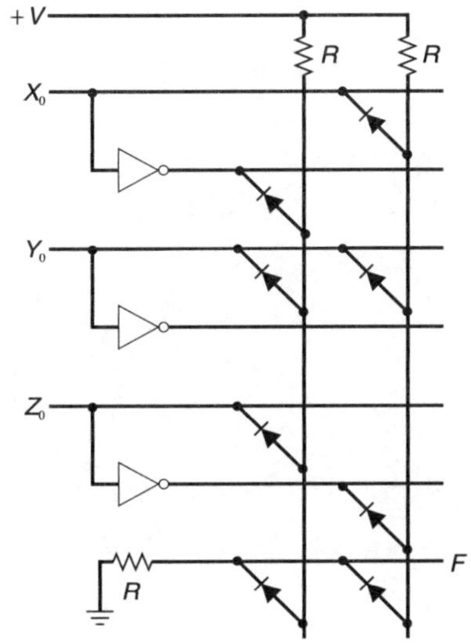


가. $F = \overline{X}\overline{Y}Z + X\overline{Y}\overline{Z}$

나. $F = \overline{X}YZ + XY\overline{Z}$

다. $F = (\overline{X} + \overline{Y} + Z)(X + \overline{Y} + \overline{Z})$

라. $F = (\overline{X} + Y + Z)(X + Y + \overline{Z})$

**Q·47** 그림의 다이오드 행렬 롬(ROM)은 어떤 논리 회로의 동작을 수행할 수 있는가?

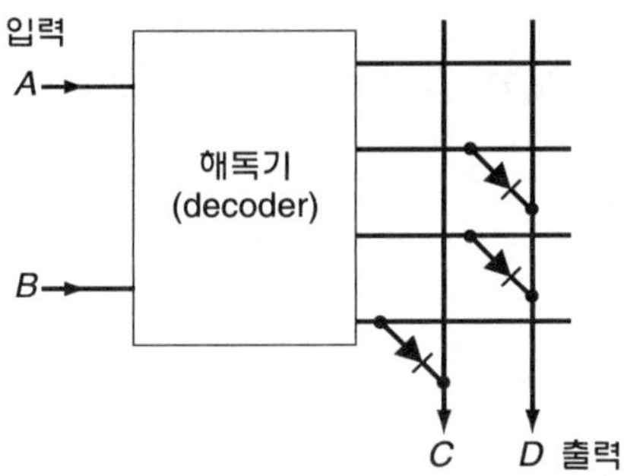


가. 패리티 발생기

나. 플립-플롭(flip-flop)

다. 반감산기

라. 반가산기

**Q·48** 다음 ROM에서 $A_2A_1A_0$가 101일 때 데이타 $D_3D_2D_1D_0$는?

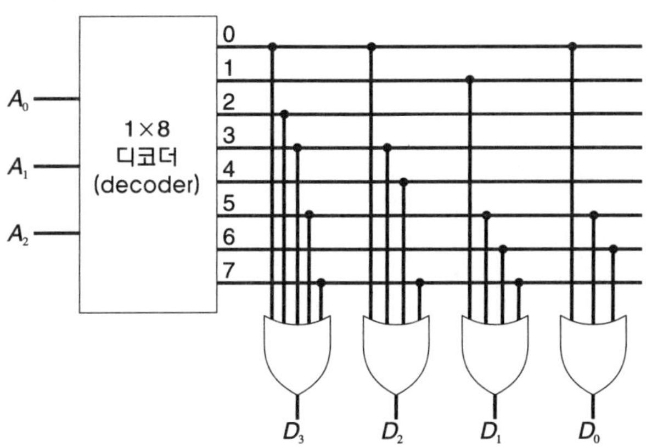


**해답** 47. 라 48. 가

가. 1011　　나. 1100
다. 1101　　라. 1111

**Q·49** 다음 그림은 4×2 ROM을 이용한 조합 논리 회로의 실현을 보인 것이다. $A_0 = A_1 = 0$일 때의 $F_1$과 $F_2$가 옳은 것은?

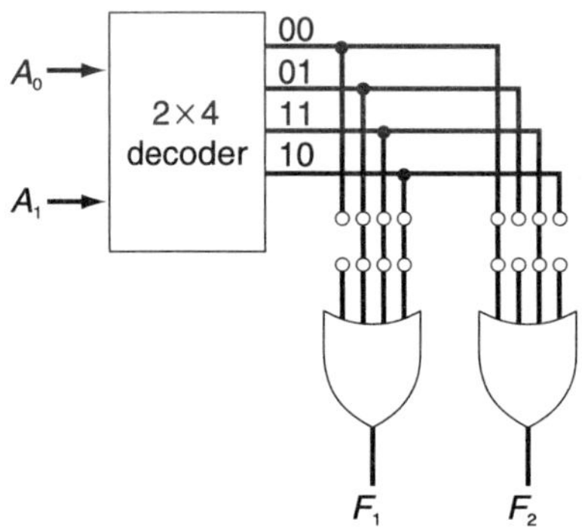


가. $F_1 = F_2 = 0$
나. $F_1 = 0, F_2 = 1$
다. $F_1 = 1, F_2 = 0$
라. $F_1 = F_2 = 1$

**Q·50** 2K×4 RAM이 있다. 16K×8 메모리 시스템을 구성하기 위해서 몇 개의 IC가 필요한가?

가. 16개　　나. 8개
다. 2개　　라. 32개

**Q·51** 두 개의 4-비트수를 곱하는 2진 승산기를 ROM를 이용하여 실현하고자 한다. 필요로하는 ROM의 크기는?

가. 8×8 ROM　　나. 8×4 ROM
다. 256×4 ROM　　라. 256×8 ROM

⊙**해답**⊙ 49. 나 50. 가 51. 나

# 5 chapter

# 플립 플롭

## Flip-Flops

**5. 1** 기본 플립플롭

**5. 2** SR 플립플롭

**5. 3** JK 플립플롭

**5. 4** D 플립플롭

**5. 5** T 플립플롭

**5. 6** D 래치

**5. 7** 비동기 입력

**5. 8** 마스터-슬레이브 플립플롭

**5. 9** 동기식 순차 회로

**5.10** 순차 회로의 설계 절차 요약

chapter 5

# 플립플롭

Flip-Flops

## 5. 1 기본 플립플롭

플립플롭(flip-flop)은 2개의 안정 상태를 가진 기억소자로 1비트의 정보를 기억할 수 있다. 이를 래치(latch) 또는 쌍안정 멀티바이브레이터(bistable multivibrator)라고도 한다. 이 플립플롭은 2개의 NAND 게이트 또는 2개의 NOR 게이트로 구성할 수 있으며 이를 NAND 게이트 이용 *SR* 래치, NOR 게이트 이용 *SR* 래치라고 한다.

**예제 5-1** NAND 게이트를 이용한 *SR* 래치를 구성하고 그 동작을 진리표로 표시한 후 설명하라.

**해설** NAND 게이트 래치에서 *S*와 *R* 입력들은 일반적으로 HIGH 상태를 유지하고 있고, 출력을 변화시키고자 할 때에는 두 입력 중 하나에 LOW 펄스를 인가해 준다. $Q(N)$는 래치 출력 $Q$의 현재 상태이고, $Q(N+1)$은 $Q(N)$의 다음 상태를 말한다.

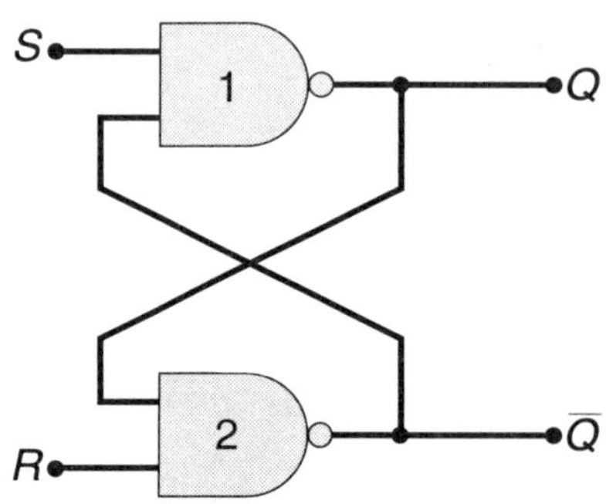


(a) 논리 다이어그램

| $S$ | $R$ | $Q(N+1)$ | 동작 상태 |
|---|---|---|---|
| 1 | 1 | $Q(N)$ | 불변(유지) |
| 0 | 1 | 1 | 세트(set) |
| 1 | 0 | 0 | 리세트(reset) |
| 0 | 0 | ? | 부정(금지) |

(b) 진리표

**그림 5-1** NAND게이트로 구성된 SR 래치

2-입력 NAND 게이트로 구성된 *SR* 래치에서 모든 입력 조건에 대한 출력 *Q*의 상태를 살펴보면 다음과 같다.

1. **S=R=1 일 때** 비동적 상태로 출력 상태에 아무런 영향도 끼치지 않고 전(前) 상태를 그대로 유지한다.
2. **S=0, R=1 일 때** 출력 $Q=1$인 상태로 된다.
3. **S=1, R=0 일 때** 출력 $Q=0$인 상태로 된다.
4. **S=R=0 일 때** 두 출력 $Q=\overline{Q}=1$ 이 되어 불안정한 상태가 되므로 이런 상태는 피해야 한다.

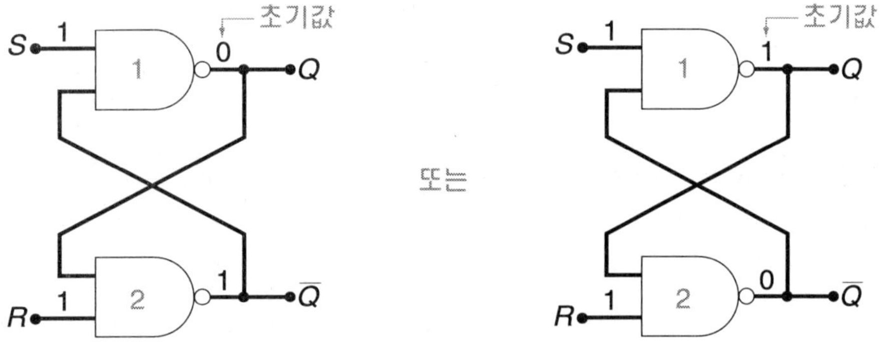


(a) $S=R=1$일 때 출력 상태는 불변

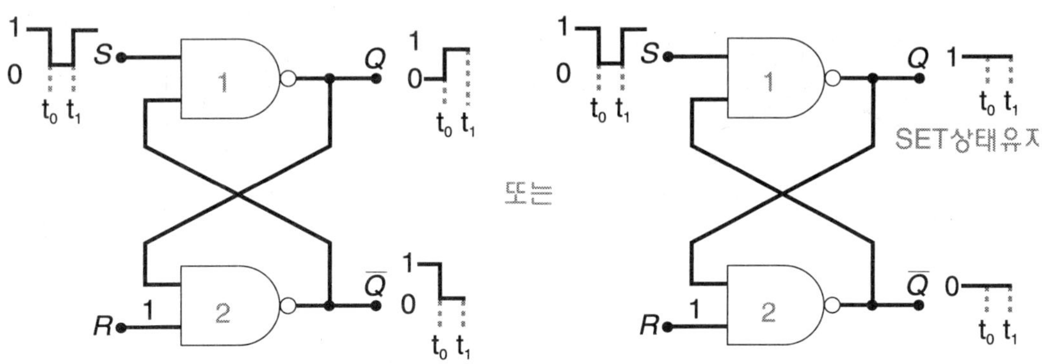


(b) $S=0$, $R=1$일 때 $Q=1$, $\overline{Q}=0$

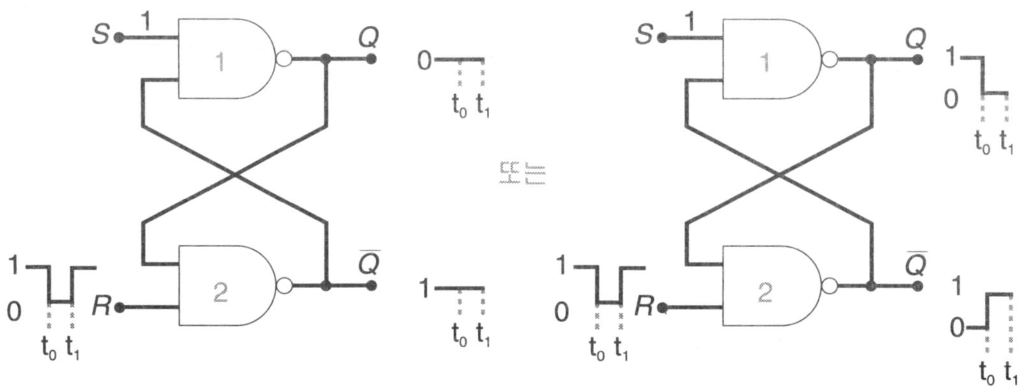


(c) $S = 1, R = 0$일 때 $Q = 0, \overline{Q} = 1$

**그림 5-2** NAND 게이트 래치의 동작

**예제 5-2** NOR 게이트를 이용한 *SR* 래치를 구성하고 그 동작을 진리표로 작성한 후 설명하라.

**해설** NOR 게이트는 1개의 입력이 LOW이면 출력은 다른 입력의 상태로 결정되고 1개만이라도 HIGH이면 다른 입력에 관계없이 출력은 LOW가 된다.

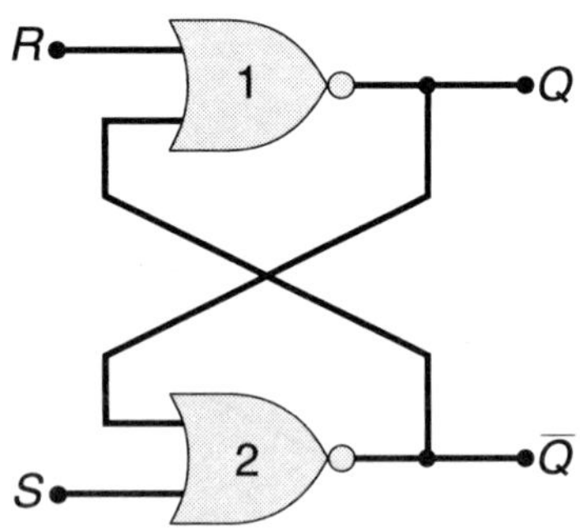


(a) 논리 다이어그램

| *S* | *R* | *Q(N+1)* | 동작 상태 |
|---|---|---|---|
| 0 | 0 | *Q(N)* | 불변(유지) |
| 1 | 0 | 1 | 세트(set) |
| 0 | 1 | 0 | 리세트(reset) |
| 1 | 1 | ? | 부정(금지) |

(b) 진리표

**그림 5-3** NOR 게이트로 구성된 SR 래치

2-입력 NOR 게이트로 구성된 *SR* 래치에서 모든 입력 조건에 대한 출력 *Q*의 상태를 살펴보면 다음과 같다.

1. **S=R=0 일 때** 비동적 상태로 출력 상태에 아무런 영향을 주지 않고 전(前) 상태를 그대로 유지한다.

2. S=1, R=0 **일 때** 출력 $Q=1$인 상태로 된다.

3. S=0, R=1 **일 때** 출력 $Q=0$인 상태로 된다.

4. S=R=1 **일 때** 두 출력 $Q=\overline{Q}=0$ 이 되어 불안정 상태(부정)가 되므로 사용하지 않는다.

이 SR 래치는 주기적인 펄스를 사용하지 않고 각 부의 동작은 하나 전의 동작이 끝나면 그 출력 상태에 따라 다음 회로가 동작하는 방식이므로 비동기식 SR 플립플롭이라고도 한다.

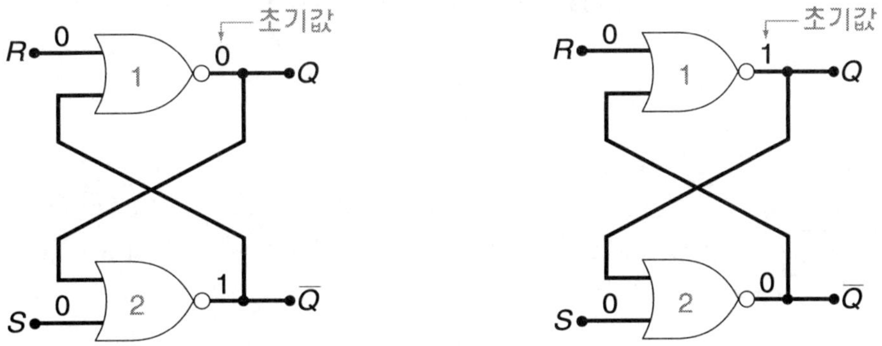


(a) R = S = 0일 때 출력 상태는 불변

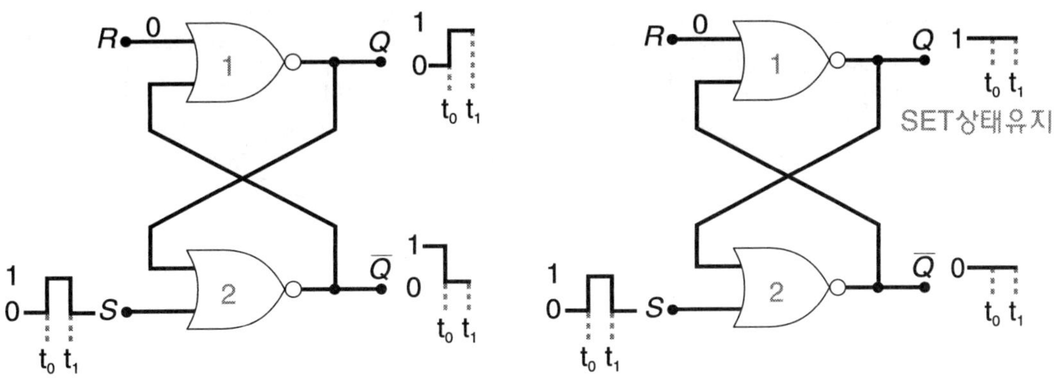


(b) R = 0, S = 1일 때 Q = 1, $\overline{Q}=0$

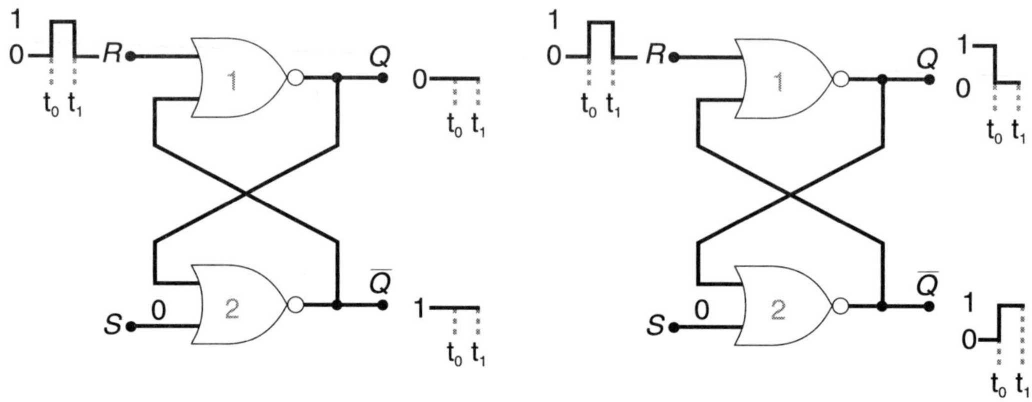


(c) R = 1, S = 0일 때 Q = 0, $\overline{Q}$ = 1

**그림 5-4** NOR 게이트 래치의 동작

**예제 5-3** NAND 래치의 부논리를 구성하고 그 동작을 진리표로 표시하라.

**해 설** 부논리 NAND 래치를 구성하고 모든 입력 조건에 따른 진리값 표를 작성하면 다음과 같다.

1. 부논리 NAND 래치의 구성

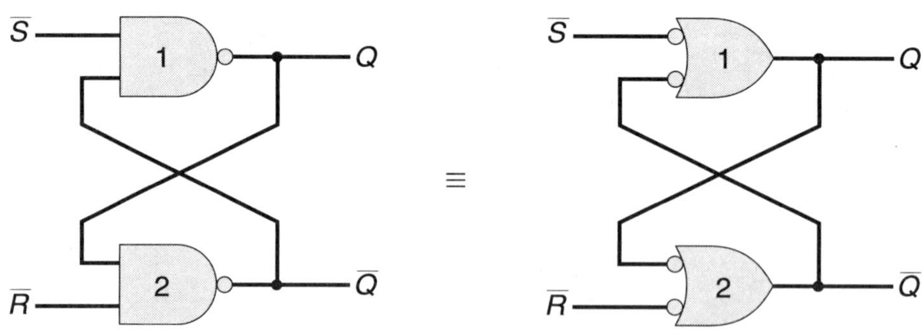


(a)

(b) 작은 원(bubble)은 동적 LOW임을 나타낸다.

**그림 5-5** 부논리 NAND 래치

2. 부논리 동작 진리표

| $\overline{S}$ | $\overline{R}$ | $Q(N+1)$ |
|---|---|---|
| H | H | $Q(N)$ |
| H | L | L |
| L | H | H |
| L | L | ? |

← $Q$의 다음상태

(a) 부논리 NAND 래치

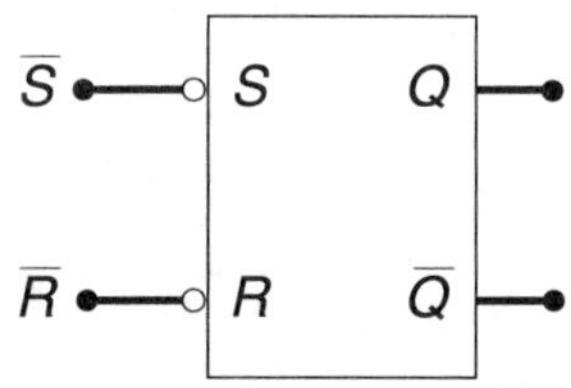


(b) 기 호

**그림 5-6** NAND 래치의 부논리 진리표와 기호

정논리로 동작시키시 위해서는 입력측에 인버터를 넣어 그림 5-7(a)와 같이 한다. 이 회로의 입력은 항상 H를 가지며 동작이 일어날 대 L로 한다. 일반적으로 TTL NAND의 입력 단자는 무입력시에는 H의 상태에 있다.

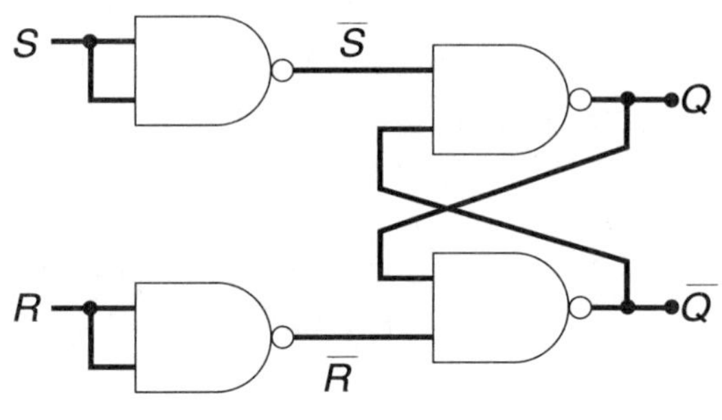


(a) 정논리 동작

| $S$ | $R$ | $Q(N+1)$ |
|---|---|---|
| L | L | $Q(N)$ |
| L | H | L |
| H | L | H |
| H | H | ? |

(b) 정논리 진리표

**그림 5-7** 그림 5-5의 정논리 동작

## 5. 2 SR 플립플롭

클럭 신호 동기식 플립플롭은 클럭(clock)이라고 하는 신호에 의해 출력단의 변화가 결정된다. 이 클럭은 CP, CK 또는 CLK라는 기호를 사용한다. 이 클럭이 0에서 1로 천이할 때를 PGT(positive-going transition), 반대로 1에서 0으로 천이할 때를 NGT(negative-giong transition)이라고 한다.

(a) 상승 에지(positive edge) 트리거　　　(b) 하강 에지(negative edge) 트리거

**그림 5-8** 에지 트리거 플립플롭의 일반적인 기호

### 에지 트리거 SR 플립플롭

클럭 펄스에 의해 동기되어 동작하는 플립플롭으로 에지 트리거 SR 플립플롭이라고 한다. 그림 5-9(a)는 상승 에지 클럭 신호에 의해 그림 5-10(a)는 하강 에지 클럭 신호에 의해 트리거 된다.

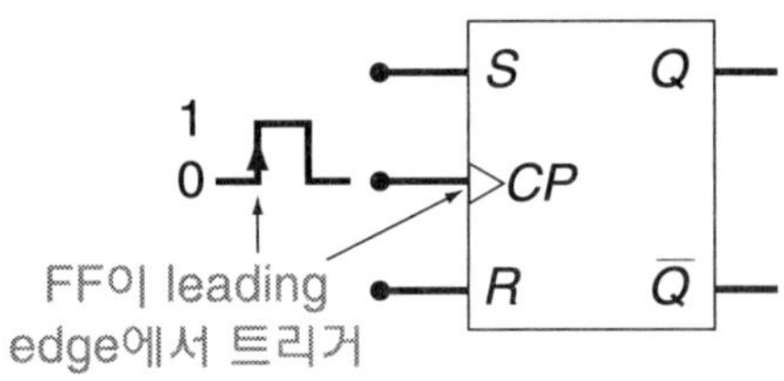


| S | R | CP | Q(N+1) |
|---|---|---|---|
| 0 | 0 | ↑ | Q(N) |
| 1 | 0 | ↑ | 1 |
| 0 | 1 | ↑ | 0 |
| 1 | 1 | ↑ | ? |

(a) 기호　　　(b) 진리표

**그림 5-9** PGT에서 트리거 되는 동기식 SR 플립플롭

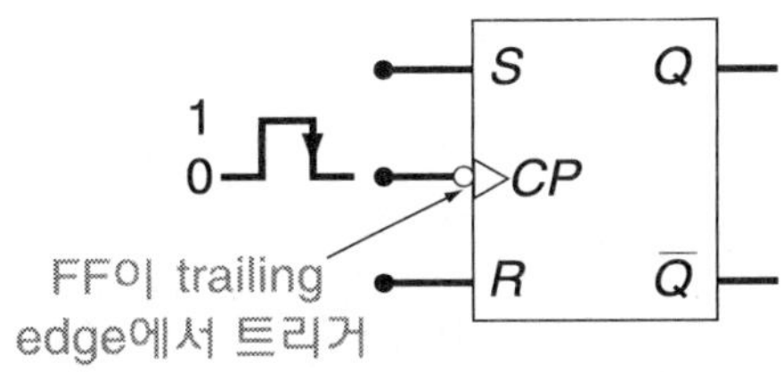


(a) 기호

| $S$ | $R$ | $CP$ | $Q(N+1)$ |
|---|---|---|---|
| 0 | 0 | ↓ | $Q(N)$ |
| 1 | 0 | ↓ | 1 |
| 0 | 1 | ↓ | 0 |
| 1 | 1 | ↓ | ? |

(b) 진리표

**그림 5-10** NGT에서 트리거 되는 동기식 SR 플립플롭

**예제 5-4** 4개의 NAND 게이트를 이용하여 동기식 *SR* 플립플롭(clocked SR flip-flop)을 구성하고 그 동작을 설명하라.

**해설** NAND 래치에 2개의 NAND 게이트(steering gate)를 부가하여 구성한다.

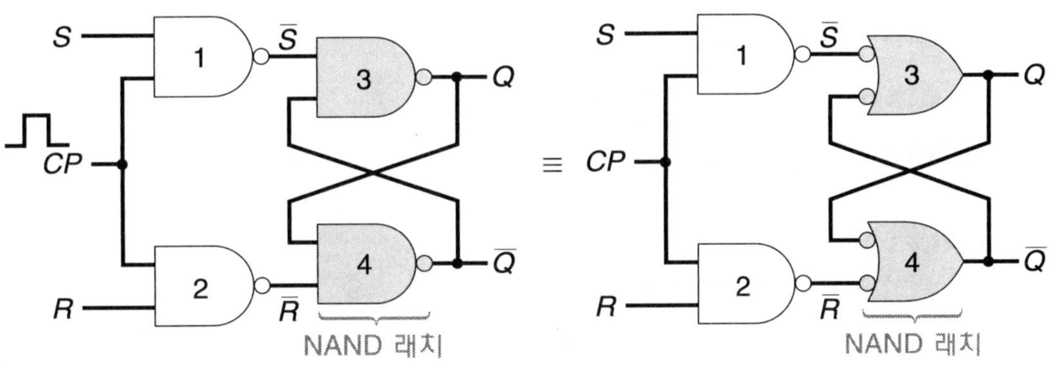


**그림 5-11** 동기식 SR 플립플롭

이 회로의 동작은 다음과 같다.

1. CP = 0이면 *S*와 *R*에 어떤 입력을 가해도 래치가 동작하지 않으므로 출력 상태는 변하지 않는다.
2. CP = 1이면 *S*와 *R*의 값에 따라 래치가 동작하므로 출력 상태가 변한다.

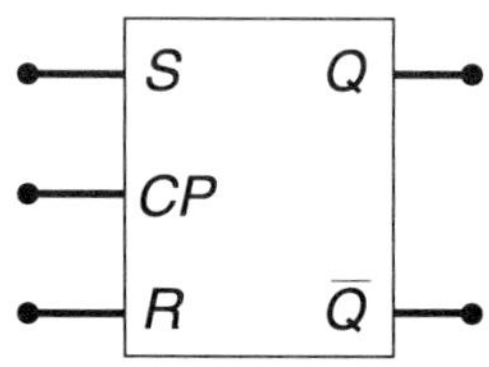


(a) 기호

| $S$ | $R$ | $CP$ | $Q(N+1)$ |
|---|---|---|---|
| × | × | 0 | $Q(N)$ |
| 0 | 0 | 1 | $Q(N)$ |
| 0 | 1 | 1 | 0 |
| 1 | 0 | 1 | 1 |
| 1 | 1 | 1 | ? |

$CP=0$이면 출력 상태는 변하지 않는다.

$CP=1$일 때만 $S$, $R$에 따라 래치가 동작한다.

(b) 진리표

**그림 5-12** 동기식 SR 플립플롭

**예제 5-5** 에지 트리거(edge-triggered) SR 플립플롭 회로를 구성하고 PGT와 NGT 검출 방법을 설명하라.

**해설** 에지 트리거 SR 플립플롭 회로는 다음과 같이 세 부분으로 구성되어 있다.

1. 에지 검출 회로 (edge-detector circuit)
2. 펄스 구동 회로 (pulse-steering circuit)
3. NAND 래치 (latch)

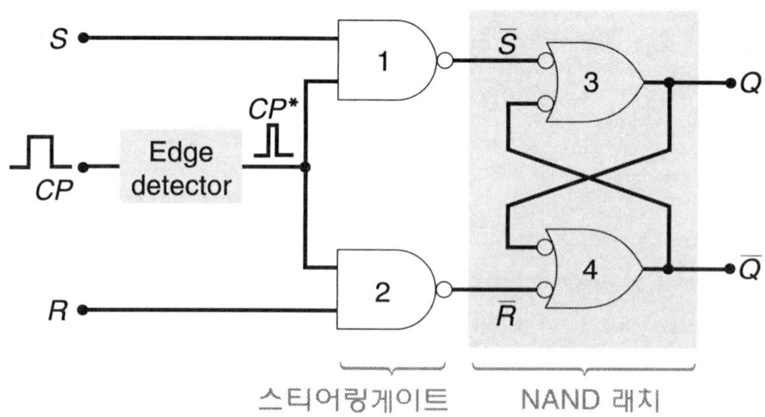


**그림 5-13** 에지 트리거드 SR 플립플롭(edge-triggered SR flip-flop)

**에지 검출 회로** 이 회로는 CP가 가해지면 좁은 폭의 클럭 펄스 CP*(수 ns동안 HIGH 유지)를 내보낸다. 그림 5-14는 PGT와 NGT를 검출하는 회로이다.

그림 5-14(a)는 PGT로 동작하는 플립플롭에서 트리거의 내부 회로, 즉 내부적으로 인버터 통과시간만큼의 전파 지연(수 ns) 후 $\overline{CP}$가 되어 AND 게이트를 통해서 에지 트리거 신호인 CP*이 발생하게 된다. 즉 CP*의 신호는 수 ns동안만 HIGH가 되기 때문에 플립플롭의 출력 Q는 CP의 짧은 시간 동안만 S와 R의 영향을 받게 된다. 마찬가지로 NGT로 동작하는 플립플롭에서도 그림 5-14(b)의 NGT 검출 회로에서 짧은 시간 동안 CP*를 발생시킨다.

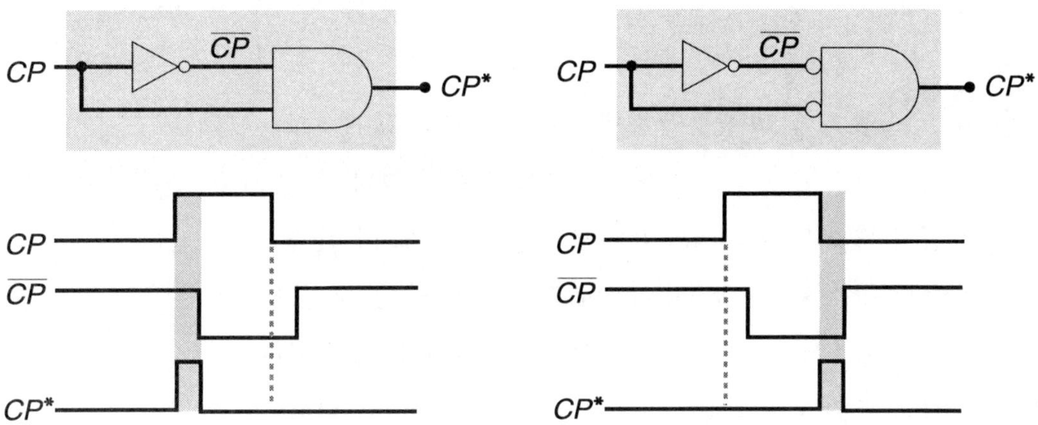


(a) PGT 검출 회로 (b) NGT 검출회로

**그림 5-14** 에지 검출 회로와 파형

**펄스 구동 회로** 펄스 스티어링 게이트(pulse steering gate)는 S와 R 입력 상태에 따라 래치의 입력으로 내보내는 펄스를 조정한다.

NAND **래치** CP*=0 일 때 S와 R의 값과는 무관하게 스티어링 게이트의 출력이 1이 되므로 출력 상태는 변하지 않는다. CP*=1 일 때는 모든 입력 조건에 따라 래치의 출력 상태가 변한다.

**예제 5-6** 다음 동기식 *SR* 플립플롭(clocked SR flip-flop)에서 *S*, *R* 및 *CP* 입력에 대한 파형이 주어졌을 때 출력 *Q*의 파형을 그려라. 단, 플립플롭의 초기는 리세트(reset) 상태라고 가정한다.

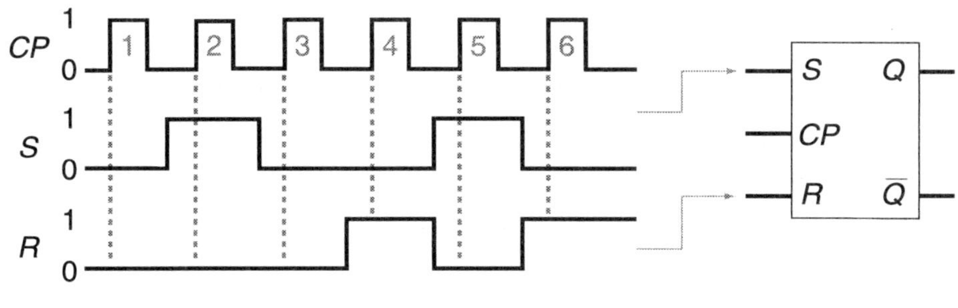


그림 5-15

**해설** 이 동기식 *SR* 플립플롭에서 *CP*가 HIGH 일 때 active된다.

1. 클럭 펄스 1 : $S = R = 0$ 이므로 $Q$는 변화가 없다.
2. 클럭 펄스 2 : $S = 1, R = 0$ 이므로 $Q = 1$(세트)이 된다.
3. 클럭 펄스 3 : $S = R = 0$ 이므로 전상태 $Q = 1$을 그대로 유지한다.
4. 클럭 펄스 4 : $S = 0, R = 1$ 이므로 $Q = 0$(리세트)이 된다.
5. 클럭 펄스 5 : $S = 1, R = 0$ 이므로 $Q = 1$(세트)이 된다.
6. 클럭 펄스 6 : $S = 0, R = 1$ 이므로 $Q = 0$(리세트)이된다.

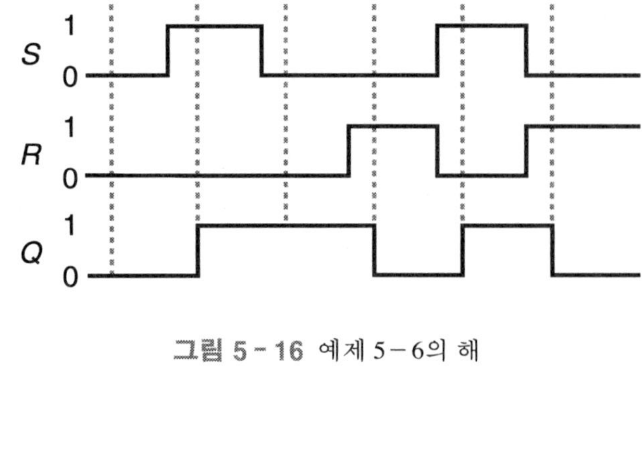


그림 5-16 예제 5-6의 해

**예제 5-7** 동기식 *RS* 플립플롭의 특성표(characteristic table)를 작성하고, 특성식을 구하라.

**해설** 특성표는 플립플롭의 동작을 표현식으로 요약한 것으로 $Q$는 플립플롭의 현재상태를, $Q(N+1)$은 한 클럭 펄스가 발생된 후의 플립플롭의 상태(다음 상태)를 말한다. 특성식은 현재상태와 입력 함수로서 다음 상태의 값을 나타낸다.

| *Q* | *S* | *R* | *Q*(*N*+1) |
|---|---|---|---|
| 0 | 0 | 0 | 0 |
| 0 | 0 | 1 | 0 |
| 0 | 1 | 0 | 1 |
| 0 | 1 | 1 | 불안정 |
| 1 | 0 | 0 | 1 |
| 1 | 0 | 1 | 0 |
| 1 | 1 | 0 | 1 |
| 1 | 1 | 1 | 불안정 |

(a) 특성표

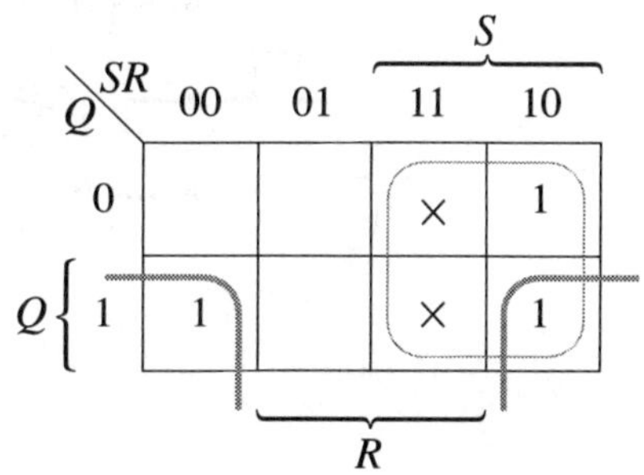


$$Q(N+1) = S + \overline{R}Q$$
$$SR = 0$$

(b) 특성식

그림 5-17 동기식 RS 플립플롭의 특성표와 특성식

## 5. 3 JK 플립플롭

에지 트리거 *SR* 플립플롭에서는 $S = R = 1$ 일 때 출력이 불안정 상태가 된다. 따라서 *JK* 플립플롭에서는 $J = K = 1$인 경우 클럭 펄스가 가해지면 에지에서 출력이 반전(toggling) 되도록 하여 애매모호한 출력 상태가 나타나지 않도록 개량한 것이다. 그림 5－18은 하강 에지 클럭 신호에 의해 트리거되는 *JK* 플립플롭을 보인것이다.

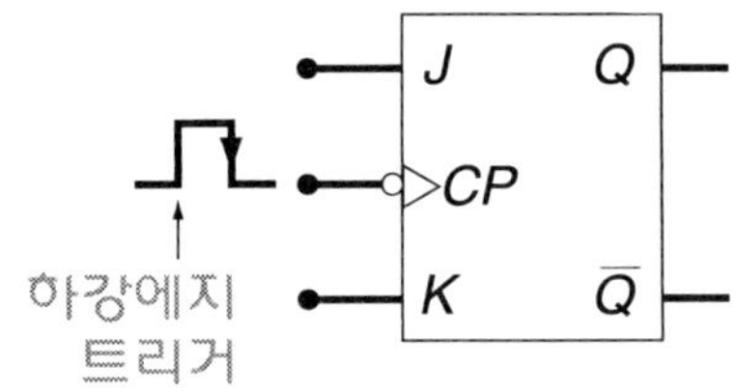


(a) 기호

| J | K | CP | Q(N+1) | 동작 상태 |
|---|---|---|---|---|
| 0 | 0 | ↓ | $Q(N)$ | 불변(유지) |
| 1 | 0 | ↓ | 1 | 세트(set) |
| 0 | 1 | ↓ | 0 | 리세트(reset) |
| 1 | 1 | ↓ | $\overline{Q(N)}$ | 반전(토글링) |

(b) 진리표

**그림 5－18** JK 플립플롭의 기호와 진리표

**예제 5－8** 동기식 *SR* 플립플롭(clocked SR flip-flop)과 2개의 AND 게이트를 사용하여 *JK* 플립플롭을 구성하라.

**해설** *JK* 플립플롭을 동기식 *SR* 플립플롭의 *S*와 *R*단자에 각각 AND 게이트를 연결하여 출력측에서 각각 귀환을 건다.

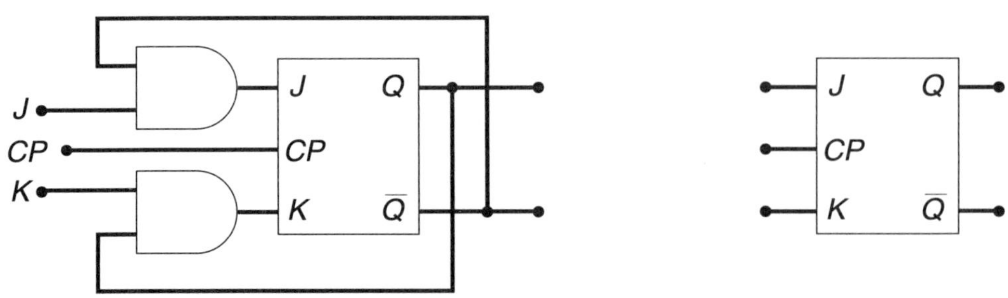


(a) (b)

**그림 5－19** JK 플립플롭

그림5-19의 *JK* 플립플롭은 *CP* 입력이 1인 기간에 반전 출력이 입력측에 귀환되어 오동작의 염려가 있으므로 실제로는 에지 트리거(edge-trigger) 방식이나 마스터 슬레이브(master slave) 플립플롭을 사용한다.

**예제 5-9** 에제 트리거 *JK* 플립플롭을 구성하고 그 동작을 설명하라.

**해설** *CP*가 인가되고 $J = K = 1$ 일 때 토글 동작이 일어나는데 이 때 *CP**펄스는 매우 좁아야 한다.

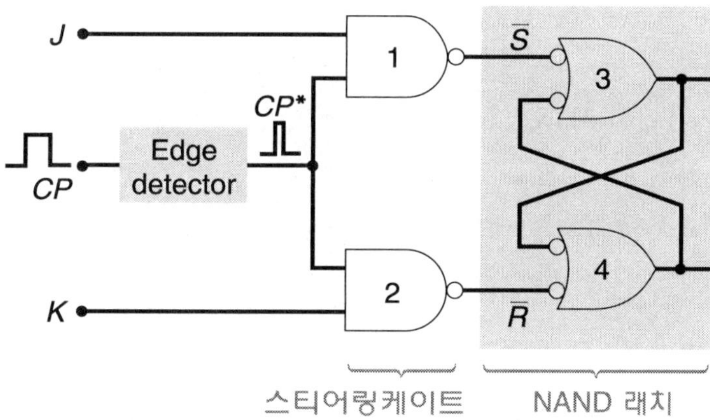


**그림 5-20**

1. 에지 검출기(edge detector)의 출력 *CP** 펄스가 아주 짧은 시간 동안만 1상태를 유지하는 경우 *JK* 플립플롭의 출력이 입력으로 궤환되어 다시 출력이 변하는 현상은 일어나지 않는다.
2. 에지 검출기가 PGT 검출 회로이면 상승 에지 트리거 *JK* 플립플롭이 되고, NGT 검출 회로이면 하강 에지 트리거 *JK* 플립플롭이 된다.

**예제5-10** 그림의 에지 트리거드(edge-triggered) $JK$ 플립플롭에서 $J$, $K$ 및 $cp$에 대한 입력 파형이 주어졌을 때 출력 $Q$의 파형을 그려라. 단, 초기 $Q$의 상태는 클리어 되어 있다고 가정한다.

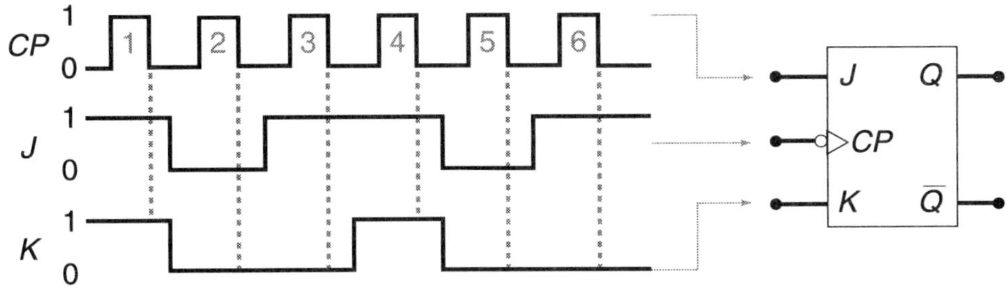


**그림 5-21**

**해설** 하강 에지(또는 negative-edge) 트리거드 플립플롭이므로 $Q$출력은 클럭펄스가 1에서 0으로 바뀔 때만 변환한다.

1. 클럭 펄스 1 : $J = K = 1$ (toggle) 이므로 $Q = 1$이 된다.
2. 클럭 펄스 2 : $J =\ K = 0$ (불변) 이므로 $Q = 1$을 유지한다.
3. 클럭 펄스 3 : $J = 1, K = 0$ (세트) 이므로 $Q = 1$을 유지한다.
4. 클럭 펄스 4 : $J = 1, K = 1$ (toggle) 이므로 $Q = 0$이 된다.
5. 클럭 펄스 5 : $J = 0, K = 0$ (불변) 이므로 $Q = 0$을 유지한다.
6. 클럭 펄스 6 : $J = 1, K = 0$ (세트) 이므로 $Q = 1$이된다.

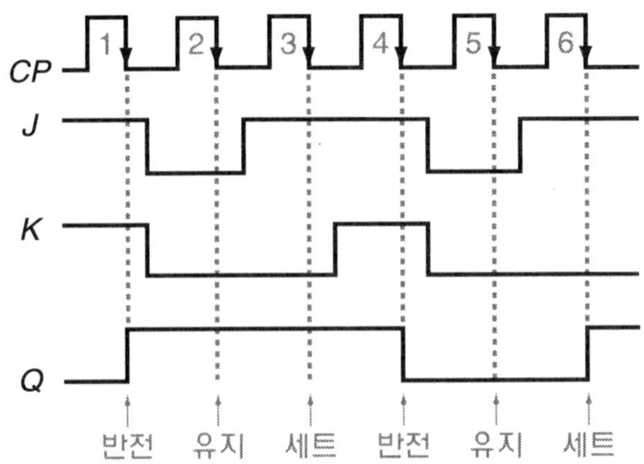


**그림 5-22** 예제 5-10의 해

**예제5-11** *JK* 플립플롭의 특성표를 작성하고, 특성식을 구하라.

**해설**

| $Q$ | $J$ | $K$ | $Q(N+1)$ |
|---|---|---|---|
| 0 | 0 | 0 | 0 |
| 0 | 0 | 1 | 0 |
| 0 | 1 | 0 | 1 |
| 0 | 1 | 1 | 1 |
| 1 | 0 | 0 | 1 |
| 1 | 0 | 1 | 0 |
| 1 | 1 | 0 | 1 |
| 1 | 1 | 1 | 0 |

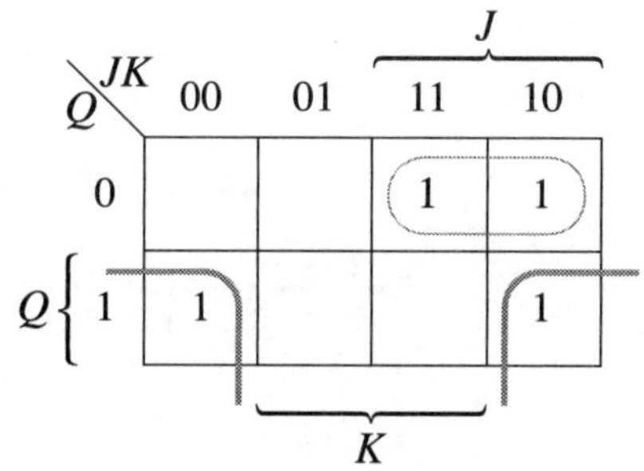


$$Q(N+1) = J\overline{Q} + \overline{K}Q$$

(a) 특성표 (b) 특성식

**그림 5-23** JK 플립플롭의 특성표와 특성식

## 5. 4 D 플립플롭

$D$ 플립플롭은 오직 하나의 동기식 제어 입력 $D$를 가지고 있으며, 클럭 펄스가 인가될 때 출력 $Q$는 $D$ 입력과 같다.

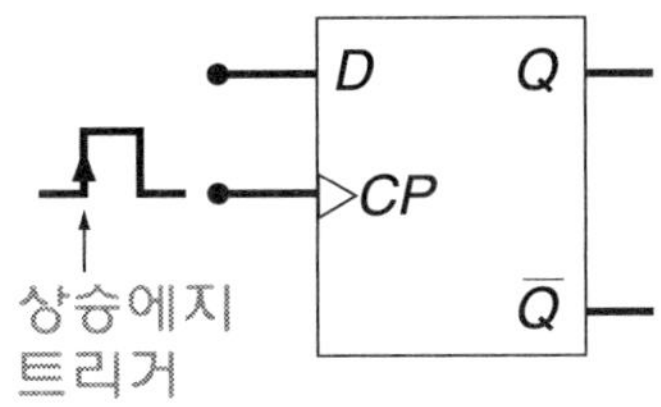


(a) 기호

| $D$ | $CP$ | $Q(N+1)$ | 동작 상태 |
|---|---|---|---|
| 0 | ↑ | 0 | 다음 상태 $Q(N+1)$은 입력 $D$와 같다. |
| 1 | ↑ | 1 | |

(b) 진리표

**그림 5-24** D 플립플롭의 기호와 진리표

> **예제5-12** 에지 트리거 $JK$ 플립플롭 (edge-triggered JK flip-flop)을 이용하여 에지 트리거 $D$ 플립플롭을 구성하라.

**해설** $D$ 플립플롭은 에지 트리거 $JK$ 플립플롭과 1개의 인버터를 사용하여 쉽게 구성할 수 있다.

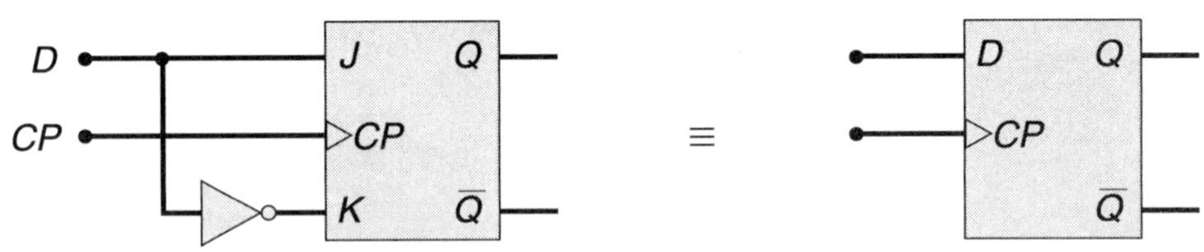


(a) (b)

**그림 5-25** 에지 트리거 D 플립플롭

그림 5-25는 PGT로 트리거되는 $D$ 플립플롭이다. 즉 상승 에지에서만 $Q$ 값이 입력 $D$의 값을 갖는다는 의미이다.

이 $D$ 플립플롭은 시프트 레지스터(shift register)나 기억 레지스터와 같은 일시적인 기억 장치를 실현하는데 이용되고 있다.

**예제5-13** 에지 트리거 $D$ 플립플롭은 에지 트리거 $SR$ 플립플롭과 1개의 인버터를 이용하여 구성하라.

**해설** 에지 트리거 $D$ 플립플롭은 $JK$ 플립플롭을 이용한 것과 같이 구성하면 된다. 출력 $Q$는 PGT에서 트리거 될 때 $D$ 입력을 나타낸다.

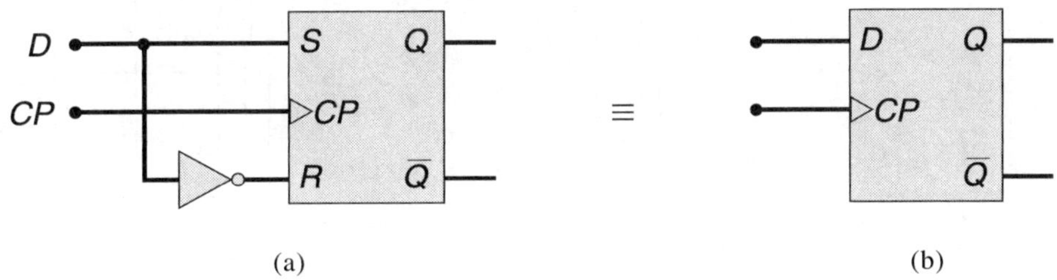


그림 5-26 에지 트리거 D 플립플롭

**예제5-14** 다음 그림의 파형을 $D$ 입력과 $CP$에 인가했을 때 출력 $Q$의 파형을 그려라. 단, 초기 $Q$의 상태는 세트(set) 상태라고 한다.

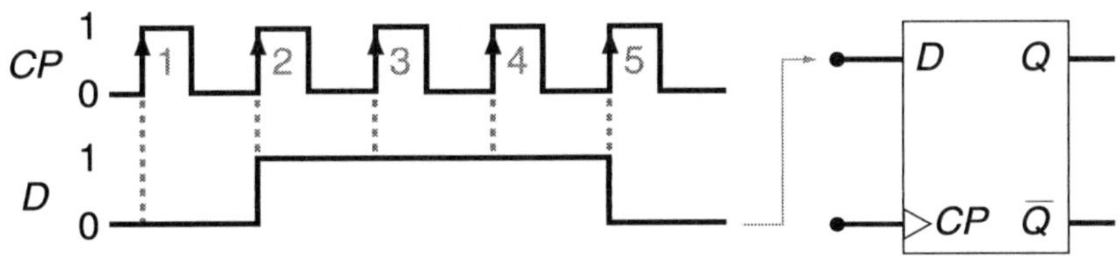


그림 5-27

**해설** PGT의 에지 트리거 $D$ 플립플롭이므로 PGT가 $CP$에 발생하였을 때 출력 $Q$에 $D$의 값이 나타난다.

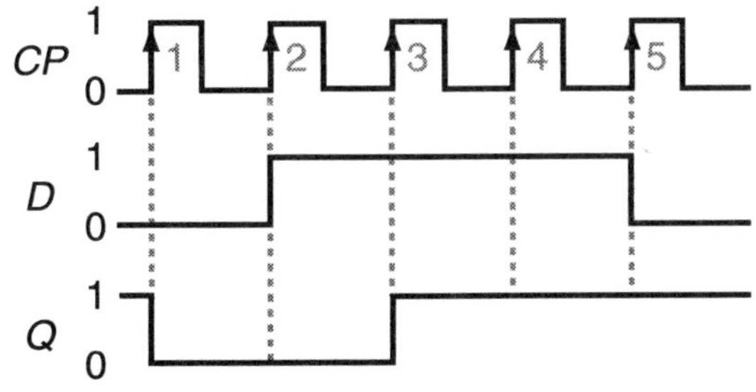


그림 5-28 예제 5-14의 해

**예제5-15** D플립플롭의 특성표를 작성하고 특성식을 구하라.

**해 설** *D*플립플롭은 *CP*후의 플립플롭의 상태가 *CP*전의 입력 *D*와 같다.

| *Q* | *D* | *Q*(*N*+1) |
|---|---|---|
| 0 | 0 | 0 |
| 0 | 1 | 1 |
| 1 | 0 | 0 |
| 1 | 1 | 1 |

(a) 특성표

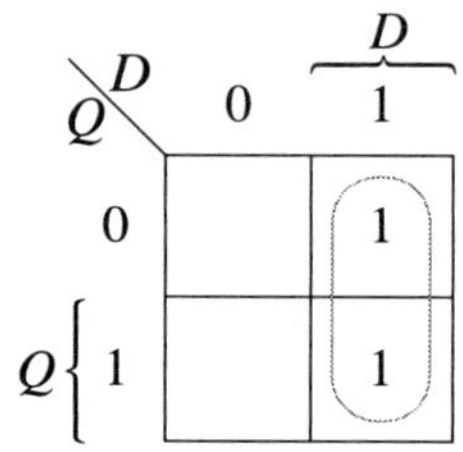


$Q(N+1) = D$

(b) 특성식

그림 5-29 D 플립플롭의 특성표와 특성식

## 5.5 T 플립플롭

$T$ 플립플롭은 $JK$ 플립플롭에서 $J$와 $K$에 동일한 신호, 즉 $J = K = 0$ 또는 $J = K = 1$인 경우만을 이용한다.

$T = 1$이면 에지 트리거에서 출력이 반전(toggle)되고 $T = 0$이면 이전 상태를 그대로 유지한다. 따라서, 이 회로를 토글 플립플롭이라고 한다.

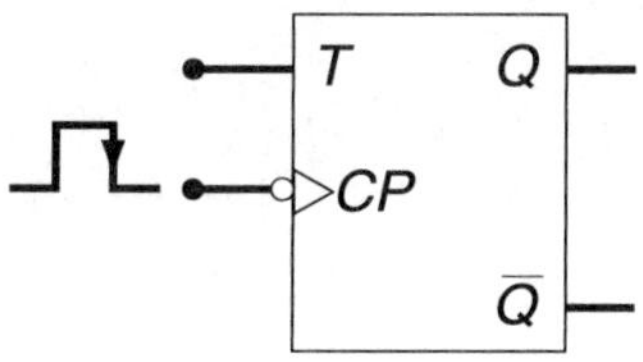


(a) 기호

| $T$ | $CP$ | $Q(N+1)$ | 동작 상태 |
|---|---|---|---|
| 0 | ↓ | $Q(N)$ | 유지(hold) |
| 1 | ↓ | $\overline{Q(N)}$ | 반전(toggles) |

(b) 진리표

**그림 5-30** T 플립플롭의 기호 및 진리표

**예제5-16** 에지 트리거 $T$ 플립플롭을 에지 트리거 $JK$ 플립플롭을 이용하여 구성하라.

**해설** $J$와 $K$를 묶어서 입력 $T$로 사용하며, $T$ 입력이 1일 때만 출력이 반전한다. 다음 그림은 PGT로 트리거되는 $T$ 플립플롭이다.

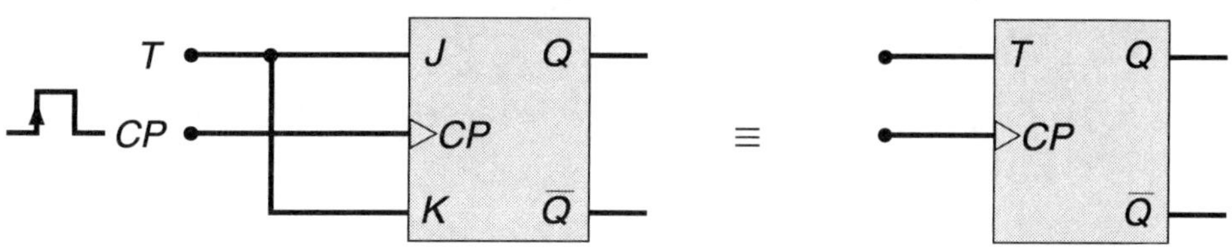


(a) (b)

**그림 5-31** 에지 트리거 T 플립플롭

**예제5-17** 에지 트리거 *D* 플립플롭을 이용하여 에지 트리거 *T* 플립플롭을 구성하라.

**해설** *T* 플립플롭은 클럭펄스가 들어올 때마다 상태가 반전되어 출력에는 입력 신호 주파수의 1/2이 나타난다. 한개의 입력 *T*가 클럭 입력이다.

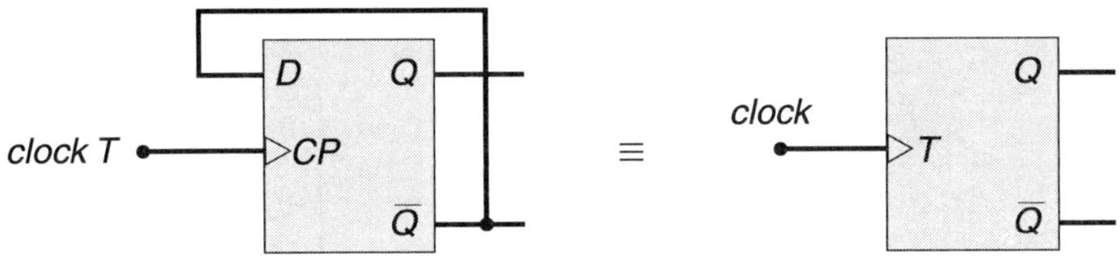


(a) (b)

**그림 5-32** 에지 트리거 T 플립플롭

*D* 플립플롭의 출력 $\overline{Q}$ 를 입력 *D*에 귀환시키고, 입력 *T* 단자에 클럭 입력을 가한것이 *T* 플립플롭이다.

**예제5-18** 에지 트리거 *SR* 플립플롭과 에지 트리거 *JK* 플립플롭으로 각각 *T* 플립플롭을 구성하라.

**해설** T 플립플롭은 다른 플립플롭을 변형하여 사용한다.

1. *SR* 플립플롭에서의 변환은 출력 $Q$, $\overline{Q}$ 에 귀환을 걸고 *T* 단자에 *CP*를 가한다.
2. *JK* 플립플롭에서의 변환은 *JK* 단자를 *H*레벨 또는 개방상태로 두고 *T* 단자에 *CP*를 가한다.

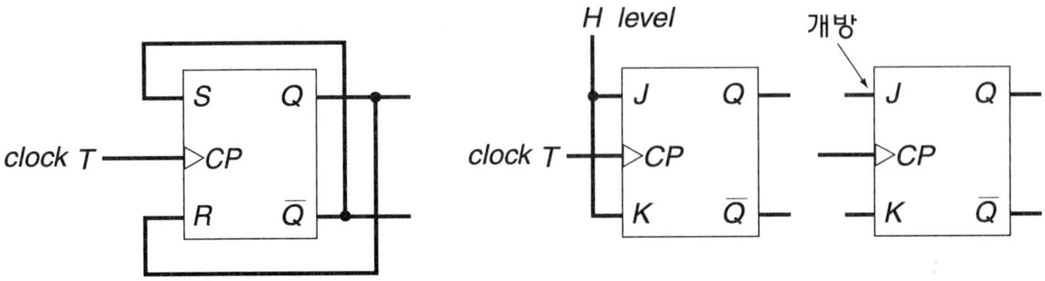


(a) *SR* 플립플롭에서 (b) *JK* 플립플롭에서

**그림 5-33** T 플립플롭으로의 변환

| 예제5-19 | 에지 트리거드 $T$ 플립플롭(edge-triggered T flip-flop)에 클럭 펄스를 가할 때 출력 파형을 그려라. |
|---|---|

**해설** $T$ 플립플롭에서는 입력 펄스가 2개 들어올 때마다 출력 펄스가 1개가 얻어진다.

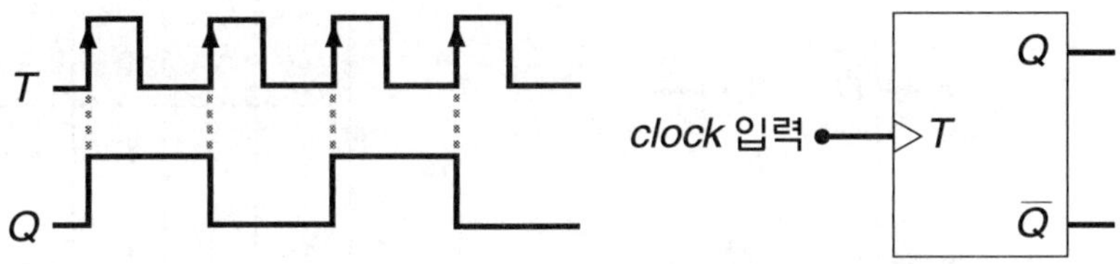


(a) 상승 에지(positive edge)트리거 T 플립플롭

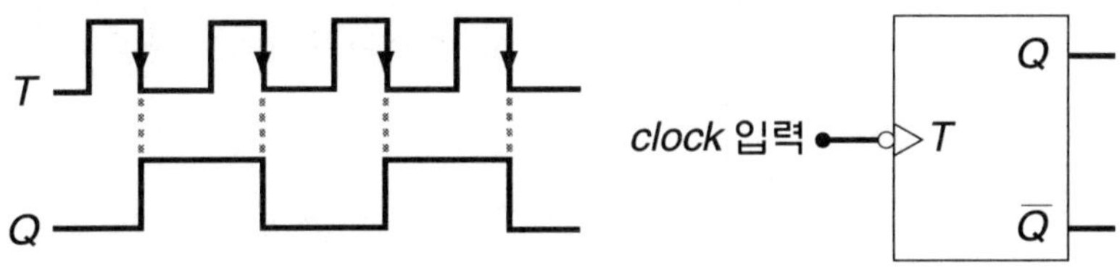


(b) 하강 에지(negative edge)트리거 T 플립플롭

**그림 5-34** 에지 트리거 T 플립플롭의 출력파형

| 예제5-20 | $T$ 플립플롭의 특성표를 작성하고 특성식을 구하라. |
|---|---|

**해설** $T$ 플립플롭은 주로 카운터, 주파수 분할에 사용된다. $T$ = 1이면 반전(toggle) 동작을 한다.

| $Q$ | $T$ | $Q(N+1)$ |
|---|---|---|
| 0 | 0 | 0 |
| 0 | 1 | 1 |
| 1 | 0 | 1 |
| 1 | 1 | 0 |

(a) 특성표

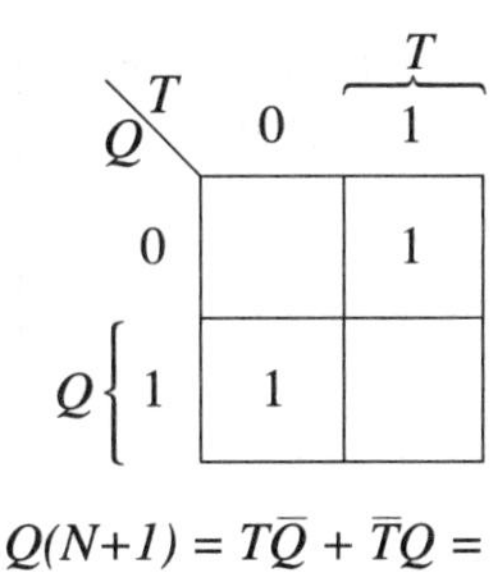


$$Q(N+1) = T\overline{Q} + \overline{T}Q = T \oplus Q$$

(b) 특성식

**그림 5-35** T 플립플롭의 특성표와 특성식

## 5. 6 D 래치

플립플롭이 일시적으로 데이터를 보존하기 위해 사용될 때 이를 래치(latch)라고 한다. 즉 래치는 디지털 회로에서 사용되는 가장 기본적인 메모리 소자이다. 이 *D* 래치에서는 데이터 인에이블(data enable) 단자 *EN*이 1일때만 출력 *Q*는 각각 입력 *D*에 따라 결정된다.

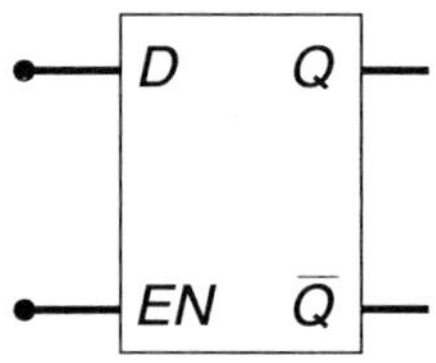


(a) 기호

| *D* | *EN* | *Q* | 동작 상태 |
|---|---|---|---|
| × | 0 | *Q* | 불변(전상태유지) |
| 0 | 1 | 0 | *EN* = 1인 경우 *D*에 따라 결정된다. |
| 1 | 1 | 1 | |

(b) 진리표

**그림 5-36** D 래치의 기호 및 진리표

**예제5-21** *D* 래치를 구성하고 그 동작을 설명하라.

**해설** 에지 트리거 *D* 플립플롭에서 에지 검출 회로를 제거한 것을 *D* 래치라고 한다.

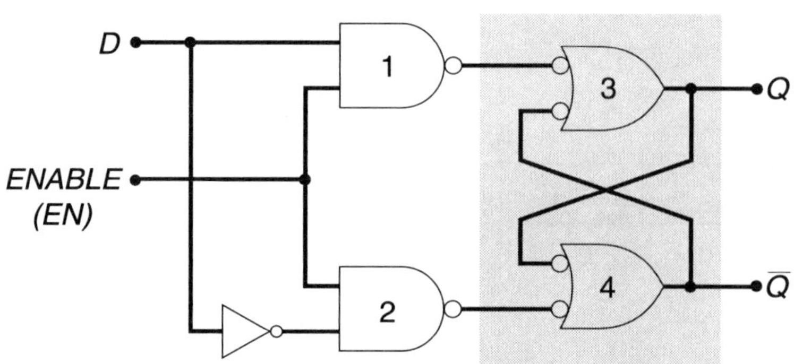


**그림 5-37** D래치의 구성

*D* 래치의 동작은 다음과 같다.

1. 인에이블 단자 $EN = 1$인 경우만 출력 *Q*로 *D* 입력이 전달된다. 즉 $Q = D$이다.
2. $EN = 0$이면 출력 *Q*는 이 전값을 계속 유지한다.

**예제5-22** 그림과 같은 *D* 래치에 *EN*과 *D*를 인가한 경우 출력 *Q*에서의 파형을 그려라. 단, 초기 *Q*는 리세트 상태라고 한다.

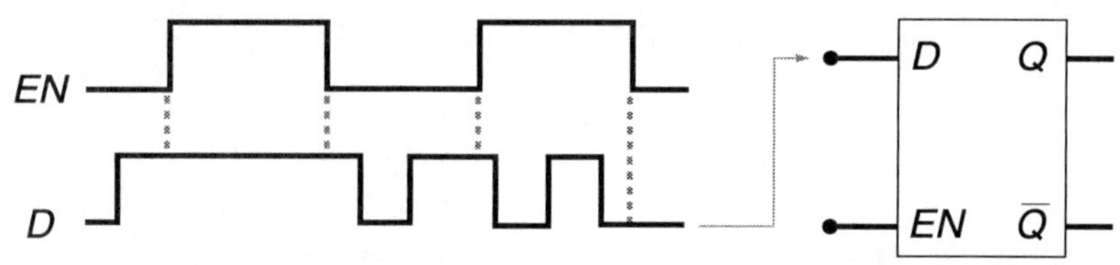


**그림 5-38**

**해설** *D* 래치에서는 *EN* 단자가 HIGH이면 *Q*는 *D*와 같으나, *EN* 단자가 LOW이면 *D*가 변한다 할지라도 현재의 출력이 그대로 유지되므로 래치동작을 하게 된다.

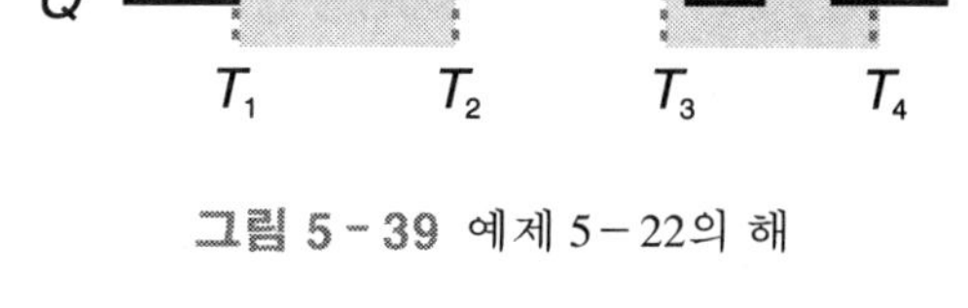


**그림 5-39** 예제 5-22의 해

## 5. 7 비동기 입력

비동기 입력에는 PRESET 입력과 CLEAR 입력이 있다. 이 입력들은 플립플롭의 초기 조건등을 결정하는데 사용된다. 즉 PRESET 입력은 출력을 강제로 1로 만들며 CLEAR 입력은 출력을 0으로 만든다. 이 비동기 입력들은 클럭 펄스와는 무관하게 동작한다.

**예제5-23** 다음 그림은 비동기 입력을 가진 *JK* 플립플롭이다. 진리표에서 출력 Q를 완성하고 그 동작을 설명하라.

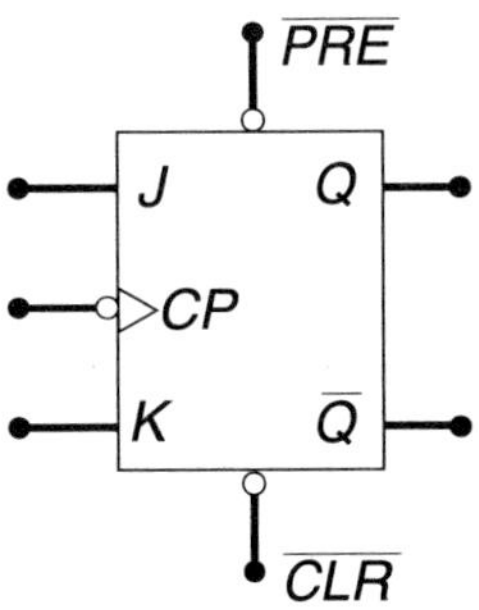


| 비동기 입력 | | 동기 입력 | | | 출 력 | |
|---|---|---|---|---|---|---|
| $\overline{PRE}$ | $\overline{CLR}$ | CP | J | K | Q | $\overline{Q}$ |
| 0 | 1 | × | × | × | | |
| 1 | 0 | × | × | × | | |
| 0 | 0 | × | × | × | | |
| 1 | 1 | ⎍ | 0 | 0 | | |
| 1 | 1 | ⎍ | 0 | 1 | | |
| 1 | 1 | ⎍ | 1 | 0 | | |
| 1 | 1 | ⎍ | 1 | 1 | | |

그림 5-40 JK 플립플롭의 비동기 입력

**해설** 비동기 입력(asynchronous input)은 동기 입력과는 무관하게 플립플롭을 1이나 0의 상태로, 즉 SET나 CLEAR 시키기 위해 사용된다. 비동기 입력의 버블(bubble)은 입력이 0일 때(active low) 동작한다는 의미이다.

1. $\overline{PRE}=0$, $\overline{CLR}=1$ 출력 $Q$는 $J$, $K$, $CP$ 인 동기 입력 값이 어떤 값을 갖든지 즉시 1로 세트(SET) 된다.

2. $\overline{PRE}=1$, $\overline{CLR}=0$ 출력 $Q$는 $J$, $K$, $CP$의 값이 어떤 값을 갖든지 즉시 0으로 클리어(CLEAR)된다.

3. $\overline{PRE}=\overline{CLR}=0$ 금지 상태로 사용하여서는 안된다.

4. $\overline{PRE} = \overline{CLR} = 1$ 비동기 입력이 모두 1이면 동작하지 않고 *JK* 플립플롭은 동기 입력 *J*, *K*, *CP*에 의해 동작한다.

| 비동기 입력 | | 동기 입력 | | | 출 력 | | 동작상태 |
|---|---|---|---|---|---|---|---|
| $\overline{PRE}$ | $\overline{CLR}$ | CP | J | K | Q | $\overline{Q}$ | |
| 0 | 1 | × | × | × | 1 | 0 | 비동기 세트 |
| 1 | 0 | × | × | × | 0 | 1 | 비동기 리세트 |
| 0 | 0 | × | × | × | 금 지 | | 금지 입력 |
| 1 | 1 | ⎍ | 0 | 0 | 불 변 | | 불변 |
| 1 | 1 | ⎍ | 0 | 1 | 0 | 1 | 리세트 |
| 1 | 1 | ⎍ | 1 | 0 | 1 | 0 | 세트 |
| 1 | 1 | ⎍ | 1 | 1 | 반 전 | | 반전 상태 |

0 = LOW
1 = HIGH
× = don' t care

**그림 5-41** 비동기 입력을 가진 JK 플립플롭 진리표 예 5-23의 해

**예제5-24** 비동기 입력을 가진 에지 트리거 *JK* 플립플롭에서 *J*와 *K*는 HIGH이다. 주어진 $CP$, $\overline{PRE}$, $\overline{CLR}$ 의 입력파형에 따른 출력 $Q$의 파형을 그려라. 초기값은 $Q = 1$이다.

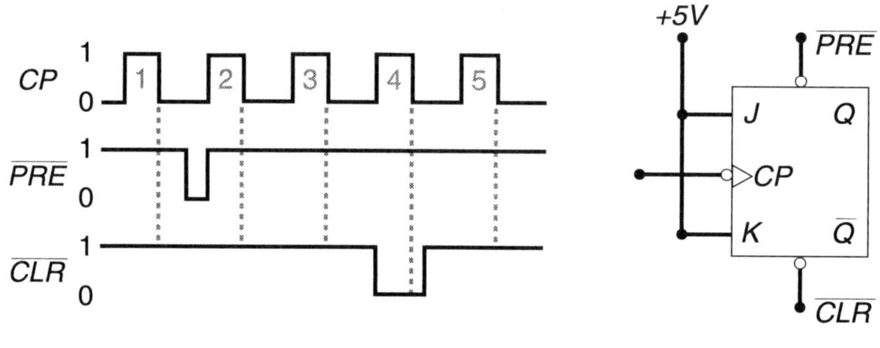


그림 5-42

**해설**

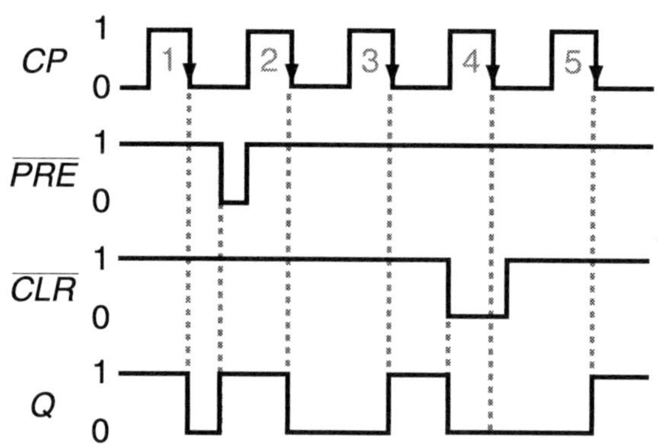


그림 5-43 예제 5-24의 해

## 5.8 마스터-슬레이브 플립플롭

마스터－슬레이브(master-slave) 플립플롭은 2개의 플립플롭으로 구성되어진다. 클럭의 상승 에지 트리거에서 마스터가 동작하고 하강 에지 트리거에서 슬레이브가 동작한다. 이 플립플롭은 홀드 시간이 짧은 에지 트리거 플립플롭이 개발되기 이전에 많이 사용되어 왔으나 지금은 거의 사용되지 않고 있다. 대부분의 경우 마스터-슬레이브는 NGT 플립플롭으로 해석하면 된다.

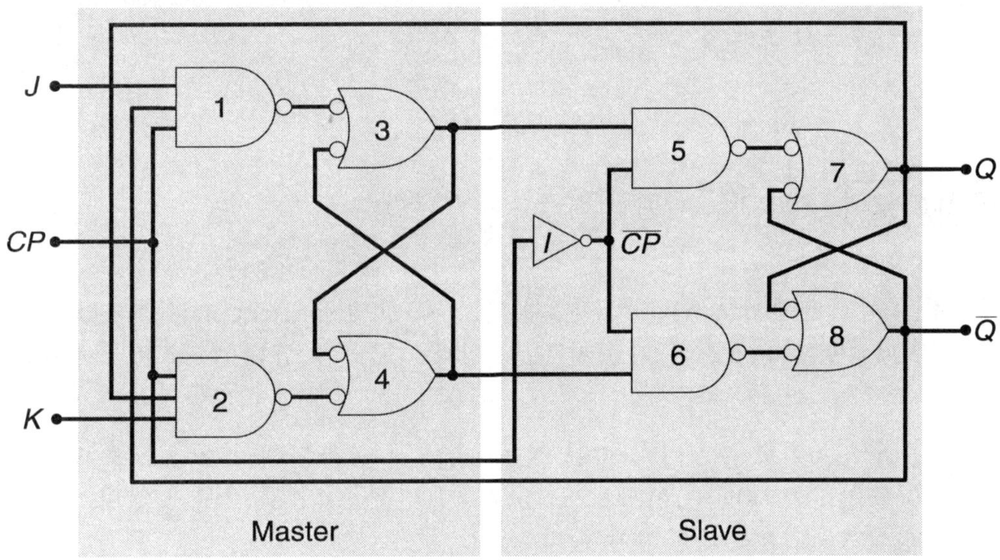


**그림 5－44** 마스터-슬레이브 JK 플립플롭

## 5. 9 동기식 순차 회로

순차(또는 순서)회로는 기억 소자 (memory element)와 조합 논리 회로로 구성된다. 이 기억 소자의 상태가 클럭 펄스에 동기되어 동작하는 회로를 순차 회로라고 한다. 순차 회로 설계에 있어서 가장 중요한 것이 여기표(excitation table)이다.

### 5.9.1 플립플롭의 여기표

설계 과정에서 출력을 원하는 상태로 변화시키려면 어떠한 입력 신호가 필요한 가를 알기 위해서 사용되는 표를 여기표라고 한다.

**예제5-25** *SR* 플립플롭의 여기표를 작성하라.

**해설** 여기표에서 *Q*(*N*)는 플립플롭의 현재 상태 (present state)를 나타내고, *Q*(*N*+1)은 클럭 펄스가 가해진 후의 상태, 즉 다음 상태 (next state)를 나타낸다.

1. **$Q(N)$ = 0이고 $Q(N+1)$ = 0인 경우** 출력이 변화되지 않았으므로 $S = R =$ 0(불변), $Q(N+1) = 0$이므로 $S = 0, R = 1$(리세트)의 두 경우가 있다. 따라서 항상 $S = 0, R = \times$ 이어야 한다.
2. **$Q(N)$ = 1이고 $Q(N+1)$ = 1인 경우** 출력이 변화되지 않았으므로 $S = R = 0$, $Q(N+1) = 1$이므로 $S = 1, R = 0$의 두 경우가 있다. 따라서 항상 $S = \times, R =$ 0이어야 한다.

| *S* | *R* | *Q(N+1)* |
|---|---|---|
| 0 | 0 | *Q(N)* |
| 0 | 1 | 0 |
| 1 | 0 | 1 |
| 1 | 1 | ? |

(a) SR 플립플롭의 진리표

| *Q(N)* | *Q(N+1)* | *S* | *R* |
|---|---|---|---|
| 0 | 0 | 0 | × |
| 0 | 1 | 1 | 0 |
| 1 | 0 | 0 | 1 |
| 1 | 1 | × | 0 |

(b) SR 플립플롭의 여기표

**그림 5-45** SR 진리표와 여기표

**예제5-26** *JK* 플립플롭의 여기표를 작성하라.

**해설** 1. **$Q(N) = 0$에서 $Q(N+1) = 0$이 되는 경우** 현재 상태와 다음 상태가 모두 0으로 변하지 않으므로 $J = 0, K = 0$인 경우와 $Q(N+1) = 0$이므로 $J = 0, K = 1$인 두 경우가 있다.

2. **$Q(N) = 0$에서 $Q(N+1) = 1$이 되는 경우** $J = K = 1$이고, $J = 1, K = 0$인 입력이 가해질 수 있으므로 $J = 1, K = \times$로 표시된다.

| *J* | *K* | *Q(N+1)* |
|---|---|---|
| 0 | 0 | $Q(N)$ |
| 0 | 1 | 0 |
| 1 | 0 | 1 |
| 1 | 1 | $\overline{Q(N)}$ |

(a) JK 플립플롭의 진리표

| *Q(N)* | *Q(N+1)* | *J* | *K* |
|---|---|---|---|
| 0 | 0 | 0 | × |
| 0 | 1 | 1 | × |
| 1 | 0 | × | 1 |
| 1 | 1 | × | 0 |

(b) JK 플립플롭의 여기표

**그림 5-46** JK 진리표와 여기표

**예제5-27** *D* 플립플롭과 *T* 플립플롭의 여기표를 작성하라.

**해설** *D* 플립플롭의 경우 $Q(N+1)$ = D 이고, *T* 플립플롭의 경우 출력이 변하지 않으면 $T = 0$이고 반전되면 $T = 1$로 한다.

| *Q(N)* | *Q(N+1)* | *D* |
|---|---|---|
| 0 | 0 | 0 |
| 0 | 1 | 1 |
| 1 | 0 | 0 |
| 1 | 1 | 1 |

(a) D 여기표

| *Q(N)* | *Q(N+1)* | *T* |
|---|---|---|
| 0 | 0 | 0 |
| 0 | 1 | 1 |
| 1 | 0 | 1 |
| 1 | 1 | 0 |

(b) T 여기표

**그림 5-47** D 및 T 플립플롭의 여기표

## 5.9.2 순차회로의 해석

**상태도 (state diagram)** 설계하고자 하는 순차 회로의 동작에 대한 정보를 그림으로 표시한 것이다. 그림 5－48의 상태도와 같은 순차 회로를 설계해보자.

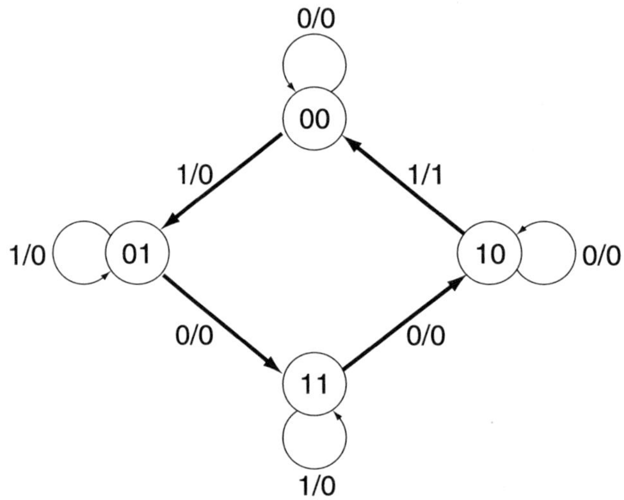


← 원안의 2진수는 현재상태를 의미하고 빗금(/)앞은 입력 변수를 뒤는 출력 변수를 의미한다. 화살표는 현재 상태에서 다음 상태로 변하는 과정이다.

그림 5－48

**상태표 (state table)** 순차회로의 입력, 출력, 플립플롭의 상태를 표로 나타낸 것이다. 그림 5－48에 대한 상태표는 다음과 같다.

| 현재 상태 | | 다음 상태 | | | | 출 력 | |
|---|---|---|---|---|---|---|---|
| | | $X=0$ | | $X=1$ | | $X=0$ | $X=1$ |
| $A$ | $B$ | $A$ | $B$ | $A$ | $B$ | $Y$ | $Y$ |
| 0 | 0 | 0 | 0 | 0 | 1 | 0 | 0 |
| 0 | 1 | 1 | 1 | 0 | 1 | 0 | 0 |
| 1 | 0 | 1 | 0 | 0 | 0 | 0 | 1 |
| 1 | 1 | 1 | 0 | 1 | 1 | 0 | 0 |

**여기표의 작성** 사용하고자하는 플립플롭의 여기표를 이용하여 플립플롭의 입력을 결정한다. 여기서는 *SR* 플립플롭을 사용한다고 하면 상태도에서 상태수가 4이므로 2개의 플립플롭만 있으면 된다.

| 현재상태 | | 입력 | 다음상태 | | 플립플롭 입력 | | | | 출력 |
|---|---|---|---|---|---|---|---|---|---|
| *A* | *B* | *x* | *A* | *B* | *SA* | *RA* | *SB* | *RB* | *y* |
| 0 | 0 | 0 | 0 | 0 | 0 | × | 0 | × | 0 |
| 0 | 0 | 1 | 0 | 1 | 0 | × | 1 | 0 | 0 |
| 0 | 1 | 0 | 1 | 1 | 1 | 0 | × | 0 | 0 |
| 0 | 1 | 1 | 0 | 1 | 0 | × | × | 0 | 0 |
| 1 | 0 | 0 | 1 | 0 | × | 0 | 0 | × | 0 |
| 1 | 0 | 1 | 0 | 0 | 0 | 1 | 0 | × | 1 |
| 1 | 1 | 0 | 1 | 0 | × | 0 | 0 | 1 | 0 |
| 1 | 1 | 1 | 1 | 1 | × | 0 | × | 0 | 0 |

**조합 논리 회로의 간소화** Karnaugh map으로 플립플롭의 입력 함수를 구한다.

| A \ Bx | 00 | 01 | 11 | 10 |
|---|---|---|---|---|
| 0 | 0 | 0 | 0 | 1 |
| 1 | × | 0 | × | × |

$SA = B\bar{x}$

| A \ Bx | 00 | 01 | 11 | 10 |
|---|---|---|---|---|
| 0 | × | × | × | 0 |
| 1 | 0 | 1 | 0 | 0 |

$RA = \bar{B}x$

| A \ Bx | 00 | 01 | 11 | 10 |
|---|---|---|---|---|
| 0 | 0 | 1 | × | × |
| 1 | 0 | 0 | × | 0 |

$SB = \bar{A}x$

| A \ Bx | 00 | 01 | 11 | 10 |
|---|---|---|---|---|
| 0 | × | 0 | 0 | 0 |
| 1 | × | × | 0 | 1 |

$RB = A\bar{x}$

다음에 출력 함수 $y$를 구한다.

| A \ Bx | 00 | 01 | 11 | 10 |
|---|---|---|---|---|
| 0 | 0 | 0 | 0 | 0 |
| 1 | 0 | (1) | 0 | 0 |

$$y = A\bar{B}x$$

**순차 회로의 설계** 조합 논리 회로를 SR 플립플롭에 연결하여 회로를 구성한다.

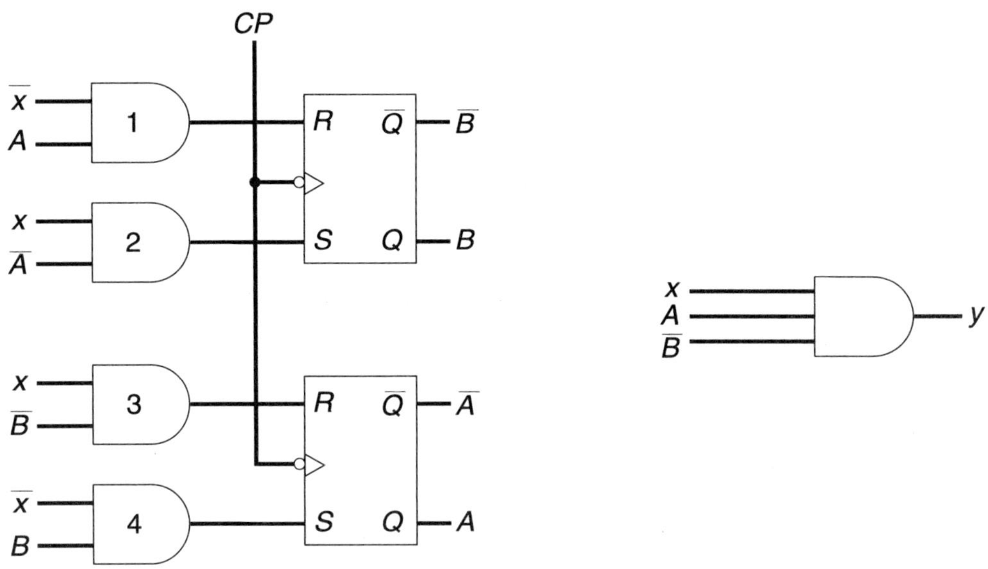


그림 5-49 순차회로의 설계

## 5.10 순차 회로의 설계 절차 요약

순차 회로의 설계는 필요한 플립플롭의 종류와 개수를 결정하고 조합 논리 회로를 설계한 후에 플립플롭과 연결하여 회로를 구성한다. 다음은 일반적인 설계 과정을 설명한다.

**순차 회로 설계 과정 절차**

**과정** 1. 설계할 순차 회로의 동작 원리를 정확하게 정의한다. 이 과정에서 상태도, 파형도등을 이용한다.

**과정** 2. 상태표를 작성한다.

**과정** 3. 상태 감소화를 하여 불필요한 상태를 제거한다.

**과정** 4. 각 상태에 2진수를 부여한다.

**과정** 5. 필요한 플립플롭의 수와 종류를 결정한다.

**과정** 6. 상태표로부터 여기표와 출력표를 만든다.

**과정** 7. Karnaugh map으로 출력함수와 플립플롭의 입력 함수를 구한다.

**과정** 8. 회로도를 작성한다.

**예제5-28** 그림 5-50의 상태도가 나타내는 바와 같이 동작하는 순차회로를 *JK* 플립플롭을 이용하여 설계하라.

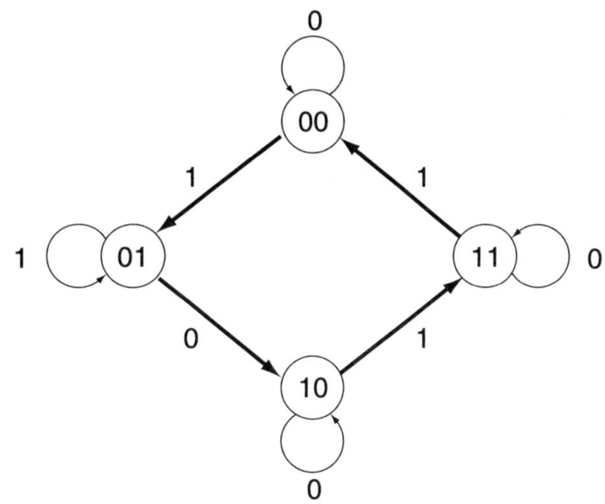


그림 5-50

**해설** 먼저 문제의 상태도 (state diagram)에 대한 상태표를 작성한 후 여기표를 이용하여 플립플롭의 입력 함수를 구한다.

1. 상태표의 작성

| 현재 상태 (Present state) | | 다음 상태(Next state) | | | |
|---|---|---|---|---|---|
| | | $x=0$ | | $x=1$ | |
| *A* | *B* | *A* | *B* | *A* | *B* |
| 0 | 0 | 0 | 0 | 0 | 1 |
| 0 | 1 | 1 | 0 | 0 | 1 |
| 1 | 0 | 1 | 0 | 1 | 1 |
| 1 | 1 | 1 | 1 | 0 | 0 |

2. 여기표의 작성

| 현재상태 (Present state) | | 입력 (Input) | 다음 상태 (Next state) | | Flip-flop 입력 | | | |
|---|---|---|---|---|---|---|---|---|
| *A* | *B* | *x* | *A* | *B* | *JA* | *KA* | *JB* | *KB* |
| 0 | 0 | 0 | 0 | 0 | 0 | × | 0 | × |
| 0 | 0 | 1 | 0 | 1 | 0 | × | 1 | × |
| 0 | 1 | 0 | 1 | 0 | 1 | × | × | 1 |
| 0 | 1 | 1 | 0 | 1 | 0 | × | × | 0 |
| 1 | 0 | 0 | 1 | 0 | × | 0 | 0 | × |
| 1 | 0 | 1 | 1 | 1 | × | 0 | 1 | × |
| 1 | 1 | 0 | 1 | 1 | × | 0 | × | 0 |
| 1 | 1 | 1 | 0 | 0 | × | 1 | × | 1 |

3. 조합 논리 회로의 간소화

| A \ Bx | 00 | 01 | 11 | 10 |
|---|---|---|---|---|
| 0 | | | | 1 |
| 1 | × | × | × | × |

$JA = B\overline{x}$

| A \ Bx | 00 | 01 | 11 | 10 |
|---|---|---|---|---|
| 0 | × | × | × | × |
| 1 | | | 1 | |

$KA = Bx$

| A \ Bx | 00 | 01 | 11 | 10 |
|---|---|---|---|---|
| 0 | | 1 | × | × |
| 1 | | 1 | × | × |

$JB = x$

| A \ Bx | 00 | 01 | 11 | 10 |
|---|---|---|---|---|
| 0 | × | × | | 1 |
| 1 | × | × | 1 | |

$KB = \overline{A \oplus x}$

4. 설계

설계하고자 하는 순차 회로는 2개의 플립플롭과 조합 논리 회로로 구성된다.

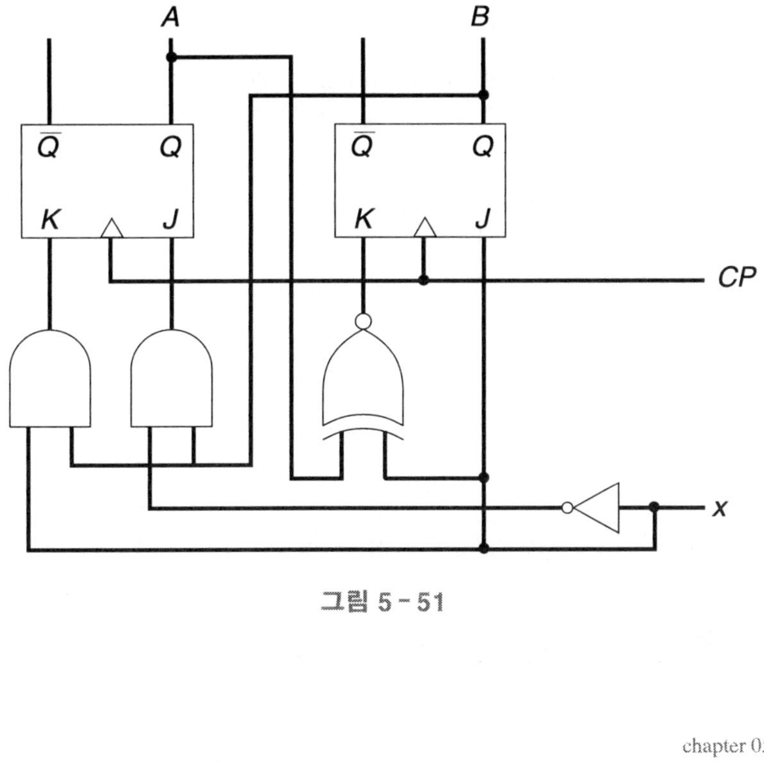


그림 5-51

**예제5-29** 설계 과정에서 상태 감소화(state reduction)를 하면 플립플롭의 수를 줄일 수 있다. 이것은 상태도와 상태표에서 입력 조건과 출력 조건을 변화시키지 않고 상태수를 줄이는 것이다. 그림의 상태도에 대한 감소화된 상태도를 실현하라.

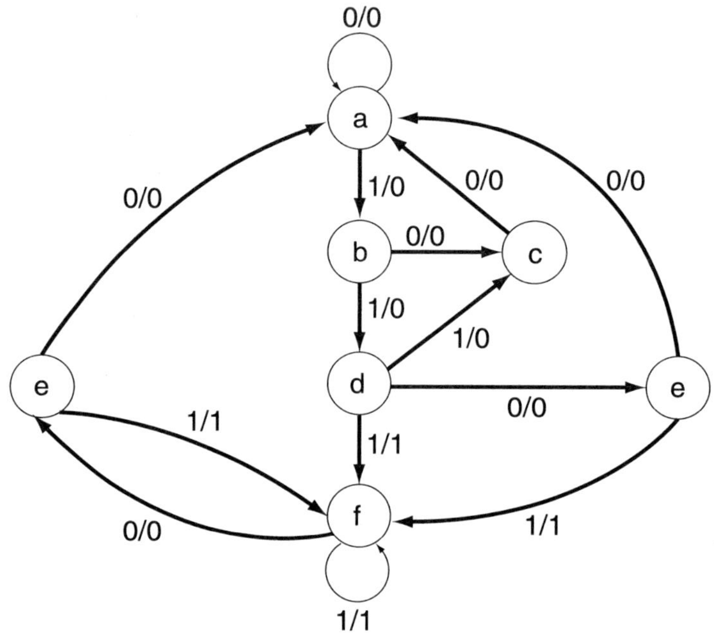


그림 5-52

**해설** 먼저 상태표를 작성하고 등가적인 상태를 찾아낸다. 등가적인 상태는 모든 종류의 입력 신호에 대해서 다음 상태와 출력이 같은 상태를 말한다.

1. 상태표 작성

| 현재 상태 | 다음 상태 | | 출 력 | |
|---|---|---|---|---|
| | $x=0$ | $x=1$ | $x=0$ | $x=1$ |
| a | a | b | 0 | 0 |
| b | c | d | 0 | 0 |
| c | a | d | 0 | 0 |
| d | e | f | 0 | 1 |
| e | a | f | 0 | 1 |
| f | g | f | 0 | 1 |
| g | a | f | 0 | 1 |

현재 상태 e와 g는 다음 상태와 출력이 같은 등가적 상태이므로 상태 g를 제거시킨다.

2. 상태표의 감소화

상태 g, e는 서로 등가적 상태이므로 이 중 하나를 제거 시킨다. 여기서, 상태 g를 제거시키고 상태표의 다음 상태에 있는 g를 모두 e로 치환한다.

| 현재 상태 | 다음 상태 | | 출 력 | |
|---|---|---|---|---|
| | $x=0$ | $x=1$ | $x=0$ | $x=1$ |
| a | a | b | 0 | 0 |
| b | c | d | 0 | 0 |
| c | a | d | 0 | 0 |
| d | e | f | 0 | 1 |
| e | a | f | 0 | 1 |
| f | ~~g~~ e | f | 0 | 1 |

g를 모두 e로 치환 시킨 후 보면 또, d와 f가 등가관계에 있으므로 상태 f를 제거시킨다.

3. 최종의 상태표

상태 d와 f가 등가 관계이므로 f를 제거시키고 상태표의 다음 상태에 있는 f를 모두 d로 치환시킨다.

| 현재 상태 | 다음 상태 | | 출 력 | |
|---|---|---|---|---|
| | $x=0$ | $x=1$ | $x=0$ | $x=1$ |
| a | a | b | 0 | 0 |
| b | c | d | 0 | 0 |
| c | a | d | 0 | 0 |
| d | e | d | 0 | 1 |
| e | a | ~~f~~ d | 0 | 1 |

4. 감소화된 상태도

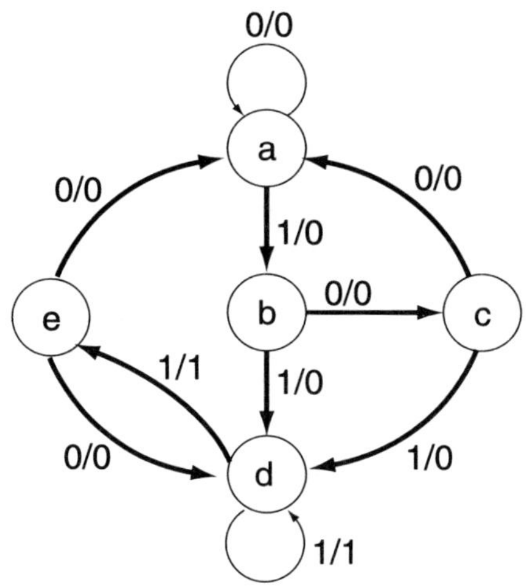


그림 5 - 53

memo

# 연 습 문 제

**Q·01** 다음 그림 (a)는 NAND 게이트를 이용한 SR 래치이고 그림 (b)는 진리표이다. 출력 $Q$의 상태를 나타낸 것으로 옳은 것은?

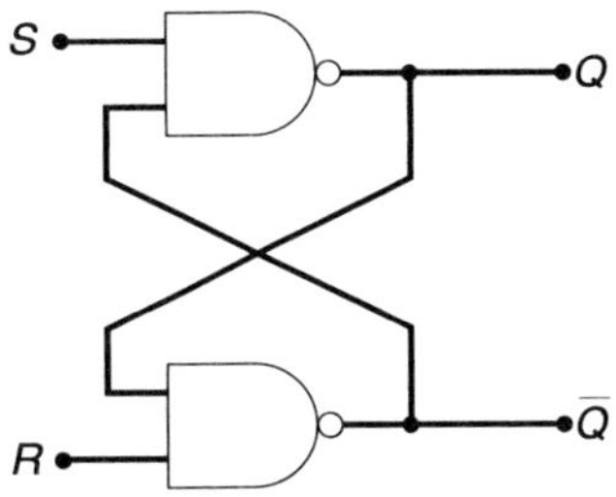


(a)

| $S$ | $R$ | $Q$ |
|---|---|---|
| 1 | 1 | A |
| 0 | 1 | B |
| 1 | 0 | C |
| 0 | 0 | D |

(b)

| | A | B | C | D |
|---|---|---|---|---|
| 가. | 불 변 | 1 | 0 | 부 정 |
| 나. | 부 정 | 0 | 1 | 불 변 |
| 다. | 불 변 | 0 | 1 | 부 정 |
| 라. | 부 정 | 1 | 0 | 불 변 |

**해설** NAND 게이트 래치에서는 $S = R = 1$일 때는 전 상태를 그대로 유지한다. 래치 출력을 변화시키고자 할 때에는 두 입력 중 하나에 LOW(0) 펄스를 인가한다.

**Q·02** 다음 그림의 회로와 관계가 없는 것은?

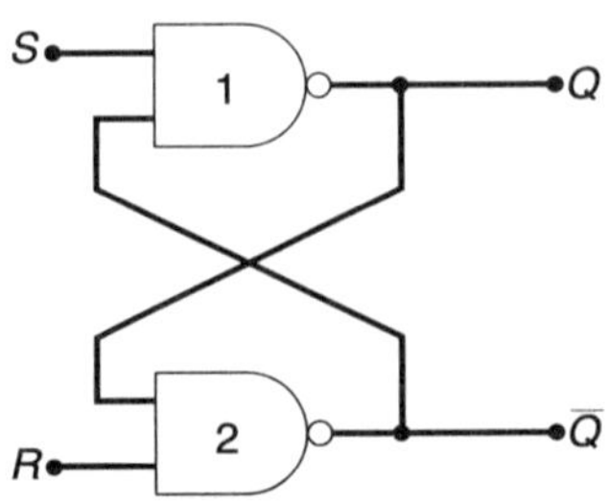


**해답** 1. 가 2. 다

가. 1-비트의 기억소자이다.

나. 래치(LATCH)회로라고 한다.

다. $R = S = 0$이 동시에 일어나면 $Q = \overline{Q} = 0$ 이 된다.

라. DC(직류) 입력에만 동작하고 플립플롭의 기본회로이다.

---

**해설** NAND 래치에서 $S = R = 0$이면 두 출력이 모두 1이 되므로 이 조건은 정상적인 플립플롭 동작에서 피해야 한다.

**Q·03** 다음 그림 (a)의 파형이 그림 (b)의 NAND 게이트 래치의 입력에 인가되었다. 초기 $Q = 0$이라고 가정 할 때 출력 $Q$의 파형은?

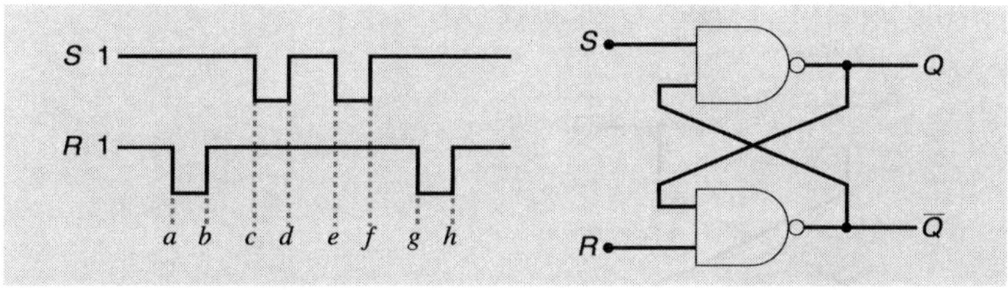


가.

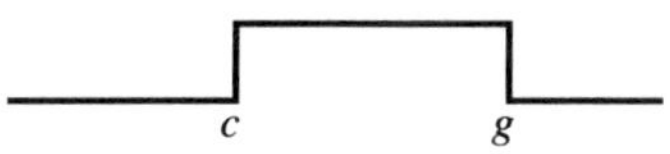


나.

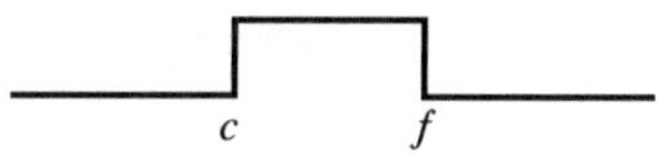


다.

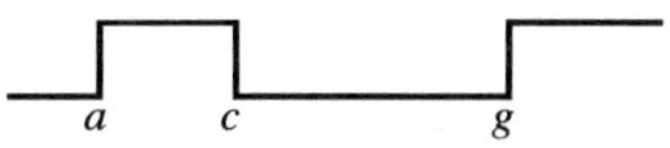


라.

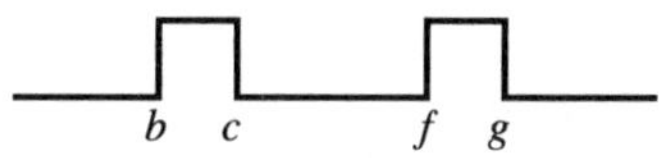


---

**해설** 초기에는 $S = R = 1$ 이므로 $Q$는 0을 유지한다. 출력 $Q = 1$이 되기 위해서는 $S = 0$(C점)이 가해져야 되고, 출력 $Q = 0$이 되기 위해서는 $R = 0$(g점)이 가해져야 한다.

**Q·04** 다음 그림 (a)는 NOR 게이트 래치이고 그림 (b)는 진리표이다. 출력 $Q$의 상태를 나타낸 것으로 옳은 것은?

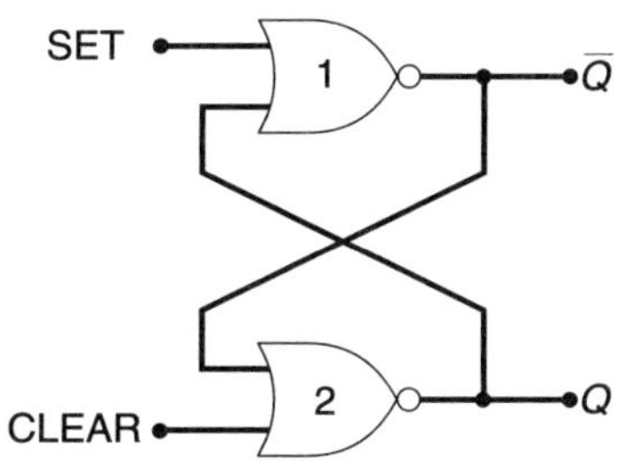


(a)

| SET | CLEAR | $Q$ |
|---|---|---|
| 0 | 0 | A |
| 1 | 0 | B |
| 0 | 1 | C |
| 1 | 1 | D |

(b)

**해답** 3. 가 4. 나

| | A | B | C | D |
|---|---|---|---|---|
| 가. | 부정 | 0 | 1 | 불변 |
| 나. | 불변 | 1 | 0 | 부정 |
| 다. | 부정 | 1 | 0 | 불변 |
| 라. | 불변 | 0 | 1 | 부정 |

해설 RESET 입력을 CLEAR 입력이라고도 한다. NOR 래치에서는 $Q$와 $\overline{Q}$의 위치가 바뀌었다는 점에 유의한다.

**Q·05** 다음과 같은 NOR 게이트로 구성된 기본적인 플립플롭회로에서 $S = 1, R = 0$인 상태일 때, $Q$와 $\overline{Q}$의 상태는?

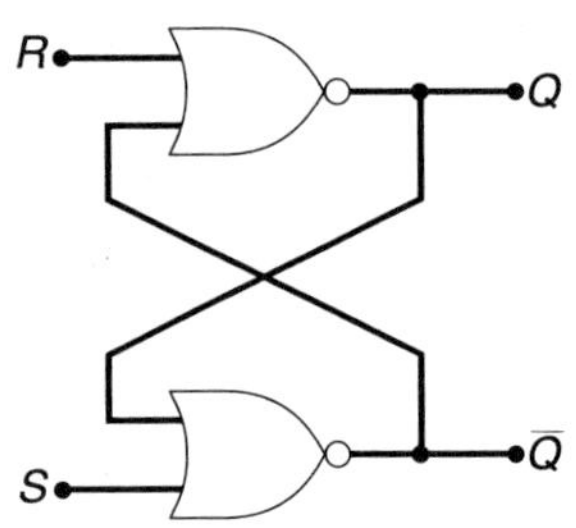


가. 1, 0

나. 0, 1

다. 0, 0

라. 1, 0

**Q·06** 다음 그림 (a)의 파형이 그림 (b)의 $RS$ 플립플롭에 인가된다고 할 때 $Q$ 출력 파형은? 단, $Q$는 초기에 0(Low)의 상태라고 한다.

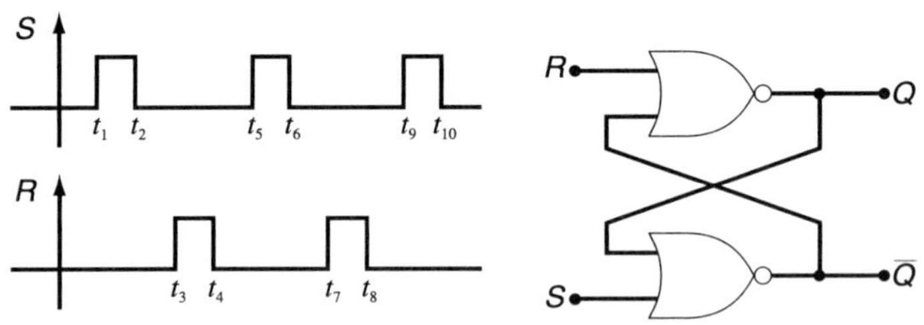


(a) (b)

가. 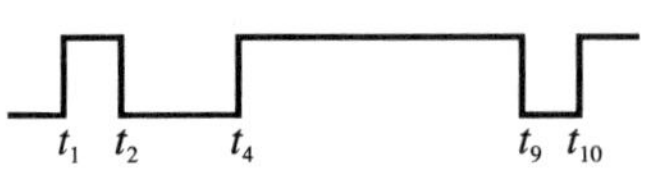


나. 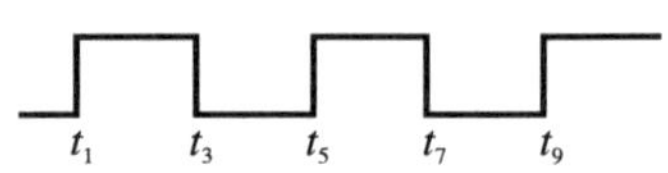


다. 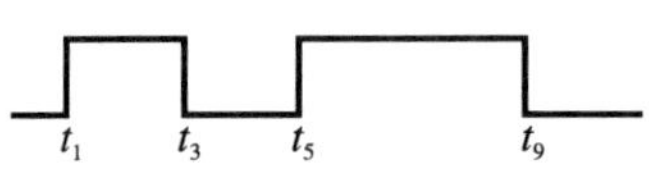


라. 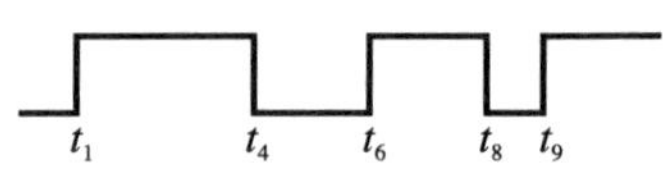


해답 5. 가 6. 나

**Q·07** 다음 그림 (a)는 NGT에서 트리거되는 클럭 부착 SR 플립플롭이고 그림 (b)는 진리표이다. 출력 $Q$의 다음 상태 $Q_{N+1}$을 나타낸 것으로 옳은 것은?

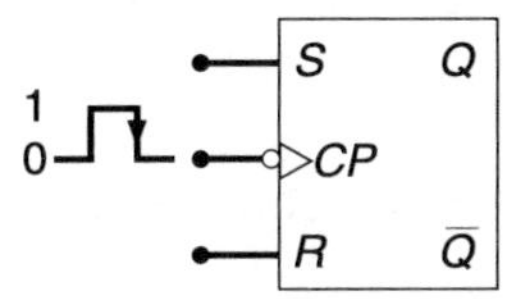


(a)

| S | R | *CP* | $Q_{N+1}$ |
|---|---|---|---|
| 0 | 0 | ↓ | A |
| 1 | 0 | ↓ | B |
| 0 | 1 | ↓ | C |
| 1 | 1 | ↓ | D |

(b)

| | A | B | C | D |
|---|---|---|---|---|
| 가. | 부 정 | 0 | 1 | 불 변 |
| 나. | 불 변 | 0 | 1 | 부 정 |
| 다. | 부 정 | 1 | 0 | 불 변 |
| 라. | 불 변 | 1 | 0 | 부 정 |

해설 하강 에지 클럭 신호에 의해 트리거 되는 clocked SR 플립플롭이다. $S = R = 0$이면 $Q(N+1)$은 NGT가 검출되기 전 $Q$의 상태를 그대로 유지한다.

**Q·08** 상승 에지 클럭 신호에 의해 트리거되는 SR 플립플롭의 입력에 다음 그림의 파형이 인가되었을 때 출력 $Q$의 파형으로 옳은 것은? 단, 초기값 $Q = 0$이다.

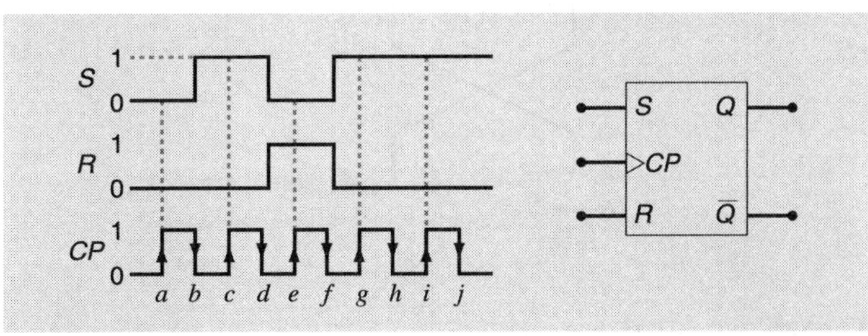


가.

나.

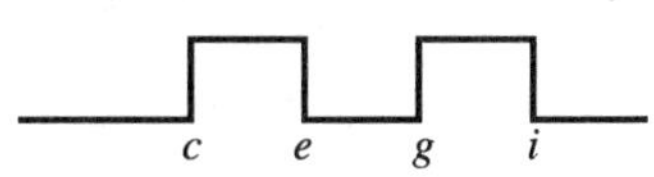


**해답** 7. 라 8. 라

다. 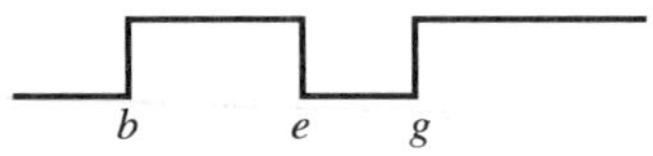


라. 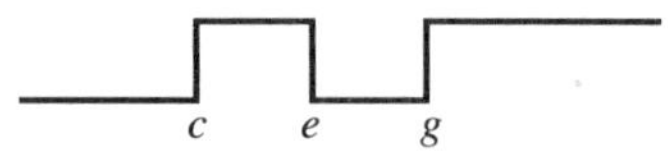


해설 PGT에서 트리거 되는 클럭 부착 SR 플립플롭에서는 클럭 신호가 0에서 1로 천이될 때 $S$와 $R$ 값에 따라 출력 상태가 결정된다.

**Q·09** 그림의 논리 다이어그램에서 $Q_n = 0$일 때에 $S = R = 0$ CK = 0이 가해지면, 직후의 출력은 무엇인가?

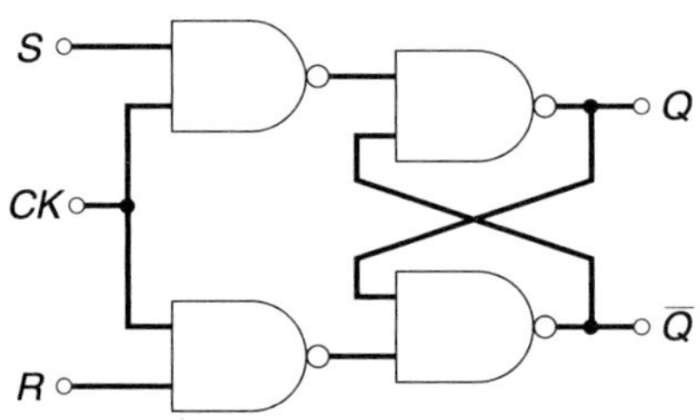


가. $Q_{N+1} = 1$, $\overline{Q_{N+1}} = 1$

나. $Q_{N+1} = 0$, $\overline{Q_{N+1}} = 1$

다. $Q_{N+1} = 1$, $\overline{Q_{N+1}} = 0$

라. $Q_{N+1} = 0$, $Q_{N+1} = 0$

해설 $Q_n = 0$일 때 $S = R = 0$이고 클럭 펄스 CK = 0이면 출력은 변하지 않는다.

**Q·10** 다음 그림은 RS 플립플롭회로인데 이의 설명 중 틀린 것은?

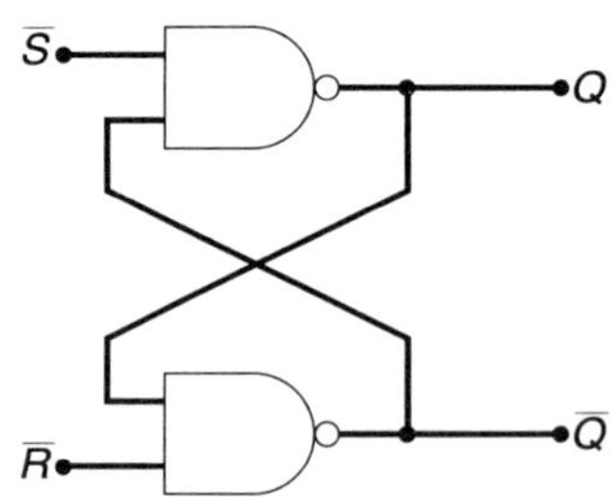


가. 입력 $S$가 1일 때 $Q$는 1이 되고 입력 $R$이 1일 때 출력 $Q$는 0이 된다.

나. $S$, $R$이 모두 0일 때 출력의 상태는 달라지지 않는다.

다. $S$, $R$이 모두 1일 때 출력의 상태는 어떻게 되는지 정해지지 않는다.

라. 입력 S가 1일 때 출력 $Q$는 0이 되고 입력 $R$이 0일 때 출력 $Q$는 1이 된다.

**해답** 9. 나 10. 라

해 설 NAND 게이트 RS-FF 플립플롭이 세트 상태로 되는 것은 $\overline{S}=L$, $\overline{R}=H$ 의 경우로서 부논리 입력의 동작을 할 때이다.

| $\overline{S}$ | $\overline{R}$ | $S$ | $R$ | $Q$ | $\overline{Q}$ | 동작 상태 |
|---|---|---|---|---|---|---|
| 0 | 0 | 1 | 1 | 1 | 1 | 금지상태 |
| 0 | 1 | 1 | 0 | 1 | 0 | 세트상태 |
| 1 | 0 | 0 | 1 | 0 | 1 | 리세트상태 |
| 1 | 1 | 0 | 0 | $Q_0$ | $\overline{Q_0}$ | 불변 |

Q·11 다음 그림의 RS 플립플롭에서 $R = 1, S = 0$일 때 $Q$와 $\overline{Q}$ 의 출력은?

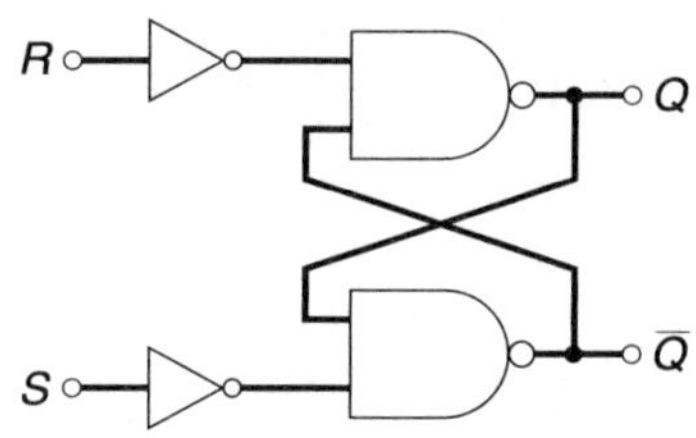


가. Q = 0, $\overline{Q}$ = 1　　나. Q = 1, $\overline{Q}$ = 1

다. Q = 1, $\overline{Q}$ = 0　　라. Q = 0, $\overline{Q}$ = 0

Q·12 다음 그림 (a)는 NGT에서 트리거되는 클럭 부착 JK 플립플롭이고 그림 (b)는 진리표이다. 출력 $Q$의 다음 상태 $Q_{N+1}$을 나타낸 것으로 옳은 것은? 단, $Q_N$은 출력 Q의 현재 상태이다.

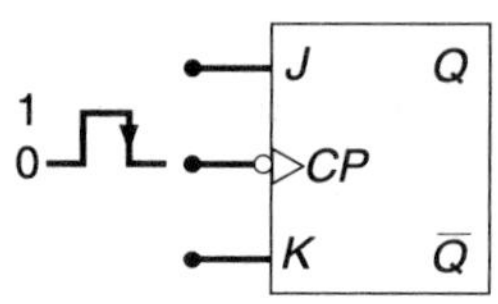


(a)

| $J$ | $K$ | $CP$ | $Q_{N+1}$ |
|---|---|---|---|
| 0 | 0 | ↓ | A |
| 1 | 0 | ↓ | B |
| 0 | 1 | ↓ | C |
| 1 | 1 | ↓ | D |

(b)

| | A | B | C | D |
|---|---|---|---|---|
| 가. | $\overline{Q_N}$ | 0 | 1 | 부 정 |
| 나. | $Q_N$ | 0 | 1 | $\overline{Q_N}$ |
| 다. | $\overline{Q_N}$ | 1 | 0 | 불 변 |
| 라. | $Q_N$ | 1 | 0 | $\overline{Q_N}$ |

해답 11. 다 12. 라

해설 클럭 펄스 CP의 입력단의 작은 원(bubble)은 CP입력이 1에서 0으로 천이될 때만 플립플롭이 트리거 된다는 것을 의미한다. 이를 NGT(negative-going transition)라 한다. 이 JK 플립플롭은 $J = K = 1$일 때 NGT에서 플립플롭의 출력이 반전(toggling)된다는 것을 제외하고 clocked SR 플립플롭의 진리표와 같다.

**Q·13** JK 플립플롭에서 $J = 0$, $K = 1$일 때 클록 펄스가 1상태라면 $Q_{N+1}$의 출력 상태는?

가. 부정　　나. 0　　다. 1　　라. 반전

**Q·14** JK-FF에서 현재 상태의 출력 $Q(N)$을 1로하고 $J$입력에 1을 $K$입력에 1을 클럭펄스 CP에 ( ⎍ )의 신호를 가하게 되면 다음 상태의 출력 $Q_{N+1}$은?

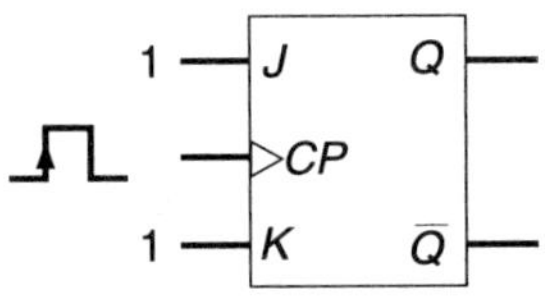


가. ×
나. 0
다. 1
라. $Q(N)$

**Q·15** JK 플립플롭에서 $J$입력과 $K$입력이 모두 1이고 CP = 1일 때 출력은 어떤 상태인가?

가. 두 입력이 1일 때 출력은 반전한다.
나. 두 입력이 1일 때 출력은 1이다.
다. 두 입력이 1일 때 SET 출력은 1, RESET 출력은 0이다.
라. 두 입력이 1일 때 SET 출력은 0, RESET 출력은 1이다.

**Q·16** 그림의 J, K 및 클럭 CP의 입력을 에지-트리거드(edge-triggered) JK 플립플롭에 가하였다. Q 출력 파형은?
(단, 플립플롭은 리세트(RESET) 상태에서 시작하는 것으로 하고 포지티브에지-트리거링(positive edge triggering) 하는 것으로 가정한다.)

**해답** 13. 나　14. 나　15. 가　16. 가

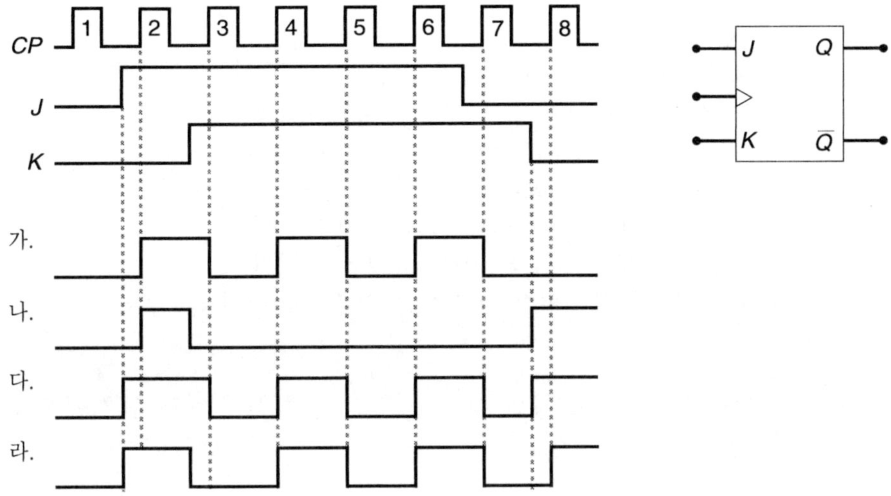

해 설 상승 에지 트리거(PGT)에 대한 JK 플립플롭이다. 이 플립플롭의 동작 상태는 다음과 같다.

1. 클럭 1에서 $J = K = 0$이므로 Q는 변환하지 않는다.
2. 클럭 2에서 $J$는 HIGH, K는 LOW이므로 SET가 된다.
3. 클럭 3에서 6까지는 Toggle조건에 있으므로 $Q$는 각 펄스에서 상태를 변화한다.
4. 클럭 7에서 $J$는 LOW, $K$는 HIGH이므로 RESET 된다.
5. 클럭 8에서 $J = K = 0$(LOW)이므로 $Q$는 변화하지 않는다.

**Q·17** 에지 트리거 JK 플립플롭에서 다음 그림과 같은 동기 입력을 공급하였을 때 출력 $Q$의 파형은 어느 것인가? 단, 초기값 $Q = 0$(리셋 상태)이라고 한다.

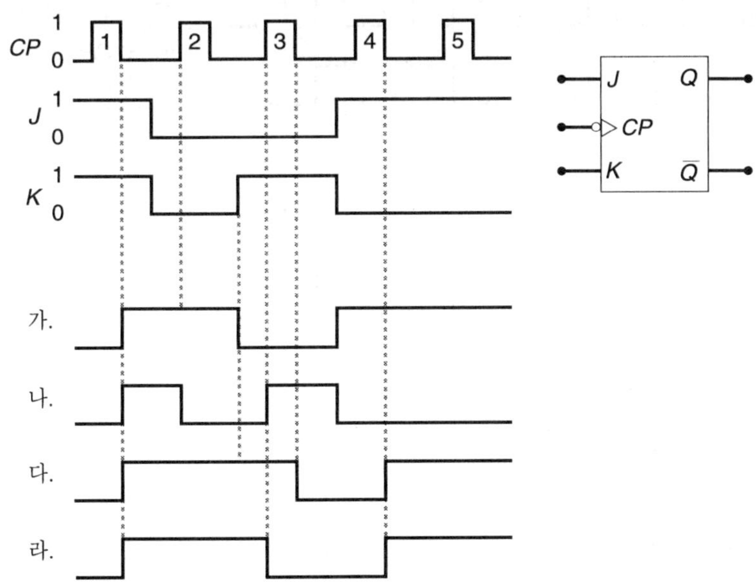

**해답** 17. 다

해설 NGT(negative-going transition)에서 트리거되는 $JK$ 플립플롭이다. 즉 클럭이 1에서 0으로 변화할 때 출력이 변화된다.

1. 클럭 1에서 $J=K=1$ (토글)이므로 $Q=1$이 된다.
2. 클럭 2에서 $J=K=0$ (불변)이므로 $Q=1$을 유지한다.
3. 클럭 3에서 $J=0, K=1$이므로 $Q=0$이 된다.
4. 클럭 4에서 $J=1, K=0$이므로 $Q=1$이 된다.
5. 클럭 5에서도 아직 $J=1, K=0$ 이므로 $Q=1$이다.

**Q·18** RS Flip-flop에서 부정의 상태를 정의하여 사용하도록 개량된 Filp-flop의 명칭은?

가. RST Flip-flop　　나. JK Filp-flop
다. D Flip-flop　　라. T Flip-flop

**Q·19** RS flip-flop을 JK flip-flop으로 만들고자 할 때 필요한 것은?

가. OR gate 2개　　나. AND gate 2개
다. NOR gate 2개　　라. NAND gate 2개

**Q·20** 다음은 $D$형 플립플롭의 입력 파형이다. 출력 $Q$는? 단, 포지티브 에지-트리거드형(posivite eggered type)이고 $Q$의 초기값을 LOW라고 한다.

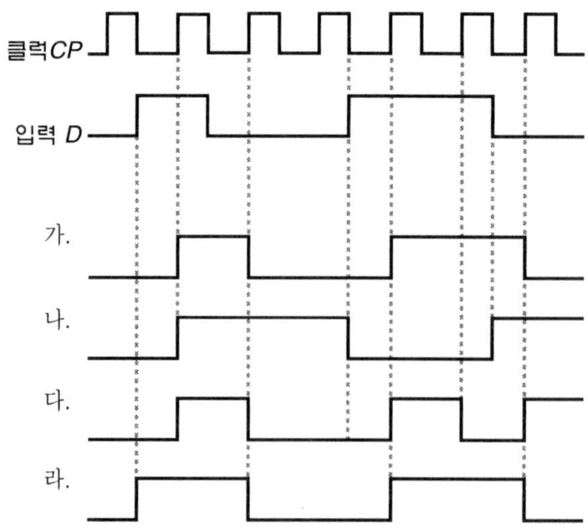


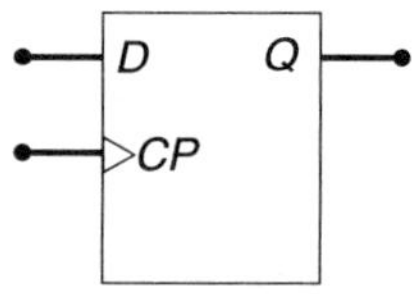


해설 PGT에서 트리거되는 $D$플립플롭이다. PGT에서 CP가 발생하였을 때 출력 $Q$는 $D$입력의 파형과 같다.

**해답** 18. 나　19. 나　20. 가

**Q·21** JK 플립플롭을 사용하여 D형 플립플롭을 구성하려면?

가. $J$의 입력을 인버터를 통하여 $K$에 연결시킨다.

나. $\overline{Q}$ 의 출력을 $J$의 입력과 인버터를 통하여 $K$에 연결시킨다.

다. $J$와 $K$를 동일 입력으로 한다.

라. $Q$의 입력을 $J$에 feedback 시킨다.

**Q·22** 에지 트리거 $JK$ 플립플롭을 만들려면 외부결선은 어떻게 하는 것이 옳은가?

가.

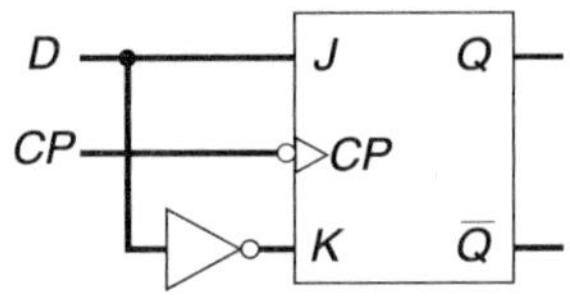


나.

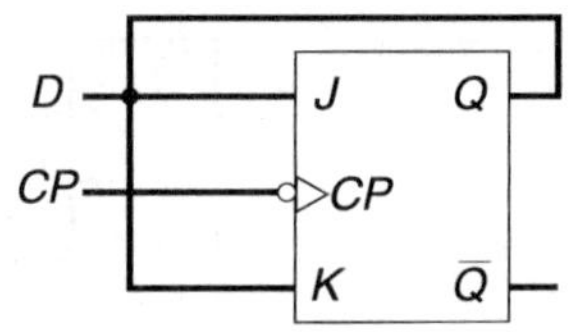


다.

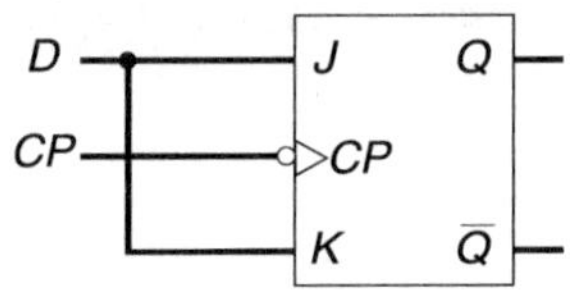


라.

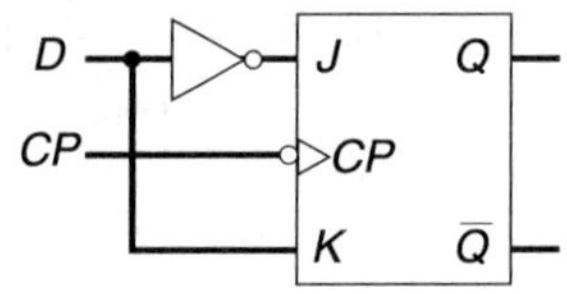


해설 에지 트리거 $D$ 플립플롭은 에지 트리거 $JK$ 플립플롭에 1개의 인버터를 더함으로써 쉽게 구현할 수 있다.

**Q·23** JK형 플립플롭에 NOT 게이트를 추가하여 만들면 어떤 기능을 갖는 플립플롭인가?

가. T형 플립플롭

나. D형 플립플롭

다. RS형 플립플롭

라. 레지스터

**Q·24** 그림과 같은 구성도는 어떤 형의 플립플롭인가?

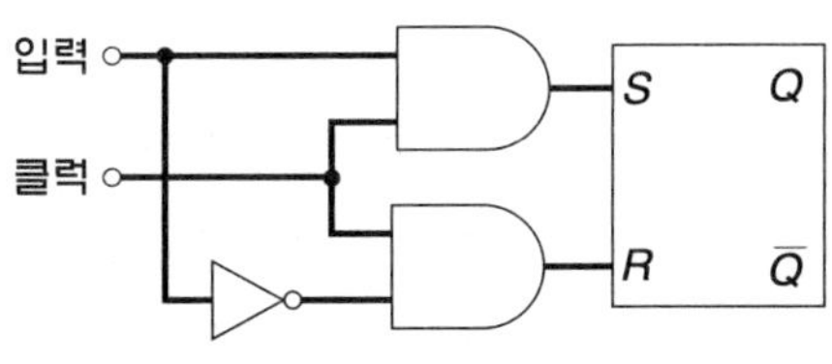


가. $T$형 플립플롭

나. $SR$형 플립플롭

다. $JK$형 플립플롭

라. $D$형 플립플롭

**해답** 21. 가 22. 가 23. 나 24. 라

**Q·25** 다음 그림의 입력 파형에 대한 $D$ 래치의 출력 $Q$의 파형은? 단, 초기 출력 상태는 $Q = 0$이다. EN은 $Q$의 인에이블(enable) 입력이다.

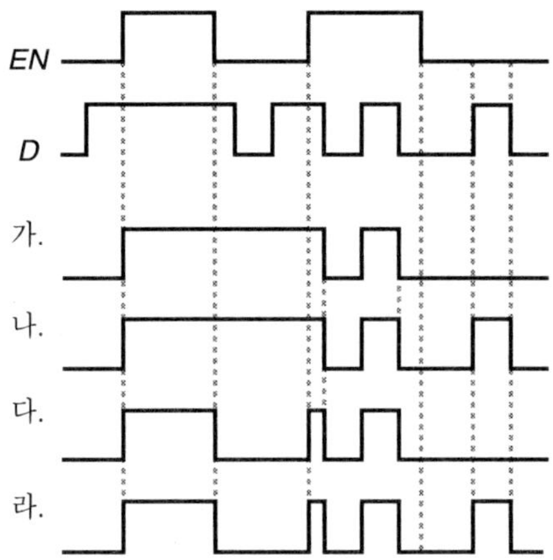


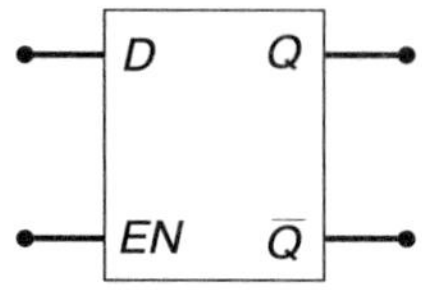


**해설** 에지 트리거 $D$ 플립플롭에서 에지 검출 회로가 없는 $D$ 플립플롭을 $D$ 래치라고 한다.

| EN | $D$ | $Q^*$ |
|---|---|---|
| 0 | × | 불변 |
| 1 | 0 | 0 |
| 1 | 1 | 1 |

} EN = 1이면 출력 Q(N+1) = $D$이다.

**Q·26** JK 플립플롭을 그림과 같이 결선하고 클록 펄스가 계속 인가되면 출력은 어떤 상태가 되는가?

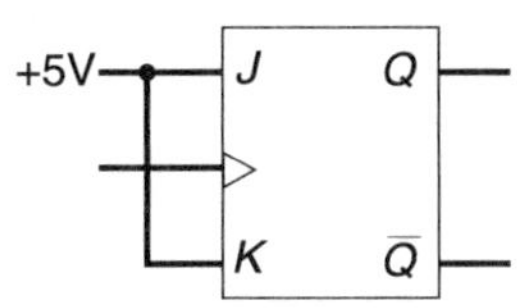


가. set
나. reset
다. toggling
라. 동작불능

**Q·27** 그림의 JK 플립플롭에서 clock 펄스가 T입력에 인가시 플립플롭의 상태는?

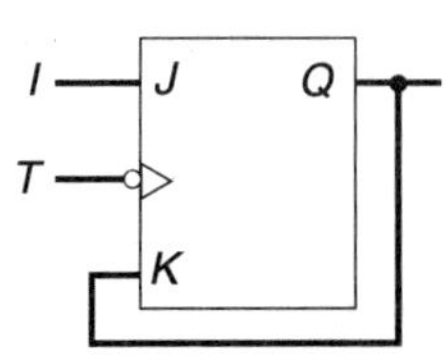


가. 각 clock 펄스마다 상태가 전환된다.
나. 항상 1의 상태를 유지한다.
다. 항상 0의 상태를 유지한다.
라. 2개의 clock 펄스마다 상태전환이 이루어진다.

**해답** 25. 가 26. 다 27. 가

**Q·28** T형 플립플롭에 대한 설명으로 옳은 것은?

가. 클럭 펄스가 인가되면 출력이 0이다.
나. 클럭 펄스가 인가시 출력은 항상 0이다.
다. 클럭 펄스가 인가되면 출력이 반전된다.
라. JK 플립플롭에서 변환이 불가능하다.

**Q·29** *T*형 플립플롭의 입력에 반복 주파수 800kHz의 펄스가 가해졌을 때 출력 펄스의 반복 주파수는?

가. 50kHz　　나. 100kHz
다. 200kHz]　　라. 400kHz

**Q·30** *D*형 플립플롭을 사용하여 toggle 작용이 일어나도록 한다. 어떻게 결선하면 이상적인가?

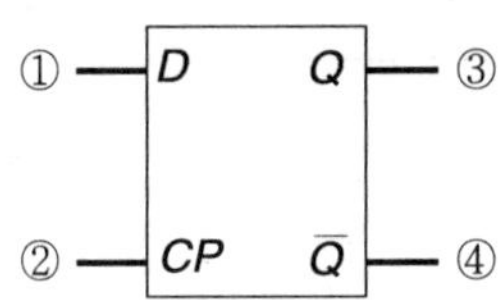


가. ①에 인버터를 연결한다.
나. ②에 인버터를 연결한다.
다. ①과 ④를 외부 결선한다.
라. ②와 ③을 외부 결선한다.

**Q·31** *J-K* 플립플롭을 그림과 같이 결선하고 클럭펄스가 인가 될때마다 출력 *Q*의 동작상태는?

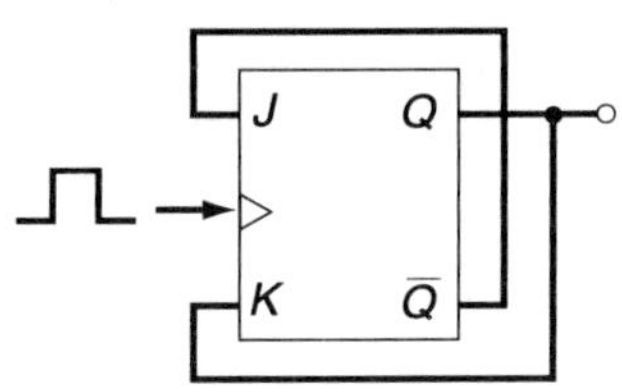


가. Toggle
나. Reset
다. Set
라. Race 현상

**Q·32** JK 플립플롭(filp-flop)을 다음 그림과 같이 연결했을 때 어떤 것과 같은가?

**해답** 28. 다　29. 라　30. 다　31. 가　32. 다

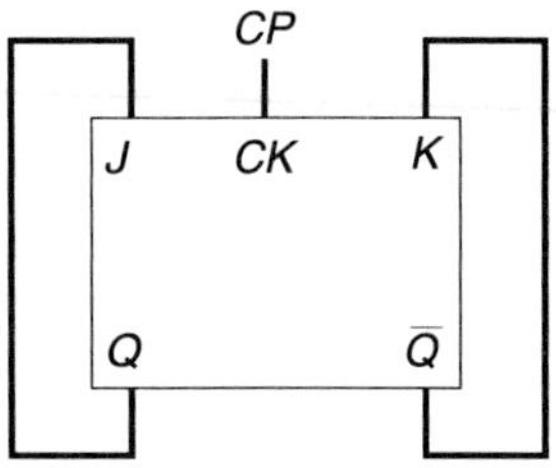

가. $D$ 플립플롭
나. $RS$ 플립플롭
다. $T$ 플립플롭
라. 랫치(Latch)

---

해설 T형 플립플롭이다.

1. $Q=0$일 때 $J=1$, $K=0$이므로 이 플립플롭은 다음에 가해지는 입력 CP의 negative edge에 의해 SET 상태로 된다.
2. $Q=1$이면 $J=0$, $K=1$이므로 회로는 RESET 상태로 된다. 즉 T형 플립플롭의 역할을 하므로 CP가 인가될 때마다 출력의 반전, 즉 토글이 일어난다.

**Q·33** 다음은 T Flip-flop으로 D Flip-flop를 실현하고자 한다. 옳은 것은?

가.

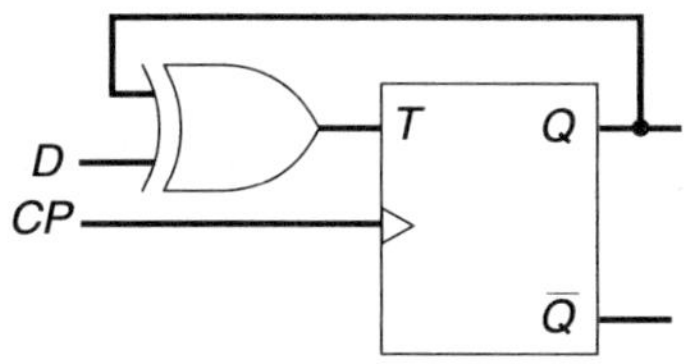

나.

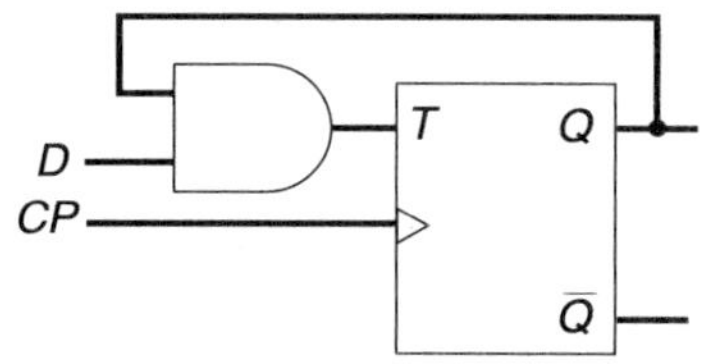

다.

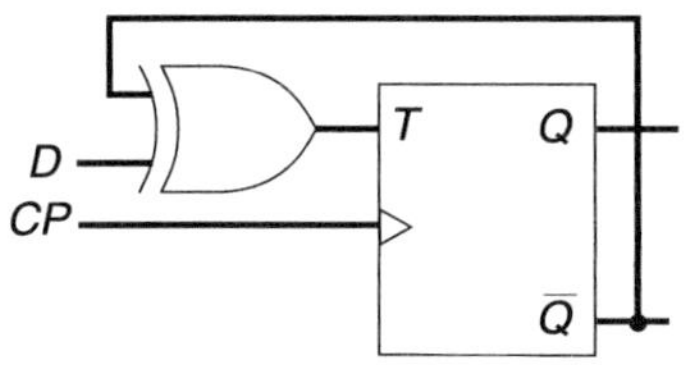

라.

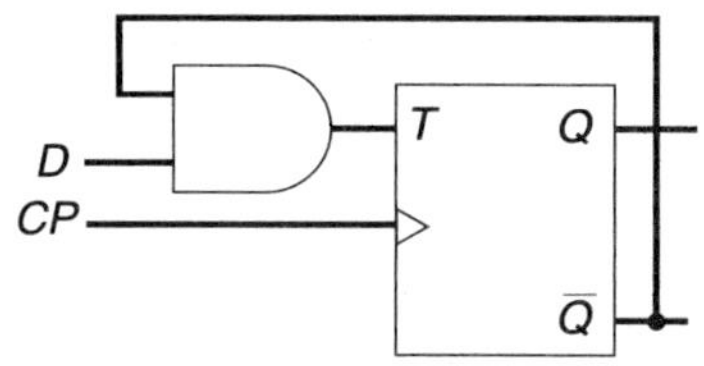

**Q·34** 그림은 다른 F/F에서 T형 F/F으로 변환한 것이다. 틀린 것은?

가.

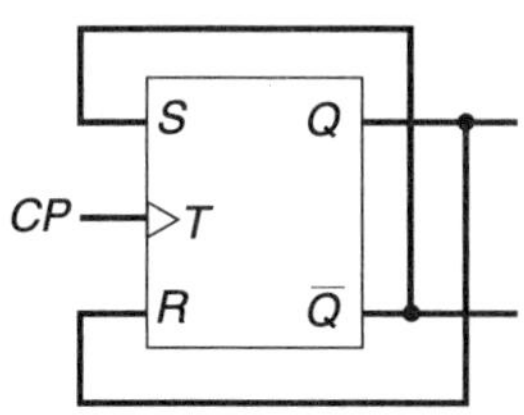

나.

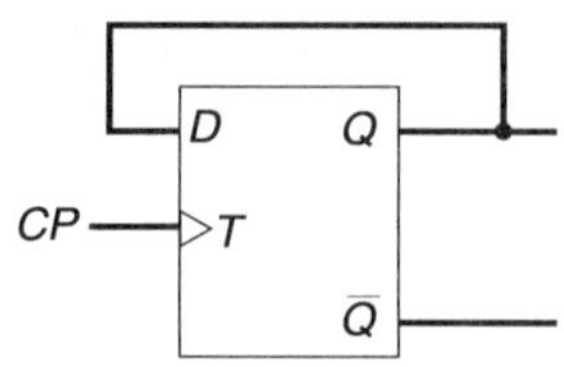

---

**해답** 33. 가 34. 나

다. 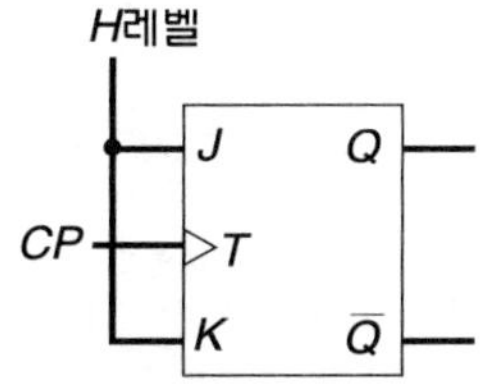


라. 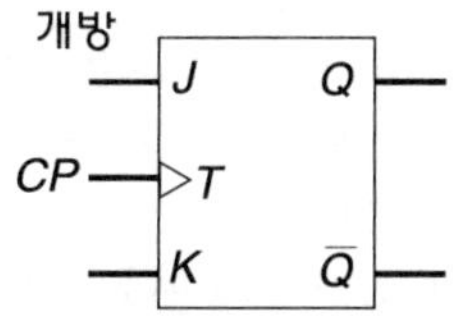


**해설** 다른 F/F에서 T형 F/F으로의 변환

① RST 플립플롭 : 출력 $Q$, $\overline{Q}$ 에서 $R, S$에 궤환을 걸고 $T$단자에 클럭 펄스(CP) 입력을 가한다.

② $D$형 플립플롭 : 출력 $\overline{Q}$ 를 $D$에 궤환시키고 $T$단자에 CP입력을 가한다.

③ JK 플립플롭 : $J, K$단자를 항상 High 레벨로 또는 개방상태로 두고 $T$단자에 CP입력을 가한다.

**Q·35** 비동기 입력 $\overline{PRE}$ 와 $\overline{CLR}$ 를 가진 PGT SR 플립플롭에 다음 그림과 같은 파형이 인가되었다. 출력 $Q$의 파형은? 초기값은 $Q = 1$이라고 한다.

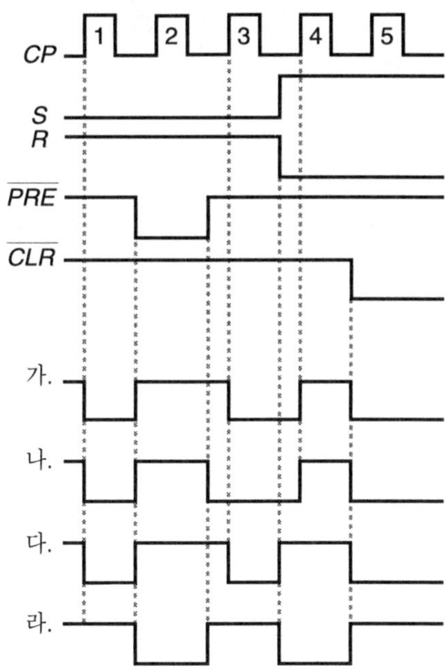


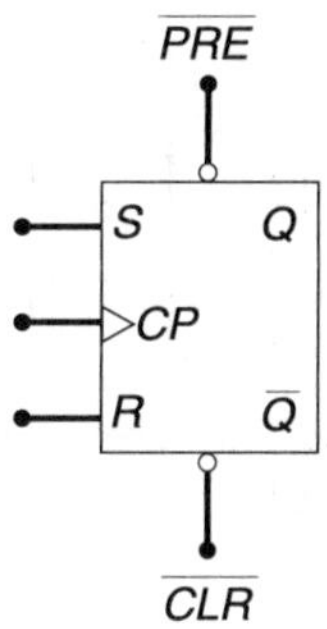


**해설** 비동기 입력이 동적 LOW이다. 초기에는 $\overline{PRE}$ 와 $\overline{CLR}$ 가 모두 HIGH 상태이므로 $Q$에는 아무런 영향을 주지 않는다.

1. 클럭 펄스 1에서 $S = 0, R = 1$이므로 플립플롭은 RESET 상태가 된다.

**해답** 35. 가

2. $\overline{PRE}$ 입력이 LOW 일 때는 클럭 펄스 등 동기 입력과는 무관하게 무조건 $Q = 1$로 SET 시킨다.
3. 클럭 2는 $\overline{PRE}$ 가 이 시간동안 LOW이므로 이 클럭의 영향을 받지 않는다.
4. 클럭 3은($\overline{PRE} = \overline{CLR} = 1$ 이므로) $S = 0, R = 1$이므로 $Q$는 RESET 상태가 된다.
5. 클럭 4는 $S = 1, R = 0$ 이므로 출력 $Q$는 SET가 된다.
6. 클럭 5가 가해지기 전에 $\overline{CLR}$ 이 되므로 무조건 $Q = 0$으로 RESET 된다.

**Q·36** 동적 LOW 비동기 입력을 가진 하강 에지 트리거 JK 플립플롭에서 $J$와 $K$는 HIGH 상태이다. 출력 $Q$의 파형은? 단, 초기값 $Q = 1$이라고 한다.

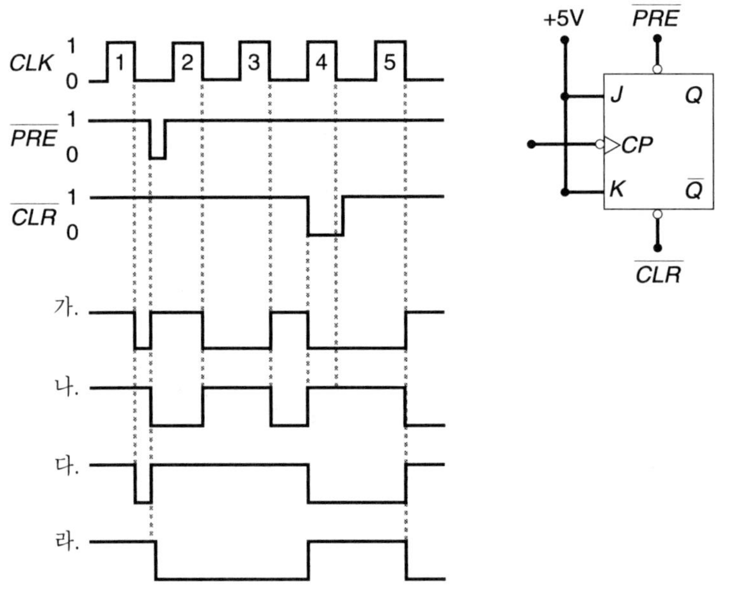


해설 $\overline{PRE}$ 와 $\overline{CLR}$ 이 HIGH 상태이면 출력 $Q$에는 어떤 영향도 주지 않는다.

**Q·37** 비동기 입력을 가진 에지 트리거 $JK$ 플립플롭에서 $J = K = 1$일 때 다음 그림의 파형이 인가시 출력 $Q$를 구하면 어느 것인가? 단, 초기 $Q$ =이고 비동기 입력은 다른 모든 입력을 무시한다.

**해답** 36. 가 37. 라

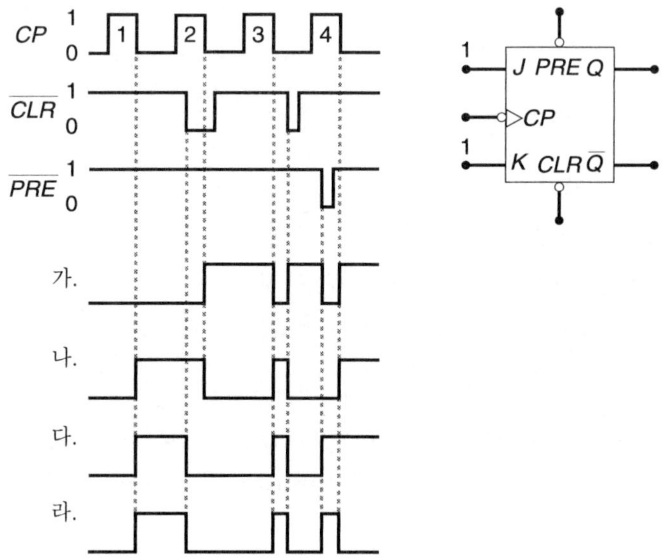

**Q·38** 두 개의 입력이 동시에 1이 되었을 때에도 불확정한 출력 상태가 되지 않도록 2개의 FF을 사용한 회로는?

가. D형 플립플롭
나. Master slave 플립플롭
다. RS 플립플롭
라. T형 플립플롭

**Q·39** M/S flip-flop의 설명으로 틀린 항은?

가. 2개의 플립플롭의 동작 상태가 다르다.
나. 매스터 F/F의 입력은 슬레이브 F/F에서 궤환된다.
다. 레이스 현상을 방지할 수 있다.
라. 같은 펄스에 대해서만 같이 동작한다.

**Q·40** Master-Slave 플립플롭은 어떤 현상을 해결하기 위한 플립플롭인가?

가. 전파 지연 현상
나. Toggle 현상
다. Hogging 현상
라. Race 현상

**Q·41** Edge-triggered 플립플롭이 Master-slave 플립플롭에 비하여 좋은 점은?

가. 잡음 마아진이 크다.
나. 지연시간이 없다.

**해답** 38. 나 39. 라 40. 라 41. 라

다. 고온에 강하다. 라. 고속 펄스를 인가할 수 있다.

**Q·42** edge triggered 플립플롭을 사용하는 경우는?

가. TTL에서만 사용한다.
나. 지연(delay) 시간을 길게 할 경우 사용된다.
다. 클럭 펄스를 사용할 수 없을 경우 사용된다.
라. 레이스(race) 현상을 방지하고자 할 경우 사용한다.

**Q·43** 그림과 같은 플립플롭(flip-flop)을 3개 직렬접속한 후 입력에 1000Hz의 펄스를 가했다면 마지막 단 플립플롭(flip-flop)에 나타나는 신호의 주파수는 몇 Hz인가?

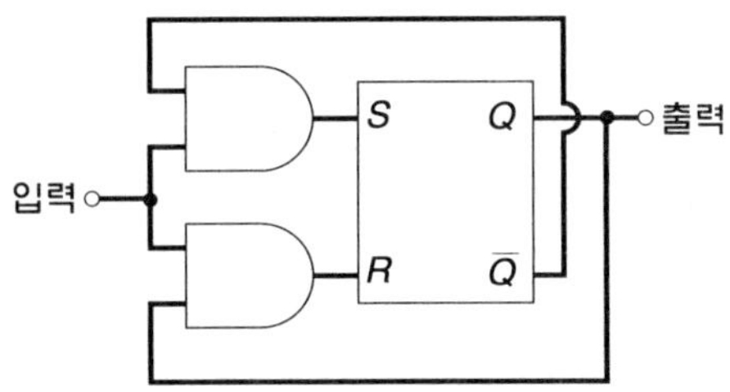


가. 125
나. 250
다. 750
라. 4000

해설 T 플립플롭 1개는 2진 카운터 (÷2)이다.
3개가 직렬 접속되면 $2\times2\times2 = 2^3 = 8$이므로 8진 카운터이다.

출력 주파수 = 입력 주파수 $\div 2^3$
$= 1000\text{Hz} \div 8 = 125\text{Hz}$

**Q·44** 다음 JK Flip-Flop의 입력신호의 주파수가 1MHz일 때 출력신호의 주파수는 얼마인가?

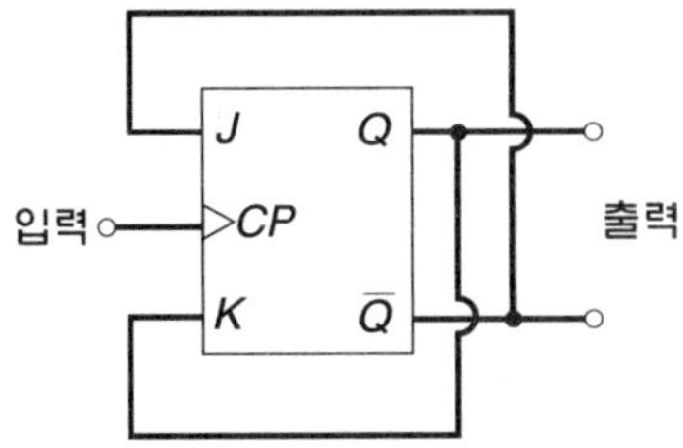


가. 100kHz
나. 500kHz
다. 1kHz
라. 4kHz

해설 JK flip-flop 1개는 2진 카운터 (÷2)이다.

◉해답◉ 42. 라 43. 가 44. 나

**Q·45** 다음에서 입력 구형파 주파수 500kHz를 인가했을 때 출력 구형파 주파수는 얼마인가?

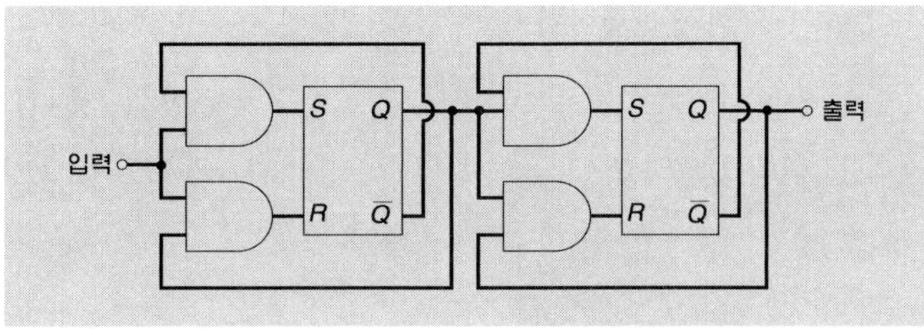


가. 25kHz　　나. 50kHz

다. 125kHz　　라. 400kHz

**Q·46** 입력 주파수 640kHz를 T형 플립플롭 7개 종속 접속한 회로에 인가했을 때 출력 주파수는 얼마인가?

가. 3kHz　　나. 4kHz

다. 5kHz　　라. 6kHz

**Q·47** 다음 중 RS Flip-flop의 특성 방정식은? 단, $Q$는 현재 상태이고 $Q(N+1)$은 다음 상태(next state)이다.

가. $Q(N+1) = S + \overline{R}Q$　　나. $Q(N+1) = S\overline{Q} + \overline{R}Q$

다. $Q(N+1) = S\overline{Q} + \overline{R}Q$　　라. $Q(N+1) = \overline{S}Q + R\overline{Q}$

**Q·48** JK 플립플롭의 특성 방정식은? 단, $Q$는 현재 상태이고 $Q(N+1)$은 다음 상태이다.

가. $Q(N+1) = \overline{J}Q + K\overline{Q}$　　나. $Q(N+1) = J\overline{Q} + \overline{K}Q$

다. $Q(N+1) = \overline{J}\overline{Q} + KQ$　　라. $Q(N+1) = JQ + \overline{K}\overline{Q}$

**Q·49** $D$형 플립플롭의 특성식 $Q(N+1)$은?

가. $D\overline{Q} + \overline{D}Q$　　나. $D\overline{Q}$

**해답** 45. 다　46. 다　47. 가　48. 나　49. 다

다. $D$　　　　라. $\overline{D}$

**Q·50** 다음 중 $T$형 플립플롭의 특성 방정식은? 단, $T$, $Q$는 현재 입출력이고 $Q(N+1)$은 다음 상태이다.

가. $Q(N+1)=T$　　　　나. $Q(N+1)=\overline{T}+Q$

다. $Q(N+1)=T+\overline{Q}$　　　　라. $Q(N+1)=T\overline{Q}+\overline{T}Q$

**Q·51** 다음은 SR flip-flop의 여기표이다. $Q(N)$은 현재 상태이고 $Q(N+1)$은 다음 상태를 나타낸다. 틀린 항의 번호는? (단, d는 don't care 조건이다.)

| | $Q(N)$ | $Q(N+1)$ | $S$ | $R$ |
|---|---|---|---|---|
| ① | 0 | 0 | 0 | 0 |
| ② | 0 | 1 | 1 | 0 |
| ③ | 1 | 0 | 0 | 1 |
| ④ | 1 | 1 | $d$ | 0 |

가. ①
나. ②
다. ③
라. ④

**Q·52** 다음은 JK 플립플롭에 대한 여기표(excitation table)이다. $Q(N)$은 플립플롭 출력 $Q$의 현재 상태이고 $Q(N+1)$은 다음 상태를 나타낸다. 틀린 항은?

| | $Q(N)$ | $Q(N+1)$ | $J$ | $K$ |
|---|---|---|---|---|
| ① | 0 | 0 | 0 | $d$ |
| ② | 0 | 1 | 1 | $d$ |
| ③ | 1 | 0 | $d$ | 1 |
| ④ | 1 | 1 | 0 | $d$ |

가. ①
나. ②
다. ③
라. ④

**Q·53** JK 플립플롭의 여기표에서 $Q(N)$은 출력 $Q$의 현재 상태이고, $Q(N+1)$은 다음 상태를 나타낸다. $K$의 행 (　　)의 수열은 어느 것인가? 단, ×는 don't care 조건이다.

**해답** 50. 라 51. 가 52. 라 53. 다

| $Q(N)$ | $Q(N+1)$ | $J$ | $K$ |
|---|---|---|---|
| 0 | 0 | 0 | ( |
| 0 | 1 | 1 | |
| 1 | 0 | × | |
| 1 | 1 | × | ) |

가. $\begin{pmatrix} 0 \\ \times \\ 1 \\ 0 \end{pmatrix}$ 나. $\begin{pmatrix} 0 \\ \times \\ 0 \\ 1 \end{pmatrix}$ 다. $\begin{pmatrix} \times \\ \times \\ 1 \\ 0 \end{pmatrix}$ 라. $\begin{pmatrix} \times \\ \times \\ 0 \\ 1 \end{pmatrix}$

**Q·54** $D$형 플립플롭에서 $D$와 $Q$가 각각 현재의 입력과 출력이고 $Q_{N+1}$이 다음 상태의 출력이라고 할 때 다음의 상태표에서 $Q_{N+1}$의 행 (　)의 수열은 어떤 것인가?

| $D$ | $Q$ | $Q(N+1)$ |
|---|---|---|
| 0 | 0 | ( |
| 0 | 1 | |
| 1 | 0 | |
| 1 | 1 | ) |

가. $\begin{pmatrix} 0 \\ 1 \\ 1 \\ 0 \end{pmatrix}$ 나. $\begin{pmatrix} 0 \\ 0 \\ 1 \\ 1 \end{pmatrix}$ 다. $\begin{pmatrix} 1 \\ 0 \\ 0 \\ 1 \end{pmatrix}$ 라. $\begin{pmatrix} 1 \\ 0 \\ 1 \\ 0 \end{pmatrix}$

**Q·55** 그림과 같은 상태도(state diagram)를 이용하여 작성하였다. 틀린항은 어느 것인가?

| 현상태 \ 현입력$x$ | 0 | 1 |
|---|---|---|
| ① $q_0$ | $q_2/0$ | $q_1/0$ |
| ② $q_1$ | $q_2/0$ | $q_2/0$ |
| ③ $q_2$ | $q_0/1$ | $q_3/0$ |
| ④ $q_3$ | $q_0/0$ | $q_2/0$ |

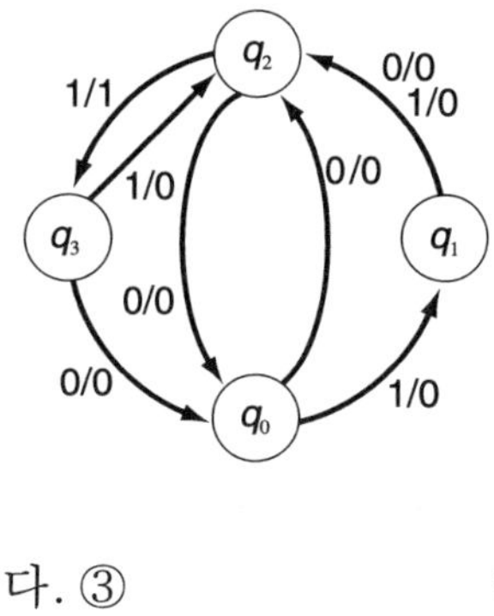


가. ①　　나. ②　　다. ③　　라. ④

**해답** 54. 나　55. 다

**Q·56** 다음의 시퀀스 다이어그램(sequence diagram)으로 동작하는 논리 회로가 있다. 이때 초기 상태(initial state)가 00인 상태에서 입력 시퀀스가 0, 0, 1, 1으로 들어 왔을 때 4번째 입력이 들어온 후의 상태는 다음 중 어느 것인가?

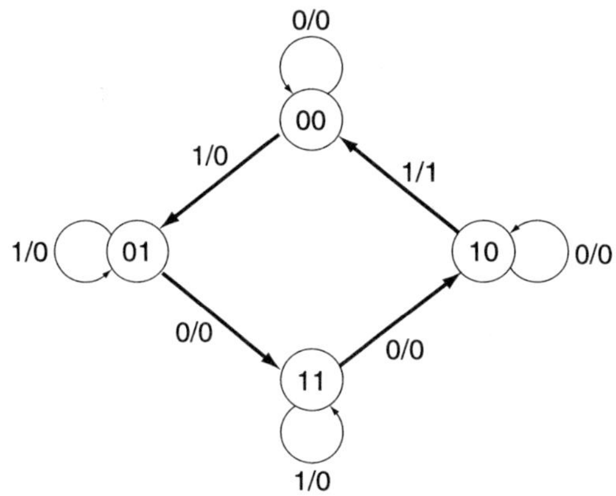


가. 0 0　　나. 1 0　　다. 0 1　　라. 1 1

**Q·57** 그림과 같은 상태도(state diagram)에서 입력($x$)이

입력 : $x(0) = 1, x(\mathrm{T}) = 1, x(2T) = 0, x(3T) = 1$

의 시간적 순서로 들어올 때 이에 해당하는 출력(Z)을 나타낸 것 중 틀린 것은? (단, 초기 상태는 $q_1$이다.)

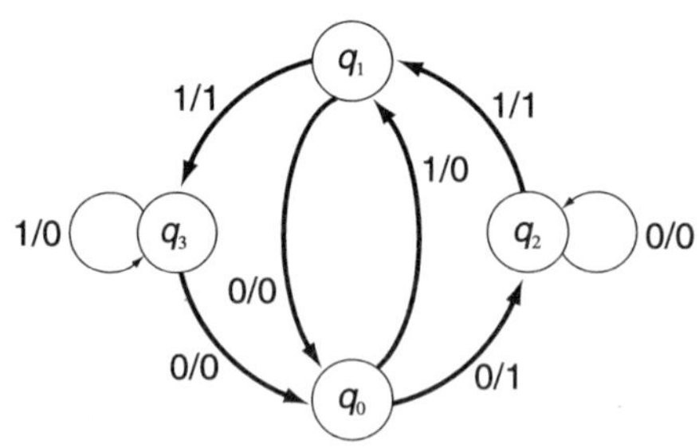


가. $Z(0)=1$
나. $Z(T)=0$
다. $Z(2T)=0$
라. $Z(3T)=1$

해설 시간적 입력에 대한 초기 상태가 $q_1$이면 상태의 변화는,
$q_1 \to q_3 \to q_3 \to q_0 \to q_1$이 된다.

**Q·58** 그림과 같은 상태도(state diagram)에서 입력($x$)이 $x(0) = 0, x(T) = 1, x(2T) = 0, x(3T) = 1$의 시간적 순서로 들어올 때 초기 상태와 $q_2$라면 이의 상태 변화는?

**해답** 56. 다　57. 라　58. 라

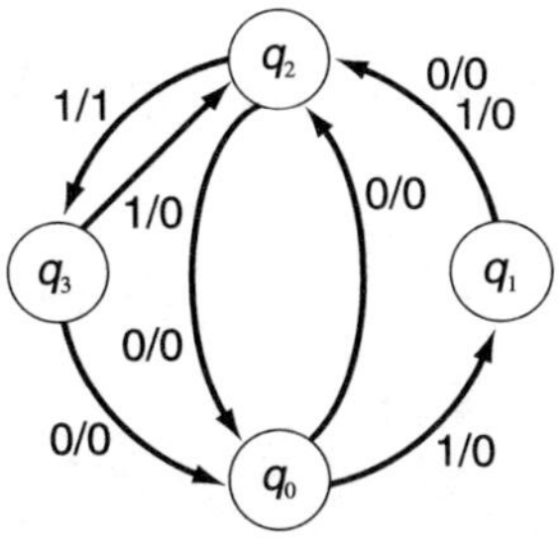


가. $q_3 \rightarrow q_0 \rightarrow q_1 \rightarrow q_2$

나. $q_3 \rightarrow q_2 \rightarrow q_0 \rightarrow q_1$

다. $q_0 \rightarrow q_2 \rightarrow q_1 \rightarrow q_3$

라. $q_0 \rightarrow q_1 \rightarrow q_2 \rightarrow q_3$

---

해설 초기 상태가 $q_2$일 때 이에 해당하는 출력은 $Z(0) = 0$, $Z(T) = 0$, $Z(2T) = 0$, $Z(3T) = 1$가 된다.

**Q·59** 다음 상태도(state diagram)를 갖는 순서 논리 회로에서 초기상태 $q_0$에서 입력 Sequence가 01011순으로 들어 왔을 때 차기 상태와 출력을 바르게 나타낸 것은?

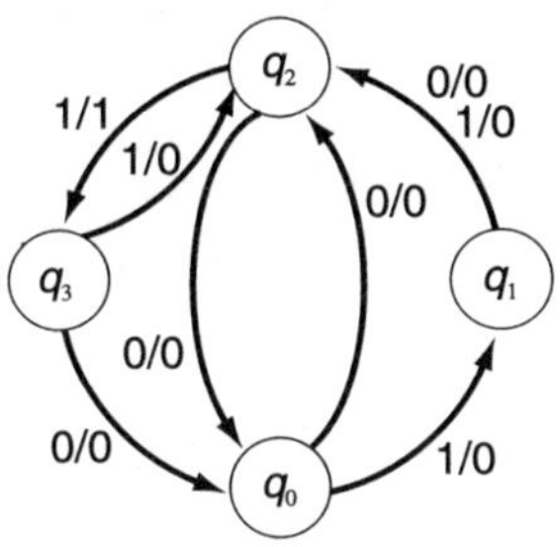


가. 상태 : $q_1$ $q_2$ $q_3$ $q_0$ $q_1$
출력 : 0 0 1 0 0

나. 상태 : $q_2$ $q_3$ $q_1$ $q_2$ $q_3$
출력 : 0 1 0 0 0

다. 상태 : $q_2$ $q_3$ $q_0$ $q_1$ $q_2$
출력 : 0 1 0 0 0

라. 상태 : $q_1$ $q_2$ $q_1$ $q_2$ $q_2$
출력 : 0 0 0 0 0

**Q·60** 다음은 순서 논리 회로의 설계 과정을 나열한 것이다. 이의 설계 과정 중 옳은 것은 어느 것인가?

| | |
|---|---|
| a. 여기표 작성 | b. 상태도 그리기 |
| c. 입력 함수 구하기 | d. 상태표 만들기 |
| e. 플립플롭 수 결정 | f. 회로도 설계 |

가. a－b－d－c－e－f

나. a－d－b－e－c－f

다. b－d－e－a－c－f

라. b－a－d－c－e－f

---

**해답** 59. 다 60. 다

**Q·61** 다음은 어떤 순서 논리 회로의 일부분이다. A Flip-flop의 상태 방정식을 바르게 표현한 것은?

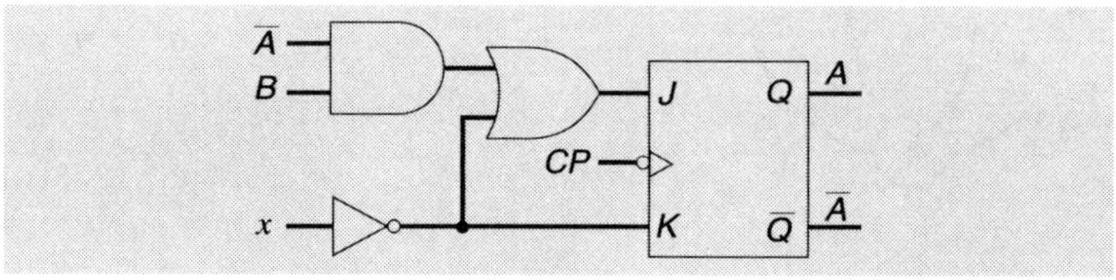


가. $A(t+1)=\overline{A}B+Ax$

나. $A(t+1)=\overline{A}x$

다. $A(t+1)=AB+Ax+\overline{A}\overline{x}$

라. $A(t+1)=\overline{A}B+\overline{A}\overline{x}+Ax$

**해설** 회로에서 A 플립플롭의 입력 함수를 구하면

$JA=\overline{x}+\overline{A}\cdot B,\ \ KA=\overline{x}$

JK Flip-flop의 특성식으로부터 Flip-flop의 다음 상태는

$Q(t+1)=J\overline{Q}+\overline{K}Q$ 이므로 A 플립플롭의 다음상태는 $A(t+1)$은 다음과 같다.

$$A(t+1)=(\overline{x}+\overline{A}\cdot B)\overline{A}+\overline{\overline{x}}\cdot A$$
$$=\overline{x}\overline{A}+\overline{A}B+Ax$$

**Q·62** 다음 상태표의 축소된 상태는?

| 현재 상태 | 다음 상태 $x=0$ | 다음 상태 $x=1$ | 출력 $x=0$ | 출력 $x=1$ |
|---|---|---|---|---|
| $a$ | $f$ | $b$ | 0 | 0 |
| $b$ | $d$ | $c$ | 0 | 0 |
| $c$ | $f$ | $e$ | 0 | 0 |
| $d$ | $g$ | $a$ | 1 | 0 |
| $e$ | $d$ | $c$ | 0 | 0 |
| $f$ | $f$ | $b$ | 1 | 1 |
| $g$ | $g$ | $h$ | 0 | 1 |
| $h$ | $g$ | $a$ | 1 | 0 |

**해답** 61. 라 62. 다

가.

| 현재 상태 | 다음상태 0 | 1 |
|---|---|---|
| $a$ | $f$ | $b$ |
| $b$ | $d$ | $a$ |
| $d$ | $f$ | $g$ |
| $g$ | $g$ | $d$ |

나.

| 현재 상태 | 다음상태 0 | 1 |
|---|---|---|
| $a$ | $f$ | $b$ |
| $b$ | $d$ | $c$ |
| $d$ | $g$ | $a$ |
| $g$ | $g$ | $h$ |

다.

| 현재 상태 | 다음상태 0 | 1 |
|---|---|---|
| $a$ | $f$ | $b$ |
| $b$ | $d$ | $a$ |
| $d$ | $g$ | $a$ |
| $f$ | $f$ | $b$ |
| $g$ | $g$ | $d$ |

라.

| 현재 상태 | 다음상태 0 | 1 |
|---|---|---|
| $a$ | $f$ | $b$ |
| $b$ | $d$ | $c$ |
| $d$ | $g$ | $a$ |
| $f$ | $f$ | $b$ |
| $g$ | $g$ | $h$ |

# 6 chapter

# 카운터 회로와 레지스터

## Counter and Registers

chapter 6

# 카운터 회로와 레지스터

Counter and Registers

## 6. 1 카운터의 기본

카운터 (counter)는 플립플롭으로 구성되며 입력에서 들어오는 펄스의 수를 계수 (count) 하거나 주파수 분할 (frequency division)등의 역할을 실행하는 순서 논리 회로이다.

**카운터의 분류** 카운터를 구성하는 플립플롭의 클릭 펄스 입력에 클럭 펄스를 공급하는 방식에 따라 비동기식 카운터와 동기식 카운터로 분류할 수 있다.

**예제 6-1** 비동기식 카운터(asnchronous counter)의 특성을 설명하라.

**해 설** 비동기식 카운터는 클럭 펄스에 동기되지 않고 전단의 출력을 받아서 각 플립플롭을 차례차례로 동작하여 가기 때문에 이를 리플 카운터(ripple counter)라고도 한다.

1. 비동기식 카운터는 직렬 카운터 또는 리플 카운터라고 한다.
2. 비동기식 카운터는 각 플립플롭의 트리거 입력을 전단의 출력에 연결하여 전단의 출력이 후단의 입력으로 들어와야 동작하도록 구성되어 있다.
3. 비동기식 카운터는 각 단을 통과할 때 마다 지연시간이 누적되므로 고속 카운팅에는 부적당하다.
4. 비동기식 카운터는 매우 높은 주파수에는 사용하지 않으며, 특히 비트 수가 많은 카운터에는 부적합하다.

**예제 6-2** 동기식 카운터(synchronous counter)의 특성을 설명하라.

**해설** 동기식 카운터는 병렬 카운터라고도 한다.

1. 동기식 카운터는 모든 플립플롭의 클럭 신호가 병렬로 연결되어 있어 트리거 입력이 가해지면 모든 플립플롭의 출력이 동시에 변하도록 구성되어 있다.
2. 동기식 카운터는 비동기식에 비해 전파 지연이 짧아 고속 계수 회로로 이용된다. 동기식에서는 한 단의 전파 지연만 존재한다.
3. 동기식 카운터는 같은 수의 플립플롭을 갖는 비동기식 카운터보다 더 높은 주파수에서 사용할 수 있다.

**모듈러스(또는 MOD 수)** 모듈러스(modulus)는 카운터가 갖는 상태의 수를 의미한다.

모듈러스 = MOD 수 = 카운터가 갖는 상태의 수

일반적으로 카운터에서 구별되는 상태의 수가 N일 때 이 카운터의 모듈러스는 N이고 Modulo-N(또는 MOD-N : N진) 카운터라고 한다.

**N진 카운터의 설계** N진 카운터 설계시 필요한 플립플롭의 개수 $n$은 다음 식으로 구한다.

$$2^{n-1} \leq N \leq 2^n$$

**최대 카운트 값** 최대 카운트 값은 N − 1이다.

**예제 6-3** 5진 카운터를 설계하는 경우 MOD수와 최대 카운트 값을 구하라.

**해설** MOD 수 N은 카운터가 갖는 상태의 수를 말한다.

1. 5진 카운터이므로 000, 001, 010, 011, 100의 5가지 상태를 가진다. 따라서 MOD-5라고 한다.
2. 최대 카운트 값 = N − 1 = 5 − 1 = 4이다.

**예제 6-4** 어느 공장에서 컨베이어 벨트(conveyor belt)를 통과하는 물품의 개수를 카운트하고자 한다.

1000개의 물품을 카운트하는 카운터를 설계시 필요한 플립플롭의 개수를 구하라.

**해설** $2^{10-1} \le 1000 \le 2^{10}$이므로 필요한 플립플롭의 개수는 $n = 10$개이다.

**주파수 분할** 일반적으로 카운터의 마지막단의 출력 주파수는 입력 클럭 주파수를 MOD 수로 나눈 값이다.

출력 주파수 = 입력 주파수 ÷ MOD 수

**예제 6-5** 다음 그림에서 입력에 구형과 주파수 250kHz를 인가했을 때 출력 구형파 주파수를 구하라.

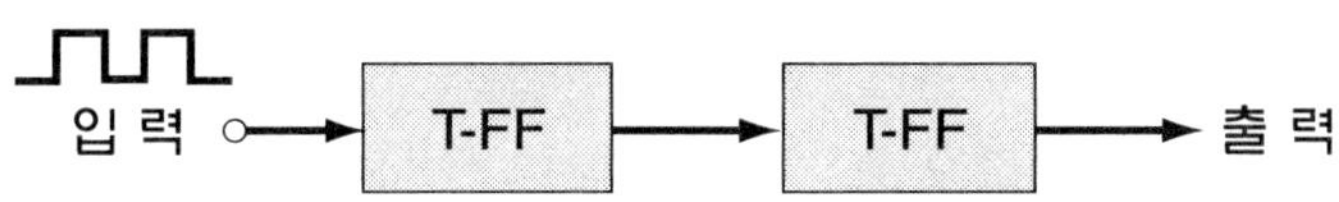


그림 6-1

**해설** 그림 6-1은 T 플립플롭을 2단 종속접속(cascade)한 경우이다. 이 카운터 총 모듈(modulus)은 4이다.

출력 주파수 = 입력주파수 ÷ MOD 수
= 250kHz ÷ 4 = 62.5kHz

**예제 6-6** 1MHz의 수정발진기가 있다. 이 출력을 분주하여 500Hz의 클럭 주파수를 만들고자 한다. 최소 몇 개의 플립플롭이 필요한가?

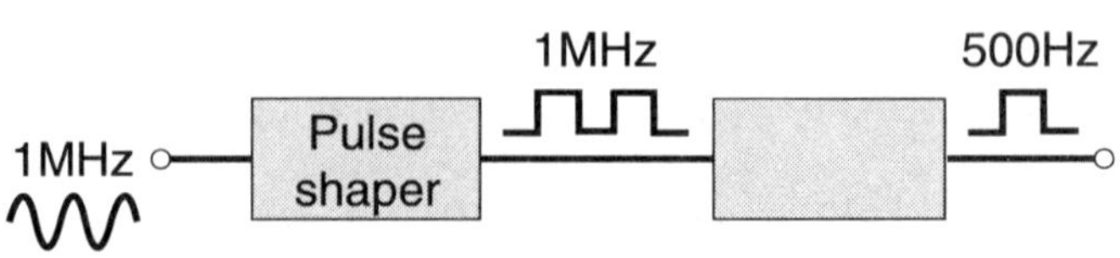


그림 6-2

**해설** MOD 수는 $10^6/500 = 2000$이다. 따라서, 필요한 플립플롭의 개수는 $2^{11-1} \leq 2000 \leq 2^{11}$이므로 $n = 11$, 즉 11단의 플립플롭이 필요하다.

**예제 6-7** 일반적으로 많이 사용되고 있는 IC 비동기식 카운터와 IC 동기식 카운터를 써라.

**해설** 상용 IC의 종류는 다음과 같다.

1. **IC 비동기식 카운터**

① SN7490 : 비동기식 10진 카운터

② SN7492 : 비동기식 12진 카운터

③ SN7493(또는 74293) : 비동기식 16진 카운터

2. **IC 동기식 카운터**

① 동기식 디코드 카운터 : 74LS160/162, 74HC160/162

② 동기식 16진 카운터 : 74LS161/163, 74HC 161/163

## 6. 2 비동기식 $2^n$진 카운터의 설계

비동기식 카운터는 각 플립플롭의 트리거 입력이 앞단에 플립플롭 출력을 접속하여 구성하는 것으로 앞단의 동작이 일어난 다음에 다음 단의 동작이 이루어진다. 이것을 리플 카운터라 한다.

2진 카운터를 $n$개 접속하면 비동기식 $2^n$진 카운터를 설계할 수 있다. 따라서 $n = 4$이면 $2^4 = 16$, 즉 16진 카운터를 구성할 수 있다.

**예제 6-8** 2진 카운터를 구성하고 출력 $Q$의 파형을 그려라.

**해설** 하나의 T 플립플롭은 입력 펄스가 2개 들어갈 때마다 출력의 상태가 반전하여 초기 상태로 되돌아가므로 2진 카운터(binary counter)로써 동작한다. 이 2진 카운터는 1/2 분주 회로로 사용된다.

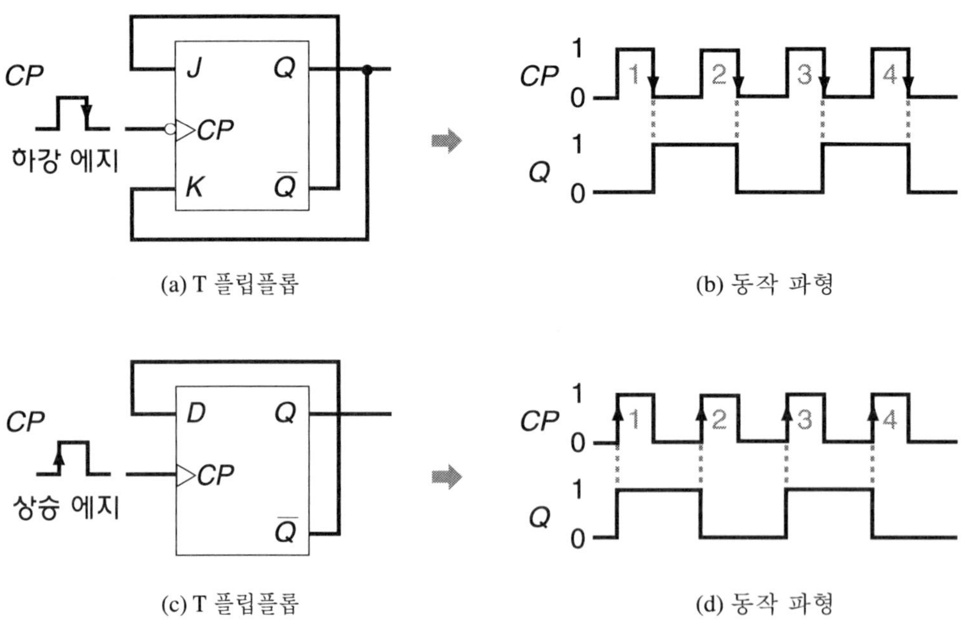


(a) T 플립플롭 (b) 동작 파형

(c) T 플립플롭 (d) 동작 파형

그림 6-3 2진 카운터

**예제 6-9** 비동기식 16진 업 카운터(MOD-16 asynchronous up counter)를 구성하고, 그 출력 파형을 그려라.

**해설** 업 카운터 (up counter)는 입력 펄스가 들어올 때마다 카운터의 상태가 증가한다. 16진 카운터는 상태의 수가 16개이므로 mod-16 또는 4단 2진 카운터, 4비트 리플 카운터라고도 한다. 이 16진 카운터의 최대 카운트 값은 $2^4 - 1 = 15$이고 16번째 펄스에서 0으로 되돌아 간다.

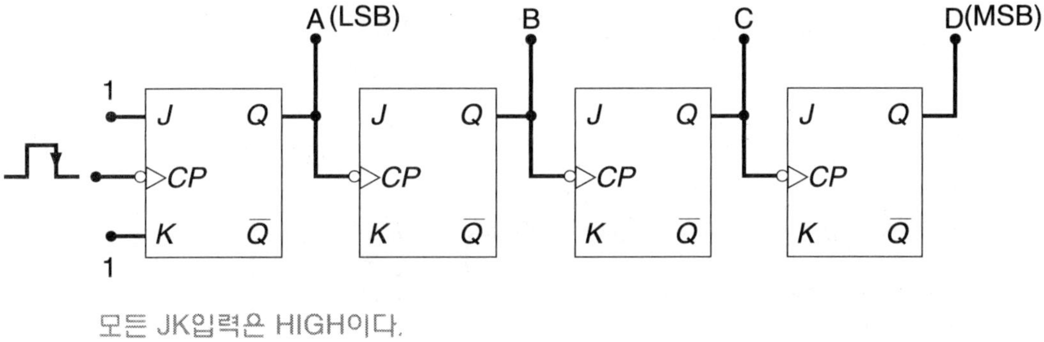


(a) 4비트 리플 카운터 회로

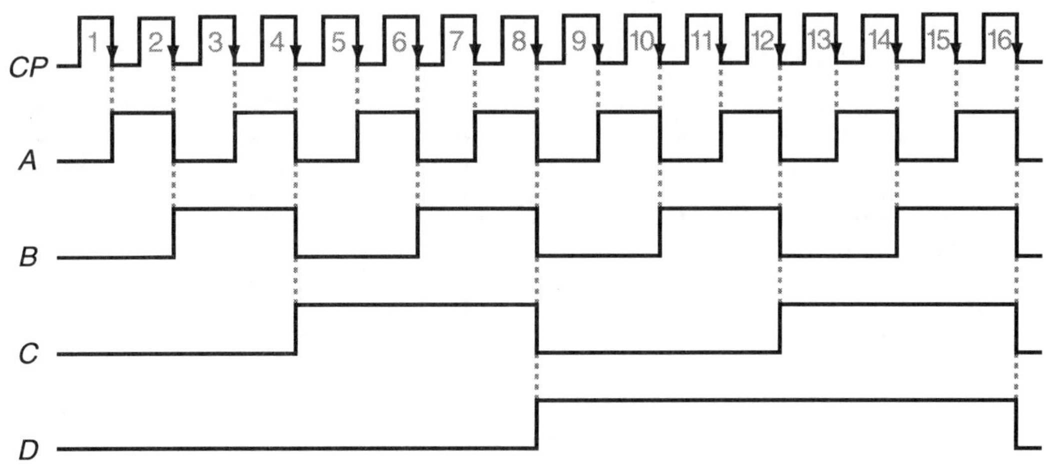


(b) 파형도(timming chart)

**그림 6-4** 비동기식 16진 업 카운터

> **예제6-10** 비동기식 16진 다운 카운터(또는 4비트 리플 다운 카운터)를 구성하라.

**해 설** 다운 카운터(down counter)는 입력 펄스가 들어올 때마다 카운터의 상태가 감소한다. 이 16진 다운 카운터는 프리세트에 의해 초기 상태가 1111로 설정하고 입력 펄스가 들어올 때마다 1씩 감소되어 0000까지 진행된다. 다운 카운터 구성 방법은 다음과 같이 2가지 방법이 있다.

1. 카운터의 출력을 $\overline{Q}$ 에서 얻는다.
2. 앞단의 $\overline{Q}$ 출력을 다음단 클럭 단자에 연결한다.

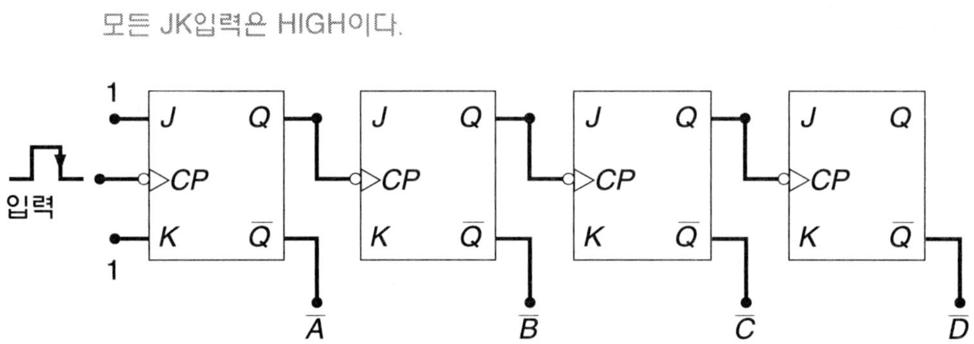


(a) $\overline{Q}$측에서 카운터의 출력을 얻을 때

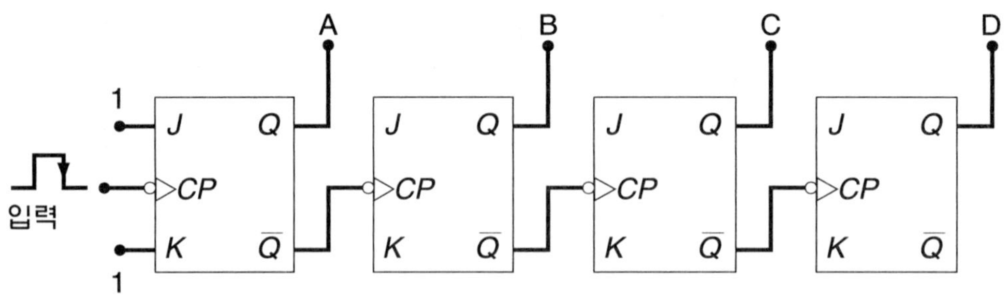


(b) Q측에서 카운터의 출력을 얻을 때

**그림 6-5** 비동기식 16진 감산 카운터 예

**예제6-11** 비동기식 16진 업/다운 카운터를 구성하라.

**해설** 카운트-업(count-up) 단자가 1이면 0000에서 1111로 업 카운트가 이루어지고, 카운트-다운(count down) 단자가 1이면 1111에서 0000으로 다운 카운트가 이루어진다. 출력은 $Q$에서 얻는다.

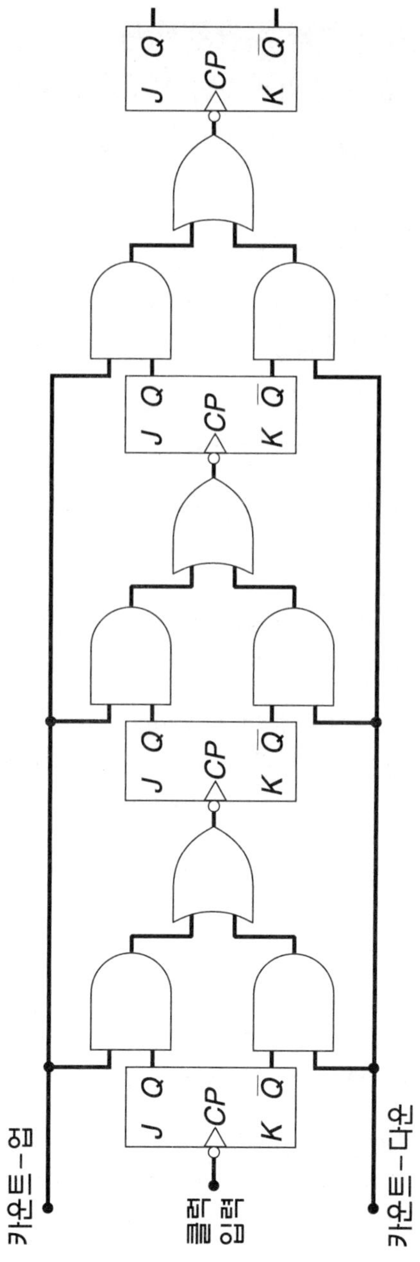


그림 6-6 비동기식 16진 업/다운 카운터

## 6. 3 비동기식 N진(<$2^n$) 카운터의 설계

비동기식 $2^n$진 리플 카운터는 $n$개의 플립플롭을 이용하여 얻을 수 있다. 이 $2^n$진 카운터를 수정하여 N진(<$2^n$) 카운터를 설계하는 방법 중 가장 많이 사용하는 것이 클리어(CLR) 단자를 이용하는 방식이 있다. 즉 필요한 수 만큼 카운트 되었을 때 NAND게이트를 이용하여 모든 플립플롭이 클리어 되도록 하여 원하는 카운터를 설계할 수 있다.

**비동기식 N진 카운터 설계 순서**

1. 먼저, 필요한 플립플롭의 개수를 구한다.

   식 : $2^{n-1} \le N \le 2^n$, $n$ : 플립플롭의 수

2. N을 2진수로 바꾼 후 그 중 1이되는 모든 플립플롭의 출력 $Q$를 NAND 게이트의 입력에 연결한다.
3. NAND 게이트의 출력을 각 플립플롭의 비동기 클리어 입력 CLR 단자에 연결한다.

**예제6-12** 비동기식 6진 카운터(MOD－6 counter)를 설계하라.

**해설** 비동기식 6진 카운터는 000에서 101까지(10진수 0 ~ 5)6개의 상태를 가지므로 MOD-6 카운터라고 한다.

1. N = 6이므로 3개의 플립플롭이 필요하다.
2. NAND 게이트 출력은 각 플립플롭의 CLR 단자에 연결된다.
3. N = 6 = $(110)_2$이므로 NAND 게이트의 입력은 $B$와 $C$이다.($A$가 LSB이다.)

$B = C = 1$ 일 때 마다 NAND 게이트 출력은 LOW(0)가 되므로 순간적으로 (일반적으로 수 $ns$이내) 카운터는 000의 상태로 클리어 된다. 즉 NAND 게이트 출력이 LOW가 되는 경우는 카운터가 101에서 110의 상태로 변할 때 발생하는데 110에서 (수 $ns$ 유지) 즉시 카운터가 000이 되므로 결국 카운터는 000(0)에서 101(5)까지만 카운트 한 것이된다. 따라서 상태가 6개(즉 0, 1, 2, 3, 4, 5)이므로 MOD－6 카운터라고 한다.

출력 C의 주파수는 입력 주파수의 1/6이 된다. 다시 말하면 MOD-6 카운터는 입력 주파수를 6으로 나눈다. C에서의 파형은 대칭 구형파(50% 듀티 사이클)는 아니다. 이는 2 사이클 동안 HIGH를 유지라고, 4 사이클 동안 LOW를 유지하기 때문이다.

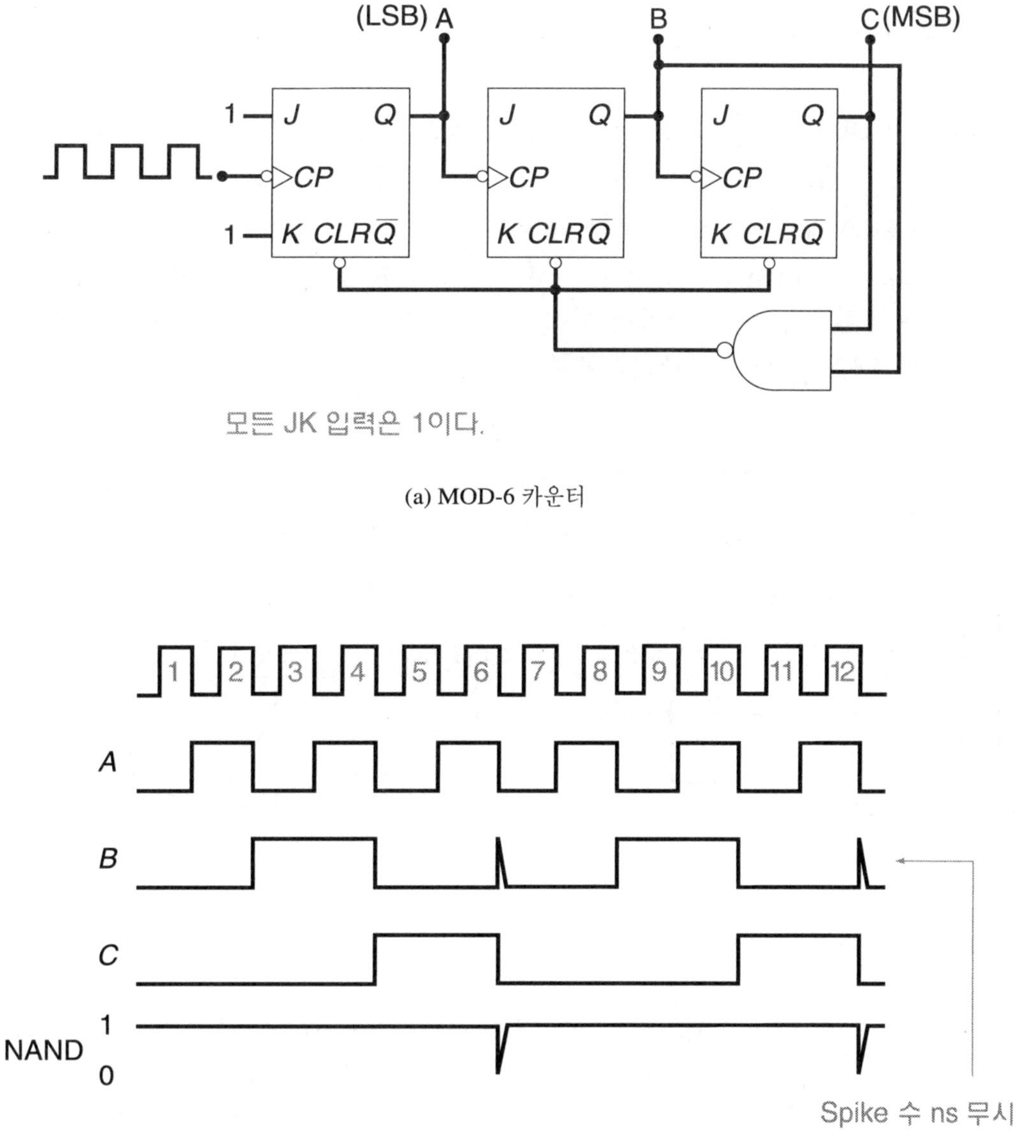


(a) MOD-6 카운터



(b) 파형도(timming chart)

**그림 6-7** 비동기식 6진 카운터의 구성

출력 *B*에서의 파형은 클리어되기 전에 110의 상태에서 순간적으로 일어나는 스파이크(spike) 또는 글리치(glitch)를 포함하나 디스플레이상에서는 나타나지 않는다.

**예제6-13** MOD-10 리플 카운터 (또는 BCD 카운터)를 설계하라.

**해 설** MOD-10 카운터는 10진 카운터 또는 BCD 카운터라고도 한다.

① $2^{4-1} \leq 10 \leq 2^4$ 이므로 4개의 플립플롭이 필요하다.

② NAND 게이트 출력은 모든 플립플롭의 CLR 단자에 연결한다.

③ N = 10 = 1010 카운터가 1001까지는 안정된 동작을 해야 하고 1010이 되는 순간 0000으로 클리어 되어야 한다. 그러므로 플립플롭의 출력 *B*와 *D*는 NAND 게이트 입력에 연결되어야 한다.

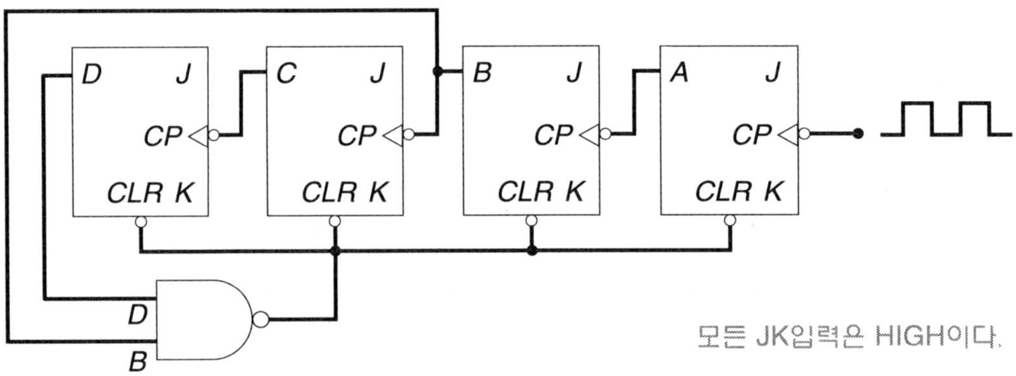


그림 6-8 MOD-10 리플 카운터

이 MOD-10 카운터는 0000(0)부터 1001($9_{10}$)까지 카운트 한다. 즉 BCD 코드만을 사용하기 때문에 이 카운터를 BCD 카운터라고 한다. 이 카운터는 10분주기로 사용한다. 입력 펄스가 플립플롭 A(LSB)에 가해질 때 플립플롭 D의 출력 주파수는 입력 주파수의 1/10이 된다.

**예제6-14** 다음 카운터 회로를 보고 물음에 답하라.

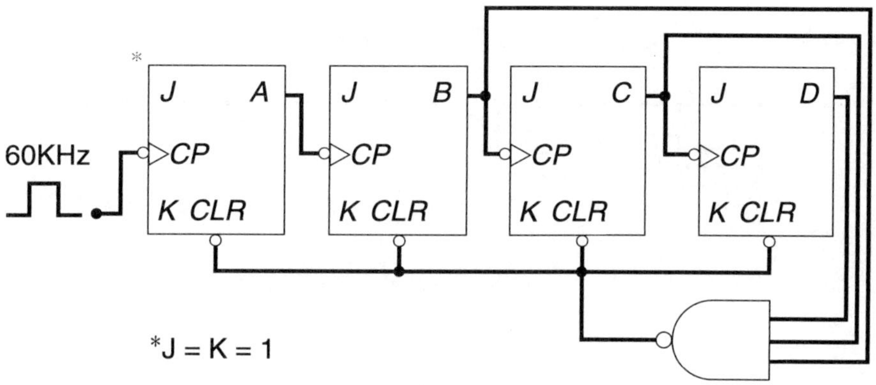


그림 6-9

1. 카운터의 명칭을 써라.
2. 외부에서 가해지는 클럭 주파수가 60kHz 일 때 출력 *D*에서의 주파수를 구하라.

**해설** NAND 입력이 D, C, B이므로 1110이 될 때 즉시 0000으로 재순환되므로 카운터는 실제로 0000에서 1101까지 14개의 안정된 상태를 가지므로 MOD-14 카운터이다.

1. 비동기식 14진 카운터(MOD − 14 ripple counter)
2. 출력 *D*의 주파수

   $= 60\text{kHz} \div 14 = 4.28\text{kHz}$

**예제6-15** MOD-60 카운터를 설계하라.

**해설** MOD-60 카운터는 60Hz의 전원 주파수를 1Hz로 분할하는데 사용된다.

1. $2^{6-1} \leq 60 \leq 2^6$ 이므로 6개의 플립플롭이 필요하다.
2. NAND 게이트 출력은 모든 플립플롭의 CLR 입력에 연결한다.
3. 이 카운터는 N = 60 = $111100_2$를 카운트할 때 순간 000000으로 클리어되어야 한다. 그러므로 출력 *C*, *D*, *E*, *F*는 NAND 게이트에 연결되어야 한다.

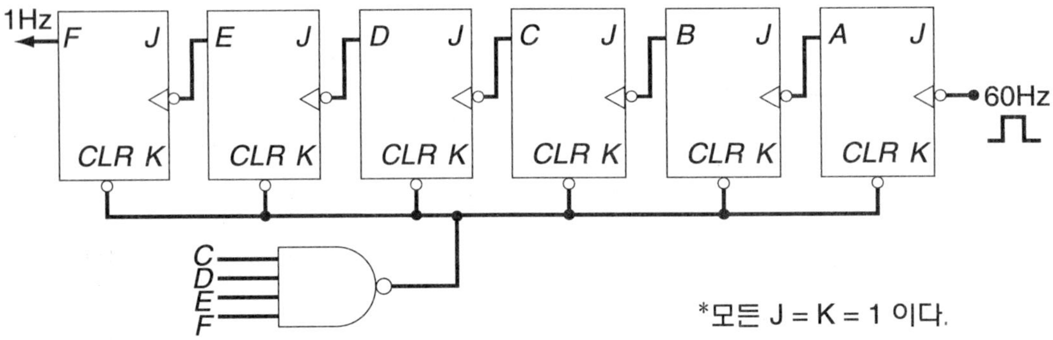


**그림 6-10** MOD-60 카운터

**궤환형 N진 카운터의 설계** 궤환형 카운터 (feedback counter)를 설계할 때는 필요한 $n$개의 플립플롭을 구하여 궤환으로 인해 건너 뛰는 숫자는 $2^n - N$으로 한다.

**예제6-16** 궤환형 6진 카운터 (MOD-6 counter)를 설계하라.

**해 설** N = 6이므로 $n = 3$개의 플립플롭이 필요하다. 따라서, 8개($2^3 = 8$)의 수를 계수할 수 있으므로 불필요한 2단을 미리 궤환시켜서 6진 카운터를 구성한다.

건너뛰는 펄스의 숫자는 $2^3 - 6 = 2$가 되므로 단안정 멀티바이브레이터의 출력을 $2^1$단의 입력으로 궤환시키면 궤환형 6진 카운터가 구성된다.

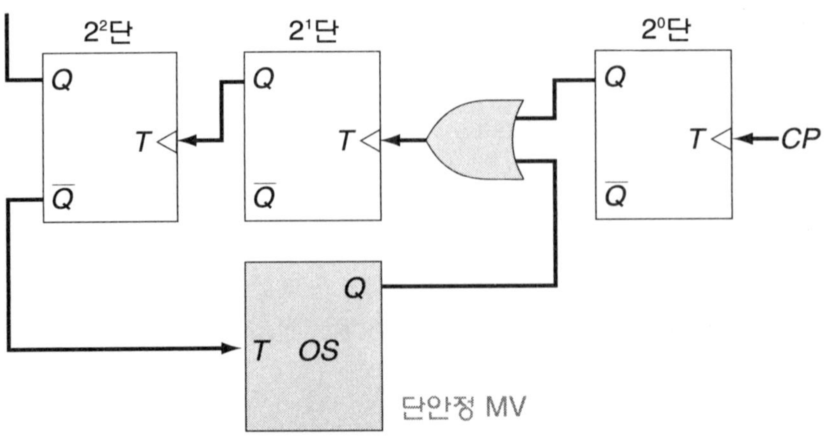


**그림 6-11** MOD-6 궤환형 카운터

## 6. 4 IC 비동기식 카운터

가장 일반적인 칩 중의 하나가 TTL 7493(또는 74293)이 있다.

**74293 비동기 IC 회로** 74293은 ÷2 카운터(1개 FF)와 ÷8 카운터(3개 FF)가 내장되어 있다. $CP$는 비동기 클리어 입력이고 $MR$, $MR_2$는 NAND 게이트 연결되며 $MR$은 마스터 리셋(master reset)을 의미한다.

1. ÷2로 사용할 때에는 클럭 입력을 $\overline{CP_0}$ 에 넣고 출력은 $Q_0$에서 얻는다.
2. ÷8로 사용할 때에는 클럭 입력을 $\overline{CP_1}$ 에 넣고 출력은 $Q_2Q_1Q_0$에서 얻는다.

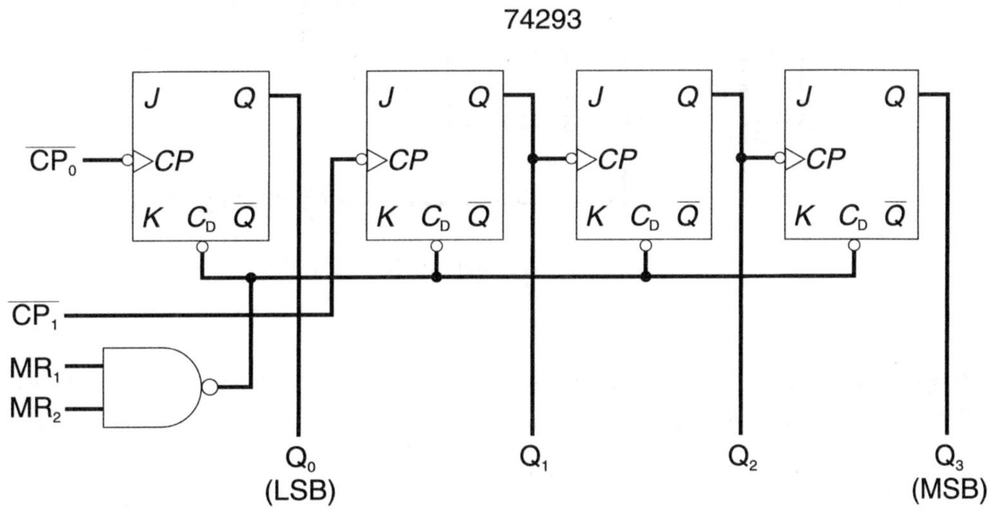


(a) 74293 회로(모든 J = K = 1이다.)

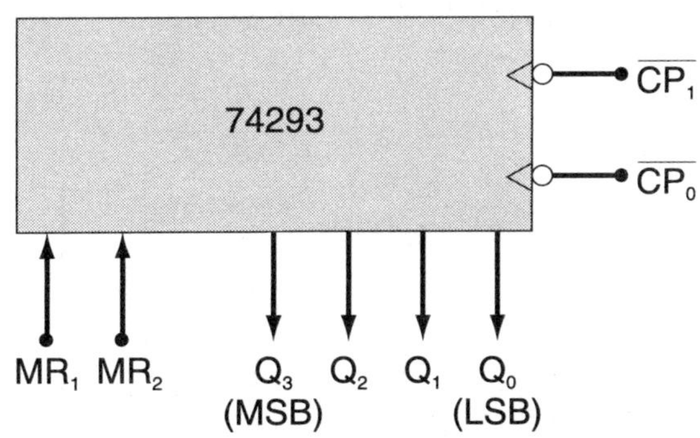


(b) 74293 기호

**그림 6-12** 74293(또는 7493) 비동기 카운터

**예제6-17** 74293 비동기 IC 카운터를 MOD-16 카운터로 동작시키고자 한다. 어떻게 결선해야 되는가? 또, 20kHz의 클럭 입력을 가할 때 출력 주파수 $f$를 구하라.

**해설** 그림 6-12(a)의 74293 내부 회로를 참고하여 결선한다. MOD-16 카운터는 4개의 플립플롭이 필요하므로 $Q_0$를 $\overline{CP_1}$ 에 연결하여야 한다.

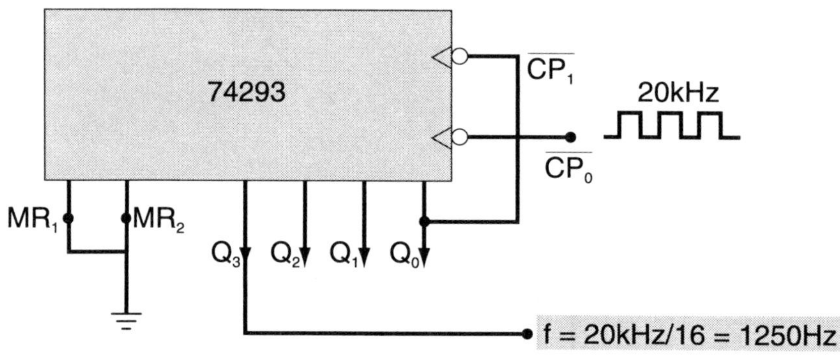


**그림 6-13** MOD-16 카운터의 구성

**예제6-18** 74293 비동기 IC를 MOD-10 카운터로 동작시키고자 한다. 어떻게 결선해야 하는지를 보여라. 또 클럭 입력 주파수가 20kHz 일 때 출력 주파수 $f$를 구하라.

**해설** 그림 6-12(a)의 74293 내부 회로를 참고하며 결선한다.

**MOD-10 카운터로 결선 방법** $Q_0$를 $\overline{CP_1}$ 에 연결하고, $Q_3$와 $Q_1$의 출력은 마스터 리셋 입력에 연결되어야 한다.

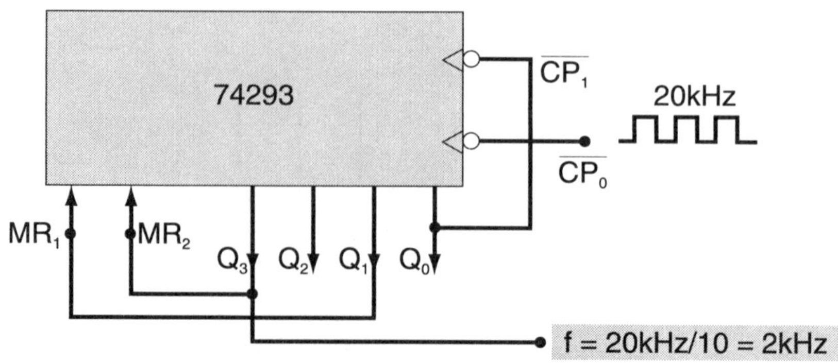


**그림 6-14** MOD-10 카운터로의 결선

**예제6-19** 다음 74293 IC 카운터는 16진 리플 업 카운터이다. 이 IC를 MOD-14 카운터로 사용하고자 할 때 어떻게 결선해야 되는가? 또 클럭 입력 주파수가 20kHz 일 때 출력 주파수 $f$를 구하라.

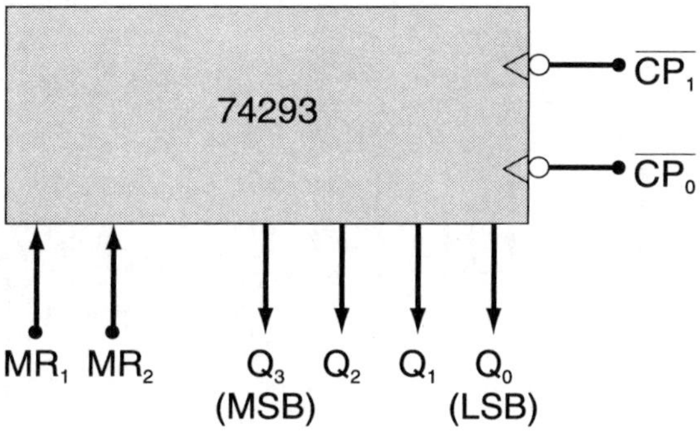


그림 6. 15

**해 설** 74293의 리셋 NAND 게이트는 2개의 입력만 갖는다.
MOD-14 카운터는 N = 14 = 1110에서 1이 3개, 즉 $Q_3 = Q_2 = Q_1 = 1$에서 0000으로 클리어 되어야 하므로 2-입력 AND 게이트 한개가 필요하다.

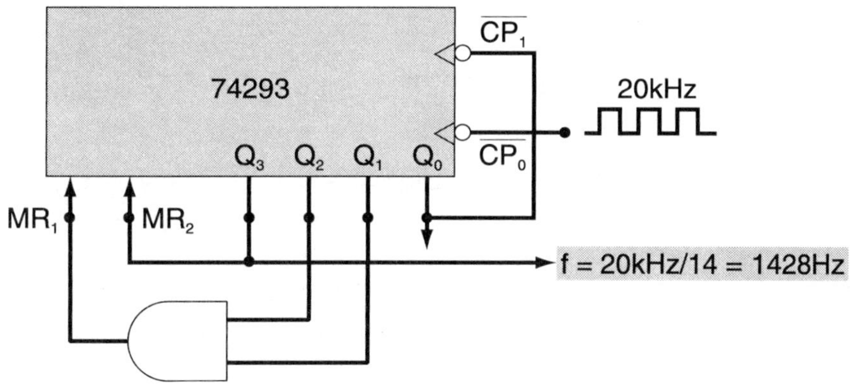


그림 6.-16 MOD-14 카운터의 구성

## 7492와 7490 비동기 IC회로

1. 7492는 12진 리플 업 카운터로 ÷2 카운터와 ÷6 카운터가 내장되어 있다.

2. 7490은 10진 리플 업 카운터로 ÷2 가운터와 ÷5 카운터가 내장되어 있다.

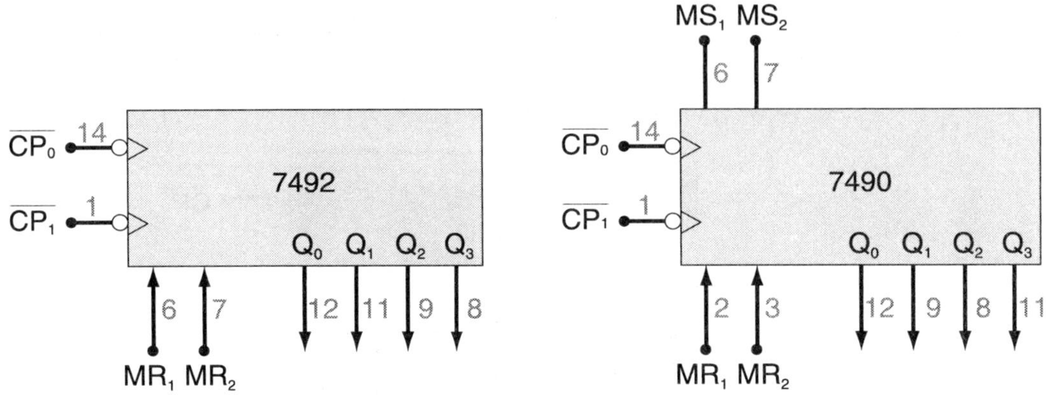


(a)7492 IC (b) 7490 IC

**그림 6-17** 7492, 7490 비동기식 IC 기호

**예제6-20** 5MHz 주파수 발생기로 반주기 10ms인 구형파를 얻고자 한다. 10진 리플 카운터인 7490 표준소자를 몇 개 사용하여야 하는가?

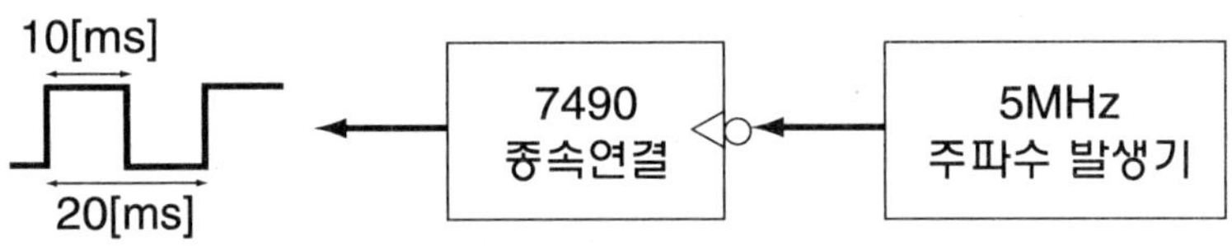


**그림 6-18**

**해설** 반주기가 10ms인 파형은 한 주기가 20ms이다.
즉, 주파수 50Hz이다. 5MHz의 구형파를 1/10씩 5번 줄여나가면 되므로 10진 리플 카운터(÷10)가 5개가 필요하다.

## 6. 5 비동기식 카운터의 전파지연

리플 카운터에서 각 플립플롭이 $t_{pd}$의 전파지연 (propagation delay) 시간을 가지고 있다면 $n$번째 플립플롭은 클럭펄스 발생 이후 $n \times t_{pd}$로 전파지연이 누적된다. 이로인해 발생하지 않는 카운트가 발생하게되는데 이러한 문제점을 피하기 위해서는 입력 펄스의 주기 ($T_{CLOCK}$)는 총 전파지연보다 충분히 커야 된다.

$$T_{CLOCK} \geq n \times t_{pd} \text{ (단, } n\text{은 플립플롭의 수)}$$

그러므로 최대 사용 주파수는 다음과 같이 구할 수 있다.

$$f_{max} = \frac{1}{n \times t_{pd}}$$

따라서, 리플 카운터에서는 반드시 클럭 주파수가 $f_{max}$이하 이어야 한다.

**예제6-21** MOD-16 리플 카운터에서 각 플립플롭의 전파지연 $t_{pd} = 50ns$ 일 대 최대 사용 주파수 $f_{max}$를 구하라.

**해설** MOD-16 리플 카운터는 플립플롭의 수 $n = 4$이므로 4단째 FF의 지연은 $4 \times 50ns = 200ns$이다.

$$f_{max} = \frac{1}{4 \times 50\text{ns}} = 5\text{MHz}$$

즉, 클럭 주파수가 5MHz이하가 아니면 사용할 수 없게 된다.

## 6. 6 동기식 $2^n$진 카운터의 설계

비동기식 카운터의 가장 큰 문제점은 각 단의 플립플롭이 단단식으로 동작하므로 전파 지연이 누적되어 최종 출력에 나타난다는 것이다. 이 문제를 해결한 것이 동기식 카운터이다. 이 동기식 카운터와 비동기식 카운터를 비교해보면 다음과 같다.

1. 동기식 카운터에 모든 플립플롭의 *CP* 입력은 병렬로 연결되어 있어 클럭이 가해지면 동시에 출력상태가 변한다.
2. LSB인 플립플롭 *A*의 $J = K = 1$, 즉 HIGH 상태(반전)이어야 하나 다른 플립플롭의 경우는 적당한 조합으로 만들어진다.
3. 동기식은 더 높은 주파수에 사용되며, 비동기식 보다 더 많은 회로소자를 필요로 한다.

**예제6-22** 동기식 8진 업 카운터(MOD-8 synchronous up counter)를 구성하라.

**해 설** $2^3 = 8$이므로 3개의 플립플롭 *C*, *B*, *A*가 필요하다.
먼저 진리표를 작성한다.

| 카운트 | C | B | A |
|---|---|---|---|
| 0 | 0 | 0 | 0 |
| 1 | 0 | 0 | 1 |
| 2 | 0 | 1 | 0 |
| 3 | 0 | 1 | 1 |
| 4 | 1 | 0 | 0 |
| 5 | 1 | 0 | 1 |
| 6 | 1 | 1 | 0 |
| 7 | 1 | 1 | 1 |
| | 0 | 0 | 0 |

1. FF A는 펄스 입력이 들어올 때마다 반전(토글)한다.
2. FF B는 *A*가 *H*이면 다음 펄스에서 반전한다.
3. FF C는 *A*와 *B*가 모두 *H*로 되면 다음 펄스에서 반전한다.

1. 첫단 플립플롭 $A$는 펄스 입력이 들어올 때마다 반전(toggle)되므로 $J = K = 1$로 한다.

2. 둘째단 플립플롭 $B$는 $A$가 1일 때 다음 펄스의 하강 에지 트리거에서 반전되므로 $A$를 둘째단의 $J$와 $K$에 연결시킨다.

3. 셋째단 플립플롭 $C$는 $A = B = 1$일 때 다음 클럭 펄스의 하강 에지 트리거에서 반전되므로 $A$와 $B$를 AND게이트에 연결하고 셋째단의 $J$와 $K$에 연결시킨다.

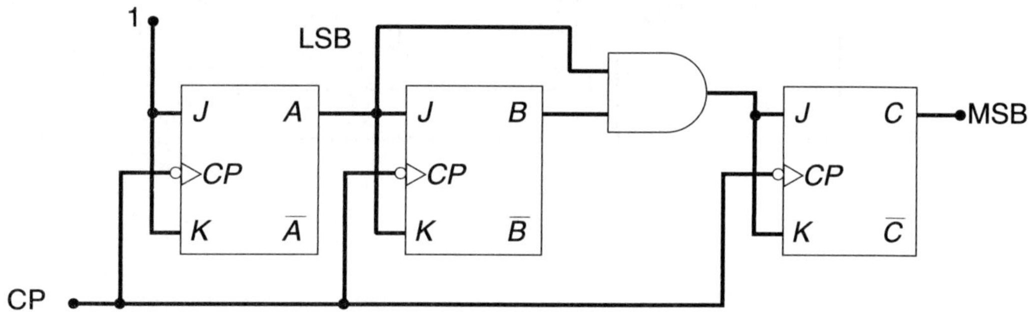


(a) 8진 업 카운터의 구성

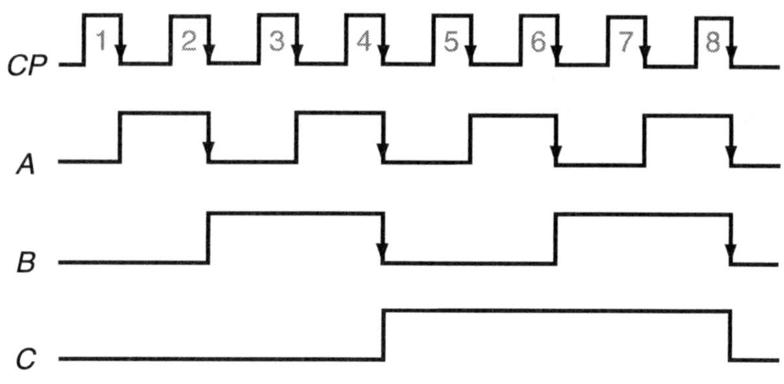


(b) 파형도(timming chart)

**그림 6-19** 동기식 8진 업 카운터

**참 고** 다음 그림은 동기식 8진 다운 카운터를 보인것이다.

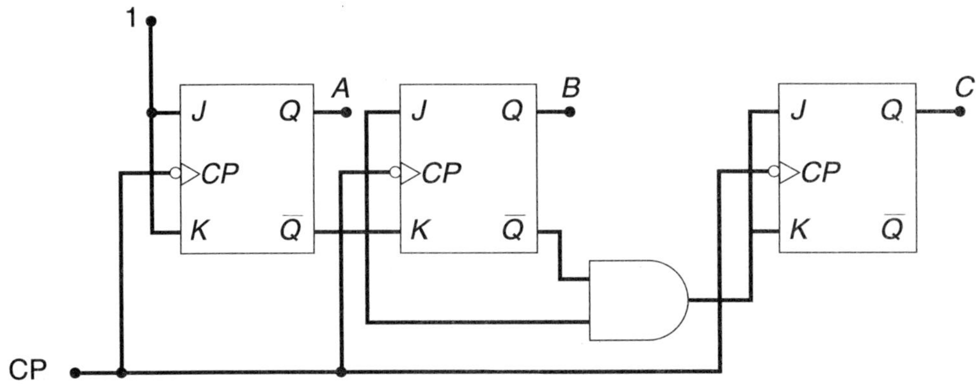


**그림 6-20** 동기식 8진 다운 카운터

**예제6-23** 동기식 $2^n$진 카운터를 T 플립플롭 또는 JK 플립플롭으로 구성하라.

**해 설** 동기식 카운터는 전단 플립플롭의 출력이 모두 1일 때 클럭 펄스와 동기되고 다음 단 플립플롭의 출력이 반전하면 되므로 전단 플립플롭의 모든 출력과 클럭 펄스를 AND로 연결하여 다음 단의 클럭 입력으로 한다.
이를 T 플립플롭으로 구성하면 그림 6-21과 같다.

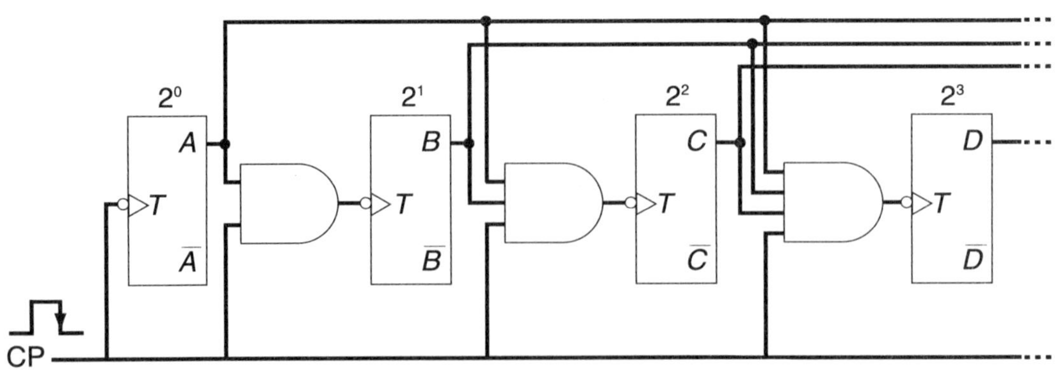


**그림 6-21** T 플립플롭으로 구성된 동기식 $2^n$진 카운터

JK 플립플롭으로 구성하면 그림 6-22(a)와 같다. 이 방식은 후단으로 갈수록 입력 게이트 수가 많아지지만 동작 속도가 빨라 고속형이다. 그림 6-22(b)는 회로 구성을 간단화 한 것으로 저속형이다.

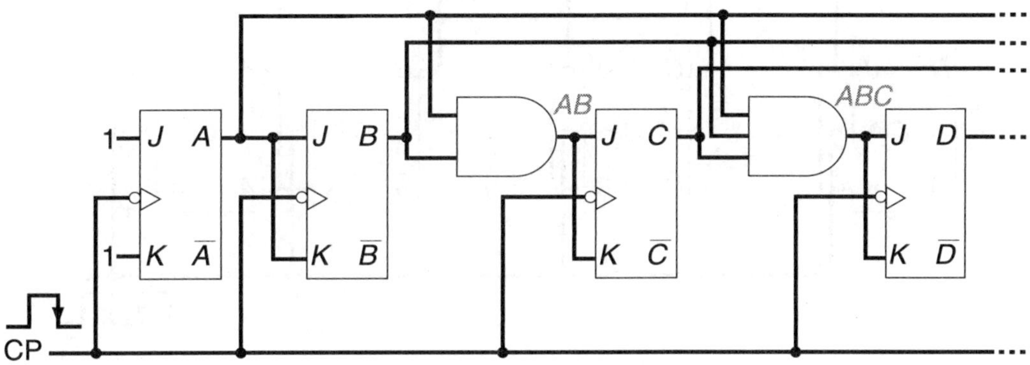


(a) JK 플립플롭 $2^n$진 카운터(고속형)

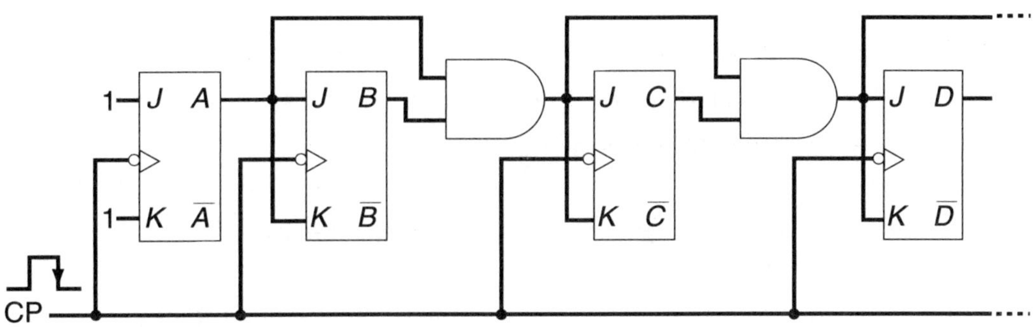


(b) JK 플립플롭 $2^n$진 카운터(저속형)

**그림 6-22** JK 플립플롭으로 구성된 동기식 $2^n$진 카운터

**예제6-24** 다음 카운터 회로를 보고 물음에 답하라.

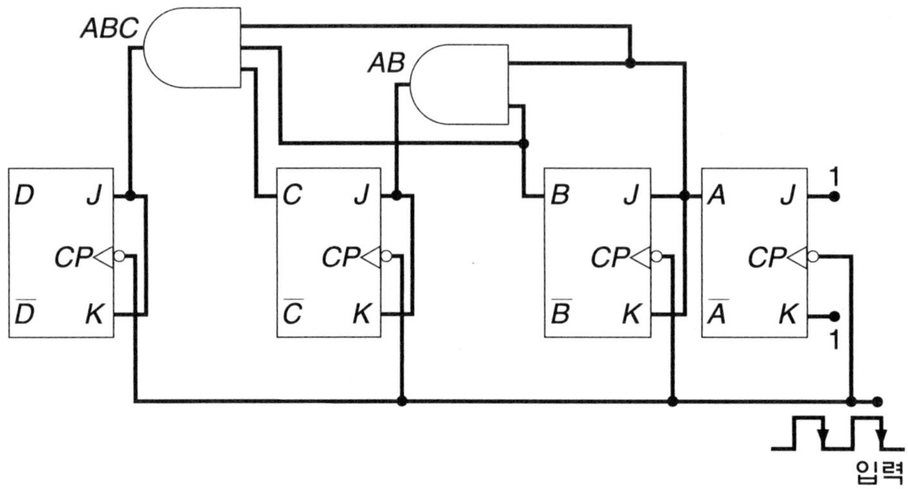


그림 6-23

1. 카운터의 명칭을 써라.
2. 각 플립플롭의 전파지연 $t_{pd}$가 50 ns 이고, 각 AND 게이트의 전파지연 $t_{pd}$가 20 ns일 때 최대 사용 주파수 $f_{max}$를 구하라.

**해 설**

1. 4비트 MOD-16 동기식 카운터(동기식 16진 업 카운터)
2. 병렬 카운터에서 총 응답시간은 1개의 FF의 토글시간과, 1개의 AND 게이트에서 *J*, *K*까지 도달시간의 합이다.

총지연 = FF $t_{pd}$ + AND 게이트 $t_{pd}$

$T_{CLOCK} \geq 50 + 20 = 70$ns 이므로 $f_{max}$는 다음과 같이 구할 수 있다.

$$f_{max} = \frac{1}{(50+20)\text{ns}} = 14.3\text{MHz}$$

**예제6-25** 동기식 MOD-16 업/다운 카운터를 구성하라.

**해 설** count-up = 1이고 count-down=0이면 0000 ~ 1111까지 카운트하고, count-up = 0이고 count-down = 1이면 1111 ~ 0000까지 아래로 카운트한다.

1. **count-up = 1, count-down = 0** AND 게이트 1, 2, 3이 동작하여 업(up) 카운터가 된다.
2. **count-up = 0, count-down = 1** AND 게이트 4, 5, 6이 동작하여 다운(down) 카운터가 된다.

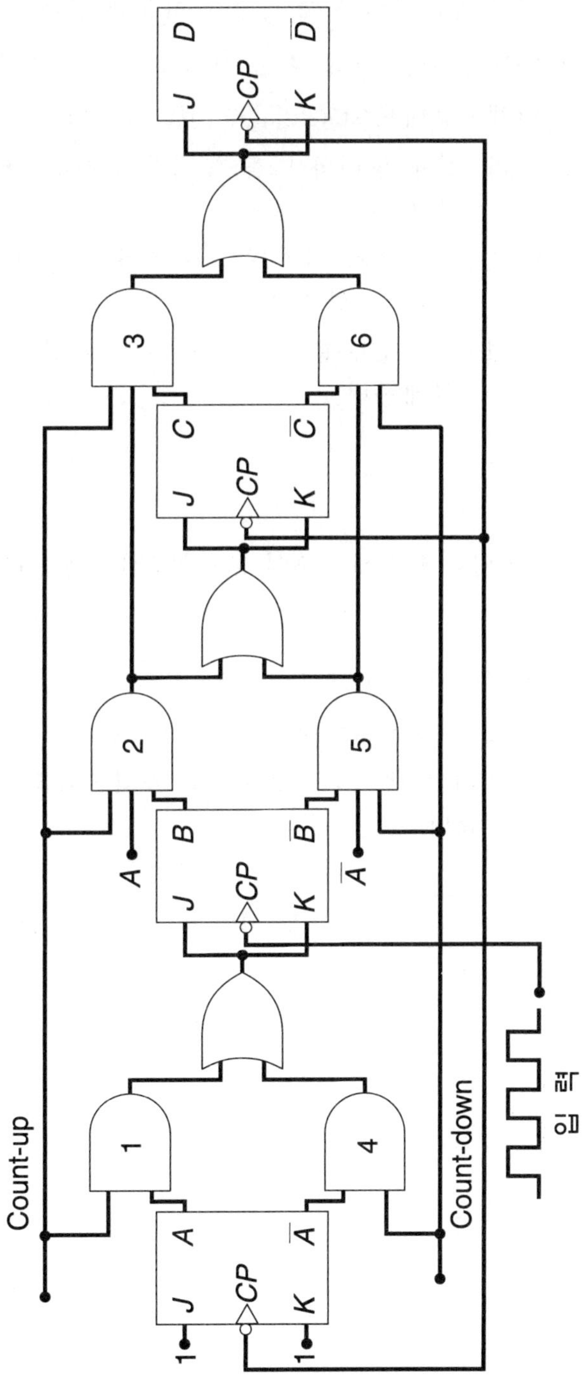


**그림 6-24** 동기식 MOD-16 업-다운 카운터

## 6. 7 동기식 N진 카운터의 설계

플립플롭의 여기표(excitation table)를 이용하여 순차 또는 비순차 동기식 카운터를 설계할 수 있다.

**카운터 설계 과정**

동기식 카운터의 설계 과정은 다음과 같다.

**1 단계** : 플립플롭의 수를 결정하고 카운트 순차를 정한다.

**2 단계** : 상태도(state diagram)를 그린다.

**3 단계** : 현재 상태와 다음 상태가 표시된 상태표(state table)를 작성한다.

**4 단계** : 상태표와 여기표를 이용하여 상태 배치도(또는 회로 여기표)를 작성한다.

**5 단계** : 카르노도(K-map)를 이용하여 입력 함수를 구한 후 회로를 설계한다.

**예제6-26** JK 플립플롭을 사용하여 동기식 3진 카운터(MOD−3)를 설계하라.

**해 설** 동기식 MOD−3 설계 과정은 다음과 같다.

**1 단계** : 먼저 필요한 플립플롭의 개수를 결정한다.

$2^{n-1} \leqq N \leqq 2^n$의 식에서 N = 3이므로 플립플롭의 수 n = 2이다. 카운팅 순서는 다음과 같다.

| *B* | *A* |
|---|---|
| 0 | 0 |
| 0 | 1 |
| 1 | 0 |
| 0 | 0 |

← B가 MSB이고 A는 LSB이다.

3진 순차 카운터로서 $11_2$상태는 순차에 포함되지 않는다.

2 **단계** : 상태도를 그린다.

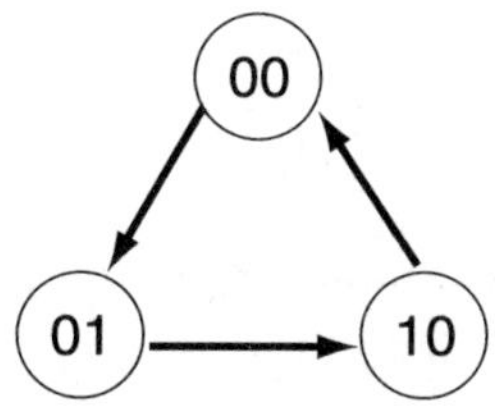


그림 6 - 25

3 **단계** : 상태표를 작성한다.

| 현재 상태 | | 다음 상태 | |
|---|---|---|---|
| *B* | *A* | *B* | *A* |
| 0 | 0 | 0 | 1 |
| 0 | 1 | 1 | 0 |
| 1 | 0 | 0 | 0 |

4 **단계** : 회로 여기표를 작성한다.

| 현재 상태 | | 다음 상태 | | 입력 함수 | | | |
|---|---|---|---|---|---|---|---|
| *B* | *A* | *B* | *A* | $J_B$ | $K_B$ | $J_A$ | $K_A$ |
| 0 | 0 | 0 | 1 | 0 | X | 1 | X |
| 0 | 1 | 1 | 0 | 1 | X | X | 1 |
| 1 | 0 | 0 | 0 | X | 1 | 0 | X |

5 **단계** : K-map을 이용하여 입력 함수를 구한 후 회로도를 그린다. 미사용 상태는 × 로 don't care 처리하였다.

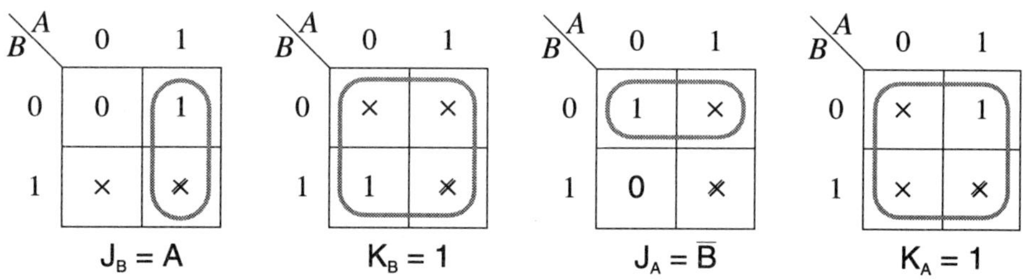


그림 6 - 26 K-map에 의한 입력 함수

5단계에서 구한 입력 함수를 이용하여 회로를 설계한다.

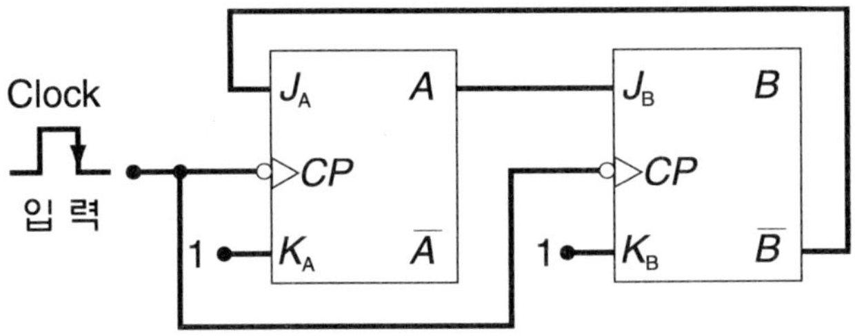


그림 6-27 동기식 3진 카운터

**예제6-27** JK 플립플롭을 사용하여 동기식 5진 카운터(MOD-5)를 설계하라.

**해 설** 동기식 MOD-5 설계 과정은 다음과 같다.

1 **단계** : 먼저 필요한 플립플롭의 개수를 결정한다.

$2^{n-1} \leqq N \leqq 2^n$의 식에서 N = 5이므로 플립플롭의 수 $n = 3$이다. 카운팅 순서는 다음과 같다.

| *C* | *B* | *A* |
|---|---|---|
| 0 | 0 | 0 |
| 0 | 0 | 1 |
| 0 | 1 | 0 |
| 0 | 1 | 1 |
| 1 | 0 | 0 |
| 0 | 0 | 0 |

← C가 MSB이고 A는 LSB이다.

5진 순차 카운터로서 $101_2$상태는 순차에 포함되지 않는다.

2 **단계** : 상태도를 그린다.

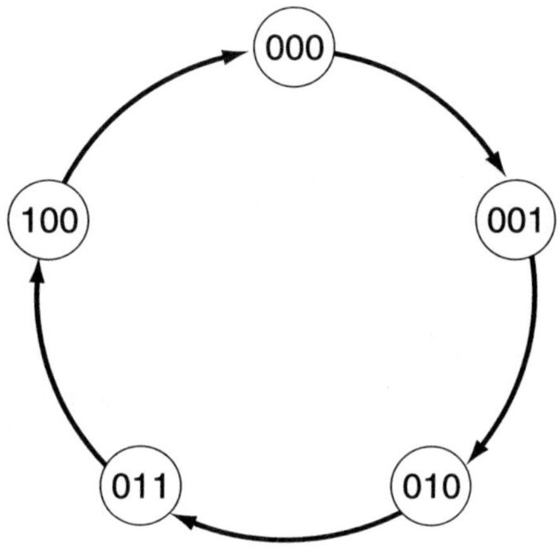


**그림 6-28**

3 **단계** : 상태표를 작성한다.

| 현재 상태 | | | 다음 상태 | | |
|---|---|---|---|---|---|
| *C* | *B* | *A* | *C* | *B* | *A* |
| 0 | 0 | 0 | 0 | 0 | 1 |
| 0 | 0 | 1 | 0 | 1 | 0 |
| 0 | 1 | 0 | 0 | 1 | 1 |
| 0 | 1 | 1 | 1 | 0 | 0 |
| 1 | 0 | 0 | 0 | 0 | 0 |

4 **단계** : 회로 여기표(또는 상태 배치도)를 작성한다.

| 현재 상태 | | | 다음 상태 | | | 입력 함수 | | | | | |
|---|---|---|---|---|---|---|---|---|---|---|---|
| *C* | *B* | *A* | *C* | *B* | *A* | $J_C$ | $K_C$ | $J_B$ | $K_B$ | $J_A$ | $K_A$ |
| 0 | 0 | 0 | 0 | 0 | 1 | 0 | × | 0 | × | 1 | × |
| 0 | 0 | 1 | 0 | 1 | 0 | 0 | × | 1 | × | × | 1 |
| 0 | 1 | 0 | 0 | 1 | 1 | 0 | × | × | 0 | 1 | × |
| 0 | 1 | 1 | 1 | 0 | 0 | 1 | × | × | 1 | × | 1 |
| 1 | 0 | 0 | 0 | 0 | 0 | × | 1 | 0 | × | 0 | × |

5 **단계** : K-map을 이용하여 입력 함수를 구한 후 회로도를 그린다. 미사용 상태는 × 로 표시하여 구분하였다.

| C \ BA | 00 | 01 | 11 | 10 |
|---|---|---|---|---|
| 0 | 0 | 0 | 1 | 0 |
| 1 | × | × | × | × |

$J_C = AB$

| C \ BA | 00 | 01 | 11 | 10 |
|---|---|---|---|---|
| 0 | × | × | × | × |
| 1 | 1 | × | × | × |

$K_C = 1$

(a) $J_C$와 $K_C$의 K-map

| C \ BA | 00 | 01 | 11 | 10 |
|---|---|---|---|---|
| 0 | 0 | 1 | × | × |
| 1 | 0 | × | × | × |

$J_B = A$

| C \ BA | 00 | 01 | 11 | 10 |
|---|---|---|---|---|
| 0 | × | × | 1 | 0 |
| 1 | × | × | × | × |

$K_B = A$

(b) $J_B$와 $K_B$의 K-map

| C \ BA | 00 | 01 | 11 | 10 |
|---|---|---|---|---|
| 0 | 1 | × | × | 1 |
| 1 | 0 | × | × | × |

$J_A = \overline{C}$

| C \ BA | 00 | 01 | 11 | 10 |
|---|---|---|---|---|
| 0 | × | 1 | 1 | × |
| 1 | × | × | × | × |

$K_A = 1$

(c) $J_A$와 $K_A$의 K-map

**그림 6-29** K-map에 의한 입력 함수

5단계에서 구한 입력 함수를 이용하여 회로를 설계한다.

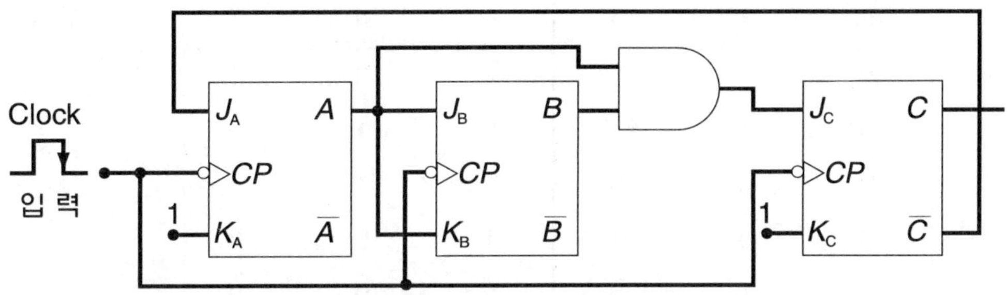


**그림 6-30** 동기식 5진 카운터

**다른 해**

2 **단계** : 상태도를 그릴 때 원하지 않는 상태까지 포함하여 상태도를 작성할 수도 있다.

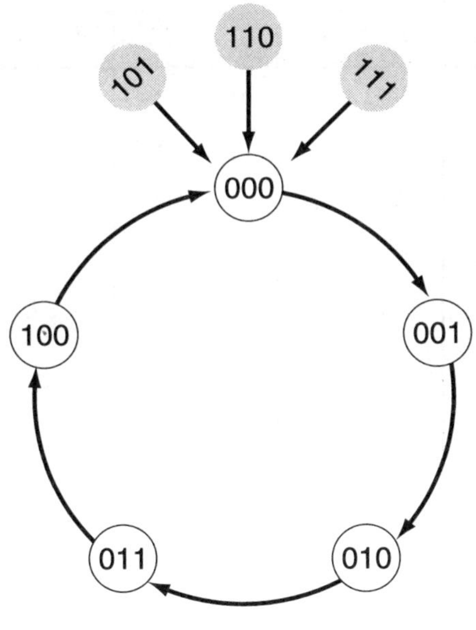


잡음, 전원 이상으로 오류가 발생하여 사용되지 않는 상태 101, 110, 111로 전이 되더라도 다음 클럭 후 유효 상태 000으로 돌아올 수 있도록 한 것이다.

**그림 6-31** 원하지 않는 상태까지 포함된 상태도

3 **단계** : 그림 6－31에 대한 상태표를 작성한 것이다.

| 현재 상태 | | | 다음 상태 | | |
|---|---|---|---|---|---|
| *C* | *B* | *A* | *C* | *B* | *A* |
| 0 | 0 | 0 | 0 | 0 | 1 |
| 0 | 0 | 1 | 0 | 1 | 0 |
| 0 | 1 | 0 | 0 | 1 | 1 |
| 0 | 1 | 1 | 1 | 0 | 0 |
| 1 | 0 | 0 | 0 | 0 | 0 |
| 1 | 0 | 1 | 0 | 0 | 0 |
| 1 | 1 | 0 | 0 | 0 | 0 |
| 1 | 1 | 1 | 0 | 0 | 0 |

← *C*가 MSB이고 A는 LSB이다.

원하지 않는 상태로 전이된 경우 유효 상태 000으로 복귀하도록 한 것이다.

4 **단계** : 회로 여기표를 작성한다.

| 현재 상태 | | | 다음 상태 | | | 입력 함수 | | | | | |
|---|---|---|---|---|---|---|---|---|---|---|---|
| *C* | *B* | *A* | *C* | *B* | *A* | $J_C$ | $K_C$ | $J_B$ | $K_B$ | $J_A$ | $K_A$ |
| 0 | 0 | 0 | 0 | 0 | 1 | 0 | × | 0 | × | 1 | × |
| 0 | 0 | 1 | 0 | 1 | 0 | 0 | × | 1 | × | × | 1 |
| 0 | 1 | 0 | 0 | 1 | 1 | 0 | × | × | 0 | 1 | × |
| 0 | 1 | 1 | 1 | 0 | 0 | 1 | × | × | 1 | × | 1 |
| 1 | 0 | 0 | 0 | 0 | 0 | × | 1 | 0 | × | 0 | × |
| 1 | 0 | 1 | 0 | 0 | 0 | × | 1 | 0 | × | × | 1 |
| 1 | 1 | 0 | 0 | 0 | 0 | × | 1 | × | 1 | 0 | × |
| 1 | 1 | 1 | 0 | 0 | 0 | × | 1 | × | 1 | × | 1 |

5 **단계** : K-map으로 입력 함수를 구한 후 회로도를 작성한다.

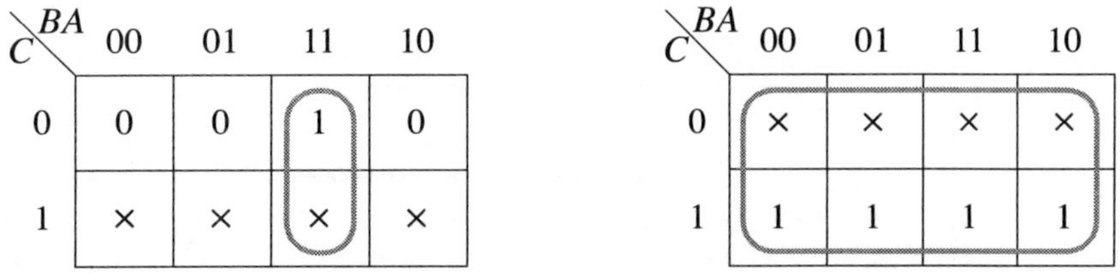


$J_C = AB$ $K_C = 1$

(a) $J_C$와 $K_C$의 K-map

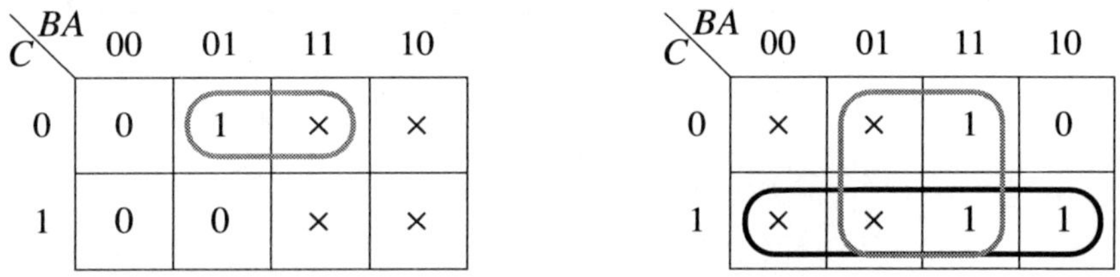


$J_B = A\overline{C}$ $K_B = A + C$

(b) $J_B$와 $K_B$의 K-map

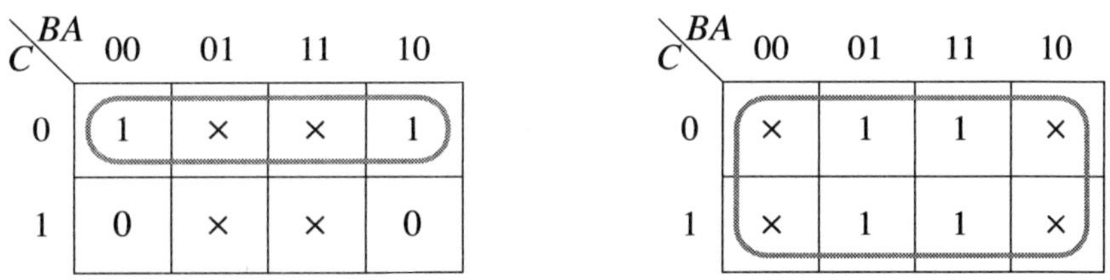


$J_A = \overline{C}$ $K_A = 1$

(c) $J_A$와 $K_A$의 K-map

**그림 6-32** K-map에 의한 입력 함수

5단계에서 구한 입력 함수들을 이용하여 회로를 설계한다.

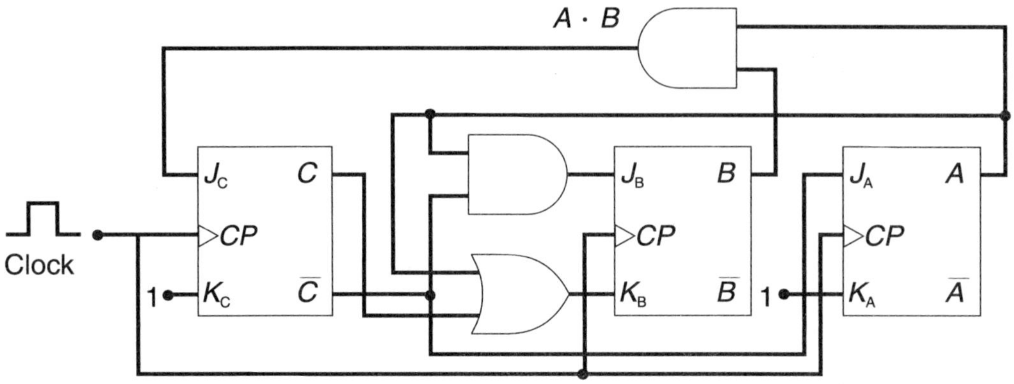


그림 6-33 동기식 5진 카운터

## 6. 8 시프트 카운터

시프트 카운터 (shift counter)는 시프트 레지스터에서 마지막 플립플롭의 출력을 첫번째 플립플롭으로 귀환 (feedback)시키는 방식으로 링 카운터 (ring counter)와 존슨 카운터 (Johnson counter)가 있다.

**예제6-28** MOD-4 링 카운터를 구성하라.

**해설** 링 카운터는 시프트 레지스터의 마지막 단의 출력 $Q$를 첫단으로 귀환시킨 카운터로서 일종의 순환 레지스터이다. MOD-N 링 카운터를 설계시 $N$개의 플립플롭이 필요하다. 즉 MOD-4 링 카운터를 설계하려면 $N = 4$개의 플립플롭이 필요하다는 의미이다.

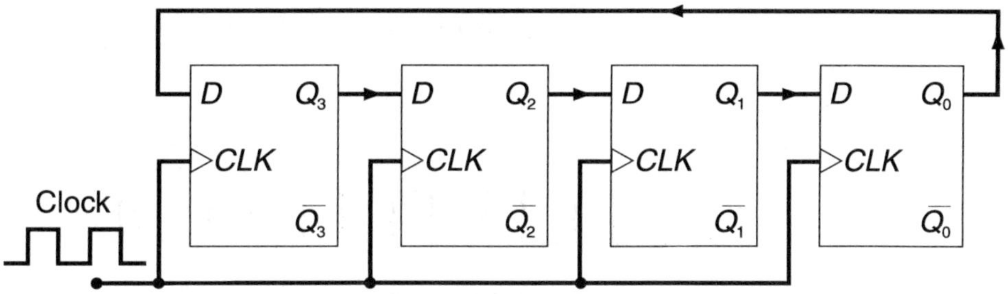


(a) MOD-4 링 카운터

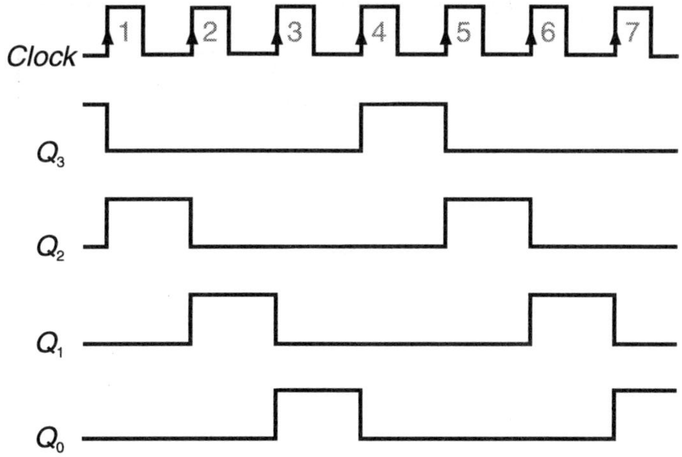


(b) 파형도(timming chart)

**그림 6-34** 4비트(MOD-4) 링 카운터

**예제6-29** MOD-6 존슨 카운터를 설계하라.

**해 설** 존슨 카운터가 링 카운터와 다른 점은 마지막 단으로 부터 첫단으로의 귀환이 $Q$대신 $\overline{Q}$ 에서 이루어지고 있다는 점이다. MOD-N 존슨 카운터 설계시 필요한 플립플롭의 수 $n$ = N/2이다. 즉 MOD-6 존슨 카운터를 설계하려면 $n$ = 6/2 = 3개의 플립플롭의 필요하다는 의미이다.

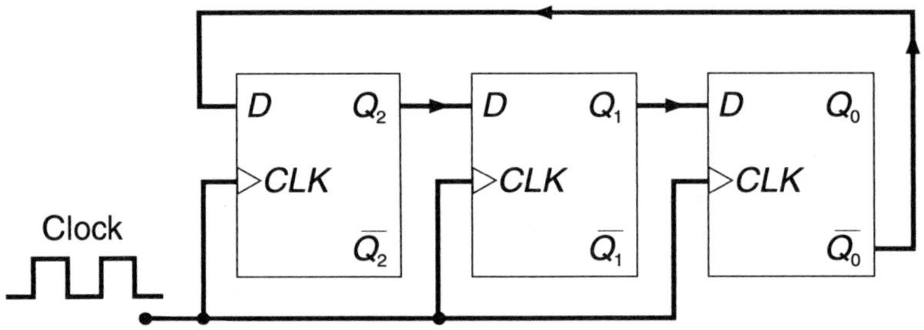


(a) MOD-6 존슨 카운터

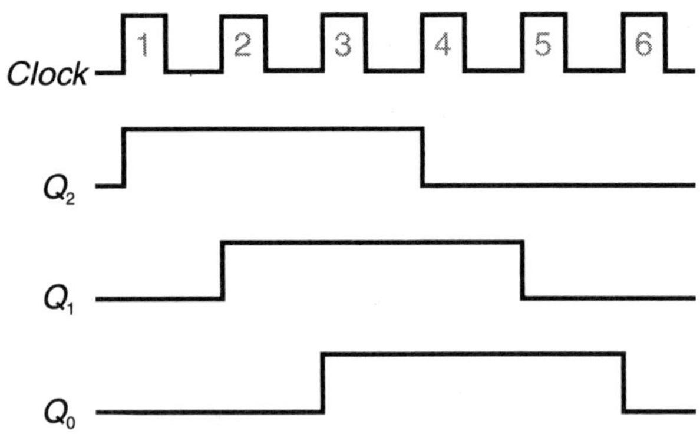


(b) 파형도(timming chart)

**그림 6-35** MOD-6 존슨 카운터 회로 및 파형도

**예제6-30** MOD-8 링 카운터(ring counter)를 설계하고자 한다. 필요한 플립플롭의 개수를 구하라.

**해설** MOD-N 링 카운터를 설계하기 위해서는 N개의 플립플롭이 필요하다. 따라서 8진 링 카운터를 구성하려면 8개의 플립플롭이 필요하다.

**예제6-31** MOD-12 존슨 카운터(Johnson counter)를 설계하고자 한다. 필요한 플립플롭의 개수를 구하라.

**해설** 존슨 카운터에서는 MOD-N 카운터를 설계하기 위해 $n$ = N/2개의 플립플롭이 필요하다. 따라서, 12/2 = 6개가 필요하다.

**예제6-32** 다음의 그림에서 160kHz의 클럭 주파수가 인가시 a, b, c, d 점에서 펄스 주파수를 구하라.

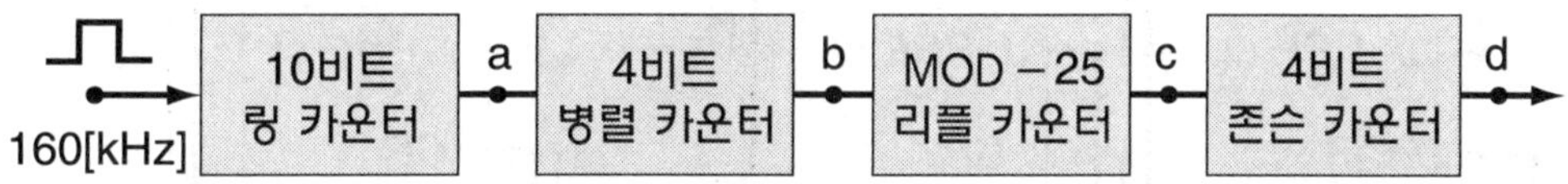


그림 6-36

**해설** 10비트 링 카운터는 10진 카운터(÷10)이고, 4비트 병렬 카운터는 16진 카운터(÷16)이고, MOD-25 리플 카운터는 25진 카운터(÷25)이고, 4비트 존슨 카운터는 8진 카운터(÷8)이다.

점 a : 16kHz

점 b : 1kHz

점 c : 40Hz

점 d : 5Hz

## 6.9 프리세터블 카운터

대부분의 IC 동기식 카운터들은 클럭 신호와는 무관하게 비동기적으로 원하는 카운트 시작점을 미리 설정할 수 있다. 이를 프리셋(preset)이라 하며 병렬 적재(parallel load)라고도 한다.

**예제6-33** 다음 그림은 3비트 프리세터블 카운터(presettable counter)를 보인 것이다. 원하는 수를 미리 카운터에 로딩(loading)하기 위한 절차를 설명하라.

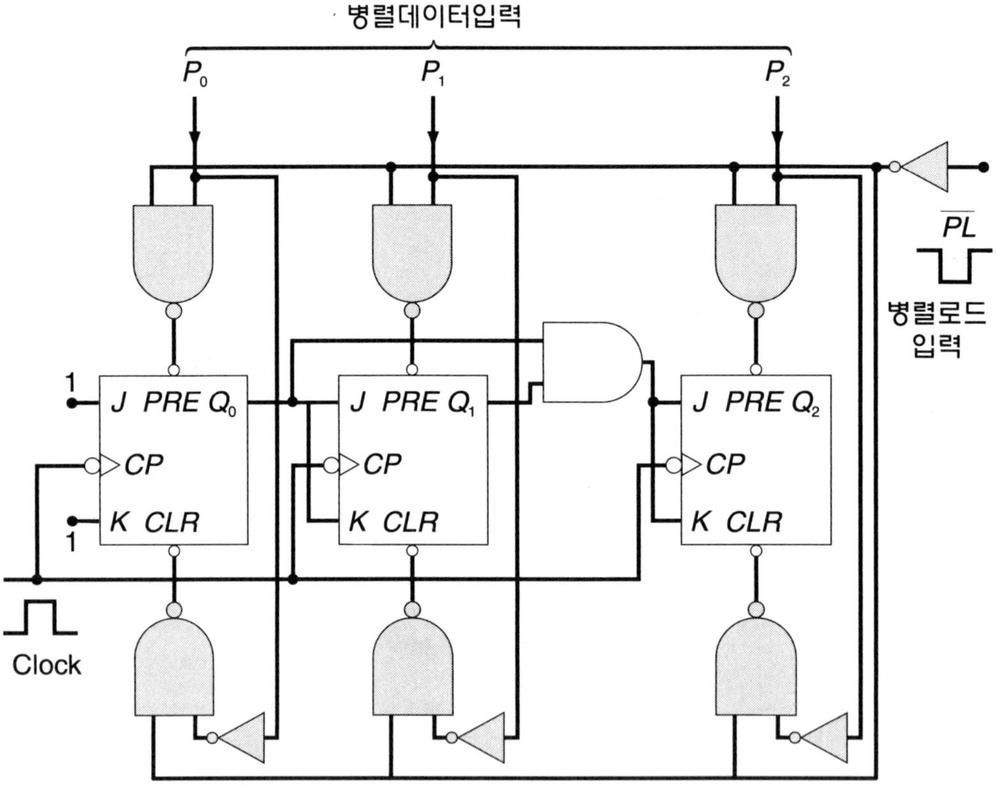


**그림 6-37** 3비트 프리세터블 카운터

**해설** 그림에서 $J$, $K$, $CP$ 입력은 병렬 업 카운터로 동작하고, 프리셋 PRE와 클리어 CLR 단자는 비동기적으로 프리셋이 가능하도록 연결되어 있다.

### 로딩(Loading) 절차

1. 카운트 초기값을 설정한다. 즉 원하는 병렬 데이터 입력 $P_2, P_1, P_0$ 를 인가한다.
2. 병렬 로드 $\overline{PL} = 0$ (LOW) 으로 하면 카운터의 $Q = Q_2Q_1Q_0 = P_2P_1P_0$ 으로 프리셋 된다.

> 병렬 로드 $\overline{PL} = 0$ 이면 카운터를 $P_2P_1P_0$으로 프리셋(preset)되고, 병렬 로드 $\overline{PL} = 1$ (HIGH)이면 카운터는 정상적인 업 카운트를 한다.

## 6. 10 IC 동기식 카운터

IC 동기식 카운터 중 가장 많이 사용되고 있는것이 74192와 74193이다. 이 동기식 카운터들은 업/다운 카운트를 할 수 있고, 원하는 카운트에 프리세팅도 가능하다.

**예제6-34** MOD-16 동기식 카운터 74193(LS193/HC193)의 논리 기호를 그리고 각 핀의 기능을 설명하라.

**해설** 74193 동기식 카운터는 MOD-16 프리세터블 업/다운 카운터이다.

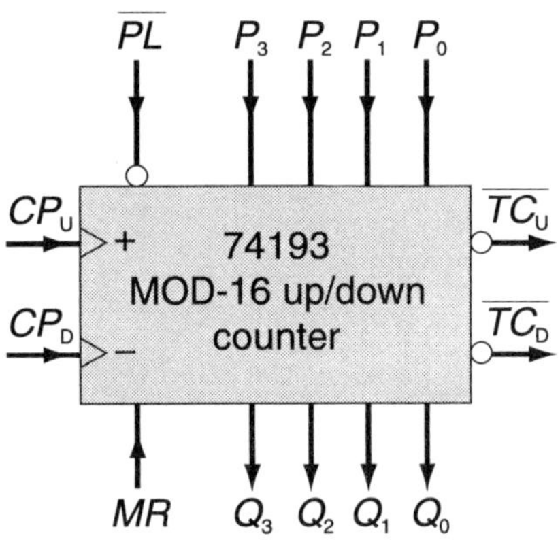


| $MR$ | $\overline{PL}$ | $CP_U$ | $CP_D$ | 모 드 |
|---|---|---|---|---|
| H | × | × | × | 비동기 리셋 |
| L | L | × | × | 비동기 세트 |
| L | H | H | H | 전상태 유지 |
| L | H | ↑ | H | 업 카운트 |
| L | H | H | ↑ | 다운 카운트 |

H = HIGH ; L = LOW

X = Don' t care ; ↑ = PGT

그림 6-38 74193 프리셋 업/다운 카운터

### 74193 IC 각 핀의 기능

1. **클럭 입력** $CP_U$는 업 카운터용, $CP_D$는 다운 카운터용으로 상승 에지에서 동작한다.
2. **마스터 리셋**(MR) MR = 1(HIGH)일 때 카운터를 0000으로 리셋 시킨다.
3. **프리셋**(preset)**입력** $\overline{PL}$ = 0일 때 $P_3P_2P_1P_0$으로 출력 $Q$가 설정된다.
4. **카운트 출력** $Q = Q_3Q_2Q_1Q_0$이고 $Q_0$는 LSB, $Q_3$는 MSB이다.
5. **터미널 카운트 출력** 2개이상의 74193을 연결하여 다단 카운터를 구성할 때 사용한다. $\overline{TC_U}$ 는 업 카운터용 올림수(carry) 출력이고, $\overline{TC_D}$ 는 다운 카운터용 빌림수(borrow) 출력이다.

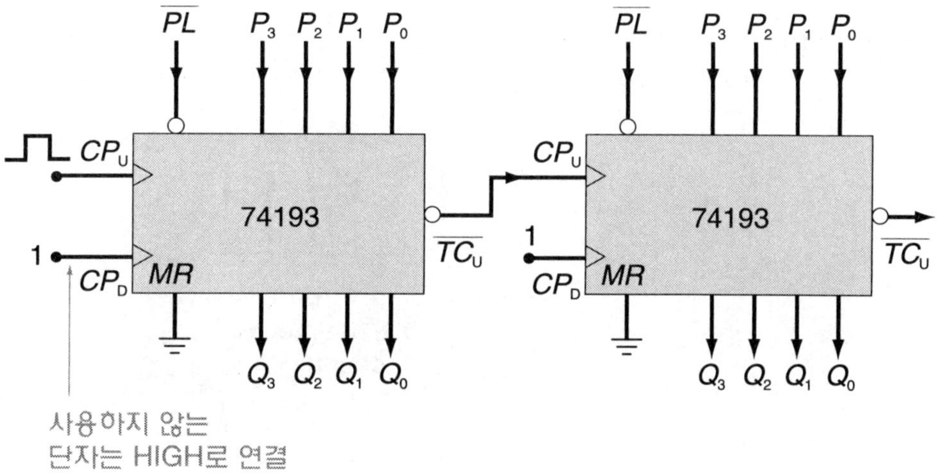


**그림 6-39** 2단계 업 카운터 배열(0~255까지 최대 카운팅)

그림 6-40은 2단계 업 카운터 배열이고, 이것을 2단계 다운 카운터 배열(255 ~ 0까지 최대 카운팅)로 하려면 하위단 IC의 $\overline{TC_D}$ 를 상위단 IC의 $CP_D$ 로 접속하면 된다.

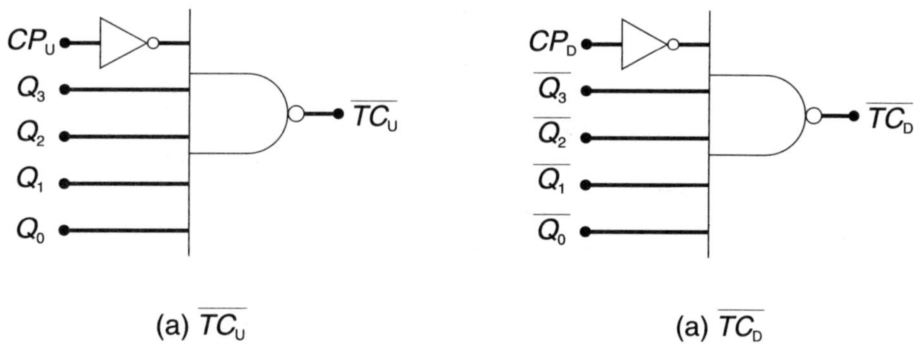


**그림 6-40** 터미널 카운트 출력

**예제6-35** 다음 그림의 MOD-16 동기식 카운터 74193을 이용하여 MOD-5 다운 카운터를 설계하고자 한다. 어떻게 연결하면 되는가?

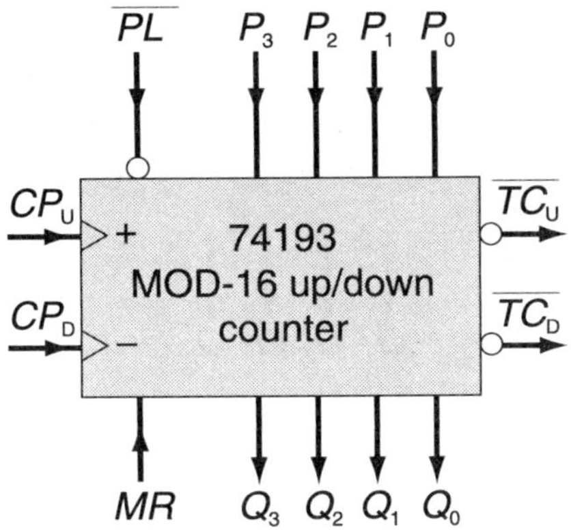


그림 6-41

**해 설** 74193의 병렬 로드 입력 $P_3P_2P_1P_0 = 0101_2 = 5_{10}$로 하고 $\overline{TC_D}$의 출력을 $\overline{PL}$에 연결하면 된다.

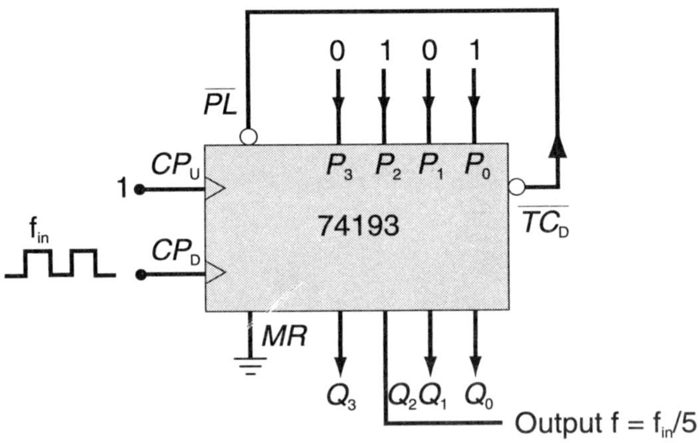


그림 6-42

## 6. 11 카운터의 응용과 고장 진단

### 6.11.1 주파수 카운터

주파수 카운터(frequency counter)는 임의의 주기적 파형의 주파수를 측정하고 디스플레이 할 수 있는 디지털 계기이다.

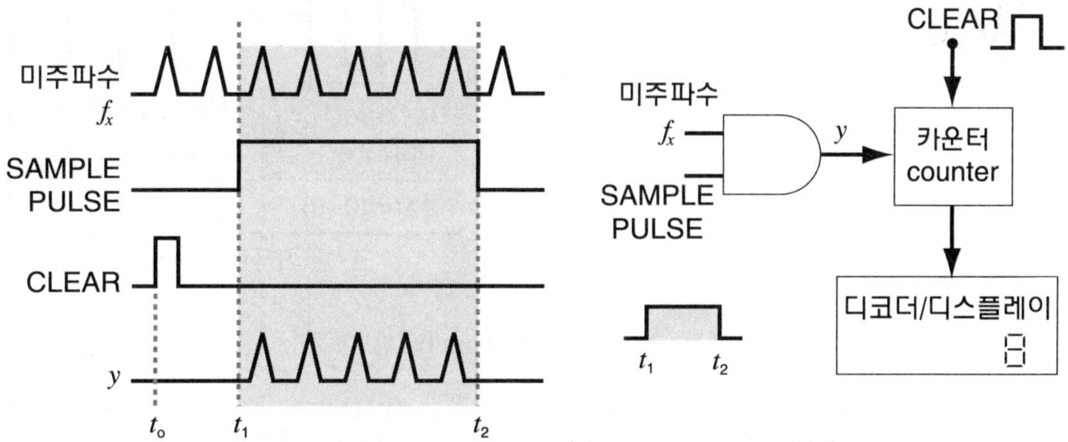


**그림 6-43** 미지 주파수의 측정

### 6.11.2 디지털 시계

카운터의 응용 중 가장 일반적인 것은 시간, 분, 초를 디스플레이하는 디지털 시계 (digital clock) 이다.

1. 디지털 시계에서는 기준 주파수로 60Hz를 사용한다.
   이 60Hz를 펄스 정형 회로(pulse shaper)로 전송하여 구형파로 바꾼 후 MOD-60 카운터를 사용하여 60분주하면 1Hz, 즉 1 PPS (pulses per second)를 얻는다.
2. 1 PPS의 신호는 "초"를 카운트하는 부분으로 공급되어 0~59초를 디스플레이하는데 사용된다. 여기서 BCD와 MOD-6은 60초, 즉 1분당 1개의 펄스 (1 pulse/min)를 "분"을 카운트하는 부분으로 공급한다.
3. "분"을 카운트하는 부분에서도 0~59까지 카운트하고 60분, 즉 1시간당 1개의 펄스 (1pulse/hr)를 "시간"을 카운트하는 부분으로 공급한다.

4. "시간"을 카운트 하는 부분에서는 MOD－12 카운터로서 12가지의 상태를 가지고 시간을 나타낸다.

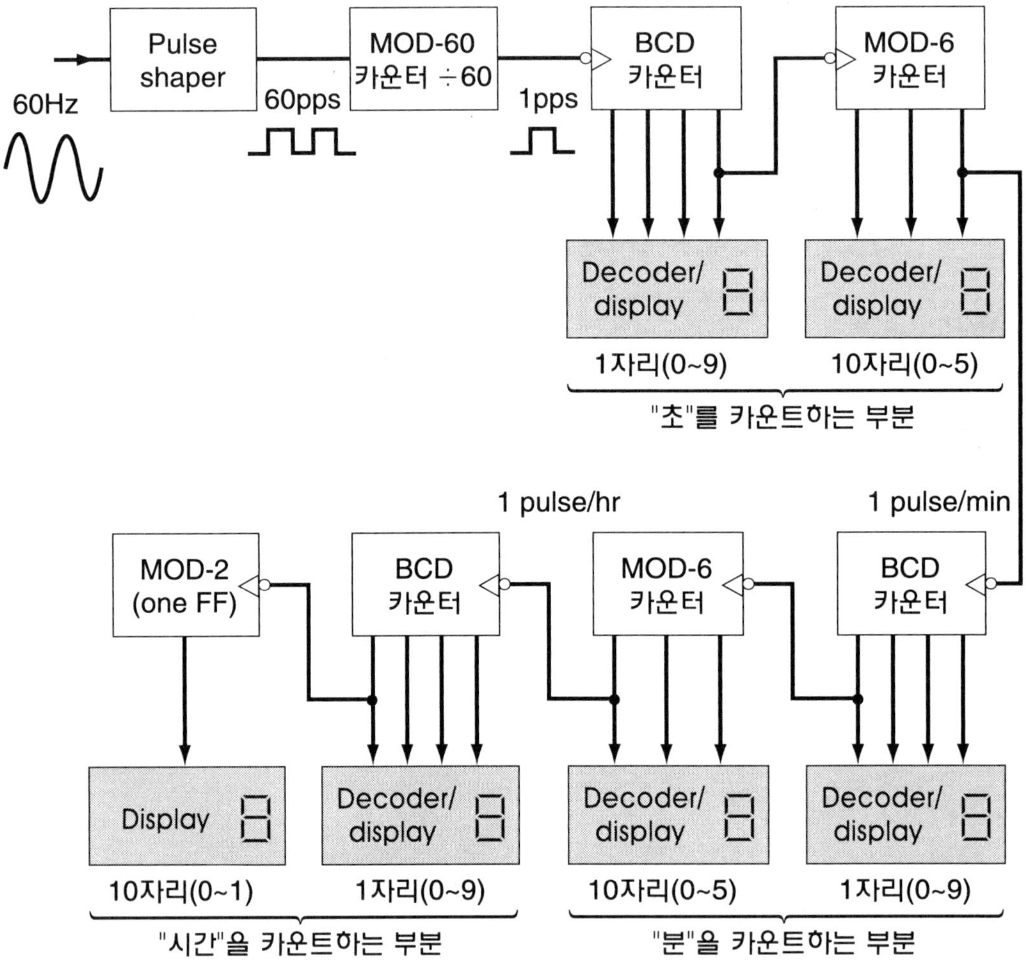


**그림 6－45** 디지털 시계의 블럭 다이어그램

## 6.11.3 카운터의 고장 진단

**글리치(glitch) 현상** 카운터의 오동작은 대부분 플립플롭에서 전파지연에 기인한다. 비동기 카운터에 디코더 게이트(decoder gate)를 사용하는 경우 각 단 플립플롭의 각기 다른 전파 지연으로 인하여 짧은 시간의 잡음이 발생하는데 이를 글리치(glitch) 또는 스파이크(spike)라고 한다.

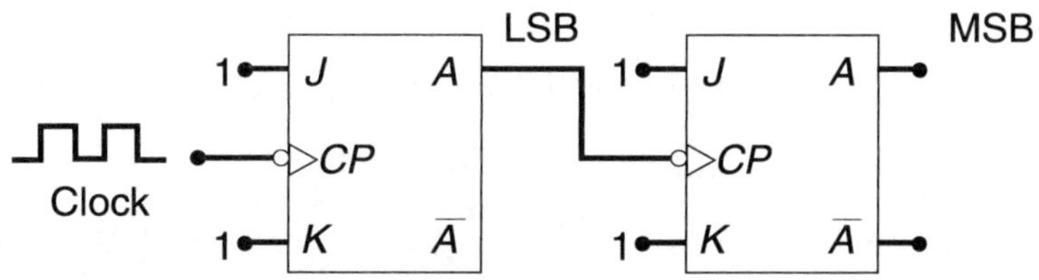


(a) MOD-4 리플 카운터

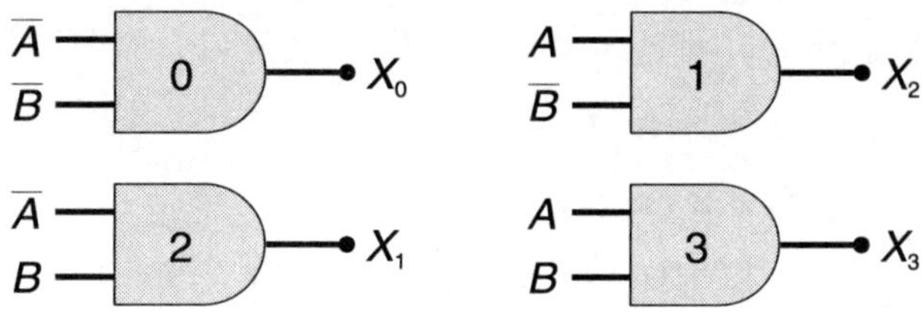


(b) 디코더 게이트

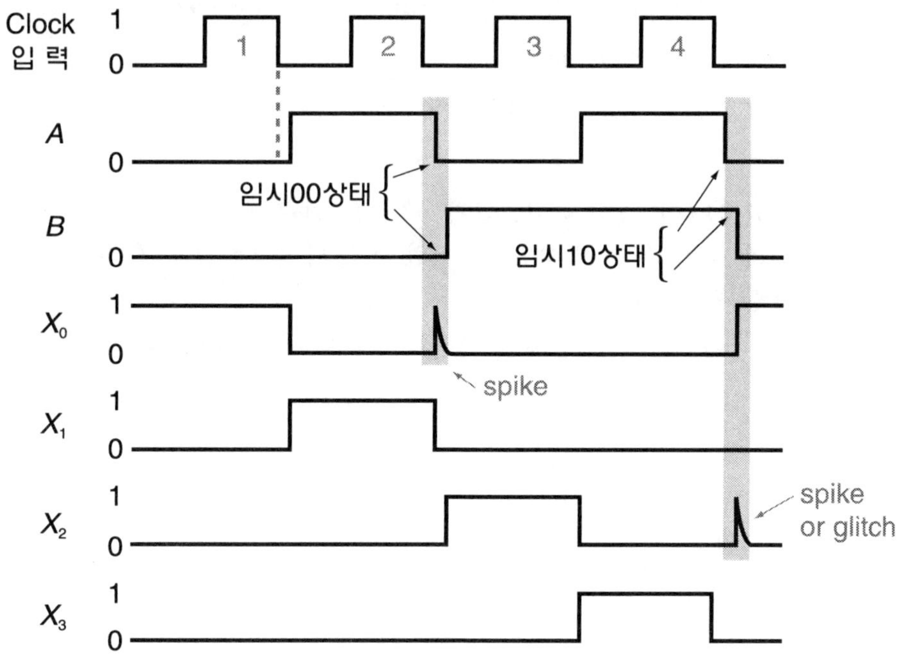


(c) 디코더 게이트의 출력

**그림 6-45** MOD-4 리플 카운터에서 전파지연에 따른 글리치의 발생

이 문제의 해결책은 다음 두가지 방법이 있다.

① 리플 카운터 대신에 동기식(병렬) 카운터를 사용한다.

② 스트로브(strobe) 기법을 사용한다.

스트로브 기법은 모든 플립플롭이 하강 클럭 천이(negative clock transition)에서 응답하여, 안정된 상태에 이를 때까지 디코딩 AND 게이트를 동작시키지 않게 하기 위한 스트로브라고 하는 신호를 이용한다.

**고장 수리를 위한 계측 장비** 플립-플롭등으로 구성된 순서논리회로의 고장수리에는 다음 장비가 필요하다.

1. 로직 프로브(logic probe)
2. 전압계(volt meter)
3. 로직 모니터(logic monitor) : 논리 확인기로 한번에 하나의 IC에 있는 모든 핀들의 논리 레벨을 검사할 수 있다.
4. 로직 분석기(logic analyzer) : 여러개의 입력 채널을 갖고 있으며, 신호의 표본화, 신호의 저장기능, 비동기 신호 관측, 그리치 신호의 검출기능이 있다.
5. 디지털 로직 펄스 발생기(digital logic pulser)
6. IC 검사기(IC tester)
7. 오실로스코프(oscilloscope) : 반복되거나 동기적인 신호를 관측한다.

**카운터의 고장 수리 절차** 다음은 카운터의 고장 수리 절차이다. 회로의 동작 상태에 대한 확실한 이해와 동작 결과에 대한 측정능력이 가장 중요하다.

1. 논리 회로도 및 회로의 동작 상태를 완전히 이해한다.
2. IC 제조 회사에서 제공되는 핀 구성도를 참고한다.
3. 펄스 발생기 사용하여 펄스를 발생시킨다.
4. 로직 모니터(logic monitor)를 사용하여 모든 핀의 논리 레벨을 점검한다.
5. 로직 프로브(logic probe)를 사용하여 의심이가는 IC의 핀을 검사한다.
6. 측정된 결과와 정상적인 회로의 동작 상태를 비교하여 고장을 수리한다.

## 6. 12 레지스터의 종류

레지스터 (register)란 여러 비트를 일시적으로 저장하는 기억장치로서 $n$비트의 데이터를 저장하기 위해서는 $n$개의 플립-플롭이 필요하다.

이 레지스터의 종류에는 데이터를 저장하는 방법과 출력되는 방법에 따라 4종류로 구분할 수 있다.

1. 병렬 입력-병렬 출력 (parallel-in, parallel-out : PIPO)
2. 직렬 입력-직렬 출력 (serial-in, serial-out : SISO)
3. 병렬 입력-직렬 출력 (parallel-in, serial-out : PISO)
4. 직렬 입력-병렬 출력 (serial-in, parallel-out : SIPO)

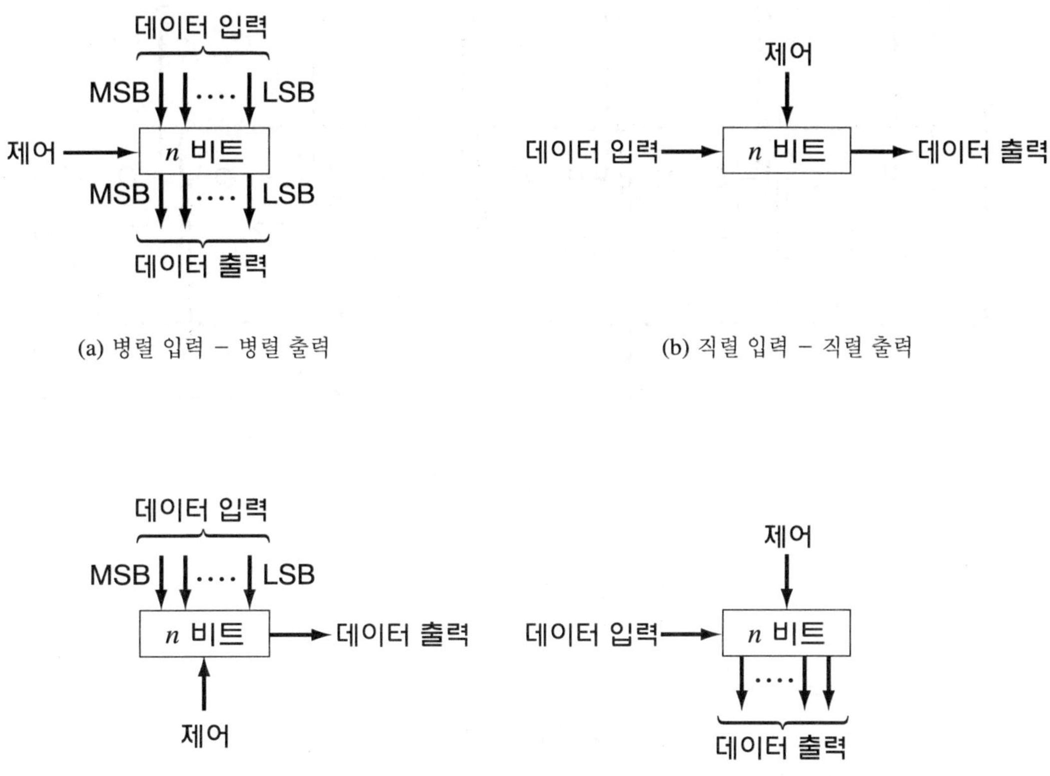


(a) 병렬 입력 - 병렬 출력 (b) 직렬 입력 - 직렬 출력 (c) 병렬 입력 - 직렬 출력 (d) 직렬 입력 - 병렬 출력

**그림 6-46** 레지스터의 종류

**예제6-36** 병렬 입력-병렬 출력 레지스터인 74174 레지스터를 설명하라.

**해설** 74174 레지스터는 병렬 입/출력 b비트 레지스터이고, 74178 레지스터는 병렬 입/출력 4비트 시프트 레지스터이다.

### 74174 레지스터

1. 74174는 6비트 병렬 입/출력 레지스터로 $D$플립플롭만으로 구성되어 있다.
2. 병렬 입력 $D_0 \sim D_5$와 병렬 출력 $Q_0 \sim Q_5$를 가지고 있다.
3. 병렬 데이터는 클럭 $CP$의 상승 에지(PGT)에서 레지스터에 로드된다.
4. 마스터 리셋인 $\overline{MR}$ 단자에 0이 인가되면 각 플립플롭의 출력은 전부 0이 된다.

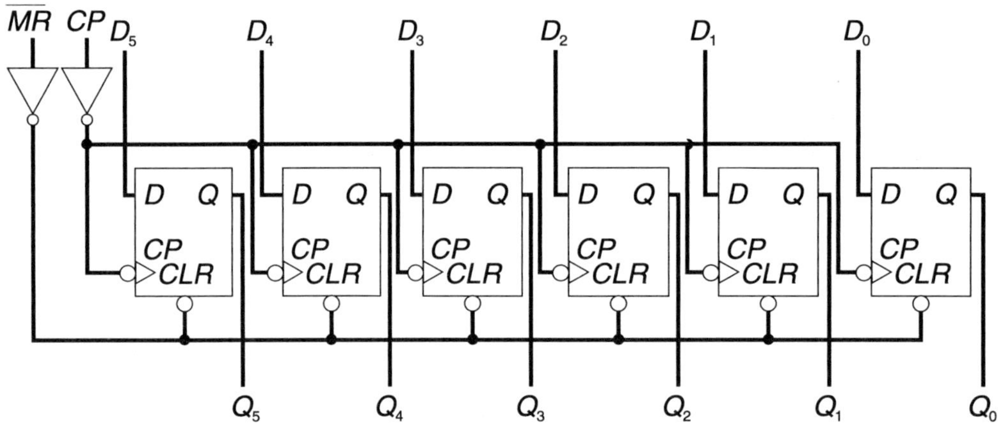


(a) 74174 레지스터 회로도

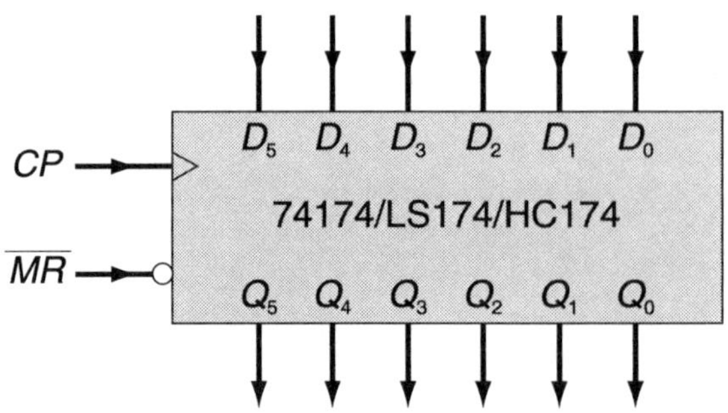


(b) 논리기호

**그림 6-47** 74174 병렬 입/출력 레지스터

**예제6-37** 직렬 입력-직렬 출력 레지스터인 4731B 레지스터를 설명하라.

**해설** 4731B 레지스터는 4채널 64비트 직렬 입/출력 시프트 레지스터이다.

### 4731B 레지스터

1. 4731B 레지스터는 칩안에 64비트 레지스터가 4개가 있는 직렬 입/출력 레지스터이다.
2. 직렬 입력 $D_S$와 하강 에지에서 응답하는 클럭 $\overline{CP}$ 그리고 직렬 출력 $Q_{63}$을 가지고 있다.

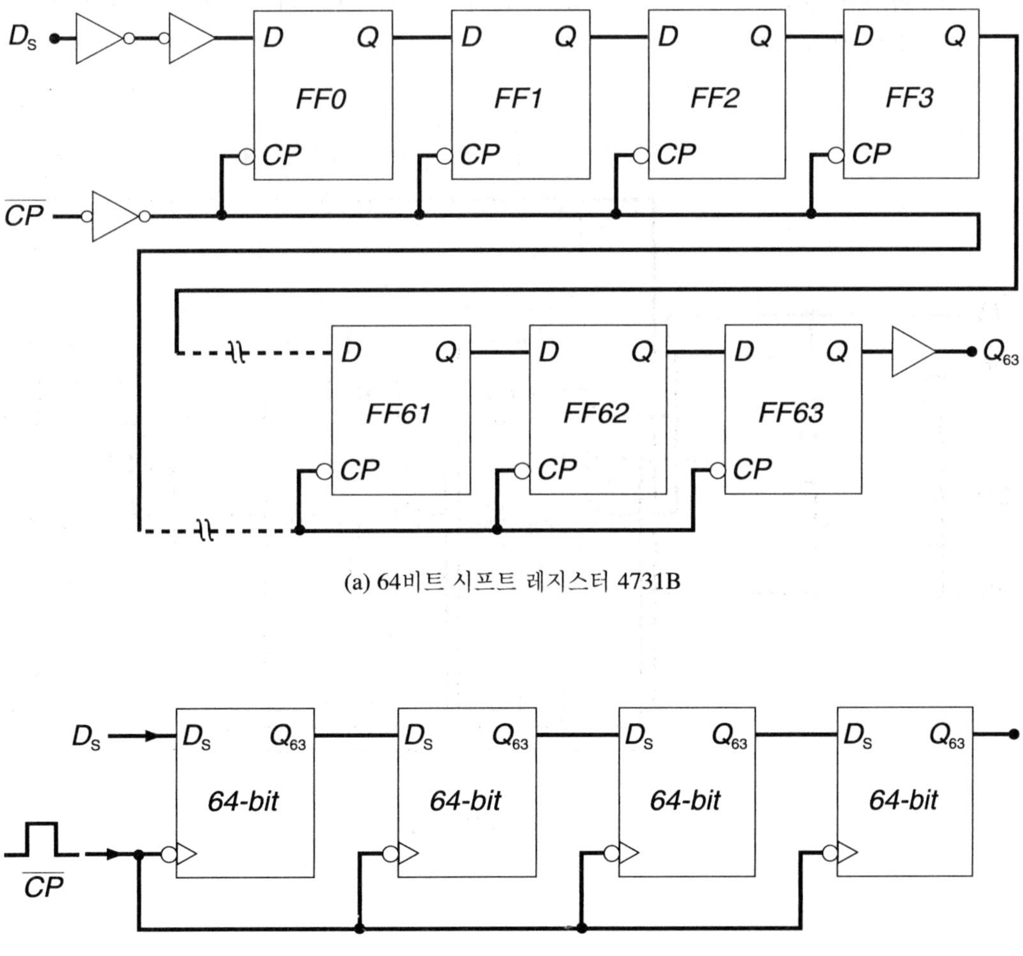


(a) 64비트 시프트 레지스터 4731B



(b) 4713B 칩안의 64비트 시프트 레지스터 4개를 CP로 연결하여 256비트 시프트 레지스터로 구성하였다.

**그림 6-48** 4731B 직렬 입/출력 레지스터

> **예제6-38** 병렬 입력-직렬 출력 레지스터인 74165(또는 74LS165/74HC165) 레지스터를 설명하라.

**해 설** 74165 레지스터는 8비트 병렬 데이터를 직렬 데이터로 변환하고자 할 때 사용된다.

### 74165 레지스터

1. 74165는 8비트 병렬 입력-직렬 출력 레지스터이다.
2. 병렬 입력 $P_0 \sim P_7$과 직렬 데이터 입력 $D_S$를 동시에 갖고 있다. 출력은 $Q_7$과 $\overline{Q_7}$ 뿐이다.
3. $\overline{PL}=0$ 이면 병렬 데이터 입력이 가능하고, $\overline{PL}=1$ 이면 직렬 데이터 입력이 가능하다.

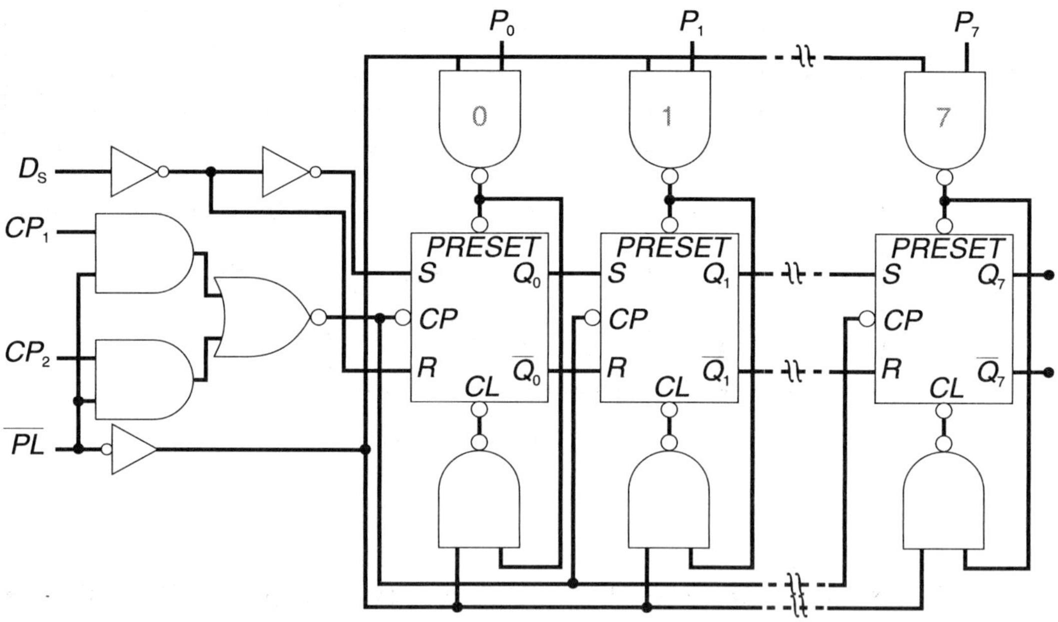


(a) 74165 레지스터 회로도

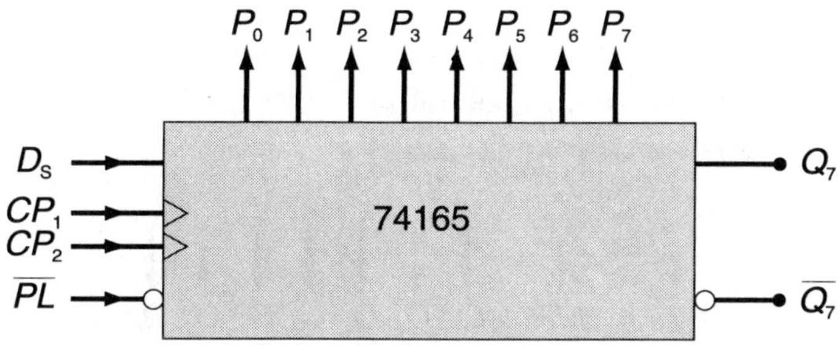


(b) 논리기호

**그림 6-49** 74165 병렬 입력-직렬 출력 레지스터

**예제6-39** 직렬 입력-병렬 출력 레지스터인 74164 레지스터를 설명하라.

**해 설** 74164 레지스터는 8비트 직렬 입력-병렬 출력 레지스터이다.

### 74164 레지스터

1. 74164는 8개의 $D$ 플립플롭으로 구성된 8비트 직렬 입력-병렬 출력 레지스터이다.
2. 2개의 직렬 입력 $A$, $B$를 가지고 있으며 $CP$의 PGT에서 시프트 동작이 일어난다.
3. $\overline{MR}=0$ 이면 모든 8개의 플립플롭은 리세트된다.

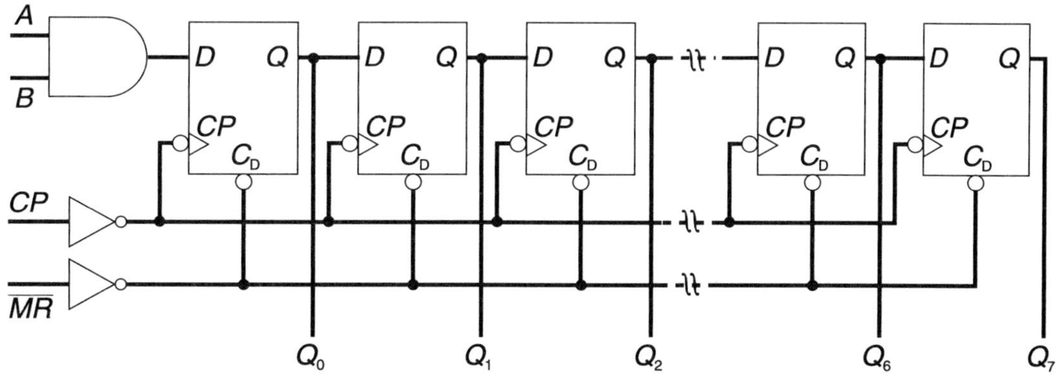


(a) 74164 레지스터 회로도

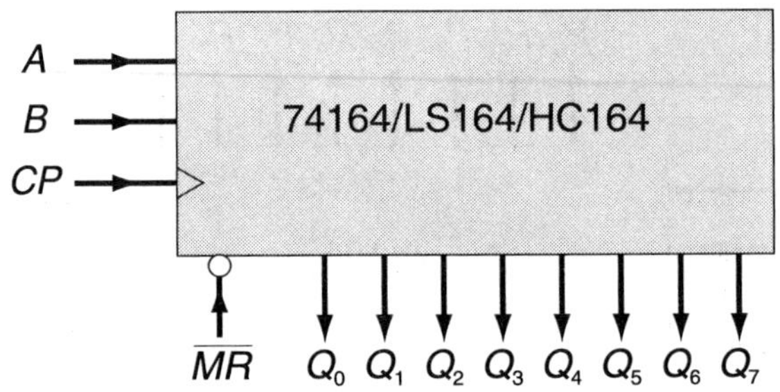


(b) 논리 기호

**그림 6-50** 74164 직렬 입력-병렬 출력 레지스터

memo

# 연 습 문 제

**Q·01** 비동기식 카운터의 설명으로 틀린 것은?

가. 리플 카운터라고도 한다.

나. 고속 카운팅에 주로 사용된다.

다. 전단의 출력이 다음 단의 트리거 입력이 된다.

라. 매우 높은 주파수에는 사용하지 않는다.

해설 비동기식 리플 카운터는 전단의 출력이 후단의 입력으로 들어와야 동작하도록 되어 있어 각 단을 통과할 때마다 지연시간이 누적되므로 고속 카운팅에는 부적당하다.

**Q·02** 동기식 카운터와 비동기식 카운터를 설명한 것이다. 옳은 것은?

가. 동기식 카운터를 직렬형, 비동기식 카운터를 병렬형 카운터라고도 한다.

나. 같은 수의 플립플롭을 갖는 경우 비동기식 카운터보다 동기식 카운터가 더 높은 입력 주파수를 사용하는 곳에 이용된다.

다. 비동기식 카운터는 동기식 카운터와는 달리 시간 지연이 누적되지 않는다.

라. 비동기식 카운터는 동기식 카운터보다 더 많은 회로 소자가 필요하다.

해설 동기식 카운터가 비동기식 카운터보다 더 높은 주파수에서 동작한다는 것이 큰 장점이다.

**Q·03** 리플 카운터(ripple counter)의 특징이 아닌 것은?

가. 비동기 카운터이다.

나. 카운트 속도가 동기식 카운터에 비해 느리다.

다. 최대 동작 주파수에 제한을 받지 않는다.

라. 회로 구성이 간단하다.

**해답** 1. 나 2. 나 3. 다

해설 클럭 주파수가 최대 동작 주파수 이하가 아니면 사용할 수 없게 된다.

**Q·04** $n$개의 플립플롭으로 구성된 업(up) 카운터의 모듈러스(modulus)와 이 카운터로 계수할 수 있는 최대 계수는 얼마인가?

가. $2^n$, $2^n-1$ 　　나. $2^n$, $2^{n-1}$

다. $2^{n-1}$, $2^n-1$ 　　라. $2^n-1$, $2^n$

**Q·05** 5진 카운터를 설계하는 경우 MOD 수와 최대 카운트 값은 얼마인가?

가. MOD-5, 4 　　나. MOD-5, 5

다. MOD-32, 31 　　라. MOD-32, 32

해설 5진 카운터이므로 000, 001, 010, 011, 100의 N = 5가지 상태를 가지므로 MOD-5라고 하며, 최대 카운트 값은 N − 1 = 5 − 1 = 4이다.

**Q·06** 4개의 플립플롭의 구성된 카운터의 모듈러스(modulus)는 얼마인가?

가. 14 　　나. 15

다. 16 　　라. 17

해설 카운터에서 한 계수 사이클 동안에 계수 입력에 들어온 클럭 펄스의 모듈러스(modulus)라 한다. 즉, 4개의 플립플롭으로 구성되는 2진 카운터는 16번째의 CP에 의하면 완전히 클리어되므로 그 모듈러스는 16개이다.

**Q·07** 5개의 플립플롭으로 구성된 카운터의 모듈러스와 이 카운터로 계산할 수 있는 최대계수는?

가. modulo : 5, 최대계수 : 32 　　나. modulo : 6, 최대계수 : 32

다. modulo : 31, 최대계수 : 32 　　라. modulo : 32, 최대계수 : 31

해설 n개의 플립플롭으로 구성되는 2진 카운터의 모듈러스는 $2^n$이다. 또한 이 카운터로 계수할 수 있는 최대계수는 $2^n-1$이다.

**해답** 3. 다 　4. 가 　5. 가 　6. 다 　7. 라

**Q·08** 다음 그림의 캐스케이드 카운터의 총 모듈수는?

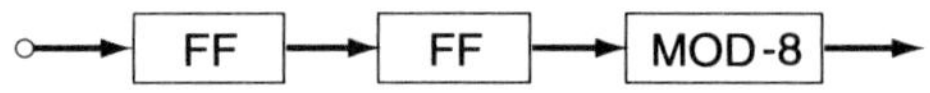


가. MOD-8　　나. MOD-10
다. MOD-12　　라. MOD-32

**해설** 다음은 MOD-5, MOD-8 및 단일 플립플롭을 캐스 케이드 접속하여 MOD-4, MOD-16, MOD-25 카운터를 구성한 예이다.

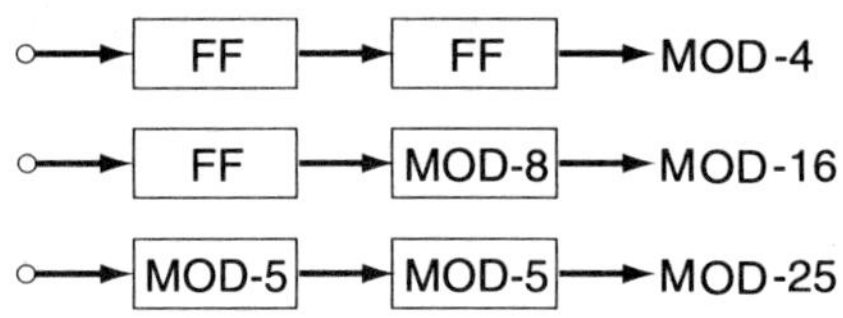


**Q·09** MOD-60 리플 카운터를 설계시 몇 개의 플립플롭이 필요한가?

가. 6개　　나. 10개
다. 30개　　라. 60개

**해설** MOD-60 카운터는 60진 카운터로 0에서 59까지 카운트한다. $2^n$이 60이 되지 않는다. 가장 근접한 것이 $2^6 = 64$이다. 즉 6개의 플립플롭이 필요하다.

**Q·10** 25 : 1의 리플 카운터(ripple counter)를 설계하고자 한다. 몇 개의 플립플롭이 필요한가?

가. 3개　　나. 4개　　다. 5개　　라. 6개

**해설** $2^{n-1} \leq N \leq 2^n$의 식에서 $N = 25$이므로 $n = 5$이다.

**Q·11** 카운터를 이용하여 컨베이어 벨트(conveyor belt)를 통과하는 물품을 카운트 하고자 한다. 2000개의 물품을 카운트하는 카운터를 설계시 필요한 플립플롭의 수는 몇 개인가?

가. 10개　　나. 11개　　다. 12개　　라. 13개

**해답** 8. 라　9. 가　10. 다　11. 나

해설 N = 2000일 때 필요한 플립플롭의 개수 $n$은 $2^{n-1} \leq 2000 \leq 2^n$에서 $2^{10} = 1024$이므로 10개의 플립플롭은 충분하지 못하다. $2^{11} = 2048$이므로 11개의 플립플롭이 $11111111111_2 = 2047_{10}$을 카운트 할 수 있는 카운터를 만들 수 있다.

**Q·12** 1000까지 카운트 할 수 있는 업 카운터(up counter)는 몇 개의 플립플롭으로 구성되는가?

가. 9개　　나. 10개　　다. 11개　　라. 12개

해설 N = 1000이므로 $2^{n-1} \leq 1000 \leq 2^n$에서 n = 10이다.

**Q·13** MOD-60 카운터의 입력에 60Hz의 구형파를 인가시 출력 주파수는?

가. 600Hz　　나. 6Hz　　다. 10Hz　　라. 1Hz

해설 MOD-60은 60진 카운터이다.

$$\text{출력 주파수} = \frac{60\text{Hz}}{60} = 1\text{Hz}$$

**Q·14** 5비트 2진 카운터의 입력에 4MHz의 정방형 펄스가 가해진다. 출력 펄스의 주파수를 구하고 이 정방형 펄스의 듀티 사이클(duty cycle)을 구하면?

가. 125kHz, 25%　　나. 250kHz, 25%
다. 250kHz, 50%　　라. 125kHz, 50%

해설 5비트 2진 카운터는 $2^5 = 32$진 카운터이다.

$$\text{출력 주파수} = \frac{4000\text{kHz}}{32} = 125\,\text{kHz}$$

듀티사이클은 펄스폭/주기 으로 정방형파의 경우 50%이다.

**Q·15** 다음 그림에서 $Q_3Q_2Q_1$이 출력일 때 이 카운터의 명칭은 무엇인가?

**해답** 12. 나　13. 라　14. 라　15. 나

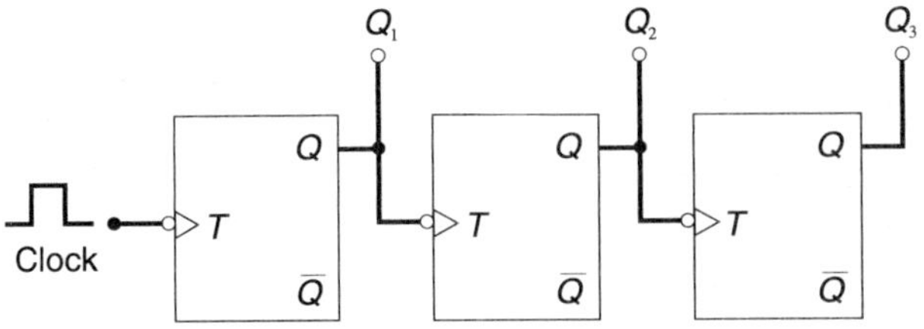


가. 동기식 8진 업 카운터　　　　나. 비동기식 8진 업 카운터

다. 동기식 8진 다운 카운터　　　　라. 비동기식 8진 다운 카운터

**해설** T 플립플롭의 출력 펄스를 다음 단의 입력 펄스로하여 3단 접속되어 있으므로 $2^3 = 8$진 카운터이다. 이 카운터의 각 플립플롭이 클럭의 NGT에서 트리거 되는 경우 000 ~ 111까지 카운팅하고 8번째 펄스에서 0으로 되돌아 온다.

**Q·16** 다음의 그림에서 초기 상태 $ABC$ = 000이었다. 클럭 펄스(cp)가 12개 인가된 후의 상태는? *모든 $J = K$ = 1이라고 한다.

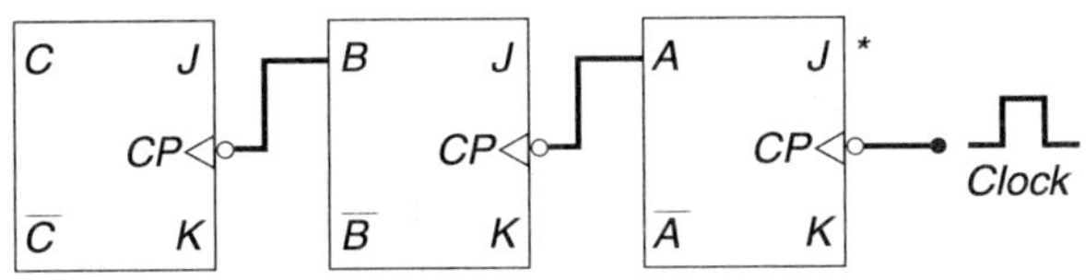


가. $ABC$ = 001　　　　나. $ABC$ = 011

다. $ABC$ = 110　　　　라. $ABC$ = 100

**해설** 비동기식 8진 업 카운터(MOD-8) 이므로 8번째 펄스에 의해 초기 상태로 되돌아온다. 12 = 8 + 4이므로 카운터의 상태 $CBA = 4_{10}$ = 100이다. 이 8진 리플 카운터에서 $C$는 MSB, $A$는 LSB이다.

**Q·17** 다음 그림에서 $CBA$가 출력일 때 이 카운터의 명칭은? * 모든 플립플롭의 $J$와 $K$는 1이다.

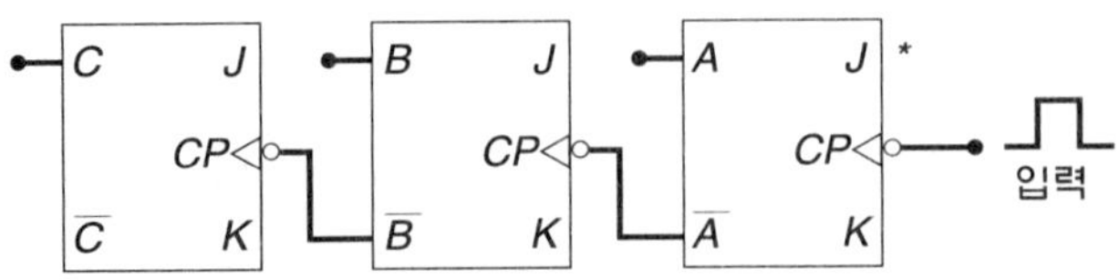


가. 동기식 MOD-8 업 카운터

**해답** 16. 가　17. 라

나. 동기식 MOD-8 다운 카운터

다. 비동기식 MOD-8 업 카운터

라. 비동기식 MOD-8 다운 카운터

해설 7 ~ 0까지 셀 수 있는 비동기식(리플) 다운 카운터(down counter)이다. 즉 $CBA$ = 111 ~ $CBA$ = 000까지 카운트 한다. 이 카운터의 타임 차트는 다음과 같다.

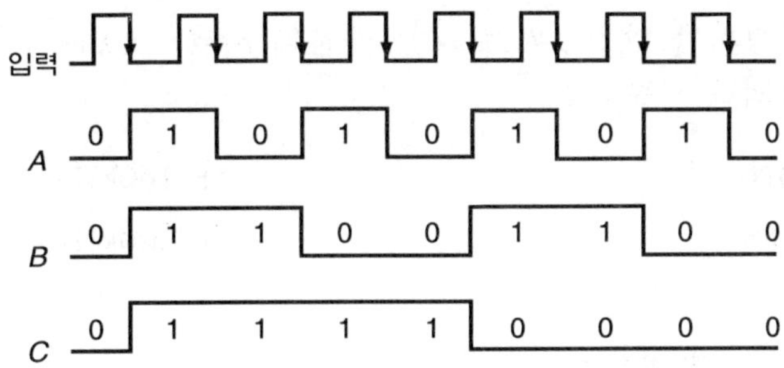


< MOD-8 다운 카운터의 파형도 >

**Q·18** 12진 카운터를 설계하고자 한다. 필요한 플립플롭의 단수는?

가. 3단　　나. 4단　　다. 6단　　라. 12단

**Q·19** 4단 플립플롭을 사용한 2진 다운 카운터(down counter)를 리셋(reset) 시킨 후 첫번째 클럭 펄스가 가해지면 나타나는 수는 무엇인가?

가. $0000_2 = 0_{10}$　　나. $0001_2 = 1_{10}$

다. $0100_2 = 4_{10}$　　라. $1111_2 = 15_{10}$

**Q·20** 다음 그림의 카운터는 0000 상태에서 시작하여 클럭 펄스(cp)가 인가된다. 약간의 시간이 지난 후에 클럭 펄스가 소거되고 카운터 플립플롭이 $ABCD$ = 0011의 상태가 되었다. 이 때 가해진 클럭 펄스의 수는 몇 개인가?

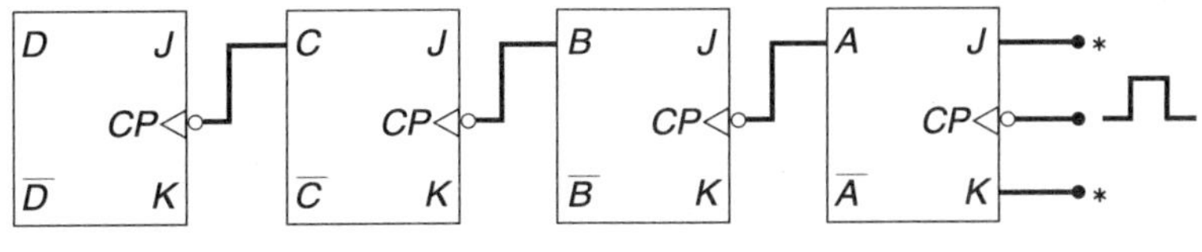


* 모든 J와 K 입력은 1이다.

가. 3개　　나. 6개　　다. 9개　　라. 12개

**해답** 18. 나　19. 라　20. 나

해설 MOD-16 리플 카운터이다. 플립플롭 출력 $D$가 MSB이고 $A$가 LSB이다. $DCBA = 1100$ 이므로 답은 6개이다.
카운터가 재 순환되는 경우는 16 + 6 = 22개의 펄스가 인가될 때도 $DCBA = 1100$을 나타낸다.

**Q·21** 8MHz 구형파를 가진 5비트 리플 카운터(ripple counter)가 있다. 마지막단 플립플롭의 주파수는?

가. 1.6MHz　　나. 160kHz
다. 250kHz　　라. 500kHz

해설 5비트 리플 카운터는 $2^5 = 32$이므로 32진 카운터이다.

$$\text{출력 주파수} = \frac{8000\,\text{kHz}}{32} = 250\,\text{kHz}$$

**Q·22** 다음 그림의 카운터에서 초기 상태가 $DCBA = 0101$이라고 한다. 이 카운터에 27개의 클럭 펄스가 인가된 후 플립플롭의 상태는 어떻게 되는가? *모든 플립플롭의 $J$와 $K$는 1이라고 한다.

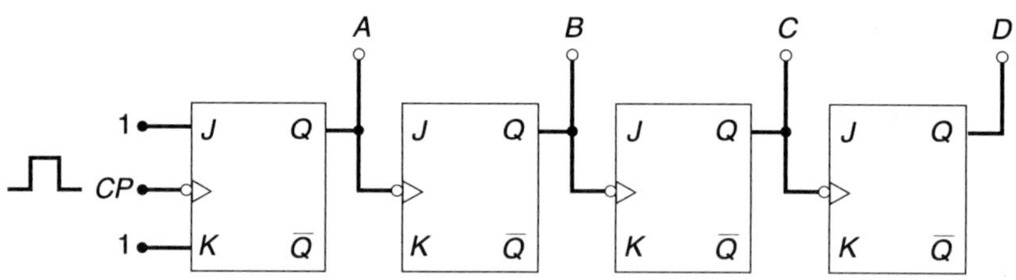


* 모든 플립플롭의 J와 K는 1이라고 한다.

가. $DCBA = 0000$　　나. $DCBA = 0101$
다. $DCBA = 1011$　　라. $DCBA = 1101$

해설 4비트 리플 카운터, 즉 $2^4 = 16$진 비동기식 카운터이다.
비동기식에서는 클럭 펄스가 가해지는 플립플롭의 출력 $A$가 LSB이다.
1. 이 카운터는 16진 카운터이므로 클럭이 16개, 32개, 48개 … 가해질 때마다 초기 상태 $DCBA = 0101 = 5_{10}$로 되돌아 온다.
2. 플립플롭의 현재 상태를 알기 위해서는

◉ 해답 ◉　21. 다　22. 가

(인가된 클럭 펄스의 수 + 초기 상태의 값) / MOD-N = 몫 ··· 나머지

를 계산 결과에서 나머지가 현재 상태이다. 즉
(27+5)/16 = 2 ···0(나머지) 이므로 $DCBA = 0_{10} = 0000$이다.

**Q·23** 다음 카운터의 MOD 수를 구하고 출력 $C$에서의 주파수를 구하면? 단, CLK는 클럭 입력 단자이고 CLR은 비동기 클리어 단자이다. 또한, 모든 플립플롭의 $J$와 $K$는 1이라고 한다.

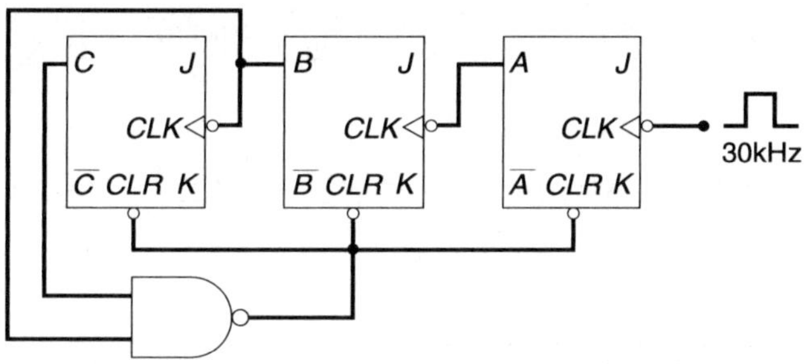


가. MOD-3 병렬 카운터, 10kHz
나. MOD-3 리플 카운터, 10kHz
다. MOD-6 병렬 카운터, 5kHz
라. MOD-6 리플 카운터, 5kHz

**해설** 플립플롭의 출력 $C$는 MSB이고, $A$는 LSB이다. NAND 게이트의 입력은 $C$, $B$ 이므로 카운터는 $110 = 6_{10}$에 도달하는 순간 즉시 000으로 재사이클 된다. 그러므로 카운터는 실제로는 000에서 010까지 6개의 안정 상태를 갖는다. 즉 MOD-6 리플 카운터이다. 입력 주파수는 30kHz 이므로 출력 $C$에서의 주파수를 구하면 다음과 같다.

$$\frac{30\text{kHz}}{6} = 5\text{kHz}$$

**Q·24** 다음 카운터의 입력 펄스가 1MHz이다. 플립플롭 $D$에서의 출력 주파수를 구하면? *모든 플립플롭의 $J = K = 1$이라고 한다.

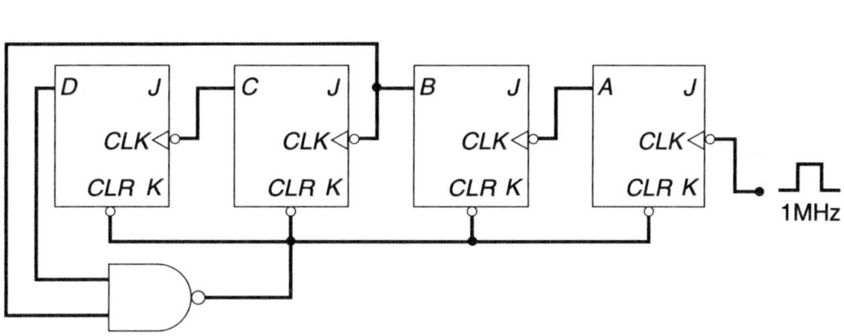


**◎해답◎** 23. 라 24. 나

가. 200kHz　　　　나. 100kHz
다. 20kHz　　　　라. 10kHz

해설 NAND 입력이 $B, D$이므로 카운터가 1010이 되면 즉시 0000으로 리셋된다. 결국 이 카운터는 0000~1001($9_{10}$)까지 안정 상태를 가지므로 MOD-10 리플 카운터이다. 즉 10진 카운터 또는 BCD 카운터라고도 한다. 따라서, 플립플롭 D에서의 출력 주파수는 입력 주파수의 1/10이다.

$$\frac{1\text{MHz}}{10} = \frac{1000\text{kHz}}{10} = 100\text{kHz}$$

**Q·25** 다음 카운터의 MOD수를 구하면? 단, CLK는 클럭 입력 단자, CLR은 클리어 단자이다. 또한 모든 플립플롭의 $J = K = 1$이다.

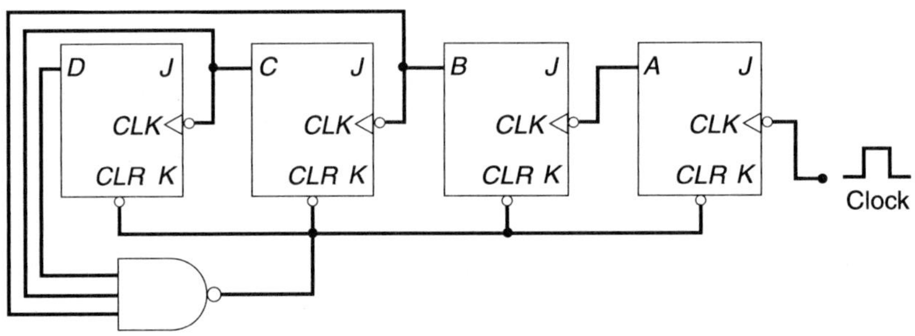


가. MOD-7 리플 카운터　　　　나. MOD-10 리플 카운터
다. MOD-14 리플 카운터　　　　라. MOD-16 리플 카운터

해설 NAND 입력이 $D, C, B$ 이므로 카운터가 1110이 되면 즉시(수 $ns$ 이내) 0000 상태로 클리어 된다. 결국 이 카운터는 0000~1101($13_{10}$)까지 카운팅 하므로 14개의 안정 상태를 갖는다. 즉 MOD-14 비동기 카운터이다.

**Q·26** 다음 그림의 카운터 회로는 60Hz의 전원 주파수를 1Hz로 분할하기 위해 필요한 카운터를 설계한 것이다. 이 카운터의 MOD 수는? * 모든 $J = K = 1$이다.

⊙해답⊙ 25. 다 26. 다

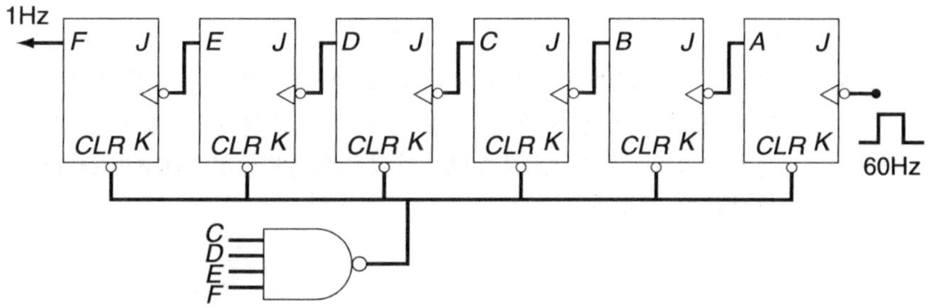


가. MOD-15 카운터　　　　나. MOD-30 카운터

다. MOD-60 카운터　　　　라. MOD-120 카운터

---

해설 MOD-60진 카운터 설계시 플립플롭의 수는 $n$ = 6개가 필요하다. 이 카운터는 60번째(111100)를 카운트할 때 클리어 되어야 한다.

**Q·27** MOD-32 카운터의 모든 상태를 완전히 디코드(decode) 하기 위해 필요한 AND 게이트의 수는?

가. 5개　　나. 10개　　다. 16개　　라. 32개

---

해설 MOD-32 카운터는 32개의 상태를 갖고 있다. 하나의 AND 게이트는 각 상태를 decode 하는데 필요하다. 그러므로 32개의 AND 게이트가 요구된다. $32 = 2^5$이므로 이 카운터는 5개의 플립플롭으로 설계된다.

**Q·28** 다음 귀환형 비동기식 카운터의 명칭은?

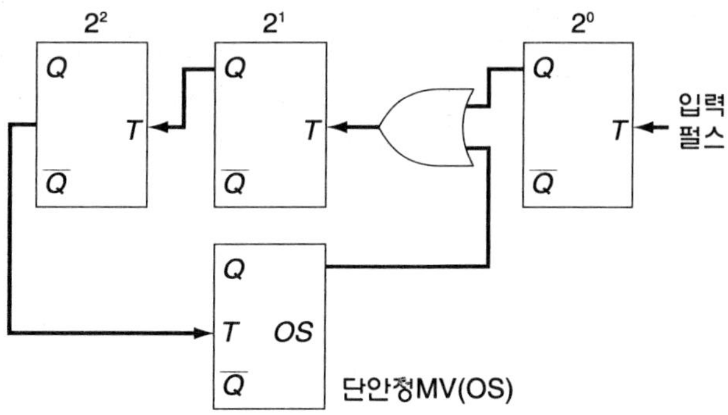


가. MOD-5 카운터　　　　나. MOD-6 카운터

다. MOD-7 카운터　　　　라. MOD-8 카운터

**해답** 27. 라　28. 나

해설 귀환형 비동기식 6진 카운터이다. 먼저 필요한 플립플롭의 수($n$)를 구하여 궤환으로 건너 뛰는 숫자($2^n - N$)을 구한다. 문제에서 건너뛰는 숫자는 $2^3 - 6 = 2$이므로 21단 입력으로 궤환 펄스(feedback pulse)를 인가하여 얻는다.

**Q·29** 다음 그림에서 $A$, $B$가 출력일 때 이 카운터의 명칭은?

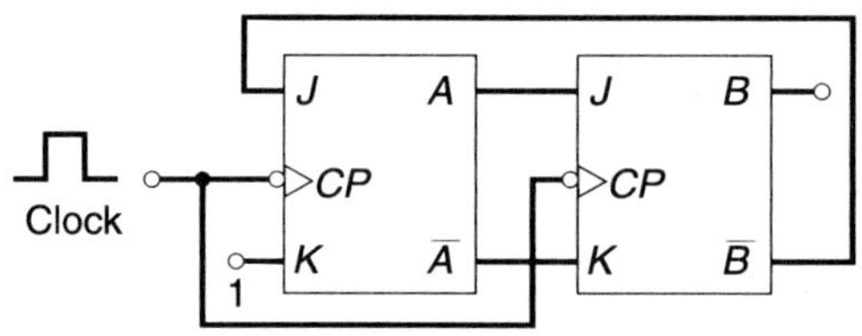


가. 동기식 MOD-3 카운터　　　나. 동기식 MOD-4 카운터

다. 비동기식 MOD-3 카운터　　　라. 비동기식 MOD-4 카운터

해설 동기식 MOD-4 카운터를 수정하여 구성한 동기식 3진 카운터(MOD-3)이다. 이 카운터는 게이트가 필요없고 $JK$ 플립플롭만으로 구성된다.

**Q·30** 다음 그림의 카운터의 초기 상태는 $A = B = 0$이다. 몇 개의 CLOCK 펄스가 인가된 후에 다시 $A = B = 0$의 상태가 되는가?

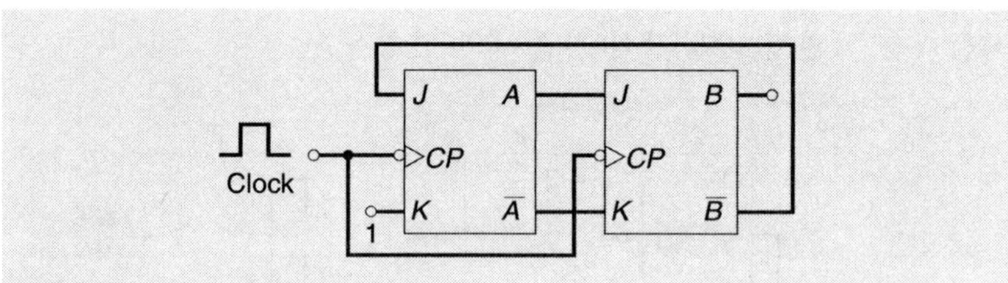


가. 3개　　　나. 4개

다. 5개　　　라. 8개

해설 동기식 4진 카운터 (MOD-4)를 수정하여 구성한 동기식 3진 카운터(MOD-3)이다. 초기 상태 $BA = 00$ 이므로 3개의 CLOCK 펄스가 가해지면 다시 $BA = 00$이 된다.

**해답** 29. 가　30. 가

**Q·31** 다음 그림의 카운터의 명칭은 무엇인가?

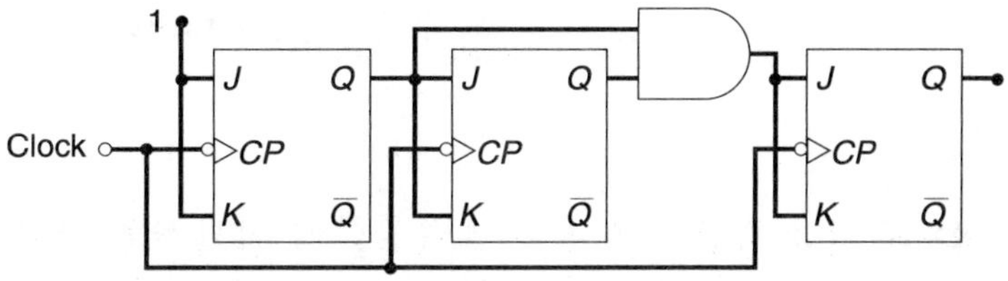


가. 동기식 5진 up 카운터　　나. 비동기식 8진 up 카운터

다. 동기식 8진 up 카운터　　라. 동기식 5진 up 카운터

**Q·32** 다음의 카운터 회로에서 첫번째 $Q_1, Q_2, Q_3$가 각각 0, 0, 0이었다. CLOCK 3번 들어갔을때의 $Q_1, Q_2, Q_3$의 상태 중 옳은 것은 어느 것인가?

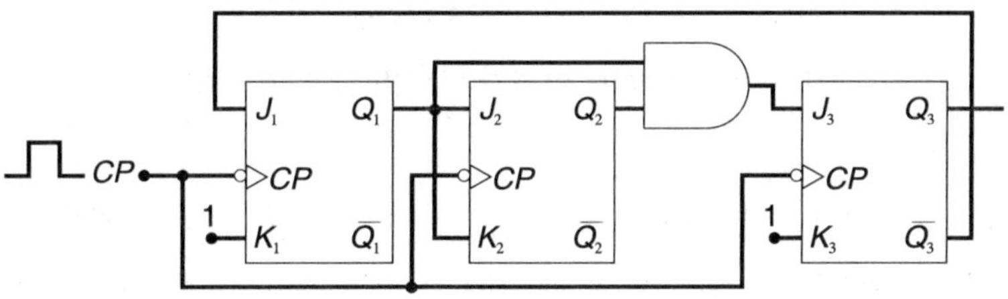


가. $Q_1 = 1, Q_2 = 0, Q_3 = 1$　　나. $Q_1 = 0, Q_2 = 1, Q_3 = 1$

다. $Q_1 = 0, Q_2 = 1, Q_3 = 0$　　라. $Q_1 = 1, Q_2 = 1, Q_3 = 0$

해설 8진 카운터를 기본으로 하여 4번째 펄스를 세어 끝나는 상태로 다음 5번째 펄스로 모든 플립플롭의 출력이 리셋이 되도록 한 것으로 동기식 5진 카운터이다. 출력 $Q_1$이 LSB이고 $Q_3$가 MSB이다.

**Q·33** 지연시간 50$ns$의 플립플롭을 사용한 5단의 리플 카운터가 있다. 카운터의 동작 최고 주파수는 얼마인가?

가. 1MHz　　나. 4MHz

다. 10MHz　　라. 20MHz

해설 지연시간 $t_{pd} = 50[ns]$인 플립플롭을 5단을 사용하므로 총 지연시간은 $50[ns] \times 5 = 250[ns]$이다. 따라서 카운터의 동작 최고 주파수 $f_{max}$는 다

**해답** 31. 다 32. 라 33. 나

음과 같다.

$$f_{max} = \frac{1}{n \times t_{pd}} = \frac{1}{5 \times 50ns}$$
$$= \frac{1}{250ns} = \frac{1}{250 \times 10^{-9}} = 4\text{MHz}$$

**Q·34** MOD-16 리플 카운터에서 각 플립플롭이 전파지연 시간 $t_{pd} = 50ns$일 때 최대 사용 주파수 $f_{max}$는 얼마인가?

가. 1MHz　　나. 2MHz
다. 5MHz　　라. 10MHz

해설 MOD-16 비동기식 카운터는 플립플롭의 수 $n = 4$이므로 4단째 플립플롭의 지연은 $4 \times 50ns = 200ns$이다.

$$f_{max} = \frac{1}{4 \times 50ns} = 5\text{MHz}$$

즉 클럭 주파수가 5MHz이하가 아니면 사용할 수 없게 된다.

**Q·35** 다음 그림의 카운터 회로에서 각 플립플롭의 전파지연 시간 $t_{pd} = 50ns$이고, 각 AND 게이트의 전파지연시간이 $20ns$일 때 최대 사용 주파수 $f_{max}$를 구하면?

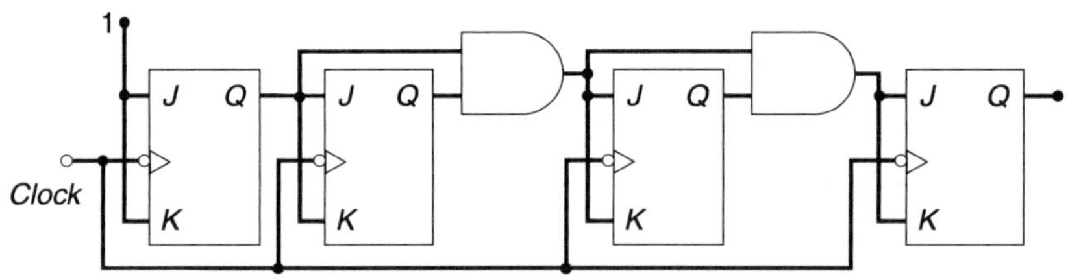


가. 4.16MHz　　나. 10MHz
다. 14.3MHz　　라. 20MHz

해설 동기식(병렬) 카운터이므로 총 지연시간은 $T_{CLOCK} \geq 50 + 20 = 70ns$이므로 $f_{max}$는

$$f_{max} = \frac{1}{(50+20)ns} = 14.3\text{MHz}$$

**해답** 34. 다 25. 다

**Q·36** 8000까지 카운트 하기 위해서는 BCD 카운터 몇 개를 종속 접속하여야 하는가? 또 플립플롭의 수는 몇 개인가?

가. 4개, 16개　　　　나. 5개, 20개
다. 6개, 24개　　　　라. 16개, 64개

---

해설 BCD 카운터는 0 ~ 9까지 카운트 할 수 있다. BCD 카운터 4개를 종속 접속하면 0000 ~ 9999까지 카운트 할 수 있다. 즉 10진 자릿수마다 1개의 BCD 카운터가 필요하다.

**Q·37** 다음 그림은 BCD 카운터이다. 몇 개의 플립플롭이 사용되었는가?

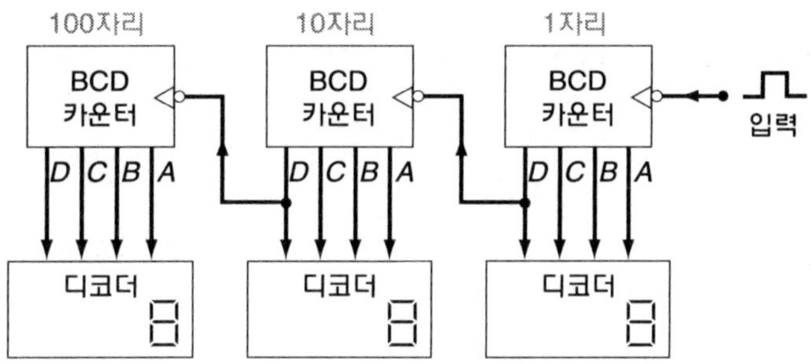


가. 30개　　　　나. 24개
다. 20개　　　　라. 12개

---

해설 직렬 BCD 카운터이다. 이 BCD 카운터는 MOD-10 카운터로 결선된 74193이다. 1개의 BCD 카운터는 4개의 플립플롭으로 구성되므로 이 문제에서 총 3×4 = 12개의 플립플롭이 사용되고 있다.

**Q·38** BCD 카운터를 4개를 직렬 연결하여 사용하는 경우 0000 ~ 9999까지 카운팅 할 수 있다. 이를 수행하기 위해서는 몇 개의 플립플롭이 사용되었는가?

가. 12개　　　　나. 13개
다. 16개　　　　라. 40개

**Q·39** 다음 시프트 레지스터 카운터의 명칭은?

---

**해답** 36. 가　37. 라　38. 다　39. 가

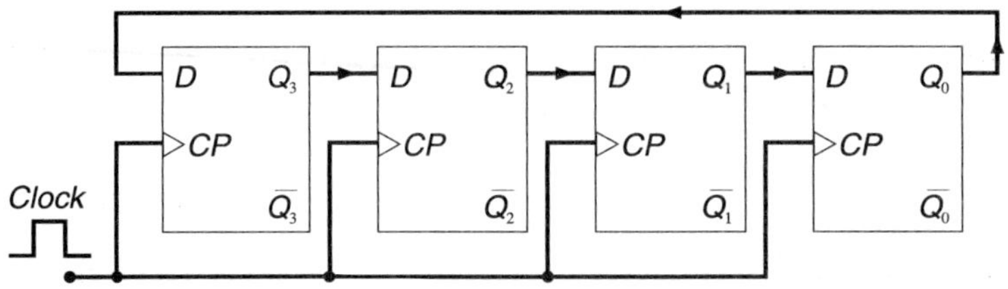


가. MOD-4 링 카운터　　나. MOD-8 링 카운터
다. MOD-4 존슨 카운터　　라. MOD-8 존슨 카운터

---

**해설** 그림의 시프트 레지스터 카운터는 마지막 단의 출력 $Q$에서 첫단으로 귀환시킨 것으로 링 카운터라고 한다. 플립플롭 $n = 4$이므로 MOD-4가 된다.

**Q·40** MOD-8 링 카운터(ring counter)를 설계하고자 한다. 필요한 플립-플롭의 수는?

가. 3개　　나. 4개
다. 8개　　라. 16개

---

**해설** MOD-8 2진 카운터(binary counter)에서는 단지 3개의 플립플롭이 요구되나 링 카운터 에서는 8개가 필요하다. 즉, MOD-N 링 카운터를 설계시에는 N개의 플립-플롭이 필요하다.

**Q·41** MOD-12 존슨 카운터(Johnson counter)를 설계하기 위하여 필요한 플립-플롭의 수는?

가. 4개　　나. 6개
다. 10개　　라. 12개

---

**해설** 존슨 카운터에서는 MOD-N카운터(N은 짝수)를 설계하기 위해 $n =$ N/2개의 플립플롭이 필요하다.

**Q·42** 시프트 레지스터(shift register)를 구성시 어느 플립플롭이 가장 이상적인가?

가. SR플립플롭　　나. RST플립플롭
다. T형 플립플롭　　라. D형 플립플롭

**해답** 40. 다　41. 나　42. 라

**Q·43** 다음 중 링 카운터(ring counter)와 같은 것은?

가. BCD 카운터(BCD counter)
나. 업/다운 카운터(up/down counter)
다. 순환 시프트 레지스터(circulating shift register)
라. 프리셋 카운터(presettable counter)

**해설** 링 카운터는 마지막 플립플롭의 값을 처음 플립플롭으로 시프트를 할 수 있도록 연결된 순환 시프트 레지스터이다. 펄스가 인가되는한 계속 레지스터를 순환한다.

**Q·44** 다음 카운터의 명칭은?

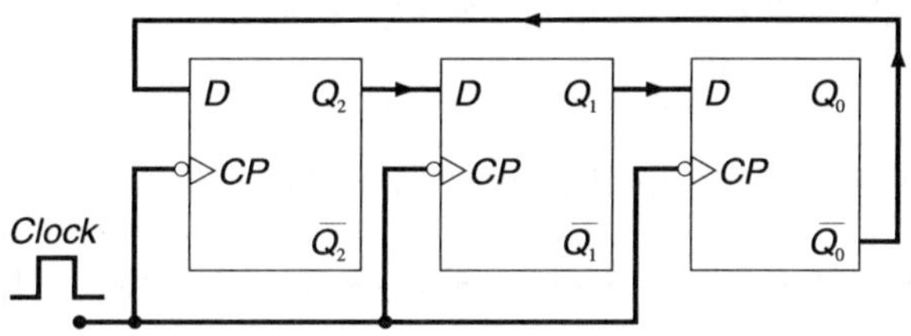


가. MOD-3 링 카운터
나. MOD-6 링 카운터
다. MOD-3 존슨 카운터
라. MOD-6 존슨 카운터

**해설** 그림의 시프트 레지스터는 마지막 단의 출력 $\overline{Q}$ 를 첫단으로 귀환 시킨 것으로 존슨 카운터 또는 트위스트 링(twisted-ring) 카운터라고 한다. 존슨 카운터는 플립플롭이 $n = 3$개이면 MOD-6이 된다.

**Q·45** MOD-6 존슨 카운터를 디코딩(decoding)하고자 한다. 필요한 AND 게이트의 수는 몇 개인가?

가. 3개
나. 6개
다. 12개
라. 18개

**해설** 주어진 MOD 수에 의해 존슨 카운터는 각 계수를 decode 하려면 6개의 AND 게이트가 필요하다. MOD-6 카운터는 3개의 플립플롭이 사용되나 각 디코딩 게이트는 단지 2개의 입력만을 갖는다. 이것은 3개의 플립플롭 중 2개의 조합만으로 각 상태를 나타낼 수 있기 때문이다.

**해답** 43. 다 44. 라 45. 나

| $Q_2$ $Q_1$ $Q_0$ | count |
|---|---|
| 0 0 0 | 0 |
| 1 0 0 | 1 |
| 1 1 0 | 2 |
| 1 1 1 | 3 |
| 0 1 1 | 4 |
| 0 0 1 | 5 |

재사이클

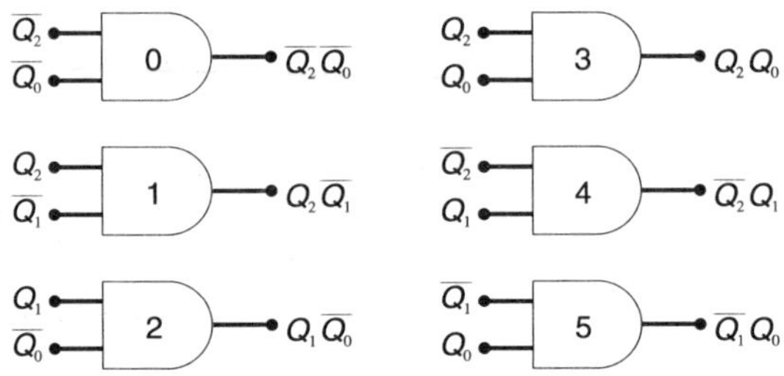


**Q·46** 다음은 존슨 카운터(Johnson counter)를 설명한 것이다. 틀린 것은 어느 것인가?

가. 존슨 카운터는 링 카운터와 같이 동기식 카운터이다.
나. 존슨 카운터는 링 카운터보다 플립플롭의 수가 적다.
다. 존슨 카운터의 MOD수는 항상 플립플롭수의 2배이다.
라. 존슨 카운터는 디코딩 게이트를 사용하지 않고도 디코딩을 할 수 있다.

**Q·47** JK 플립플롭으로 구성된 링 카운터의 설명으로 옳은 것은?

가. 마지막 단의 출력 $Q$를 첫째 단의 입력 $J$에 연결한다.
나. 마지막 단의 출력 $\overline{Q}$ 를 첫째 단의 입력 $J$에 연결한다.
다. 첫째 단의 출력 $Q$를 마지막 단의 입력 $J$에 연결한다.
라. 첫째 단의 출력 $\overline{Q}$ 를 마지막 단의 입력 $J$에 연결한다.

**해설** 링 카운터의 구성

1. D FF을 이용하는 경우 : 마지막 단의 출력 $Q$를 첫째 단 플립플롭의 입력 $D$로 연결한다.
2. JK FF을 이용하는 경우 : 마지막 단의 출력 $Q$를 첫째 단 $J$에 연결하고, $\overline{Q}$ 를 $K$에 연결한다.

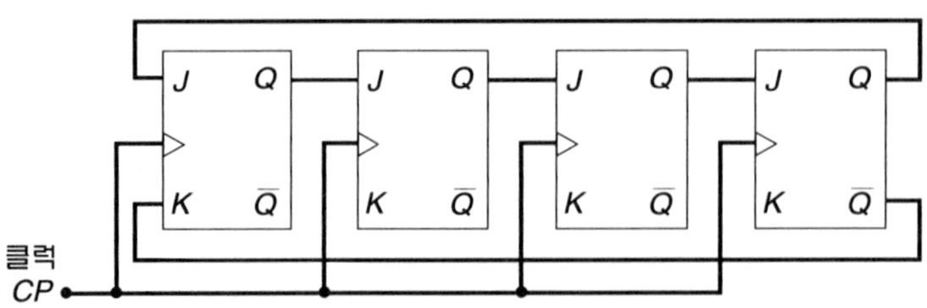


< MOD-4 링 카운터 >

**해답** 46. 라 47. 가

**Q·48** 다음 카운터 회로의 명칭은?

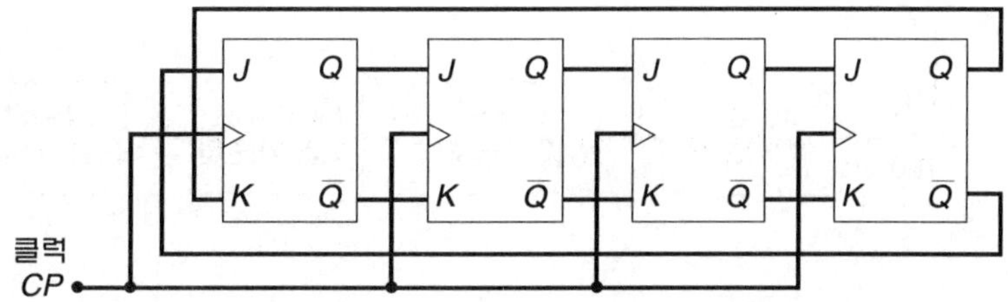


가. MOD-4 링 카운터　　나. MOD-8 링 카운터

다. MOD-4 존슨 카운터　　라. MOD-8 존슨 카운터

**해설** 존슨 카운터의 구성

1. 각 단의 출력 $Q$는 다음 단의 입력 $J$에 연결되고, 각 단의 출력 $\overline{Q}$는 다음 단의 입력 $K$에 연결된다.
2. 마지막 단의 출력 $Q$는 첫 단의 $K$로, $\overline{Q}$는 $J$의 입력으로 연결한다.

**Q·49** 다음 그림은 MOD-8 존슨 카운터의 상태도이다. a와 b의 값은?

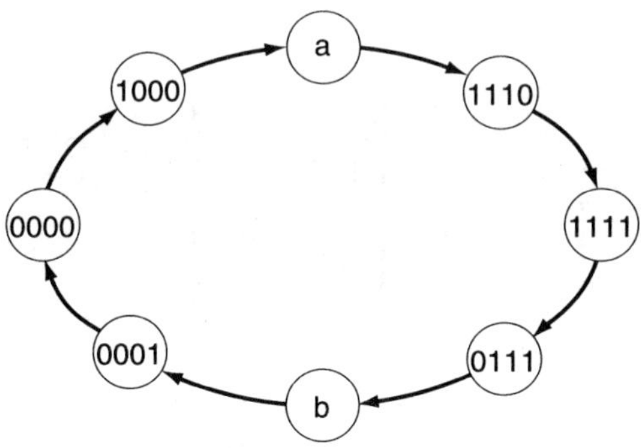


가. ⓐ 1100 ⓑ 0011

나. ⓐ 0011 ⓑ 1100

다. ⓐ 1010 ⓑ 0101

라. ⓐ 0101 ⓑ 1010

**Q·50** 1MHz의 수정 발진기가 있다. 이 출력을 분주하여 500Hz의 클럭 주파수를 만들고자 한다. 그림에서 이 카운터는 최소 몇 개의 플립플롭이 필요한가?

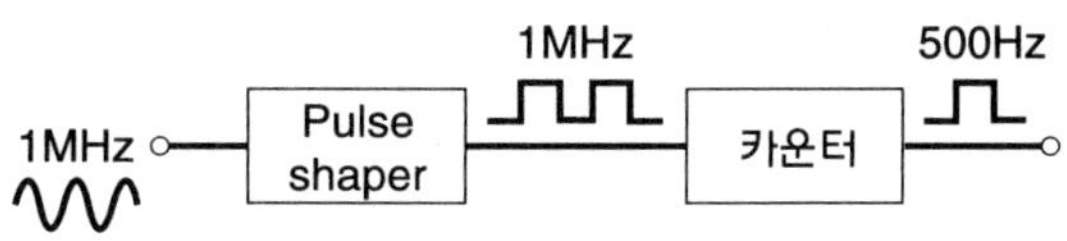


가. 5개　　나. 8개　　다. 10개　　라. 11개

**해답** 48. 라　49. 가　50. 라

**Q·51** 다음 그림의 회로에서 160kHz의 클럭 주파수가 인가시 출력 $z$에서 펄스의 주파수는 얼마인가?

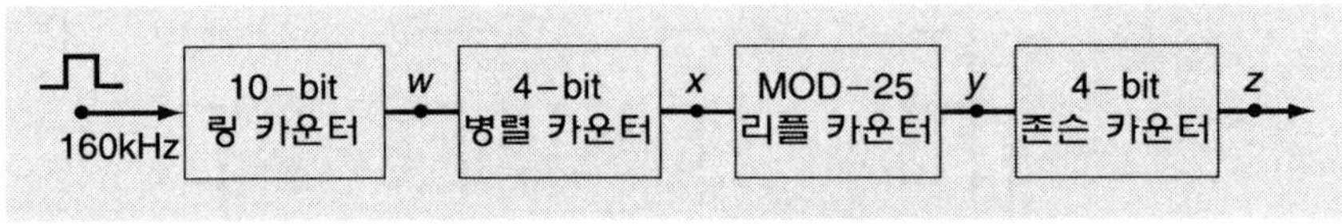


가. 5Hz　　　나. 10Hz

다. 40Hz　　　라. 100Hz

해설 10-bit 링 카운터는 10진 카운터 (÷10)이고, 4-bit 병렬 카운터는 16진 카운터 (÷16)이고, MOD-25 리플 카운터는 25진 카운터 (÷25)이고, 4-bit 존슨 카운터는 8진 카운터 (÷8)이다.

출력 w : 160kHz/10 = 16kHz

출력 x : 16kHz/16 = 1kHz

출력 y : 1000Hz/25 = 40Hz

출력 z : 40Hz/8 = 5Hz

**Q·52** 그림의 클럭 시스템(clock system)에서 출력 $T_4$에서의 클럭 주파수는 ? * $JK$ 플립플롭의 $J = K = 1$이다.

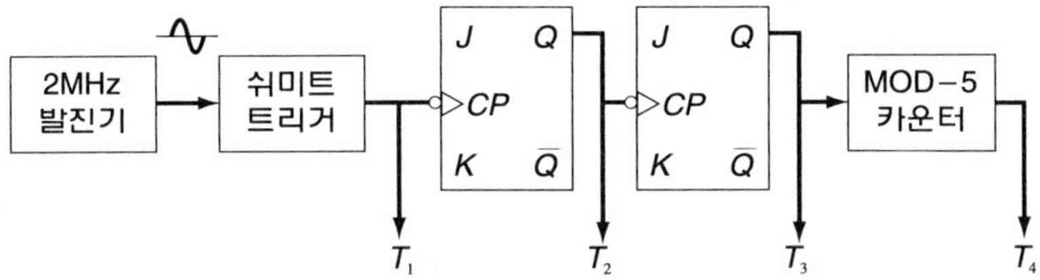


가. 500kHz　　　나. 250kHz

다. 100kHz　　　라. 50kHz

해설 $T_1$ : 2MHz 구형파

$T_2$ : 2MHz/2 = 1MHz

$T_3$ : 1MHz/2 = 0.5MHz= 500kHz

$T_4$ : 500kHz/5 = 100kHz

**해답** 51. 가　52. 다

**Q·53** 다음 중 카운터의 모듈러스(modulus)를 쉽게 가변할 수 있고 분주(frequency division)를 프로그램 할 수 있는 카운터 회로는?

가. 프리셋이 가능한 카운터
나. 시프트 레지스터 카운터
다. 직렬 BCD 카운터
라. 트위스트된 링 카운터

**Q·54** 다음은 카운터에 대한 설명이다. 이 중 틀린 것은 어느 것인가?

가. MOD-25 카운터의 구성에는 최소한 5개의 플립플롭이 필요하다.
나. 4비트 병렬 카운터는 4비트 직렬 카운터보다 전파 지연(propagation delay)이 작다.
다. 임의의 수 A에서 B까지 계수할 수 있도록 프로그램된 카운터를 프리셋(preset) 카운터 또는 프리세터블(presettable) 카운터라고 한다.
라. 존슨 카운터는 링 카운터에 비해 디코딩이 가장 용이한 카운터이다.

해설 링 카운터가 디코딩 게이트를 사용하지 않고도 디코딩 할 수 있기 때문에 유용하다.

**Q·55** 다음 그림의 회로에서 출력 주파수는 얼마인가?

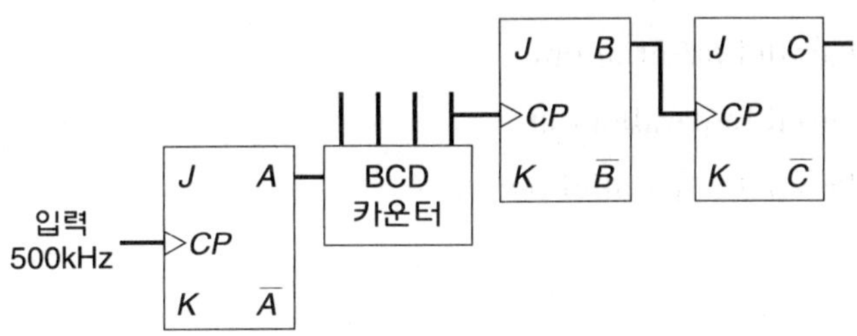


가. 3.9kHz
나. 6.25kHz
다. 20kHz
라. 50kHz

**Q·56** 다음 레지스터 중 가장 왼쪽과 오른쪽의 플립플롭(flip-flop)만 접근할 수 있는 레지스터 형은 어느 것인가?

가. 직렬 입력/직렬 출력(SISO)

**해답** 53. 가 54. 라 55. 나 56. 가

나. 직렬 입력/병렬 출력(SIPO)

다. 병렬 입력/병렬 출력(PIPO)

라. 병렬 입력/직렬 출력(PISO)

**Q·57** 다음 그림은 직렬 입출력 레지스터이다. 각 플립플롭에 $Q_4 = 1$, $Q_3 = 0$, $Q_2 = 1$, $Q_1 = 1$의 데이터가 기억되어 있는 경우 5개의 클럭 펄스를 인가한 후 $Q_4Q_3Q_2Q_1$에 기억된 데이터 값은 어느 것인가? 단, 입력 데이터는 '0'이라고 한다.

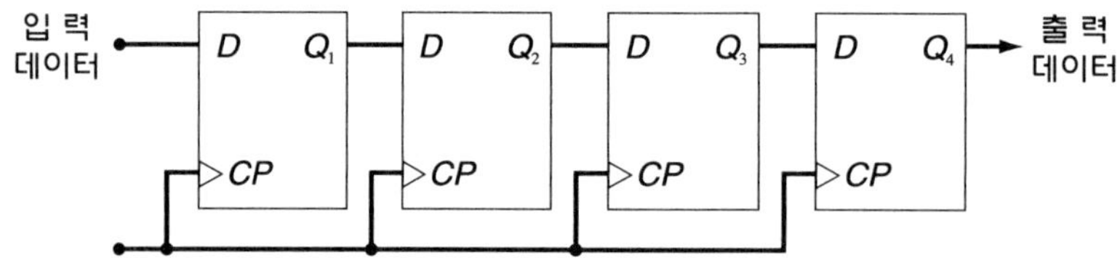


가. 0000　　나. 0001

다. 1101　　라. 1011

**Q·58** 다음 레지스터 형태(register type) 중 한 동작으로 완전한 2진수를 로드(load) 할 수 있고, 그러한 비트를 시프트 시킬 수 있는 레지터의 종류는 어느 것인가?

가. Serial in/serial out

나. Parallel in/serial out

다. Serial in/parallel out

라. Parallel in/parallel out

해설 병렬 입력/직렬 출력 형 레지스터이다.

**Q·59** 다음 레지스터 형태 중 한 순간에 단지 1비트의 데이터가 들어가고, 모든 데이터 비트가 한번에 출력되는 형태는 어느 것인가?

가. PISO　　나. PIPO

다. SISO　　라. SIPO

해설 SIPO(Serial in/parallel out) 형태이다.

**해답** 57. 가　58. 나　59. 라

**Q·60** 좌측 시프트 레지스터가 2진수로 표시된 0101을 기억하고 있다. 3번째 클럭 펄스가 인가된 후의 레지스터의 값은? 단, 입력 데이터는 '0'이다.

가. 1000　　나. 0100
다. 1010　　라. 0000

**Q·61** 우측 이동 순환 레지스터(shift-right circulating register)에 1101의 데이터가 기억되어 있을 경우 1개 펄스가 인가된 후의 레지스터의 값은?

가. 1100　　나. 1110
다. 1011　　라. 1101

**Q·62** 디지탈 시계(digital clock)를 구성시 시간, 분 그리고 초를 계산하는 카운터를 설계하고자 한다. 필요한 카운터와 카운터의 수를 옳게 나타낸 것은?

가. BCD 카운터 2개, 6진 카운터 3개
나. BCD 카운터 2개, 6진 카운터 2개, 12진 카운터 1개
다. BCD 카운터 1개, 6진 카운터 2개
라. BCD 카운터 1개, 6진 카운터 2개, 2진 카운터 1개

**Q·63** 다음 그림의 디지털 주파수계에서 샘플 펄스의 샘플링 간격이 0.1ms이고 이 동안에 계수한 펄스의 수가 380개라고 한다. 미지 주파수는?

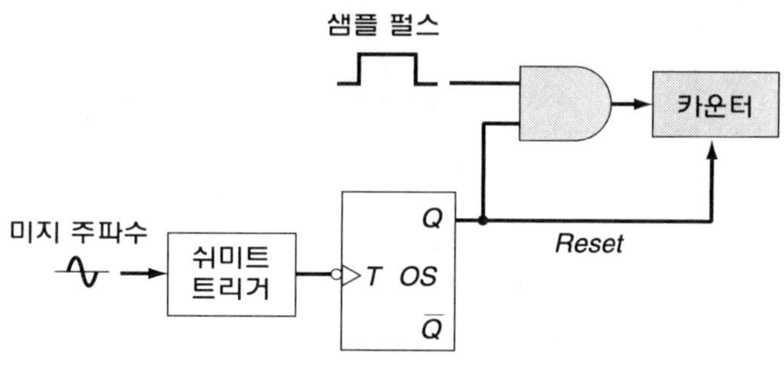


**OS* : 단안정(one – short)멀티바이브레이터

가. 3.8kHz　　나. 38kHz
다. 380kHz　　라. 3800kHz

해설 0.1ms 동안 380개를 카운트 하였으므로 1초동안에 계수한 수는

**해답** 60. 가 61. 나 62. 나 63. 라

$$\frac{380}{0.1ms} = \frac{380}{0.1 \times 10^{-3}} = 380 \times 10^4$$

이다. 따라서 미지의 주파수는 3800kHz이다.

**Q·64** 다음 그림의 디지탈 전압계에서 미지의 전압이 A/D 변환기를 거쳐서 나온 구형파의 폭 W=미지전압(V)$\times 10^{-4}$라고 한다. CP로 1MHz의 구형파가 인가되고 있을 때 계수가 1,250개의 펄스를 계수하였다. 미지 전압 V는?

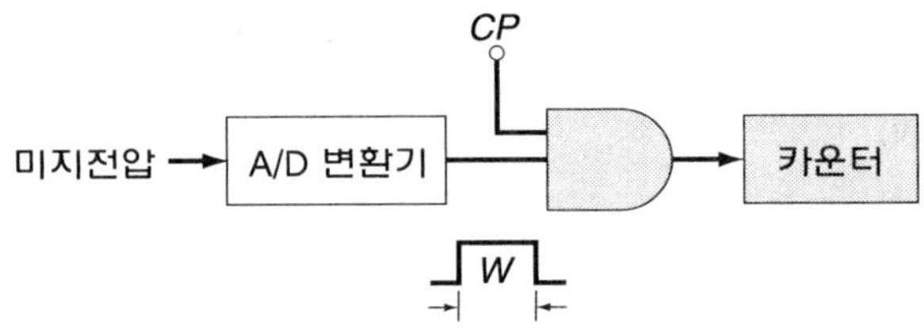


가. 1.24V　　　나. 12.5V

다. 125V　　　라. 1,250V

**해설** A/D 변환기로 부터 구형파가 AND gate에 인가된 시간은 $1250 \times 10^{-6}$초이다. 따라서

$$1250 \times 10^{-6} = \text{미지전압[V]} \times 10^{-4}$$

**Q·65** 다음 그림의 주파수 카운터에서 샘플 펄스의 샘플링 간격이 10ms이고 이 동안에 카운트한 펄스의 수가 37개라고 한다. 미지의 주파수 $f_x$ (PPS ; pulse per second)를 구하면?

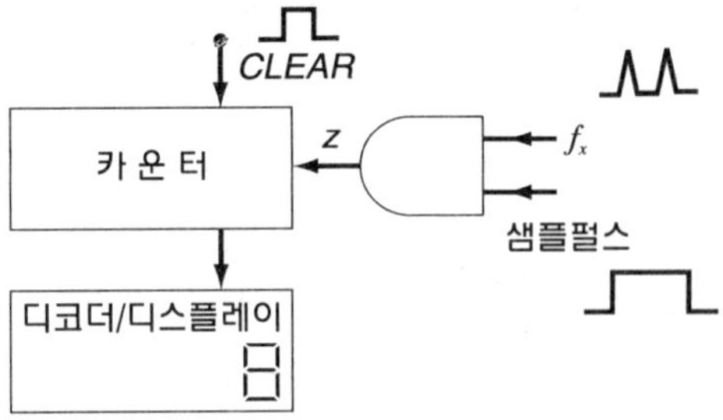


가. 37000pps　　　나. 3700pps

다. 370pps　　　라. 37pps

**해설** 10$ms$ 동안에 37개를 카운트 하였으므로 1초 동안에 카운트한 수는

**해답** 64. 나　65. 나

$$\frac{37}{10ms} = \frac{37}{10 \times 10^{-3}} = 3700\,\text{pps}$$

**Q·66** 5MHz 주파수 발생기로 반주기 10*ms*인 구형파를 얻고자 한다. 10진 카운터 7490 표준 소자를 몇개 사용하여야 하는가?

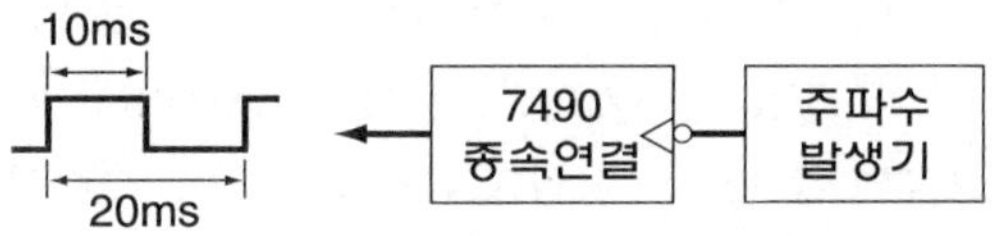


가. 3개　　　　나. 4개

다. 5개　　　　라. 6개

**Q·67** 다음 그림의 게이트 펄스(gate pulse)의 폭이 5sec일 때 카운트 출력은? 단, 클럭 주파수는 257Hz이다.

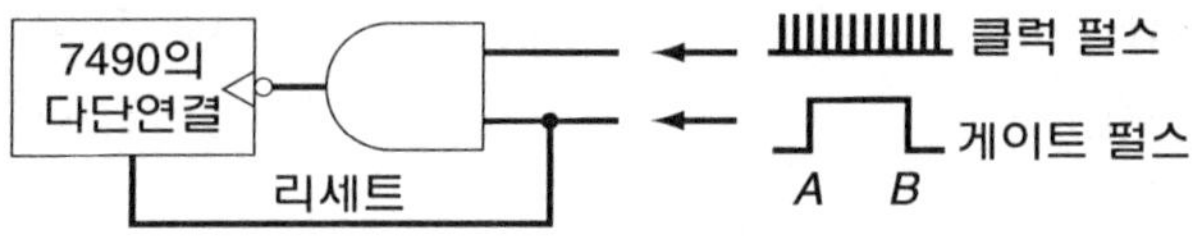


가. 257　　　　나. 514

다. 1285　　　　라. 2570

**Q·68** 74193 IC는 프리셋이 가능한 동기식 4비트 업/다운 카운터 IC이다. 이 IC를 다음 그림과 같이 결선한 경우 이 카운터의 명칭은? 단 출력 단자 $Q_3$ ~ $Q_0$ 중 $Q_3$가 MSB이고 $Q_0$가 LSB이다.

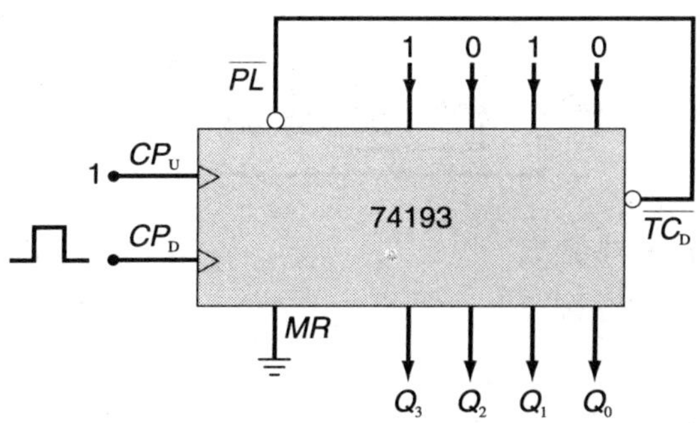


가. MOD-6 카운터　　　　나. MOD-7 카운터

다. MOD-10 카운터　　　　라. MOD-12 카운터

**해답** 66. 다　67. 다　68. 다

해설 MOD-10 다운 카운터이다. $Q_3$의 출력 주파수는 $CP_D$의 입력 주파수의 1/10이다.

**Q·69** 다음은 74293 IC 비동기식 카운터 칩을 이용하여 새로이 설계된 카운터이다. 클럭 입력 주파수를 10kHz라고 할 때 출력 $Q_3$에서의 주파수 $f$는 얼마인가? 단, 출력 $Q_3Q_2Q_1Q_0$에서 $Q_3$는 MSB이고 $Q_0$는 LSB이다. 마스터 리셋 $MR_1$과 $MR_2$는 칩 내부에 NAND 게이트를 통해 비동기 클리어 입력에 연결된다.

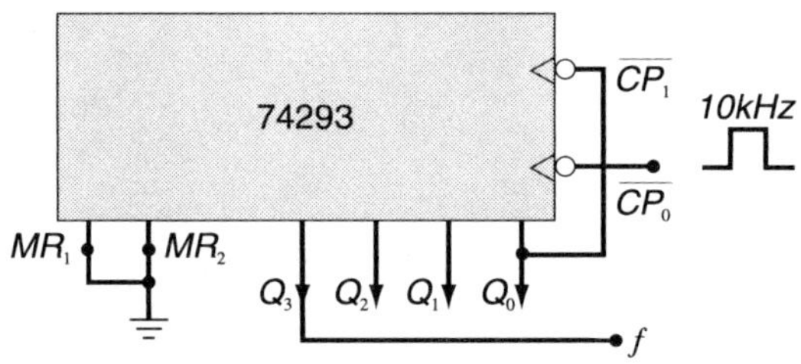


가. 1kHz　　나. 500Hz
다. 625Hz　　라. 125Hz

해설 MOD-16 카운터이다.

$$f = \frac{10\text{kHz}}{16} = 625\text{Hz}$$

**Q·70** 다음은 74293 카운터를 변형하여 설계된 카운터이다. MOD 수는?

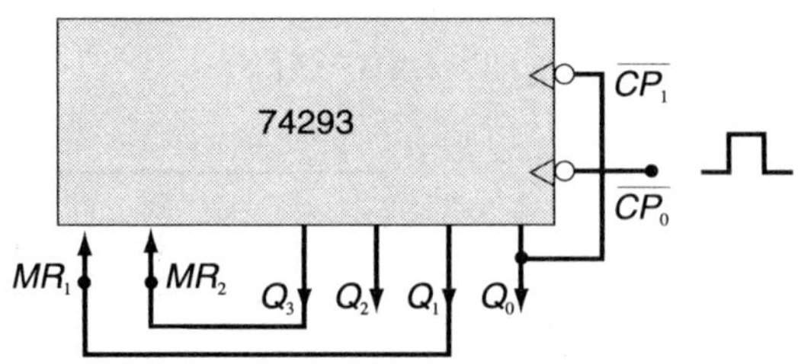


가. MOD-5 카운터　　나. MOD-10 카운터
다. MOD-12 카운터　　라. MOD-14 카운터

해설 출력 $Q_3$가 MSB이고 $Q_0$가 LSB이다. 마스터 리셋 입력에 $Q_3$, $Q_1$이 연결되어 있으므로 1010을 카운트할 때 출력은 즉시 0000으로 리셋된다.

◉ 해답 ◉ 69. 다　70. 나

**Q·71** 다음 그림은 74293 IC 비동기식 카운터를 변형하여 설계된 카운터이다. 클럭 입력 주파수를 10kHz라고 할 때 출력 $Q_3$에서의 주파수 $f$를 구하면 약 얼마인가?

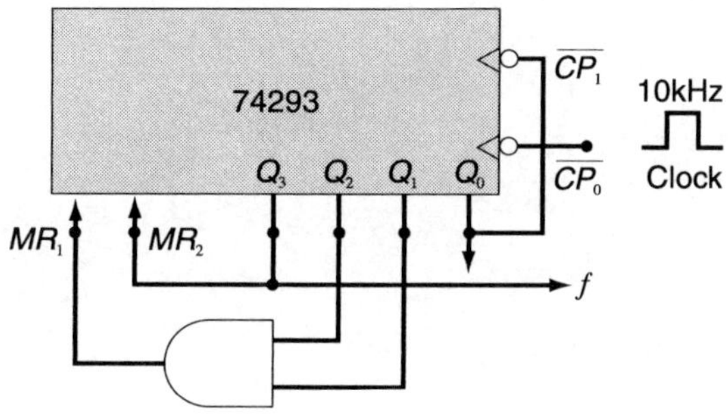


가. 1666Hz　　나. 1428Hz

다. 1000Hz　　라. 714Hz

해설 AND 게이트를 사용하여 결선된 MOD-14 카운터이다. 마스터 리셋 입력에 $Q_3$, $Q_2$, $Q_1$이 연결되어 있으므로 카운트가 1110($14_{10}$) 일 때 즉시 0000으로 바뀐다. 결국 0000에서 1101까지 안정 상태를 가지므로 MOD-14 카운터이다.

$$\frac{10\text{kHz}}{14} = 714\text{Hz}$$

해답 71. 라

# 7 chapter

# D/A 및 A/D 변환기

## D/A & A/D Converter

chapter 7

# D/A 및 A/D 변환기

D/A and A/D Converter

## 7. 1 D/A 변환기의 기본

A/D 변환기(Analog-to-Digital Converter)는 아날로그 정보를 디지털 데이터로 바꾸는 변환장치이고, D/A 변환기(Digital -to-Analog Converter)는 디지털 시스템에서 만들어진 디지털 정보를 아날로그 형태로 변환하는 장치이다.

**예제 7-1** 다음 그림은 아날로그 형태의 입력과 출력을 가진 대표적인 디지털 시스템이다. ① ~ ④의 기능을 설명하라.

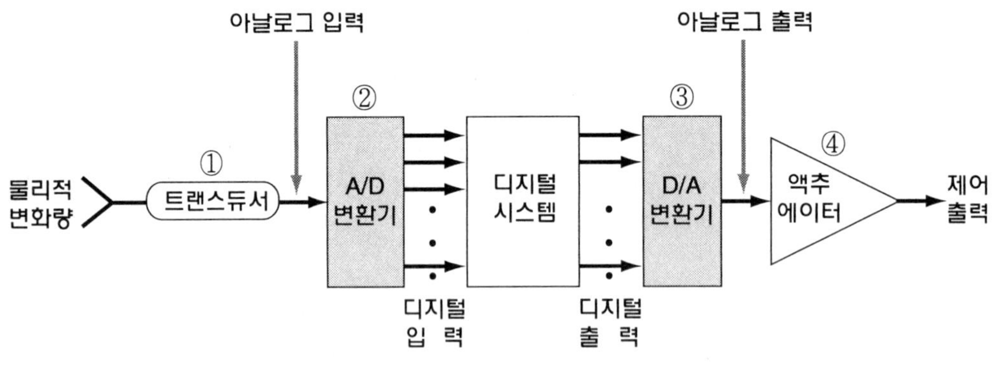


그림 7-1

**해 설** 각 부의 기능은 다음과 같다.

① **트랜스듀서(transdncer)** : 온도, 기압 및 빛의 세기등의 물리적인 양을 아날로그 전압(또는 전류)으로 변환하는 장치로서 포토셀(photocell), 온도 센서, 감광소자 등이 있다.

② A/D 변환기 : 부호기(encoder)의 일종이다.

③ D/A 변환기 : 복호기(decoder)의 일종이다.

④ 액추에이터(actuator) : 물리적 변화량을 제어한다.

**D/A 변환기** D/A 변환기는 디지털 신호를 아날로그 신호로 변환하는 장치로서 일종의 복호기(decoder) 이다.

이 D/A 변환기는 저항회로(resistor network)와 가산증폭기(summing amplifier)로 구성된다.

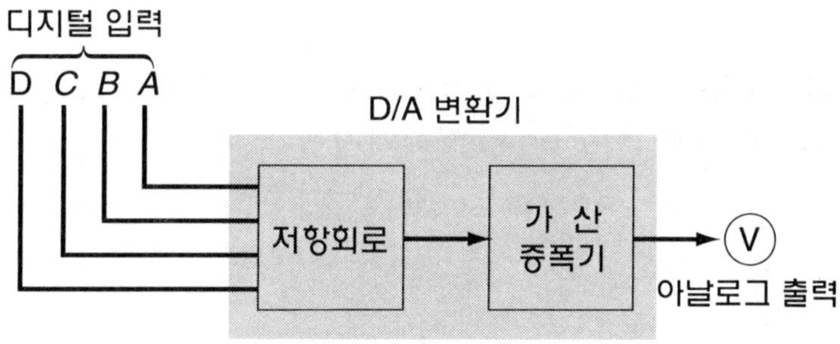


**그림 7-2** 4비트 D/A 변환기의 블럭도

저항 회로에는 저항 분할기(resistor divider)와 래더망(ladder network)이 있다.

그림 7-2에서 디지털 입력 DCBA는 디지털 시스템의 출력 레지스터로 부터 유도된다. 4비트 이므로 $2^4 = 16$개의 출력 전압을 갖는다.

일반적으로,

$$\text{아날로그 출력} = K \times \text{디지털 입력}$$

으로 표현된다. 여기서, K는 D/A 변환기의 비례상수로서 전압이나 전류를 나타낸다.

**D/A 변환기의 응용** 가장 일반적인 응용은 다음과 같다.

1. 제어(control)
2. 자동 점검(automatic testing)
3. 신호 재구성(signal reconstruction)
4. A/D 변환(A/D conversion)

**예제 7-2** 4비트 D/A 변환기가 $1010_2$의 디지털 입력에 대해 10V의 출력을 갖는다고 하면 $1110_2$의 입력에 대해서는 얼마의 출력 전압을 갖게 되는가?

**해설** $1010_2 = 10_{10}$에 대해 10V의 출력을 가지므로 K = 10/10 = 1V가 된다. 그러므로 입력 $1110_2 = 14_{10}$에 대해서는

$$V_0 = 1V \times 14 = 14V$$

가 된다.

**예제 7-3** 5비트 D/A 변환기가 $00001_2$의 입력에 대해 0.2V의 출력을 갖는다고 한다. 이 변환기 입력에 $11111_2$을 가했을 때의 출력전압 $V_0$를 구하라.

**해설** 0.2V는 LSB의 자리값이다.

$$\text{아날로그 출력} = K \times \text{디지털 입력}$$

에서 K = 0.2/1 = 0.2, 입력 $11111_2 = 31_{10}$이므로

$$V_0 = 0.2 \times 31 = 6.2V$$

**다른 해**

LSB의 자리값이 0.2V이므로, 다른 입력 비트의 자리값은 0.4V, 0.8V, 1.6V, 3.2V이다. 따라서 입력 11111에 대한

$$V_0 = 3.2 + 1.6 + 0.8 + 0.4 + 0.2 = 6.2V$$

가 된다.

# 7. 2 D/A 변환기의 분해능과 정확도

## 7.2.1 D/A 변환기의 분해능

D/A 변환기에서 분해능(resolution)이란 출력에서 발생할 수 있는 최소 아날로그량의 변화로서 디지털 입력의 LSB가 갖는 자리값과 같다. 이 분해능을 스텝 크기(step size)라고 한다.

1. 분해능은 아날로그 출력 = K × 디지털 입력의 식에서 비례인수 K와 같다.
2. $n$비트 D/A 변환기에서 스텝 크기(=분해능)는 다음과 같다.

$$\text{분해능} = \text{스텝 크기} = \frac{\text{최대 출력}}{2^n - 1}$$

**% 분해능** % 분해능(percentage resolution)이란 분해능과 최대 출력과의 비를 백분율로 나타낸 것이다.

$$\% \text{ 분해능} = \frac{\text{분해능}}{\text{최대 출력}} \times 100\%$$

$n$비트 2진 디지털 입력의 경우 % 분해능은 다음 식으로도 구할 수 있다.

$$\% \text{ 분해능} = \frac{1}{2^n - 1} \times 100\%$$

표 7-1 n비트 D/A 변환기의 분해능

| 비트의 수 | % 분해능 | 비트의 수 | % 분해능 |
|---|---|---|---|
| $n = 4$ | 6.67% | $n = 10$ | 0.097% |
| $n = 6$ | 1.587% | $n = 12$ | 0.0244% |
| $n = 8$ | 0.392% | $n = 14$ | 0.00610% |

**예제 7-4** 그림 7-3(a)의 4비트 D/A 변환기에서 DCBA = 0000일 때 출력 $V_0$ = 0V이고 1111일 때 $V_0$ = 15V라고 한다. 스텝 크기(step size)와 % 분해능을 구하라.

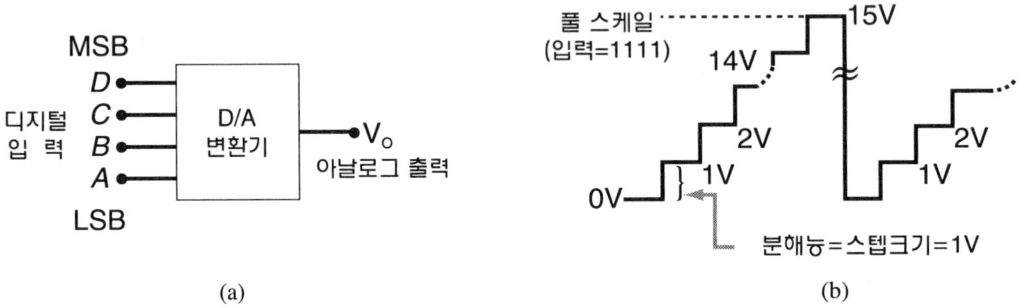


그림 7-3 4비트 D/A 변환기

**해설** 분해능은 스텝 크기에 따라 결정된다.

(1) 스텝 크기 = 분해능 $= \dfrac{\text{최대출력전압}}{2^n - 1} = \dfrac{15}{2^4 - 1} = 1\text{V}$

(2) % 분해능 $= \dfrac{1}{\text{총 계단수}} \times 100\% = \dfrac{1}{2^n - 1} \times 100\%$

$$= \frac{1}{2^4 - 1} \times 100\% = 6.67\%$$

**예제 7-5** 5비트 D/A 변환기의 % 분해능(percentage resolution)을 구하라.

**해설** n비트 D/A 변환기에서 % 분해능은 다음과 같이 구한다.

$$\% \text{ 분해능} = \frac{1}{2^n - 1} \times 100\%$$

5비트를 사용하여 나타낼 수 있는 최대값은 $11111_2 = 31_{10}$이다.

$$\% \text{ 분해능} = \frac{1}{2^5 - 1} \times 100\% = 3.23\%$$

**예제 7-6** 10비트 D/A 변환기가 10mV의 분해능을 갖는다고 할 때, 최대 출력 전압과 % 분해능을 구하라.

**해설** (1) 최대 출력 전압

$2^{10}-1$ = 1023개의 계단이 10mV의 계단 크기 (step size)를 가지므로 $V_0$ = 10mV × 1023 = 10.23V 이다.

(2) % 분해능

$$\% \text{ 분해능} = \frac{\text{분해능}}{\text{최대출력전압}} \times 100\% = \frac{10\text{mV}}{10.23\text{V}} \times 100\% \approx 0.1\%$$

**예제 7-7** 12비트의 BCD D/A 변환기에서 최대 출력 전압이 9.99V일 때

(1) % 분해능을 구하라.

(2) 이 변환기의 계단 크기(step size)를 구하라.

**해설** (1) 12비트의 BCD이므로 3개의 10진수 000 ~ 999이다.

$$\% \text{ 분해능} = \frac{1}{\text{계단의 수}} \times 100\% = \frac{1}{999} \times 100\% \approx 0.1\%$$

(2) 계단 크기

$$\text{계단 크기} = \frac{\text{최대출력전압}}{\text{계단의 수}} = \frac{9.99V}{999} = 0.01\text{V}$$

## 7.2.2 D/A 변환기의 정확도

D/A 변환기에서 정확도(accuracy)란 실제 출력 전압이 이론적인 값과 얼마나 잘 일치하는가를 나타내는 척도로서 %로 나타낸다. 이 정확도를 결정하는 요인은 다음과 같다.

1. 래더에 사용된 저항의 정밀도
2. 기준전압의 안정도

**예제 7-8** 정확도가 ±1%인 D/A 변환기의 최대 출력 전압이 10V라고 한다. 변환값이 전 눈금(full scale)으로 나타났을 때 실제 출력을 구하라.

**해설** 정확도가 ±1%이므로 실제 출력 전압은

$$10\text{ V} \pm 100\text{ mV}$$

이다. 즉, 실제 출력 전압은 9.9 V에서 10.1 V 사이에 있다는 의미이다.

**예제 7-9** D/A 변환기에서 변환 정밀도(conversion accuracy)를 결정하는 요인은 무엇인가?

**해설** 정밀도를 결정하는 요인은 다음과 같다.

1. 입력과 귀환 저항의 정밀도
2. 입력 전압 레벨의 정밀도

**예제7-10** 8비트의 D/A 변환기가 1mA의 최대 출력과 ±0.5% F.S.의 최대 오차를 갖는다고 할 때 입력 $10000000_2$에 대한 출력 가능 범위를 구하라.

**해설** 계단 크기는 최대 출력/계단의 수 = 1mA/255 = 3.92μA이고, 입력 $10000000_2 = 128_{10}$이므로 이상적 출력은 128×3.92 μA = 502 μA이다.

$$\pm 0.5\% \times 1\text{mA} = \pm 0.5\mu\text{A}$$

즉 오차가 ±0.5μA이므로 실제의 출력은 497μA ~ 507 μA 사이에 있게 된다.

## 7. 3 저항 분할기

저항 분할기는 각 디지탈 비트에 대해서 한개의 입력 저항이 있어야 하며 LSB부터 시작해서 다음 저항은 그 전 저항값의 1/2이다.

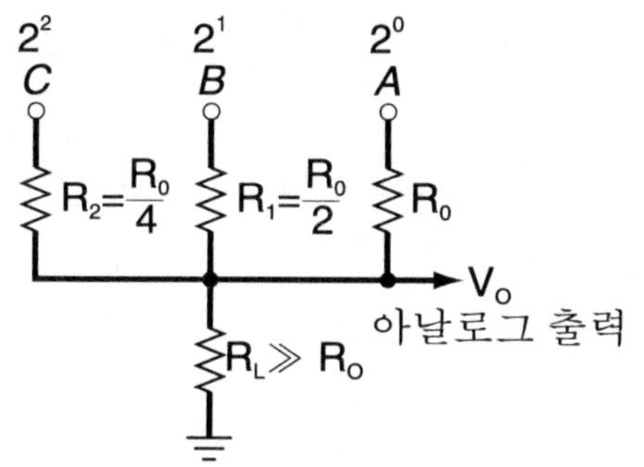


(a) 회 로

| 디지털 입력 | | | 아날로그 출력 |
|---|---|---|---|
| *C* | *B* | *A* | $V_0$ |
| 0 | 0 | 0 | 0V |
| 0 | 0 | 1 | +1V |
| 0 | 1 | 0 | +2V |
| 0 | 1 | 1 | +3V |
| 1 | 0 | 0 | +4V |
| 1 | 0 | 1 | +5V |
| 1 | 1 | 0 | +6V |
| 1 | 1 | 1 | +7V |

(b) 2진 진리표

**그림 7-4** 3비트 저항 분할기 회로 및 진리표

저항 분할기에서 입력 비트의 수를 $n$이라고 할 때 아날로그 출력 전압 $V_0$는 밀만의 정리를 이용하여 구하면 다음과 같다.

$$V_o = \frac{V_{n-1}2^{n-1} + \cdots + V_1 2^1 + V_0 2^0}{2^n - 1}$$

다음은 저항 분할기가 갖추어야 할 기준을 설명한 것이다.

1. 각 디지털 비트에 대해서 1개의 입력저항이 있을 것.
2. LSB부터 시작해서 다음 저항 값은 그 전 저항값의 1/2이다.
3. 저항 분할기에서 LSB의 웨이트는 $1/(2^n - 1)$이다.
4. LSB에 의한 출력 전압의 변화량은 $V/(2^n - 1)$이다.

**예제7-11** 그림 7-4(a)에서 디지털 입력 신호 001이 인가 되었을 때 아날로그 출력 전압 $V_0$를 구하라.

단, 0 상태는 0 V, 1 상태는 +7 V이다.

**해 설** $n = 3$이므로

$$V_o = \frac{0\times 2^2 + 0\times 2^1 + 1\times 2^0}{2^3 - 1}\times 7\text{ V} = 1\text{ V}$$

**예제7-12** 5비트 저항 분할기에서 다음을 구하라.

(1) LSB에 대한 웨이트

(2) 디지털 입력 10101에 대한 출력 전압 여기서, 0 = 0V이고 1 = +10 V이다.

**해 설** LSB에 대한 웨이트는 $1/(2^n - 1)$이다.

(1) LSB에 대한 웨이트

$$= \frac{1}{2^5 - 1} = \frac{1}{31}$$

(2) 출력 전압

$$V_0 = \frac{10(2^0 + 2^2 + 2^4)}{32 - 1} = \frac{210}{31} = +6.77\text{ V}$$

## 7. 4 2진 래더

2진 래더(binary ladder) 회로는 R－2R 래더망(ladder network)이라고도 한다.

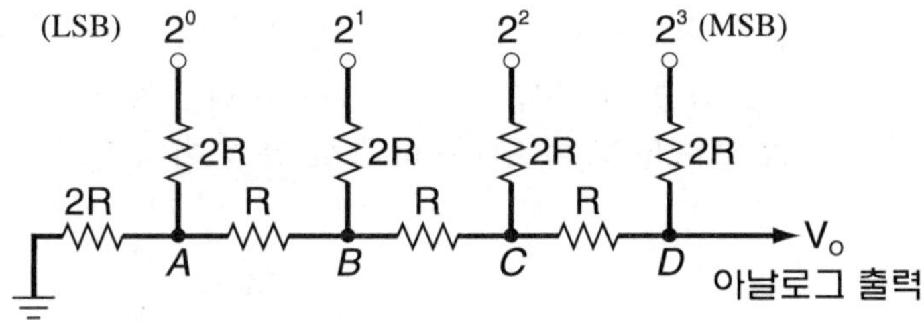


**그림 7－5** 4비트 R-2R 래더망

입력 단자가 $n$비트 일 때 아날로그 출력 전압 $V_0$는 다음과 같다.

$$V_o = \frac{d_{n-1}V_{n-1}2^{n-1} + \cdots + d_1V_1 2^1 + d_0V_0 2^0}{2^n}$$

**예제7－13** 그림 7－5의 4비트용 레더에서 디지털 입력 1010에 대한 출력 전압을 구하라. 단, 0 = 0 V, 1 = +10 V라고 한다.

**해설** $n = 4$이므로 아날로그 출력 전압 $V_0$는

$$V_o = \frac{1\times 2^3 + 0\times 2^2 + 1\times 2^1 + 0\times 2^0}{2^4} \times 10\ \text{V} = 6.25\ \text{V}$$

**예제7－14** 8단 (8비트) 래더형 회로망에서 기준 전압이 51.2V일 때 디지털 입력 $10110100_2$에 대한 출력 전압을 구하라.

**해설** $n = 8$이므로 아날로그 출력 전압 $V_0$는

$$V_0 = \frac{1\times 2^7 + 1\times 2^5 + 1\times 2^4 + 1\times 2^2}{2^8} \times 51.2\text{V}$$

$$= \frac{180}{256} \times 51.2 = 36\text{V}$$

## 7. 5 가산 증폭기형 D/A 변환기

그림 7-6은 간단한 D/A 변환기이다. 이 D/A 변환기는 저항 $R_1$, $R_2$, $R_3$, $R_4$로 구성된 저항 회로 (resistor network)와 연산 증폭기로 구성된 가산 증폭기 (summing amplifier)로 구성된다.

그림 7-6과 같이 모든 스위치가 GND(0V)에 연결되면 점 A에서의 입력 전압은 0V가 되고 출력 전압 $V_O = 0V$ 가 된다.

그림 7-6에서 스위치 A를 논리 1의 위치에 연결하면 연산 증폭기의 입력은 $V_R$이 된다. 따라서 전압 이득은

$$Av = -\frac{R_f}{R_1}$$

이므로 출력 전압은 $V_O = A_v \times V_R$ 이다.

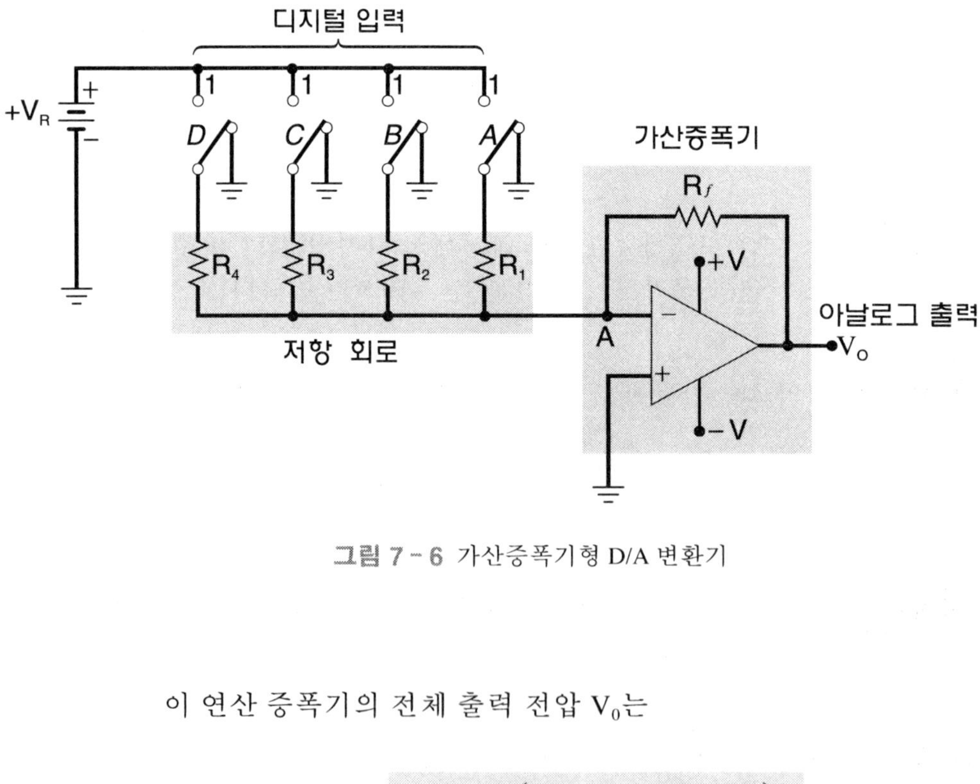


그림 7-6 가산증폭기형 D/A 변환기

이 연산 증폭기의 전체 출력 전압 $V_0$는

$$V_o = -R_f\left(\frac{V_D}{R_4} + \frac{V_C}{R_3} + \frac{V_B}{R_2} + \frac{V_A}{R_1}\right)$$

이다. $V_A$ ~$V_D$의 값은 0 또는 $V_R$이다. 이 회로의 단점으로는 사용되는 저항값의 범위가 너무 크고 정확도가 낮다는 단점이 있다.

**예제7-15** 그림 7-6에서 DCBA = 1010이고 $V_R = 5$ V일 때 출력 전압 $V_O$를 구하라. 단, $R_1 = 8\,k\Omega$, $R_2 = 4\,k\Omega$, $R_3 = 2\,k\Omega$, $R_4 = 1\,k\Omega$ 이고, 궤환 저항 $R_f = 1\,k\Omega$이다.

**해설** $DCBA = 1010$ 이므로 $V_D = V_B = 5V,\ V_C = V_A = 0V$ 이다.

$$
\begin{aligned}
V_O &= -(V_D + \frac{1}{2}V_C + \frac{1}{4}V_B + \frac{1}{8}V_A) \\
&= -(5V + 0V + \frac{1}{4} \times 5V + 0V) \\
&= -6.25\,V
\end{aligned}
$$

이 변환기의 분해능은 최하위 비트(LSB)의 가중치 $1/8 \times 5V = 0.625V$이다.

**예제7-16** 그림 7-7에서 DCBA = 1010이고 $+V_R = 5$ V일 때 출력 전압 $V_0$를 구하라. 단, $R_4 = 12.5\,k\Omega$, $R_3 = 25\,k\Omega$, $R_2 = 50\,k\Omega$, $R_1 = 100\,k\Omega$ 이고, 궤환 저항 $R_f = 20\,k\Omega$이다.

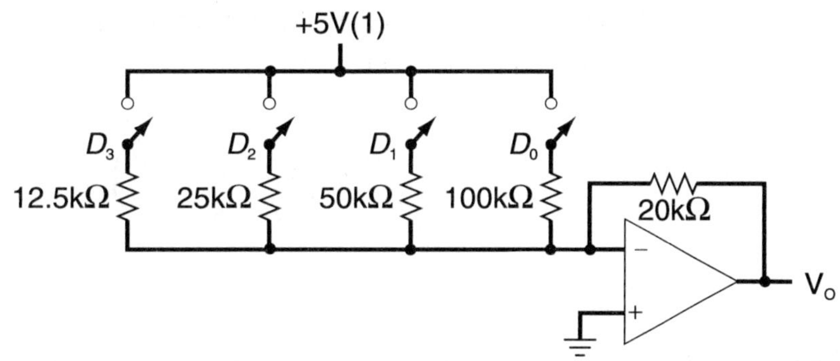


그림 7-7

**해설** 스위치 $D_3$가 on일 때 흐르는 전류 $I_3$는

$$I_3 = \frac{5V}{12.5k\Omega} = 0.4mA$$

스위치 $D_1$이 on일 때 흐르는 전류 $I_1$은

$$I_1 = \frac{5V}{50k\Omega} = 0.1mA$$

따라서, 아날로그 출력 전압 $V_0$는

$$V_o = -20k\Omega\ (0.4mA + 0.1mA) = -10V$$

## 7. 6 래더형 D/A 변환기

래더망 D/A 변환기는 저항회로와 가산증폭기로 구성된다. 그림 7－8의 회로는 4비트 *R*-2*R* D/A 변환기이다.

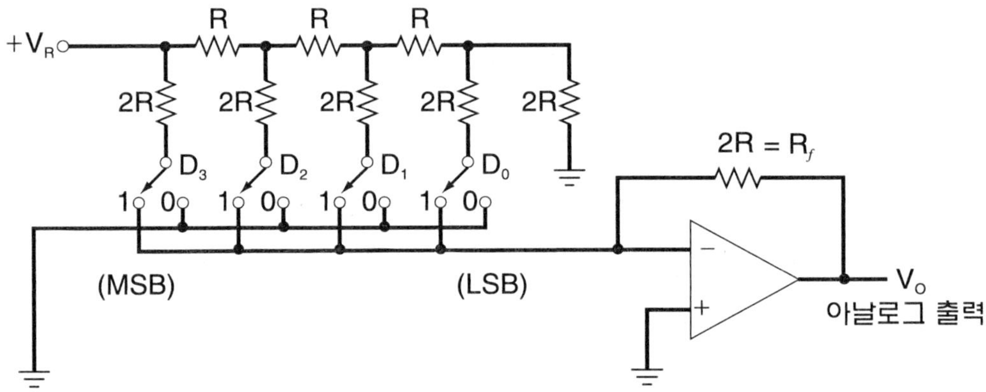


그림 7－8 4비트 R-2R 래더 D/A 변환기

이 변환기에서 2진 디지털 입력$(D_3D_2D_1D_0)_2 = (B)_{10}$에 대한 출력 전압 $V_0$를 구하면 다음과 같다.

$$V_o = -\left(V_R \times \frac{B}{8}\right)$$

**예제7－17** 그림 7－8의 4비트 *R*-2*R* 래더 D/A 변환기에서 디지털 입력 $D_3D_2D_1D_0 = 1010_2$에 대한 출력 전압을 구하라. 단, $V_R = -1$이다.

**해 설** $D_3D_2D_1D_0 = 1010_2 = 10_{10}$, 즉 B = 10이므로

$$V_O = -(V_R \times \frac{B}{8})$$
$$= -(-1 \times \frac{10}{8}) = 1.25\,V$$

이 D/A변환기에서 최대 출력 전압($D_3D_2D_1D_0 = 1111_2$일 때)은 $V_O$ = 1.875V이나 궤환 저항 $R_f$를 변경하므로서 이 출력을 조정할 수 있다.

**예제7-18** 그림 7-8의 4비트 $R$-$2R$ 래더 D/A 변환기에서 디지털 입력 1111에 대한 출력 전압을 구하라. 단, $R = 10\text{k}\Omega$ 이고, $+V_R = +5\text{V}$라고 한다.

**해 설** $D_3D_2D_1D_0 = 1111_2 = 15_{10}$에서 B = 15이므로

$$V_o = -\left(V_R \times \frac{B}{8}\right)$$
$$= -\left(5 \times \frac{15}{8}\right) = -9.375\ \text{V}$$

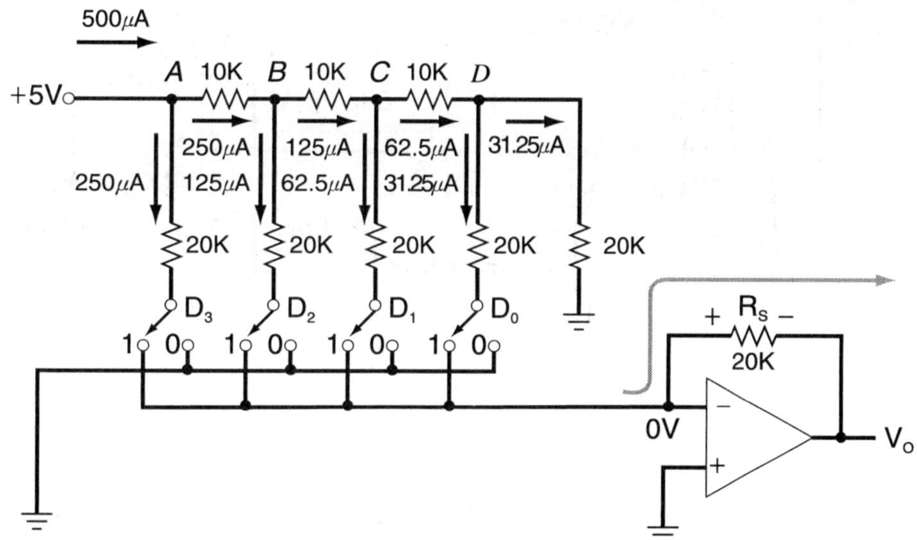


그림 7-9

**다른 해** 각 입력 비트의 자리값을 구하여 계산한다.

$(D_3)\quad V_o = -250\ \mu\text{A} \times 20\,\text{k}\Omega = -5.000\ \text{V}$

$(D_2)\quad V_o = -125\ \mu\text{A} \times 20\,\text{k}\Omega = -2.500\ \text{V}$

$(D_1)\quad V_o = -62.5\ \mu\text{A} \times 20\,\text{k}\Omega = -1.250\ \text{V}$

$(D_0)\quad V_o = -31.25\ \mu\text{A} \times 20\,\text{k}\Omega = -0.625\ \text{V}$

Total $(D_3\ \text{to}\ D_0 = 1111)\qquad V_o = -9.375\,\text{V}$

## 7. 7 IC D/A 변환기

그림 7－10는 8비트 D/A 변환기인 MC1408을 보인것이다.

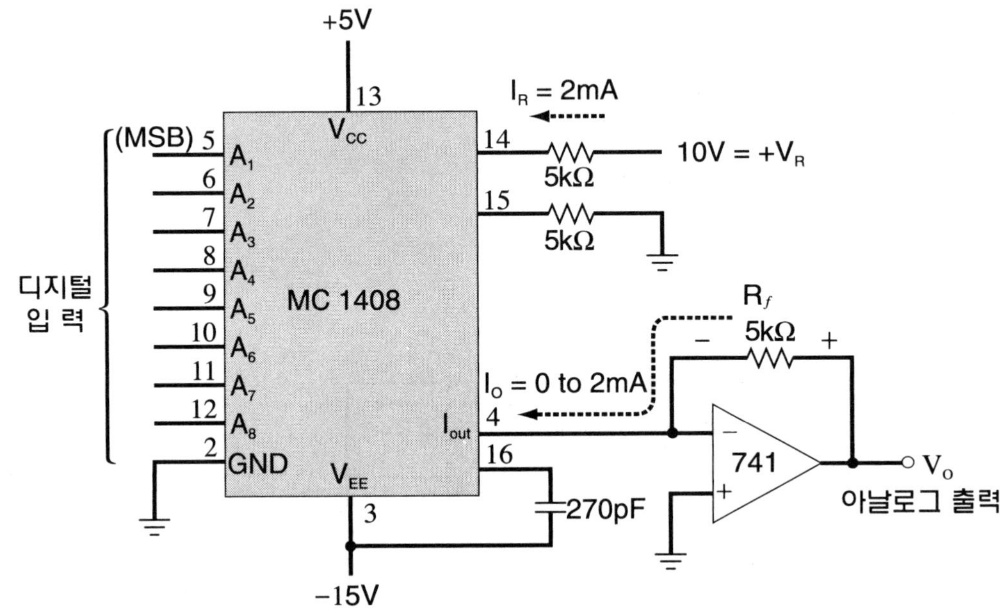


**그림 7－10** 8비트 IC D/A 변환기

이 변환기에서 실제 출력 전류를 계산하는 식은 다음과 같다.

$$I_o = I_R \times \left( \frac{A_1}{2} + \frac{A_2}{4} + \cdots + \frac{A_8}{256} \right)$$

**예제7－19** 그림 7－10에서 디지털 입력 $A_1$에서 $A_8$까지의 값이 11111111이라고 할 때 $I_0$와 $V_0$를 구하라.

**해 설**

$$I_o = I_R \times \left( \frac{A_1}{2} + \frac{A_2}{4} + \cdots + \frac{A_8}{256} \right)$$

$$= 2\text{mA} \times \left( \frac{1}{2} + \frac{1}{4} + \frac{1}{8} + \frac{1}{16} + \frac{1}{32} + \frac{1}{64} + \frac{1}{128} + \frac{1}{256} \right)$$

$$= 2\text{mA} \times \left( \frac{255}{256} \right) = 1.99\text{mA}$$

$$V_o = I_o \times R_F = 1.99\text{mA} \times 5\text{k}\Omega = 9.96\text{V}$$

## 7.8 A/D 변환기의 기본

A/D 변환기(Analog-to-Digital converter)는 아날로그 신호를 디지털 형태의 데이터로 변환하는 일종의 부호기(encoder)이다. 이 A/D 변환 방법은 D/A 변환보다 더 복잡하고 더 많은 시간이 소요된다.

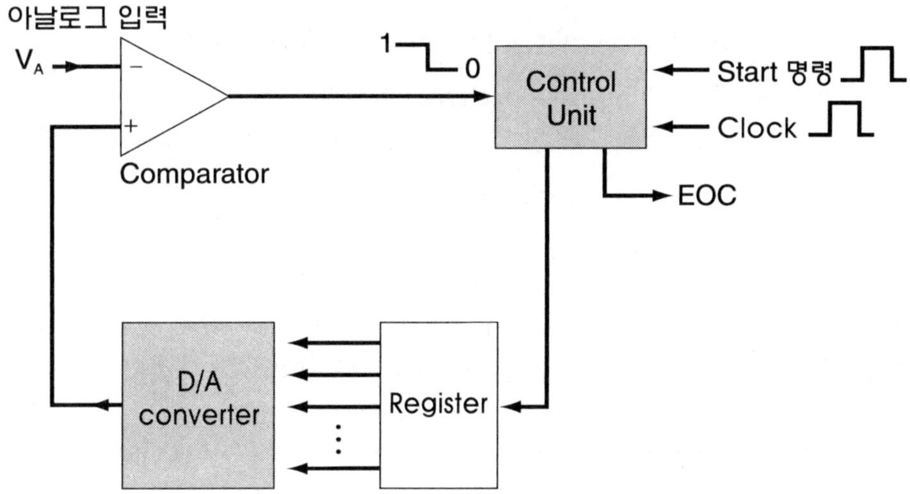


그림 7-11 A/D 변환기의 블럭도

그림 7-11은 A/D 변환기의 일반적으로 블럭도이다. 이 변환기에 입력되는 아날로그 전압 $V_A$는 다른 물리 에너지가 트랜스듀서(transducer)에 의해 전압으로 변환된 결과이다. 이 변환기에는 D/A 변환기를 포함하고 있으며 출력 $V_{AX} < V_A$일 때 비교기(comparator) 출력이 HIGH가 된다. 이 후 $V_{AX}$가 $V_A$를 초과하는 경우 EOC(end of conversion)가 LOW가 되어 변환이 종료된다. 이 때 레지스터에 저장된 값이 $V_A$의 디지털 값이 되는 것이다. 이와 다른 A/D 변환기들은 제어부(control unit)가 레지스터내에 2진수를 변경시키는 방법에 있어 주로 차이가 있다.

주로 사용되는 A/D 변환기에는

1. 디지털-램프(digital-ramp) A/D 변환기
2. 연속 근사형(successive-approximation type) A/D 변환기
3. 병렬형(parallel type) A/D 변환기
4. 램프형(ramp type) A/D 변환기가 있으며 그 밖에 up/down A/D 변환기, 전압-주파수 A/D 변환기, 이중 경사(dual slope) A/D 등이 있다.

**예제7-20** 여러 형태의 A/D 변환기는 회로의 일부로서 D/A 변환기를 사용한다. D/A 변환기를 사용하지 않는 A/D 변환기의 예를 들어라.

**해설**

1. 병렬형(parallel type) A/D 변환기
   ▶ 병렬형은 동시형(simultaneous type) 또는 플래시(flash) A/D 변환기라고도 한다.
2. 전압-주파수 (voltage-to-frequency) A/D 변환기
3. 이중 경사형(dual-slope type) A/D 변환기
   ▶ 이중 경사형은 이중 램프형(dual-ramp type)이라고도 한다.
4. 램프형(ramp type) A/D 변환기

**예제7-21** 변환 시간(conversion time)이란 아날로그 전압을 2진 디지털 데이터의 출력으로 변환하는데 필요한 시간이다. 여러 형태의 A/D 변환기 중 변환 시간이 가장 짧은 것은 무엇인가?

**해설** 병렬형(또는 플래시) A/D 변환기이다. 이 변환기는 A/D 변환기 중 변환 속도가 가장 빠르다.

▶ 병렬형 – 연속근사형 – 디지털 – 램프형의 순으로 속도가 빠르다.

# 7.9 A/D 변환기의 분해능과 정확도

## 7.9.1 A/D 변환기의 분해능

A/D 변환기에서 분해능(resolution)은 내부의 D/A 변환기 분해능과 같다. 즉 분해능이란 식별할 수 있는 두 전압이 얼마나 서로 접근되어 있는가를 나타낸다. 이 A/D 변환기의 분해능을 출력 비트의 수에 의해 결정된다.

$$\% \text{ 분해능} = \frac{1}{2^n - 1} \times 100\%$$

여기서, $n$은 출력 비트의 수이다.

**예제7-22** A/D 변환기에서 분해능이 100 mV란 무엇을 의미하는가?

**해설** 100mV미만인 두 전압을 식별되지 않고 동일한 값으로 나타나는 것을 의미한다.

**예제7-23** 4비트 A/D 변환기와 8비트 A/D 변환기의 분해능을 구하고 8비트 D/A 변환기의 분해능과 비교하라.

**해설** 4비트 A/D 변환기보다 8비트 A/D 변환기가 분해능이 더 좋다.

(1) 4비트 ADC의 분해능 $= \frac{1}{2^4 - 1} \times 100 = 6.7\%$

(2) 8비트 ADC의 분해능 $= \frac{1}{2^8 - 1} \times 100 = 0.39\%$

A/D 변환기에서 분해능은 내부의 D/A 변환기의 분해능과 같으므로 8비트 D/A 변환기 분해능도 0.39%이다.

## 7.9.2 A/D 변환기의 정확도

A/D 변환기는 아날로그와 디지털 시스템을 모두 가지고 있는 시스템이므로 정확도를 결정하는 두가지 요인은 다음과 같다.

1. 디지털 오차 : 시스템의 분해능에 의해 결정되며 양자화 오차(quantization error)가 문제가 된다.
   ▶ 양자화 오차를 줄이기 위해서는 출력 비트를 증가시켜야 한다.
2. 아날로그 오차 : 주로 비교기에서 발생한다. 이외 래더 저항이나 기준 전압의 리플 및 잡음으로 발생한다.

D/A 변환기에서 정확도(또는 정밀도)는 주로 분해능과 관련되었으나 A/D 변환기에서는 비교기나 저항 등의 회로 구성 요소의 정밀도에 의해서도 결정되어진다. A/D 변환기가 0.01% F.S.의 오차를 갖는다고 하면 이 A/D 변환기는 비이상적인 요소에 의해 최대 출력의 0.01%만큼 어긋날 수 있음을 의미하는 것이다.

**예제7-24** 8비트 A/D 변환기의 최대 입력이 2.55V라고 한다. 이 변환기가 0.1% F.S.의 오차를 갖는다고 할 때 $V_{AX}$ 출력이 아날로그 입력 $V_A$와 달라질 수 있는 최대량을 구하라.

**해설** 0.1% F.S.의 오차는 0.1%×2.55V = 2.55mV 인데 이는 변환기 구성 요소의 부정확성에 의해 $V_{AX}$의 값이 2.55 mV 만큼 빗나갈 수 있음을 의미한다. 계단 크기는 $2.55V/(2^8-1) = 10$ mV이므로 D/A 변환기의 출력 $V_{AX}$ 값이 10 mV 빗나갈 수 있다는 것을 나타내는 것이다. 따라서 오차 총합은 10 mV = 2.55 mV = 12.55 mV가 된다.

## 7.10 디지털-램프 A/D 변환기(DR-ADC)

디지털－램프 A/D 변환기(digital－ramp A/D converter)는 계수형 또는 카운터－램프 A/D 변환기라고도 한다.

### 디지털－램프 ADC의 구성 요소

1. 업 카운터(up counter)
2. D/A 변환기
3. 아날로그 전압 비교기(comparator)
4. 제어 AND 게이트

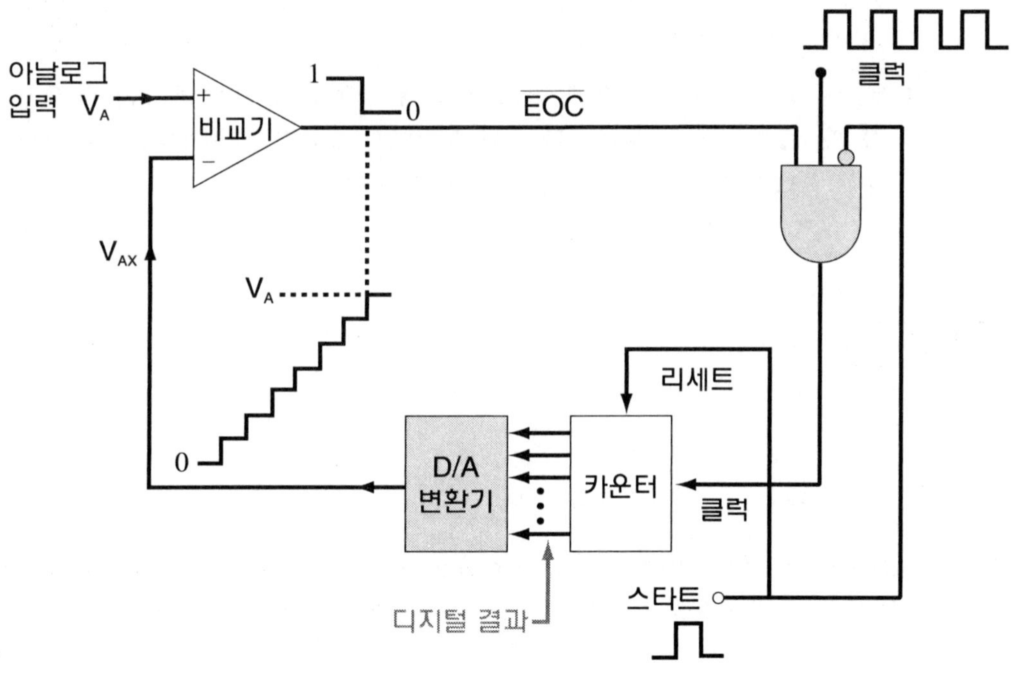


**그림 7－12** 디지털-램프 A/D 변환기

그림 7－12의 디지털-램프 A/D 변환기는 클럭 펄스에 의해 $V_A \leqq V_{AX}$가 되는 시간까지 값이 증가되는 2진 카운터를 레지스터로 사용한다. 이 $V_{AX}$ 파형은 카운터가 증가함에 따라 한 계단 씩 증가하여 계단 형태의 램프 파형을 만든다. 이 변환기의 동작 원리는 예제 7－25에서 다룬다.

**예제7-25** 그림 7-12의 디지털-램프 ADC의 동작 순서를 설명하라.

**해설** 디지털-램프 ADC는 D/A 변환기의 출력 $V_{AX}$이 조금씩 경사를 갖는 계단 형태의 파형이 되므로 이를 램프(ramp)라고 한다.

**디지털-램프 ADC의 동작 순서**

1. START 펄스가 가해지면 카운터는 0으로 클리어되고, 클럭 또한 카운터에 공급되지 않는다.
2. 아날로그 입력 전압($V_A$)은 전압 비교기에 의해 D/A 변환기에서 입력된 전압($V_{AX}$)과 비교되어 $V_A > V_{AX}$ 이면 비교기 출력이 1이 되어 카운터가 동작한다.
3. 카운터의 2진수 값이 증가함에 따라 $V_{AX}$는 한 단계씩 증가하여 계단형태의 램프 파형이 만들어 진다.
4. $V_A \leqq V_{AX}$로 되는 순간에 비교기 출력이 0이 되어 카운터는 정지되고 이 때 카운터에는 $V_A$에 대응된 디지털 신호가 나타난다. 이 출력이 A/D 변환의 디지털 결과(digital result)이다.

**예제7-26** A/D 변환기에서 사용되는 용어 중 최대 변환 시간 $t_c$(max), 최대 변환 속도 $u_c$(max), 평균 변환 시간 $t_c$(avg)을 설명하라.

**해설** 각 용어의 의미는 다음과 같다.

1. **최대 변환 시간** 변환 시간(conversion time)이란 아날로그 입력 전압을 2진 디지털 데이터의 출력으로 변환하는데 필요한 시간이다. $n$비트 카운터가 $f$ Hz의 출력 주파수에 의해 구동된다고 할 때 최대 변환시간 $t_c$(max)은 다음과 같다.

$$\text{최대 변환 시간 } t_{c(\max)} = \frac{2^n - 1}{\text{클럭 주파수}(f)} = (2^n - 1) \times \text{클럭 주기(T)}$$

2. **최대 변환 속도 Uc(max)**

$$\text{최대 변환 속도 } u_{c(\max)} = \frac{1}{t_{c(\max)}} \text{ cps}$$

3. **평균 변환 시간** 평균 변환 시간(average conversion time)은 최대 변환 시간의 1/2이다.

$$\text{평균 변환 시간 } t_{c(avg)} = \frac{t_{c(max)}}{2} \approx 2^{n-1} \times \text{클럭 주기(T)}$$

**예제7-27** 0비트의 디지털-램프 (또는 카운터-램프) A/D 변환기가 1MHz의 클럭 주파수에 의해 구동된다고 할 때 다음을 구하라.

(1) 최대 변환 시간 $t_c(max)$

(2) 평균 변환 시간 $t_c(avg)$

(3) 최대 변환 속도 $u_c(max)$

**해설** (1) D/A 변환기의 총 계단 수는 $2^{10}-1 = 1023$개이다.

따라서 1023개의 클럭 펄스가 필요하다. 1MHz의 클럭을 사용하면 $1\,\mu s$ ($T = 1/1\times10^6$)마다 클럭 펄스가 1개씩 생겨나므로

$$t_{c(max)} = (2^{10}-1)\times 1\,\mu s = 1023\,\mu s$$

의 시간이 소요된다.

(2) 평균 변환 시간

$$t_{c(avg)} = \frac{t_{c(max)}}{2} \approx 2^{10-1} \times 1\,\mu s \approx 512\,\mu s$$

(3) 최대 변환 속도

$$u_{c(max)} = \frac{1}{t_{c(max)}} = \frac{1}{1023\,\mu s} \approx 977\text{ cps}$$

**예제7-28** 디지털-램프 A/D 변환기(DR-ADC)의 특징을 써라.

**해설** **디지털-램프 ADC의 특징**

1. 변환 속도가 매우 느리다.
2. 입력 전압에 따라 변환 시간이 바뀌어 일정하지 않다.
3. 회로가 간단하고 값이 싸다.

## 7. 11 연속 근사 A/D 변환기(SA-ADC)

연속 근사 A/D 변환기(successive-approximation A/D converter)는 MSB로 부터 한번에 한 비트씩 처리 하므로서 아날로그 전압을 근사 시키는 방식이다.

### 연속 근사 ADC의 구성 요소

1. 전압 비교기(comparator)
2. 레지스터(register)
3. D/A 변환기
4. 제어 논리(control logic) 회로

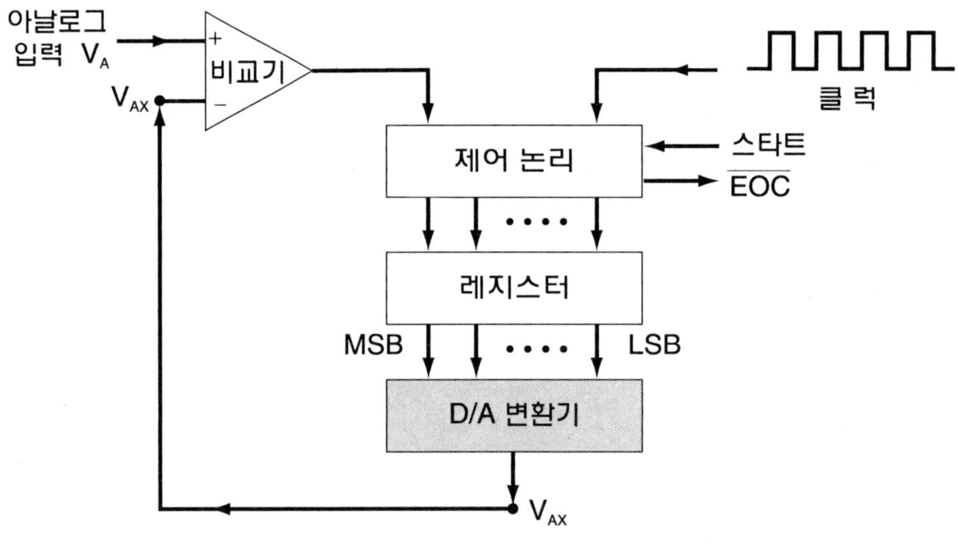


그림 7-13 연속 근사 A/D 변환기

**예제7-29** 그림 7-13의 연속 근사 A/D 변환기(SA-ADC)의 동작 순서를 설명하라.

**해 설** 연속 근사 ADC의 동작 순서

1. 제어 논리 회로가 초기에 레지스터의 모든 비트들을 0으로 클리어 시킨다. $V_{AX} = 0$이다.
2. 제어 논리는 레지스터의 MSB를 1로 세트시키고, 다른 모든 비트는 0으로 한다. $V_{AX}$ = MSB의 자리값이다. $V_{AX} > V_A$이면 비교기 출력은 LOW가

되고 제어 논리는 MSB를 클리어 시킨다. 그러나, $V_{AX} > V_A$이면 MSB는 1을 유지 시킨다.

3. 제어 논리는 레지스터의 다음 비트를 1로 세트시킨다. 이것은 새로운 $V_{AX}$ 값을 갖는다. 이 값이 $V_A$보다 크면 ($V_{AX} > V_A$) 비교기 출력은 LOW가 되고 제어 논리는 이 비트를 다시 0으로 놓는다. 그러나 $V_A > V_{AX}$이면 그 비트는 1을 유지한다.
4. 이 과정을 레지스터 내에 모든 비트에 적용시킨다. 이 후 변환이 끝나면 제어 논리는 레지스터 내에 $V_A$의 디지털 값이 있다는 것을 알리기 위해 $\overline{EOC}$ 출력을 낸다.

**예제7-30** 4비트 연속 근사 A/D 변환기에서 아날로그 입력이 $V_A = 10.4V$라고 할 때 동작 과정을 설명하라.

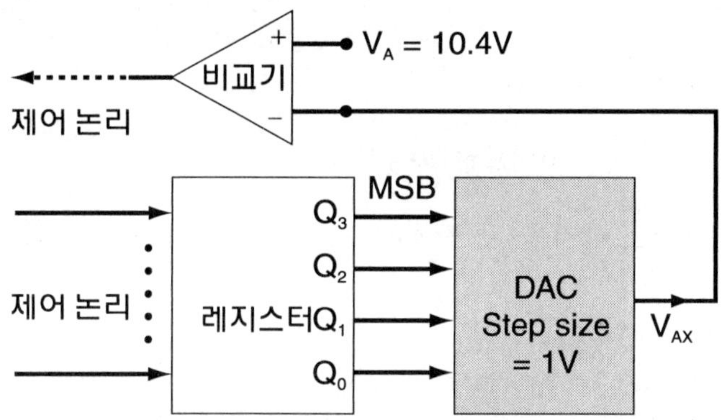


그림 7-14

**해설** 동작 과정은 다음과 같다.

| 동작 과정 | 레지스터 | $V_{AX}$ | $V_A$ | 비교기출력 |
|---|---|---|---|---|
| 초기상태 | 0000 | 0 | 10.4 | HIGH |
| ① A. MSB를 1로 세트<br>B. $V_{AX} < V_A$ 이므로 MSB는 1을 유지 | 1000 | 8 | 10.4 | HIGH |
| ② A. 두번째 MSB를 1로 세트<br>B. $V_{AX} > V_A$이므로 0으로 리세트 | 1100<br>1000 | 12<br>8 | 10.4<br>10.4 | LOW<br>HIGH |
| ③ A. 세번째 MSB를 1로 세트<br>B. $V_{AX} < V_A$이므로 1을 유지 | 1010 | 10 | 10.4 | HIGH |
| ④ A. LSB를 1로 세트<br>B. $V_{AX} > V_A$이므로 0으로 리세트 | 1011<br>1010 | 11<br>10 | 10.4<br>10.4 | LOW<br>HIGH |
| 최종 결과 | 1010 | | | |

**예제7-31** n비트 연속 근사 ADC에서 변환 시간(conversion time)을 설명하라.

**해 설** **SA-ADC에서 총 변환시간**

제어 논리 회로는 레지스터의 모든 비트에 대해서 0이나 1을 갖게 결정해준다. 이 때 한 비트당 한개의 클럭 주기가 필요하므로 $n$비트 일 때 총 변환 시간은 다음과 같다.

총 변환 시간 = 비트 수(n)×클럭 주기(T)

**예제7-32** 10비트 연속 근사 A/D 변환기(SA-ADC)가 1MHz의 클럭 주파수에 의해 구동된다고 할 때 총 변환 시간을 구하라.

**해 설** 10비트 SA-ADC에서 총 변환 시간은

$$t_c = 10\text{ 비트} \times 1\mu s = 10\mu s$$

가 되므로, 디지털-램프 ADC보다 100배 정도 빠르다.

**예제7-33** 연속 근사 A/D 변환기의 특징을 써라.

**해 설** **연속 근사 ADC의 특징**

1. 디지털 – 램프 ADC 보다 변환 속도가 빠르다.
2. 입력 전압에 관계없이 변환 시간이 일정하다.
3. D/A변환기에 입력을 공급하기 위해 카운터를 사용하지 않고 레지스터(register)를 사용한다.
4. 회로 구성이 복잡하다.

**예제7-34** ADC 0804 IC의 핀 배치도를 그리고 설명하라.

**해설** **실제 IC ADC 0804** ADC 0804 IC는 CMOS 계열의 8비트 연속(또는 축차)근사형 A/D 변환기로서 3상태의 출력을 가지고 있어서 마이크로프로세서를 사용하는 시스템의 데이터버스와 직접 연결하여 사용할 수 있다. 이 8비트 변환기의 %분해능은 0.39%이다.

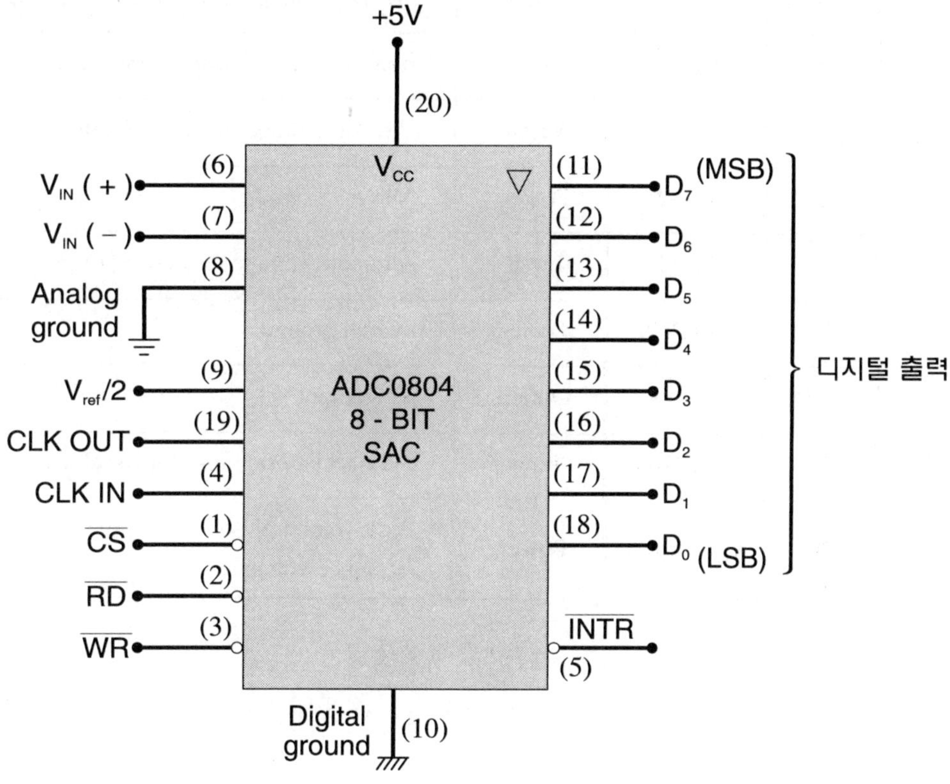


(a) ADC 0804핀 배치도

| 핀 번호 | 기호 | 입력/출력 또는 전원 | 기능 설명 |
|---|---|---|---|
| 1 | $\overline{CS}$ | Input | Chip select line from $\mu$ P-control |
| 2 | $\overline{RD}$ | Input | Read line from $\mu$ P-control |
| 3 | $\overline{WR}$ | Input | Write line from $\mu$ P-control |
| 4 | $CLK\ IN$ | Intput | Clock |
| 5 | $\overline{INTR}$ | Output | Interrupt line goes to $\mu$ P-interrupt input |
| 6 | $V_{IN}$ (+) | Input | Analog voltage (positive input) |
| 7 | $V_{IN}$ (−) | Input | Analog voltage (negative input) |
| 8 | $A\ GND$ | Power | Analog ground |
| 9 | $V_{ref}/2$ | Input | Alternate voltage reference (+) |
| 10 | $D\ GND$ | Power | Digital ground |
| 11~18 | $D_7 \sim D_0$ | Output | data output |
| 19 | $CLK\ OUT$ | Input | Connect external resistor for clock |
| 20 | $V_{CC}$ (or ref) | Power | Positive of 5-V power supply and primary reference voltage |

(b) 핀 명칭과 기능

그림 7-15 ADC0804 IC

## 7. 12 램프 A/D 변환기

램프 A/D 변환기(ramp A/D converter)는 적분형 A/D 변환기의 일종으로 입력 전압을 시간으로 변환하고 그 시간내에 통과한 펄스 수를 카운터 한다.

### 램프 ADC의 구성 요소

1. 전압 비교기(comparator)
2. 카운터(counter)
3. 램프파 발생기(ramp generator)
4. AND 게이트

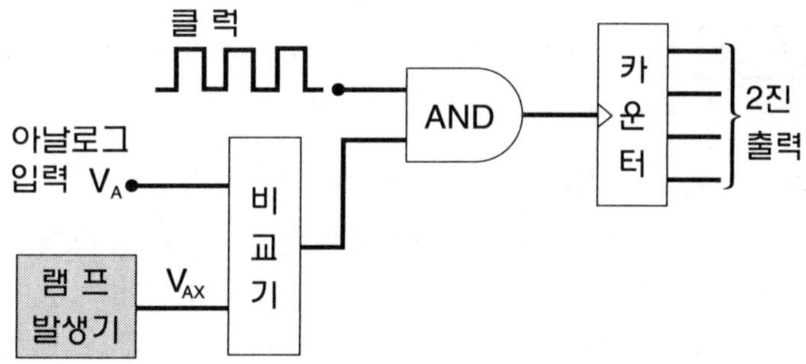


(a) 램프 회로

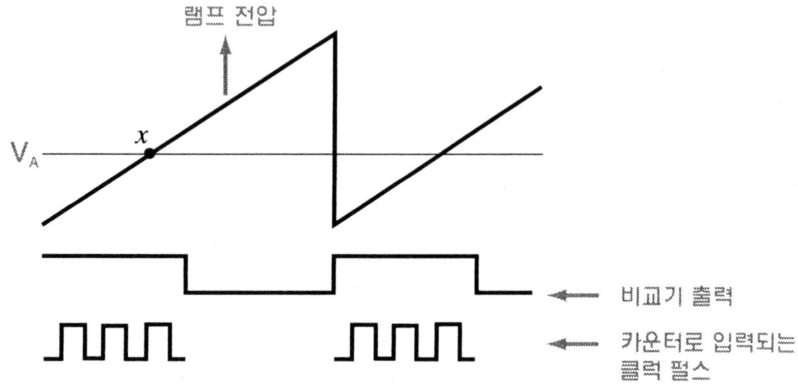


(b) 파 형

**그림 7－16** 램프 A/D 변환기

**예제7-34** 그림 7-16의 램프 A/D 변환기의 동작 순서를 설명하라.

**해설** **램프 ADC의 동작 순서**

1. 램프전압($V_{AX}$)이 아날로그 입력 전압 ($V_A$)보다 작은 경우 ($V_{AX} < V_A$)에는 비교기 출력은 1이 되고, AND 게이트를 통해 클럭 펄스가 카운터에 전달된다.
2. 클럭 펄스가 카운터에 입력되면 카운터의 상태가 계속 증가한다.
3. $V_{AX} > V_A$가 되는 시점에서 비교기 출력이 0이되고 AND 게이트 출력 또한 0이 되므로 클럭 펄스는 더이상 카운터에 전달되지 못하므로 카운터의 상태가 정지하는데 이 때의 2진 출력이 아날로그 입력 전압 $V_X$를 나타낸다.

**예제7-35** 램프 A/D 변환기와 디지털-램프 A/D변환기의 차이점을 설명하라.

**해설** **디지털-램프 ADC와의 차이점**

램프 A/D 변환기와 디지털-램프(또는 카운터-램프) A/D 변환기와의 가장 중요한 차이점은 램프를 만드는 방법이다. 즉, 디지털-램프 A/D 변환기는 램프가 D/A 변환기를 통하여 내부에서 발생하는데 비해 디지털-램프 A/D 변환기의 경우는 램프파 발생기(ramp generator)를 사용하여 램프 전압을 발생시킨다.

**예제7-36** 램프 A/D 변환기의 특징을 써라.

**해설** **램프 ADC의 특징**

1. 단일 경사 램프형 A/D 변환기라고도 한다.
2. 램프 ADC는 램프 발생기의 안정도나 직선성이 정확도에 영향을 준다. 따라서 램프 발생기를 없애고 D/A 귀환을 사용한 것이 디지털-램프 A/D 변환기이다.
3. 램프 ADC는 아날로그 입력 전압이 높아질수록 카운트를 하기 위한 시간이 길어지는 단점이 있다.
4. 램프 발생기는 톱니파를 발생한다.
5. 회로 구성이 간단하다.
6. 램프 ADC는 아날로그 입력 신호에 잡음이 섞일 경우 큰 오차를 발생하는데 이러한 단점을 제거하는 방법으로 고안된 것이 이중 경사 적분기(dual-slope integrator) A/D 변환기이다.

## 7. 13 병렬형 A/D 변환기

병렬형 A/D 변환기(parallel type A/D converter)는 동시형(simultaneous type) 또는 플래시(flash) A/D 변환기라고도 한다. 이 변환기에는 많은 수의 비교기가 사용되므로 A/D 변환기 중 변환속도가 가장 빠른 반면 회로가 복잡해 진다.

**병렬형 ADC의 구성 요소** $n$비트 디지털 신호를 얻는 병렬 (또는 동시)형 ADC를 구성할 때 다음 소자가 필요하다.

1. $2^n-1$개의 비교기(comparator)
2. $2^n$개의 저항
3. 우선 순위 인코더(priority encoder)

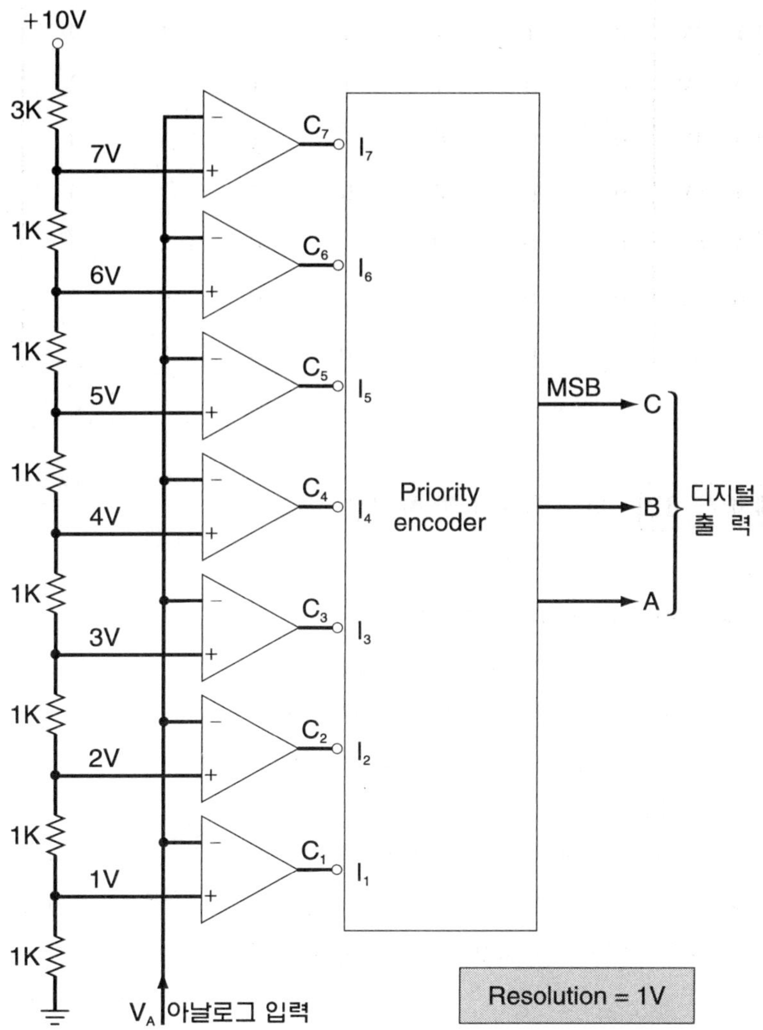


**그림 7-17** 3비트 병렬형 A/D 변환기

**예제7-37** 그림 7-17의 3비트 병렬형 A/D 변환기의 동작을 설명하라.

**해설** **병렬형 ADC의 동작**

그림 7-17의 3비트 병렬형 A/D 변환기는 1V의 스텝 크기를 갖고 있다. 8개의 저항으로 구성된 전압분배기가 1V에서 7V까지 1V 간격으로 7단계 레벨을 갖는 7개 비교기의 기준 전압을 제공한다.

표 7-2는 진리표이다.

표 7-2 3비트 병렬형 A/D 변환기의 진리표

| 아날로그 입력 | 비교기 출력 | | | | | | | 디지털 출력 | | |
|---|---|---|---|---|---|---|---|---|---|---|
| $V_A$ | $C_1$ | $C_2$ | $C_3$ | $C_4$ | $C_5$ | $C_6$ | $C_7$ | $C$ | $B$ | $A$ |
| 0−1V | 1 | 1 | 1 | 1 | 1 | 1 | 1 | 0 | 0 | 0 |
| 1−2V | 0 | 1 | 1 | 1 | 1 | 1 | 1 | 0 | 0 | 1 |
| 2−3V | 0 | 0 | 1 | 1 | 1 | 1 | 1 | 0 | 1 | 0 |
| 3−4V | 0 | 0 | 0 | 1 | 1 | 1 | 1 | 0 | 1 | 1 |
| 4−5V | 0 | 0 | 0 | 0 | 1 | 1 | 1 | 1 | 0 | 0 |
| 5−6V | 0 | 0 | 0 | 0 | 0 | 1 | 1 | 1 | 0 | 1 |
| 6−7V | 0 | 0 | 0 | 0 | 0 | 0 | 1 | 1 | 1 | 0 |
| >7V | 0 | 0 | 0 | 0 | 0 | 0 | 0 | 1 | 1 | 1 |

**예제7-38** 병렬형 ADC의 특징을 써라.

**해설** **병렬형 ADC의 특징**

1. 플래시 변환기(flash converter)라고도 한다.
2. A/D 변환기 중 변환속도가 가장 빠르다.
3. $n$비트 출력을 얻기 위해서는 $2^n$개의 동일 저항과 $2^n-1$개의 비교기가 필요하다.
   ▶ 8비트 ADC에서 256개의 저항과 255개의 비교기가 필요하다.
4. 변환 속도는 비교기 및 인코더의 지연의 합에 의해서 결정된다.
5. 다른 변환기에 비해 회로가 복잡하다.

## 7.14 기타 A/D 변환 방법

지금까지 공부한 A/D 변환기 이외에 A/D 변환 방법으로

1. Up/Down 디지털－램프 A/D 변환기
2. 전압－주파수 A/D 변환기
3. 이중 경사(dual ramp) A/D 변환기

등이 있다.

**예제7－39** Up/Down 디지털－램프 A/D 변환기를 설명하라.

**해설** Up/Down 디지털－램프 A/D 변환기 이 변환기는 연속형 디지털－램프 A/D 변환기라고도 한다.

1. 디지털－램프 ADC는 Up 카운터만 사용하나, 연속형은 Up/Down 카운터를 사용한다.
2. 디지털-램프 ADC는 카운터가 매번 0부터 시작되지만 연속형은 바로 전의 값으로 부터 증가하거나 감소하기 때문에 변환 시간이 감소된다.
3. 추적형 ADC(tracking A/D converter)라고 한다.

**예제7－40** 전압-주파수 A/D 변환기를 설명하라.

**해설** 전압－주파수 A/D 변환기 이 V－F형 ADC(voltage-to-frequency A/D converter)는 아날로그 전압을 그 전압에 비례하는 주파수로 변환하여 이것을 디지털 주파수계로 읽어내도록 한 것이다.

1. 적분형 ADC의 일종이다.
2. 전압-주파수 ADC는 D/A 변환기를 사용하지 않는다.
3. 입력 전압에 비례하는 출력 주파수를 만드는 전압 조정 발진기(VCO)가 사용된다.
4. 잡음이 심한 작업 환경에서 유용하게 사용된다.

**예제7-41** 이중 경사 (dual slope) A/D 변환기를 설명하라.

**해 설** 이중 경사 (dual slope)형은 이중 램프 (dual ramp)형 이라고도 한다. 두 종류의 기울기를 가진 전압이 적분기에서 출력된다.

1. 적분형 ADC의 일종이다.
2. 변환 시간 (conversion time)이 느리다.
3. 커패시터를 사용한다.
4. 비교적 온도에 민감하지 않는다.

# 7. 15 ADC와 DAC의 응용

## 7.15.1 디지털 노출계

그림 7－18은 디지털 노출계(digital light meter)이다. A/D 변환기에 사용되는 아날로그 전압은 트랜스듀서인 포토셀(photocell)을 이용하여 얻는다. 이 회로에서 $R_2$에 걸린 전압은 입력이 되고 포토셀 $R_3$는 빛을 감지하는 센서이다. 빛의 세기가 강해지면 $R_3$는 작아지고 저항 $R_2$에 걸린 전압도 증가한다. 이 값이 커지면 결국 2진 출력값도 커지게 된다.

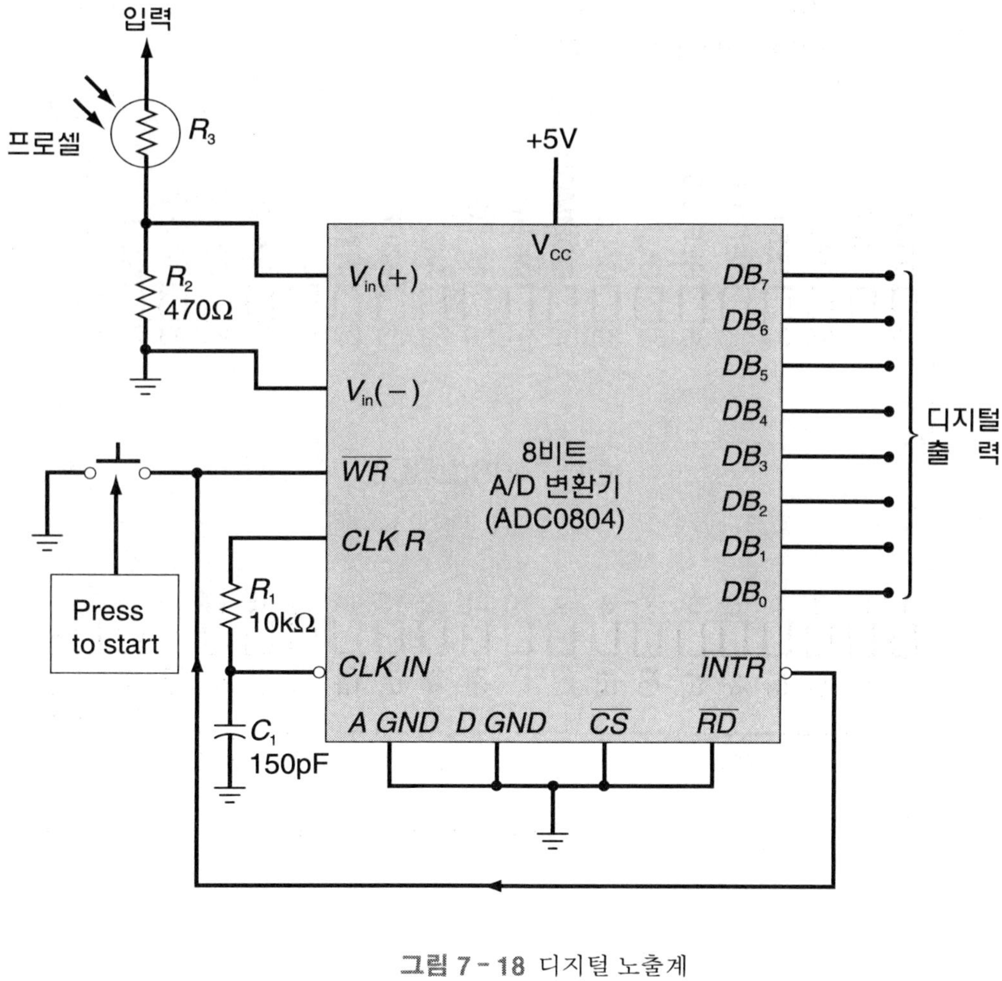


그림 7－18 디지털 노출계

▶ 포토 셀(photo cell)은 Cd-s를 사용하여 만든 감광 소자로서 빛이 강해질수록 저항이 작아지며 가변 범위는 100 Ω ~ 500 kΩ 정도이다. 이 포토셀은 디지털 노출계에서 빛의 세기를 전압으로 변환하여 주는 트랜스듀서(transducer)로 사용된다.

## 7.15.2 디지털 전압계

A/D 변환기는 microprocesor형과 display형으로 구분되는데 이 중 display형은 디지털 전압계, 디지털 온도계, 디지털 멀티미터(DMM)등을 구성하는데 사용된다.

ICL7106 ADC 그림 7－19는 3 1/2자리 LCD disply형 A/D 변환기인 ICL7106의 핀 구성도이다.

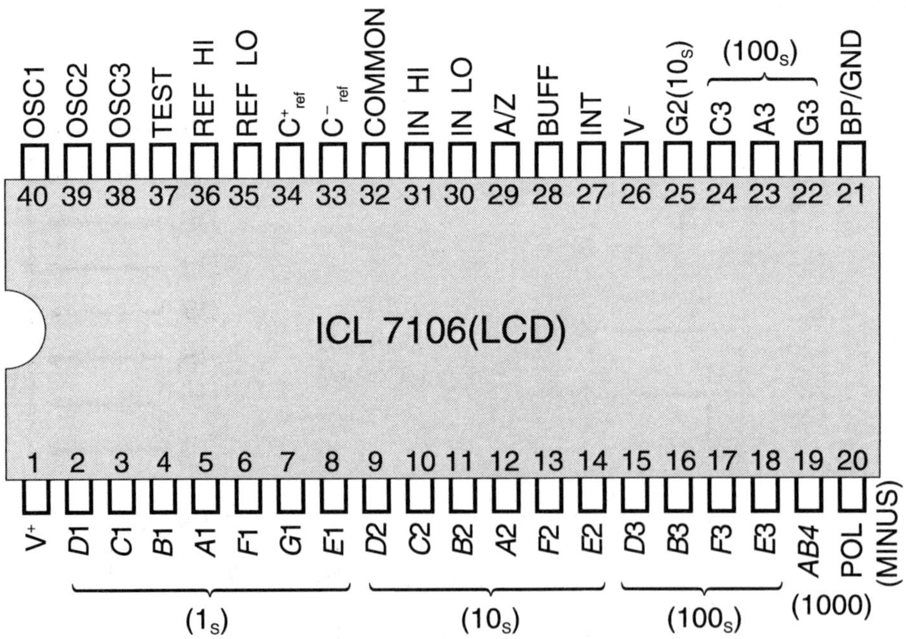


그림 7－19 ICL7106 ADC의 핀 구성도

**예제7-42** ICL 7106 ADC의 특성을 설명하라.

**해 설** ICL 7106 ADC의 특성은 다음과 같다.

1. ICL 7106 IC는 display형 ADC이다.
2. 3 1/2자리 LCD 표시장치를 직접 구동할 수 있다.
3. CMOS 계열로 10mW이하의 전력을 소비한다.
4. ICL 7106 IC는 9V의 전원에서 동작시킬 수 있다.
5. 클럭 발생 회로, 기준 전압, 복호기를 내장하고 있다.

**예제7-43** 7106 ADC를 이용하여 디지털 전압계를 구성하라.

**해 설** **디지털 전압계의 구성** 그림 7-20의 디지털 전압계(digital voltmeter ; DVM)는 ICL7106 IC A/D 변환기 IC에 10개의 수동 소자와 3 1/2자리 LCD 표시장치를 연결하여 만든 전압계로 0 ~ 200 mV범위의 전압을 측정할 수 있다.

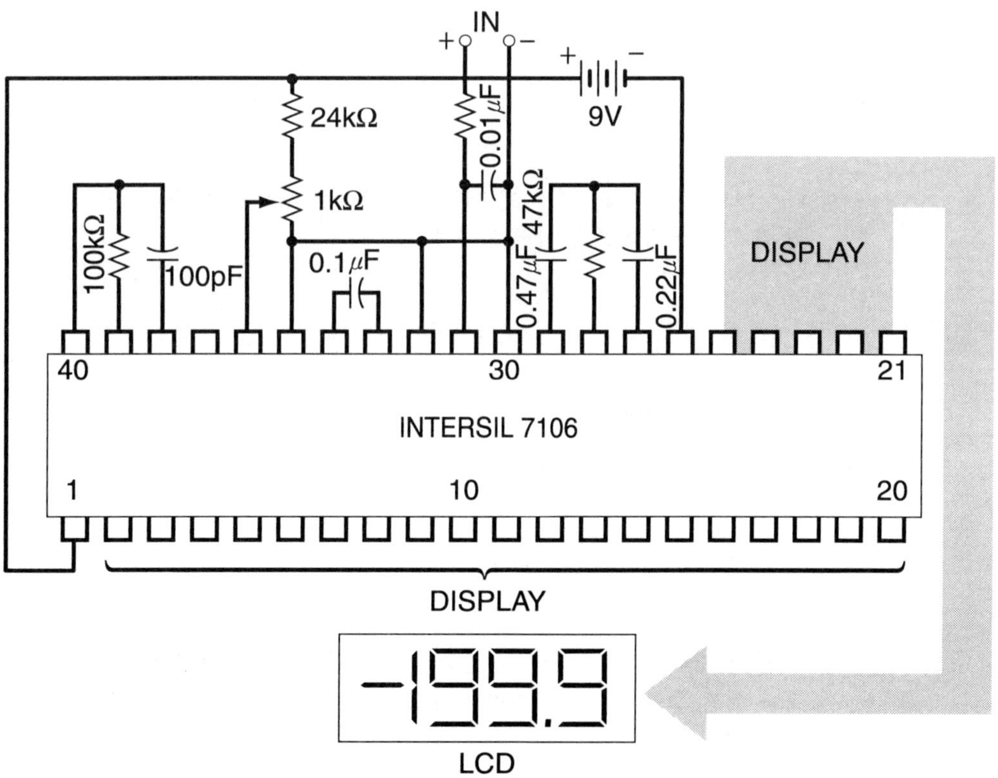


**그림 7-20** ICL 7106 ADC를 사용한 DVM

# 연 습 문 제

**Q·01** 보통 비전기량인 물리적 변화량을 전기량으로 바꾸어 주는 소자를 무엇이라고 하는가?

가. 트랜스듀서(transducer)　　나. A/D 변환기
다. D/A 변환기　　라. 액추에이터(actuator)

해설 일반적으로 트랜스듀서(변환기)로는 서미스터, 포토셀, 발광 다이오드, 유량계, 속도계 등이 있다.

**Q·02** 다음 중 D/A 변환기의 구성 요소가 아닌 것은?

가. 레지스터　　나. 저항회로
다. 가산 증폭기　　라. A/D 변환기

해설 D/A 변환기는 디지털 정보를 저장하는 레지스터와 레벨 증폭기, 저항 회로, 가산 증폭기 등이 필요하다.

**Q·03** 다음 중 D/A 변환기의 구성 요소가 아닌 것은?

가. 비교기(comparator)
나. R-2R 래더망(ladder network)
다. 레벨 증폭기(level amplifier ; LA)
라. 가산 증폭기(summing amplifier)

해설 저항 회로에 가해지는 디지털 신호가 같은 레벨이고 일정한 값이 되도록 레벨 증폭기(LA)가 있어야 한다. 비교기는 A/D 변환기에서만 필요하다.

**해답** 1. 가　2. 라　3. 가

**Q·04** 디지털 입력 $00110010_2$에 대해 1.0V의 출력을 갖는 8비트 D/A 변환기의 출력 전압의 최대값은 얼마인가?

가. 20mV　　　나. 200[mV
다. 5.10V　　　라. 10.2V

**해설** 디지털 입력 $00110010_2 = 50_{10}$이다.

아날로그 출력 = K × 디지털 입력

에서 K = 1.0/50 = 20mV가 되고, 최대 출력은 $11111111_2 = 255_{10}$에서

Vo(max) = 20mV × 255 = 5.10V

가 된다.

**Q·05** 5비트 D/A 변환기에서 입력이 $00001_2$일 때 출력이 0.2V이다. 입력이 11111일 때 출력 전압은?

가. 3.1V　　　나. 6.2V
다. 12.4V　　　라. 18.6V

**해설** 0.2V는 LSB의 자리값이다. K = 0.2/1 = 0.2이고, 입력 $11111_2 = 31_{10}$이므로 최대 출력 전압은

$V_o(max) = 0.2 \times 31 = 6.2V$

**Q·06** 5비트 D/A 변환기에서 입력이 $00001_2$일 때 출력이 0.2V이다. 이 변환기의 분해능은 얼마인가?

가. 0.2V　　　나. 0.4V
다. 3.2V　　　라. 1V

**해설** 분해능이란 변환기의 최하위 비트(LSB)의 자리값과 같다. 이 분해능을 계단 크기(step size)라고 한다.

$$분해능 = 스텝\ 크기 = \frac{최대\ 출력\ 전압}{2^n - 1} = \frac{V_0(max)}{2^n - 1}$$

= LSB의 자리값

**해답** 4. 다　5. 나　6. 가

**Q·07** $n$비트 D/A 변환기에서 % 분해능은?

가. $\frac{1}{2^n-1}\times 100\ \%$　　나. $\frac{1}{2^n+1}\times 100\ \%$

다. $\frac{1}{2^{n-1}-1}\times 100\ \%$　　라. $\frac{1}{2^{n-1}}\times 100\ \%$

**해설**

$$\%\text{분해능} = \frac{\text{스텝 크기}}{\text{최대 출력}}\times 100\ \%$$

$$= \frac{\text{분해능}}{\text{최대 출력}}\times 100\ \%$$

위 식에서 스텝 크기=최대출력/($2^n-1$)이므로

$$\%\text{분해능} = \frac{1}{2^n-1}\times 100\ \%$$

**Q·08** 6비트의 D/A 변환기의 백분율 분해능은?

가. 6.67 %　　나. 1.59 %

다. 0.392 %　　라. 0.976 %

**Q·09** 다음 그림의 D/A 변환기에 대한 % 분해능은 얼마인가?

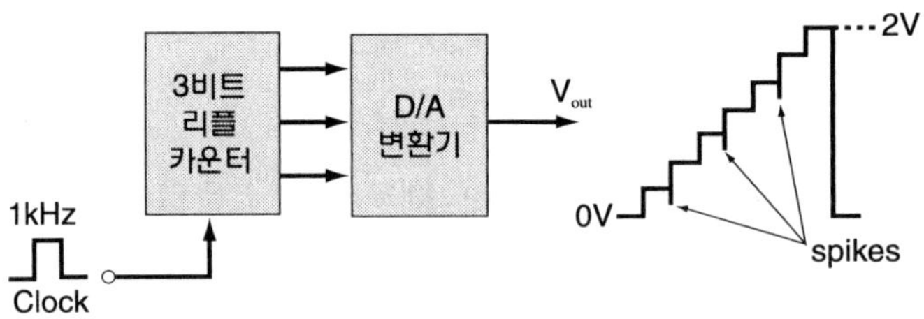


가. 0.72 %　　나. 6.67 %

다. 14.3 %　　라. 0.392 %

**해설** 비트 수 $n=3$, 최대 출력 전압은 2V이다.

$$\%\text{분해능} = \frac{1}{2^3-1}\times 100\ \% \approx 14.3\ \%$$

**해답** 7. 가　8. 나　9. 다

**Q·10** 10비트 D/A 변환기가 10 mV의 분해능을 갖는다고 할 때 백분율 분해능(percentage resolution)은 얼마인가?

가. 0.1 %　　나. 0.2 %　　다. 1 %　　라. 2 %

**해설** 최대 출력 전압 $V_{o(\max)} = 10\ \text{mV} \times (2^{10}-1) = 10.23\ \text{V}$ 이다.

$$\%\text{분해능} = \frac{\text{분해능}}{\text{최대 출력 전압}} \times 100[\%$$
$$= \frac{10\ \text{mV}}{10.23\ \text{V}} \times 100\ \% \approx 0.1\ \%$$

또는

$$\%\text{분해능} = \text{백분율 분해능} = \frac{1}{2^{10}-1} \times 100\ \% \approx 0.1\ \%$$

**Q·11** 8비트 D/A 변환기에서 입력이 $01100100_2$일 때 출력이 2.0 V라고 한다. 이 D/A 변환기의 분해능은 얼마인가?

가. 10 mV　　나. 20 mV

다. 30 mV　　라. 40 mV

**해설** 입력 $01100100_2 = 100_{10}$이다.

아날로그 출력 = K × 디지털 입력

에서 K = 2.0/100 = 20 mV이다. 이 비례인수 K는 LSB의 자리값으로 분해능에 해당한다.

**Q·12** 다음 그림은 BCD 입력 코드를 사용하는 D/A 변환기이다. $A_o$의 가중치(weight)가 0.1V라고 할 때 백분율 분해능(percentage resolution)은 약 얼마인가?

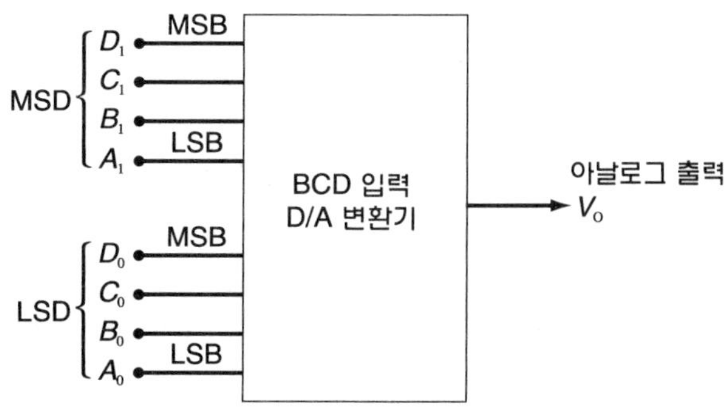


**해답** 10. 가　11. 나　12.나

가. 0.1%　　나. 1%　　다. 0.2%　　라. 2%

해설 (1) 계단 크기(step size) : 계단 크기는 LSD에서 LSB의 가중치이다.

$$\text{계단 크기} = A_o\text{의 가중치} = 0.1\text{V}$$

(2) 최대 출력(full-scale output)

두 BCD 수 이므로 99개의 계단이 있으므로 최대 출력은 99×0.1 = 9.9V이다.

(3) 백분율 분해능

$$\text{백분율 분해능} = \frac{\text{계단 크기}}{\text{최대 출력}} \times 100\ \% = \frac{0.1}{9.9} \times 100\ \% \approx 1\ \%$$

또는

$$\text{백분율 분해능} = \frac{1}{\text{계단의 수}} \times 100\ \% = \frac{1}{99} \times 100\ \% \approx 1\ \%$$

Q·13 8비트의 BCD D/A 변환기에서 분해능이 0.1 V라고 할 때 입력 01011000에 대한 출력 전압은 얼마인가?

가. 5.8V　　나. 8.8V　　다. 58V　　라. 88V

해설 BCD 입력 코드 $01011000_{BCD} = 58_{10}$이고, 분해능은 0.1V이므로 출력 $V_o$는

$$V_o = 0.1 \times 58 = 5.8\text{V}$$

Q·14 12비트의 BCD D/A 변환기에서 최대 출력이 9.99V일 때 이 변환기의 계단 크기(step size)는 얼마인가?

가. 0.0024V　　나. 0.0048V

다. 0.02V　　라. 0.01V

해설 3개의 BCD 수 이므로 000 ~ 999, 즉 1000개의 아날로그 출력을 만든다. 총 계단 수는 999개이다.

$$\text{계단 크기} = \frac{\text{최대 출력}}{\text{계단의 수}} = \frac{9.99\ \text{V}}{999}\ 0.01\ \text{V}$$

이 문제에서 백분율 분해능은

$$\text{백분율 분해능} = \frac{1}{\text{계단의 수}} = \frac{1}{999} \times 100\ \% \approx 0.1\ \%$$

◎해답◎ 13. 가　14. 라

**Q·15** 이론적 변환 출력 전압이 10V이고 정밀도±1 %라면 실제 출력 전압은?

가. 9 ~ 10 V　　나. 1 ~ 2 V
다. 9.9 ~ 10.1 V　　라. 9.09 ~ 10.01 V

**Q·16** 그림은 3개의 디지털 입력을 가지고 하나의 출력을 가진 저항분할기이다. 이 회로에 디지탈 입력신호 001이 들어 왔을 때 아날로그 출력전압 $V_A$는?(단, 0 상태는 0 V, 1상태는 7 V이다.)

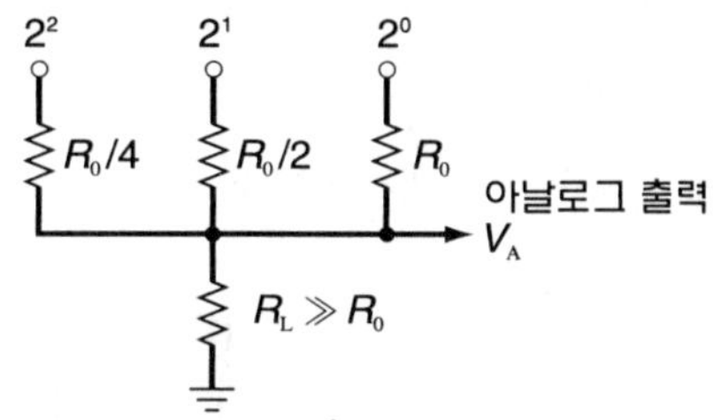


가. 1 V　　나. 2 V　　다. 4 V　　라. 7 V

해설 $V_A = \dfrac{0\times 2^2 + 0\times 2^1 + 1\times 2^0}{2^3 - 1} \times 7\ \text{V}$

**Q·17** 5비트 저항 분할기에서 LSB에 대한 웨이트는?

가. 1/5　　나. 1/10　　다. 1/31　　라. 1/32

**Q·18** 5비트 저항 분할기(divider)의 디지털 입력이 10101일 때 출력 전압은? 여기서 0 = 0 V이고 1 = +10 V이다.

가. +210 V　　나. +2.1 V
다. +6.56 V　　라. +6.77 V

해설 디지털 입력 10101에 대한 출력 전압은

$$V_A = \frac{10\times 2^0 + 0\times 2^1 + 10\times 2^2 + 0\times 2^3 + 10\times 2^4}{2^5 - 1}$$
$$= \frac{10(1+4+16)}{32-1} = \frac{210}{31} = +6.77\ \text{V}$$

**해답** 15. 다　16. 가　17. 다　18. 라

**Q·19** 저항 분할기(divider)에 대한 설명으로 틀린 것은? 단, $n$은 입력 비트의 수, $V$는 입력 전압 레벨이다.

가. 각 디지털 비트에 대해 한 개의 입력 저항이 있어야 한다.
나. LSB부터 시작해서 다음 저항은 그 전 저항값의 1/2이다.
다. LSB의 웨이트는 $1/2^{n-1}$이다.
라. LSB의 변화에 의한 출력전압의 변화량은 $V/(2^n - 1)$이다.

해설 LSB의 웨이트는 $1/(2^n - 1)$이다.

**Q·20** 다음 회로에서 A = B = 4V, C = 0V일 때 출력 전압 $V_A$는?

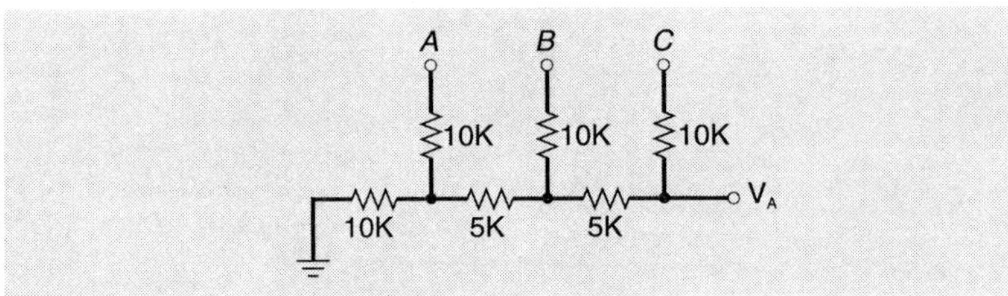


가. 12 V
나. 1.5 V
다. 3 V
라. 2.5 V

해설 래더 저항망이다.

$$V_A = \frac{4 \times 2^0 + 4 \times 2^1 + 0 \times 2^2}{2^3} = \frac{4(1+2)}{8} = \frac{12}{8} = 1.5\ \text{V}$$

**Q·21** 그림과 같은 $R$-$2R$ 래더망의 입력 단 $A$, $B$, $C$에 각 8V의 입력을 넣었을 때 출력 전압은?

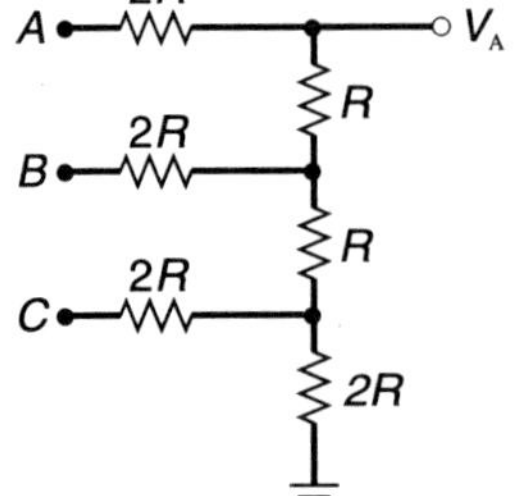


가. 8 V
나. 7 V
다. 4 V
라. 2 V

**해답** 19. 다 20. 나 21. 나

해설 디지털 입력 $111_2$에 대한 출력 전압은

$$V_A = \frac{8\times2^0+8\times2^1+8\times2^2}{2^3}$$
$$= \frac{8(1+2+4)}{8} = +7\ \text{V}$$

**Q·22** 5비트 래더(ladder)에서 입력 레벨이 0 = 0V, 1 = +10V라면 디지털 입력 11010에 대한 출력 전압은?

가. 1.25 V　　나. 3.125 V
다. 6.25 V　　라. 8.125 V

해설 디지털 입력 $11010_2$에 대한 출력 전압은

$$V_A = \frac{0\times2^0+10\times2^1+0\times2^2+10\times2^3+10\times2^4}{2^5}$$
$$= \frac{10(2+8+16)}{32} = \frac{260}{32} = 8.125\ \text{V}$$

**Q·23** +5V의 최대 눈금(full scale)을 가진 사다리(ladder) 회로를 사용하는 9비트 D/A 변환기의 분해능은 약 얼마인가?

가. 4.5mV　　나. 7mV
다. 9mV　　라. 10mV

해설 분해능 $= \frac{V_{o(\max)}}{2^n-1} = \frac{5}{2^9-1} \approx 10\ \text{mV}$

**Q·24** 8단 카운터와 래더(ladder) 회로망을 사용하는 경우 백분율 분해능은 약 얼마인가?

가. 0.2%　　나. 0.4%　　다. 0.6%　　라. 0.8%

해설 백분율 분해능 $= \frac{1}{2^n-1}\times100\ \%$
$$= \frac{1}{2^8-1}\times100\ \% \approx 0.4\ \%$$

**해답** 22. 라　23. 라　24.나

**Q·25** 최대 출력 전압 범위가 +5 V일 때 분해능이 1 mV인 레더형 D/A 변환기를 만들기 위해서는 몇 비트의 2진 레더가 필요한가?

가. 10비트　　나. 11비트
다. 12비트　　라. 13비트

**해설** $\text{분해능} = \dfrac{\text{최대 출력 전압}}{2^n - 1} = \dfrac{5}{2^n - 1} = 1\ \text{mV}$

위 식에서 $n$을 구하면 된다.

**Q·26** +10 V의 최대 눈금을 가진 사다리(ladder) 회로의 D/A 변환기에서 5 mV의 분해능을 갖기 위해서는 몇 비트(bit)의 입력을 사용해야 하는가?

가. 10비트(bit)　　나. 11비트(bit)
다. 12비트(bit)　　라. 13비트(bit)

**Q·27** 그림에서 스위치 $ABCD$가 0110이라고 할 때 출력 전압 $V_o$는?

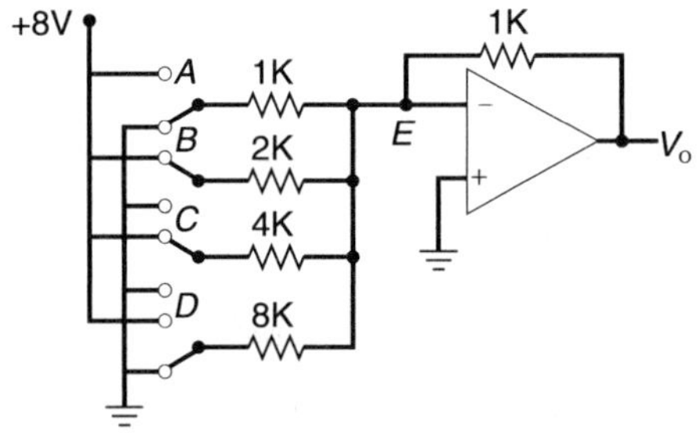


가. +12V
나. − 12V
다. +6V
라. − 6V

**해설** $E$점으로 나오는 전류는

$I_A = V/R = 0/1 = 0.00\text{mA}$
$I_B = V/R = 8/2 = 4.00\text{mA}$
$I_C = V/R = 8/4 = 2.00\text{mA}$
$I_D = V/R = 0/8 = 0.00\text{mA}$
$I_{tot} = I_A + I_B + I_C + I_D = 6.00\text{mA}$
그러므로,
$V_o = -I_f R_f = -6 \times 1 = -6.00\text{V}$

**Q·28** 그림은 가산 증폭기형 D/A 변환기이다. $a_1 = 1\text{V}$, $a_2 = 1\text{V}$, $a_4 = 0\text{V}$, $a_8 = 1\text{V}$라고 할 때 출력 전압은 몇 V인가?

**해답** 25. 라　26. 나　27. 라　28. 라

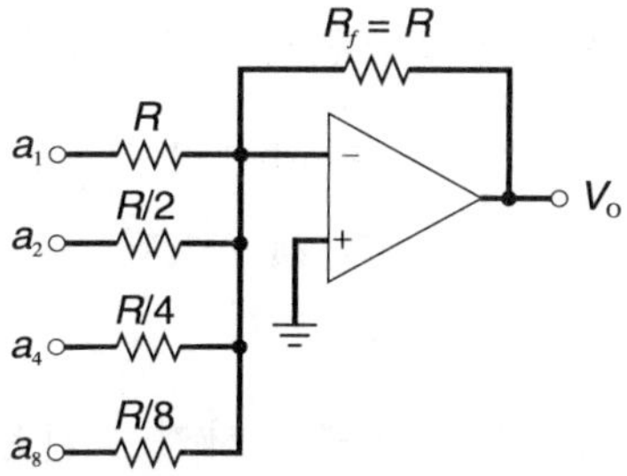


가. −5 V

나. −7 V

다. −9 V

라. −11 V

해설 출력 전압 $V_o$는

$$V_o = -(a_1 + 2a_2 + 4a_4 + 8a_8)$$
$$= -(1 + 2(1) + 4(0) + 8(1)) = -11\text{ V}$$

**Q·29** 그림은 가산 증폭기형 D/A 변환기이다. 만일 입력 전압이 5V 및 0V일 때 이들이 각각 1과 0에 대응한다고 하면 $DCBA$ = 1010일 때의 출력 전압 $V_0$는 몇 V인가?

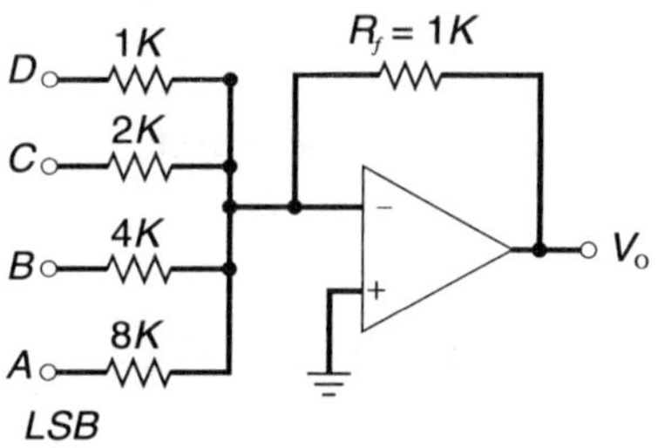


가. −5.25 V

나. −6.25 V

다. −10 V

라. −15 V

해설 출력 전압 $V_0$는

$$V_o = -R_f\left(\frac{V_D}{R_D} + \frac{V_C}{R_C} + \frac{V_B}{R_B} + \frac{V_A}{R_A}\right)$$
$$= -(V_D + 0.5V_C + 0.25V_B + 0.125V_A)$$
$$= -(5 + 0 + 0.25 \times 5 + 0) = -6.25\text{ V}$$

**Q·30** 다음 중 A/D 변환기의 구성 요소가 아닌 것은?

가. 비교기

나. D/A 변환기

다. 덧셈기

라. 미분기

**해답** 29. 나 30. 라

**Q·31** 다음 중 D/A 변환기에는 포함되지 않고 A/D 변환기에만 포함되는 장치는?

가. OP 앰프 나. 비교기
다. 샘플/홀드 회로 라. 레지스터

**Q·32** 제어 입력이 높으면 일정 전압을, 낮으면 0V를 출력시키는 것은?

가. 비교기 나. 아날로그 스위치 회로
다. 저항 분할기 라. 연산 증폭기

**Q·33** A/D 변환기에서 아날로그 오차의 발생에 가장 영향을 주는것은?

가. 비교기(comparator)
나. 래더(ladder) 회로의 저항
다. 기준 전압의 리플(ripple)
라. 계수기(counter)

해설 A/D 변환기에서의 아날로그 오차는 주로 비교기 때문이다.

**Q·34** 4비트 디지털-램프 A/D 변환기(digital-ramp A/D converter)의 구성 요소가 아닌 것은?

가. MOD-16 업 · 다운 계수기
나. 전압 비교기(comparator)
다. D/A 변환기
라. AND 게이트

해설 디지털-램프(또는 카운터-램프) ADC는 Mod-16 업 계수기가 필요하다.

**Q·35** 디지털-램프 A/D 변환기에 관한 설명 중 틀린 것은 어느 것인가?

가. D/A 변환기 출력이 계단파형을 이룬다.
나. 아날로그 입력 (VA)에 관계없이 일정한 변환시간을 갖는다.
다. 카운터를 사용한다.

**해답** 31. 나 32. 가 33. 가 34. 가 35. 나

라. 아날로그 비교기(comparator)를 사용한다.

해설 디지털-램프 ADC는 입력 전압(VA)에 따라 변환 시간이 바뀌어 일정하지 않다.

**Q·36** 디지털-램프 A/D 변환기의 설명으로 틀린 것은 어느 것인가?

가. 스타트(start) 펄스가 필요하다.
나. 계단형 신호를 발생시킨다.
다. D/A 변환기를 사용하지 않는다.
라. 변환 속도가 매우 느리다.

해설 디지털-램프 ADC는 카운터-램프형 계수형 또는 계단형 ADC라고도 한다. 이 변환기의 구성 요소는 다음과 같다.

1. 업 카운터(up counter)
2. D/A 변환기
3. 아날로그 비교기(comparator)
4. AND 게이트

**Q·37** 8비트의 디지털-램프 A/D 변환기(DR-ADC)에서 500MHz의 클럭 주파수를 가질 때 최대 변환 시간은 얼마인가?

가. 8μs　　나. 16μs
다. 255μs　　라. 510μs

해설 $n$비트 디지털-램프 ADC의 최대 변환 시간($t_c(max)$)은

$$t_c(max) = (2^n - 1) \times 1\text{클럭 주기}$$

클럭 주기 $T = 1/(500 \times 10^3) = 2 \times 10^{-6} = 2\ \mu s$ 이므로

$$t_{c(\max)} = (2^8 - 1) \times 2\ \mu s\ = 510\ \mu s$$

**Q·38** 1MHz의 클럭 주파수를 사용하는 10비트 디지털-램프 A/D 변환기의 최대 변환 시간은?

가. 510μs　　나. 1023μs
다. 2046μs　　라. 10μs

**해답** 36. 다　37. 라　38. 나

해설 10비트 DR-ADC에서 $t_c(max)$는

$$t_{c(\max)} = (2^{10} - 1) \times 1\ \mu s\ = 1023\ \mu s$$

**Q·39** 1MHz의 클럭 주파수를 사용하는 12비트 디지털-램프형(또는 계수형) A/D 변환기에서 최대 변환 속도(cps)는 약 얼마인가?

가. 122cps　　나. 240cps
다. 2048cps　　라. 4096cps

해설 디지털-램프 ADC의 최대 변환 시간 $t_c(max)$일 때 최대 변환 속도 $u_{c(\max)} = 1 / t_{c(\max)}$ 이다.

$$u_{c(\max)} = \frac{\text{클럭 주파수}(f)}{2^n - 1} = \frac{10^6}{2^{12} - 1} \approx 244\ \text{cps}$$

**Q·40** 10비트의 디지털-램프 A/D 변환기가 1MHz의 클럭 주파수에 의해 구동된다고 할 대 평균 변환 시간 $t_c$(avg)는?

가. $t_c(\text{avg}) \approx 240\mu s$　　나. $t_c(\text{avg}) \approx 512\mu s$
다. $t_c(\text{avg}) \approx 1023\mu s$　　라. $t_c(\text{avg}) \approx 5\mu s$

해설 평균 변환 시간은 최대 변환 시간의 1/2배이다.

$$t_{c(\text{avg})} = \frac{t_{c(\max)}}{2} \approx 2^{n-1} \times \text{클럭 주기}$$
$$= 2^{10-1} \times 1\ \mu s\ = 512\ \mu s$$

**Q·41** 다음 설명은 연속 근사 A/D 변환기(successive apprximation A/D converter)에 관한 것이다. 이에 해당되지 않는 것은 어느것인가?

가. 아날로그 비교기를 사용한다.　　나. D/A 변환기를 사용한다.
다. 복잡한 제어 논리를 갖는다.　　라. 카운터를 사용한다.

해설 연속 근사 A/D 변환기는 고속 변환기로 널리 사용되며 회로 구성은 디지털-램프 ADC보다 복잡하지만 카운터(counter)는 사용하지 않는다.

**해답** 39. 나　40. 나　41. 라

**Q·42** 다음 중 연속 근사형 A/D 변환기의 회로 구성 요소가 아닌 것은?

가. 비교기(comparator) 나. D/A 변환기
다. 레지스터(register) 라. 계수기(counter)

**Q·43** 다음 연속근사 A/D 변환기에 관한 설명 중 틀린 것은 어느 것인가?

가. 입력 전압에 관계없이 일정한 변환시간을 갖는다.
나. 짧은 평균 변환 시간을 갖는다.
다. D/A 변환기의 출력이 계단파형을 이룬다.
라. $\overline{\text{EOC}}$출력을 갖는다.

**해설** 「다」항은 디지털-램프 ADC에 해당되는 내용이다.

**Q·44** 12비트 연속 근사 A/D 변환기 (SA-ADC)가 1MHz의 클럭 주파수에 의해 구동된다고 할 때 총 변환시간은?

가. 6$\mu$s 나. 10$\mu$s
다. 12$\mu$s 라. 20$\mu$s

**해설** SA-ADC에서 총 변환시간은

$$t_c = \text{비트 수(n)} \times \text{클럭 주기(T)}$$

이므로, $T = 1/f = 1/1 \times 10^6 = 10^{-6} = 1\mu s$이다.

$$t_c = 12\text{비트} \times 1\mu s = 12\mu s$$

**Q·45** 500kHz의 클럭 주파수를 사용하는 10비트 연속 근사 A/D 변환기(SA-ADC)의 총 변환 시간은?

가. 10$\mu$s 나. 20$\mu$s
다. 1023$\mu$s 라. 2046$\mu$s

**해설** $n$비트 SA-ADC의 총 변환시간 $t_c$는

$$t_c = \frac{\text{비트 수}(n)}{\text{클럭 주파 수}(f)} = \frac{10}{500 \times 10^3} = 20\ \mu s$$

**해답** 42. 라 43. 다 44. 다 45. 나

**Q·46** 12비트의 연속 근사형 A/D 변환기에서 최소한 8000cps(conversions per second)를 얻기 위해서는 얼마의 클럭 주파수를 사용해야 하는가?

가. 96kHz　　나. 9.6kHz

다. 8kHz　　라. 80kHz

**해설** 변환 시간은 nT = n/f 이므로

$$\text{변환 속도} = \frac{1}{nT} = \frac{f}{n}\ \text{cps}$$

클럭 주파수($f$) = $n$ × 변환 속도 = 12 × 8000 = 96kHz

**Q·47** 8비트 연속 근사 A/D 변환기 (SA-ADC)의 분해능이 20mV일 때 아날로그 입력 2.17V에 대한 디지털 출력은 얼마인가?

가. $01101100_2$　　나. $01010111_2$

다. $01101110_2$　　라. $01001100_2$

**해설** 2.17V/20mV = 108.5
이므로, 108번째 계단은 $V_{AX}$ = 2.16V, 109번째 계단은 $V_{AX}$ = 2.18V이다. SA-ADC는 항상 아날로그 입력 $V_A$보다 낮은 계단의 $V_{AX}$를 만들기 때문에 $V_A$ = 2.17V의 경우 디지털 값은 $108_{10} = 01101100_2$이 된다.

**Q·48** 다음 A/D 변환기의 종류 중 변환 시간이 가장 짧은 형은?

가. 계수형(counter type)

나. 단경사형(single slope type)

다. 비교기형(comparator type)

라. 연속근사형(successive approximation type)

**해설** A/D 변환기 중 변환시간이 가장 짧은 것은 병렬형(또는 동시형) A/D 변환기이다.

**Q·49** 다음 중 가장 많은 비교기(comparator)를 필요로 하는 A/D 변환기는?

가. 동시형　　나. 계수형

다. 연속형　　라. 계속추정형

**해답** 46. 가　47. 가　48. 다　49. 가

해설 동시형 *ADC*는 병렬형 *ADC*, 플래시(flash)형 *ADC*라고도 한다.

**Q·50** 다음의 A/D 변환기 중에서 D/A 변환기를 포함하지 않는 것은?

가. 동시 비교형 A/D 변환기
나. 추정 비교형 A/D 변환기
다. 계수 비교형 A/D 변환기
라. 연속형 A/D 변환기

해설 동시 비교형은 병렬 비교형이라고도 하며 D/A 변환기라든지 계수기(counter)의 부류는 일체 없다.

**Q·51** 5비트(bit) 병렬형 A/D 변환기를 구성하려면 몇 개의 비교기가 필요한가?

가. 1개
나. 3개
다. 31개
라. 32개

해설 $n$비트 디지털 신호로 변환하기 위해서는 $(2^n - 1)$개의 비교기가 필요하다.

**Q·52** 다음 중 플래시 A/D 변환기(flash A/D converter)에 관한 설명으로 틀린 것은 어느 것인가?

가. 가장 빠른 변환 방법이다.
나. D/A 변환기를 사용하지 않는다.
다. 많은 수의 비교기를 사용한다.
라. 계단형 신호를 발생시킨다.

해설 「라」항은 디지털-램프 ADC에 관한 내용이다.
플래시 ADC는 동시형 또는 병렬형 ADC라고도 한다. 이 플래시 ADC는 A/D 변환기 중 변환 속도가 가장 빠른 반면, 다른 변환기에 비해 회로가 더 복잡하다.

**Q·53** 다음 중 동시형 A/D 변환기(simultaneous type ADC)의 구성 요소가 아닌 것은?

가. $2^n$개의 저항
나. $2^n - 1$개의 비교기
다. D/A 변환기
라. 우선순위 인코더

**해답** 50. 가 51. 다 52. 라 53. 다

**Q·54** 다음 중 전압-주파수 A/D 변환기(V-F ADC)에 관한 설명으로 틀린 것은 어느 것인가?

가. 적분형 A/D 변환기의 일종이다.

나. VCD를 사용한다.

다. 많은 수의 비교기를 사용한다.

라. 잡음이 심한 작업 환경에서 사용한다.

---

해설 「다」항은 플래시 *ADC*의 내용이다.

**Q·55** A/D 변환기의 변환 시간 (conversion time)에 대한 설명 중 옳은 것은?

가. A/D 변환기 중 변환 시간이 가장 짧은 것이 up/down 디지털-램프 ADC이다.

나. 디지털-램프 ADC는 아날로그 입력값에 무관하게 일정한 변환 시간을 갖는다.

다. 연속 근사 ADC는 입력 전압에 따라 변환 시간이 바뀌어 일정하지 않다.

라. 플래시 ADC의 변환시간은 필요가 없다.

---

해설 A/D 변환기 중 변환 시간이 가장 짧은 것은 플래시 ADC이고, 아날로그 입력 값에 무관하게 일정한 변환 시간을 갖는 것은 연속 근사 ADC(SA-ADC)이다.

**Q·56** 입력 전압에 대응하는 주파수의 펄스가 나오도록 되어 있는 장치는?

가. 연속 근사형 A/D 변환기

나. V-F형 A/D 변환기

다. 계단 램프형 A/D 변환기

라. 플래시 A/D 변환기

---

해설 아날로그 전압을 그 전압치에 비례하는 주파수로 변환하여 디지털 주파수계로 읽어내도록 한 것이 V-F형(voltage-to-frequency type) A/D 변환기이다.

---

**해답** 54. 다 55. 라 56. 나

**Q·57** 다음 회로의 구성에 적분기가 포함되는 것은?

가. 플래시 A/D 변환기
나. 연속 근사 A/D 변환기
다. 디지털-램프 A/D 변환기
라. V-F형 A/D 변환기

**해설** 적분형 A/D 변환기에는 램프형 *ADC*, 이중 경사 *ADC*, V-F형 *ADC*등이 있다.

**Q·58** 다음 중 이중 경사 A/D 변환기(dual-slope ADC)에 관한 설명으로 틀린 것은 어느 것인가?

가. 적분형 A/D 변환기의 일종이다.
나. 커패시터를 사용한다.
다. 비교적 온도에 민감하지 않다.
라. D/A 변환기를 사용한다.

**해설** 이중 경사형은 이중 램프형(dual-ramp type)이라고도 하며 D/A 변환기는 사용하지 않는다.

**Q·59** *ADC* 0804 A/D 변환기 IC에 관한 설명이다. 틀린 것은 어느 것인가?

가. 연속 근사 A/D 변환기(SA-ADC) 이다.
나. 분해능은 8비트로 0.39%이다.
다. 아날로그 입력 전압의 범위는 0 ~ 5V이다.
라. TTL IC이다.

**해설** ADC 0804 IC는 CMOS 계열의 8비트 연속 근사 A/D 변환기로서 3상태 출력을 가지고 있다. 이 ADC 0804는 2진수 형태의 출력을 갖고 있고, 변환 시간은 100$\mu$s이며, 입력과 출력은 MOS 및 TTL IC와 호환성을 갖는다.

**해답** 57. 라 58. 라 59. 라

**Q·60** ICL 7106 A/D 변환기 IC에 관한 설명으로 틀린 것은 어느 것인가?

가. 디스플레이(display)형 ADC이다.

나. 3 1/2자리 LED 표시 장치를 직접 구동할 수 있다.

다. CMOS IC이다.

라. 9V의 전원에서 동작한다.

---

해설 ICL 7106 A/D 변환기는 CMOS 계열로 10mW이하의 전력을 소비하므로 9V의 전원으로 동작시킬 수 있다. 이 변환기는 3 1/2자리 7-세그먼트 LCD를 직접 구동할 수 있다.

▶ ICL 7107 IC는 전원 전압으로 +5/-5V 전압을 사용하며 3 1/2자리 LED 표시장치를 직접 구동할 수 있다.

**해답** 60. 나

# 논 리 회 로

인쇄 2015년 2월 23일
발행 2015년 2월 28일

저 자 임 황 빈 저

발행인 임 영 철

발행처 도서출판 신화전산기획

주소 / 서울특별시 성동구 행당동 19-55
전화 / (02) 833-5145~6
팩스 / (02) 848-2498
등록 / 301-2010-034
홈페이지 / www.shj.co.kr



* 무단 전재와 복제를 금합니다.
* 저자와 협의하여 인지는 생략합니다.



값 23,000원 ISBN 978-89-5534-083-9 93560